U0238061

广东抽水蓄能电站工程

地质创新与研究

主　编　陈云长
副主编　吴国荣　廖品忠　王汇明

·北京·

内 容 提 要

本书总结和提炼了广东抽水蓄能电站工程地质创新与实践的成果。全书共12章，内容包括：区域构造稳定性与地震研究，长探洞及深孔绳索取芯勘探技术研究，工程岩体的物理力学特性研究，地下洞室围岩分类方法及参数取值研究，隧洞外水压力影响因素与取值方法，站址选择关键技术研究，水库主要工程地质问题研究，高压隧洞山体与围岩稳定性研究，地下厂房洞室群位置选择研究，基于DSI的地质三维建模技术与应用，地下厂房洞室群围岩稳定三维数值分析，特殊工程地质问题研究等，具有较高的理论和实践指导价值。

本书可供从事水利水电工程尤其是抽水蓄能电站工程地质勘察的技术人员以及设计、施工等专业技术人员参考，同时也可供大专院校相关专业的师生参考。

图书在版编目（CIP）数据

广东抽水蓄能电站工程地质创新与研究 / 陈云长主编. -- 北京 : 中国水利水电出版社, 2016.11
ISBN 978-7-5170-4930-2

Ⅰ. ①广… Ⅱ. ①陈… Ⅲ. ①抽水蓄能水电站－工程地质－研究－广东 Ⅳ. ①TV743

中国版本图书馆CIP数据核字(2016)第294131号

书　　名	广东抽水蓄能电站工程地质创新与研究 GUANGDONG CHOUSHUI XUNENG DIANZHAN GONGCHENG DIZHI CHUANGXIN YU YANJIU
作　　者	主编　陈云长　副主编　吴国荣　廖品忠　王汇明
出版发行	中国水利水电出版社 （北京市海淀区玉渊潭南路1号D座　100038） 网址：www.waterpub.com.cn E-mail：sales@waterpub.com.cn 电话：（010）68367658（营销中心）
经　　售	北京科水图书销售中心（零售） 电话：（010）88383994、63202643、68545874 全国各地新华书店和相关出版物销售网点
排　　版	中国水利水电出版社微机排版中心
印　　刷	北京嘉恒彩色印刷有限责任公司
规　　格	184mm×260mm　16开本　18.5印张　439千字
版　　次	2016年11月第1版　2016年11月第1次印刷
印　　数	0001—1500册
定　　价	**95.00**元

本书编委会

本书编著者名单

主　编　陈云长

副主编　吴国荣　廖品忠　王汇明

<table>
<tr><th>章　名</th><th>节　名</th><th>编著者</th></tr>
<tr><td>第1章　区域构造稳定性与地震研究</td><td></td><td>廖品忠　王殿春</td></tr>
<tr><td rowspan="2">第2章　长探洞及深孔绳索取芯勘探技术研究</td><td>2.1　地下厂房洞室群长探洞勘察研究</td><td>吴国荣</td></tr>
<tr><td>2.2　深孔勘探绳索取芯技术</td><td>陈小烽　魏炳荣</td></tr>
<tr><td>第3章　工程岩体的物理力学特性研究</td><td></td><td>吴国荣</td></tr>
<tr><td>第4章　地下洞室围岩分类方法及参数取值研究</td><td></td><td>杨　磊</td></tr>
<tr><td>第5章　隧洞外水压力影响因素与取值方法</td><td></td><td>陈云长　吴国荣</td></tr>
<tr><td>第6章　站址选择关键技术研究</td><td></td><td>王汇明　杨　磊</td></tr>
<tr><td>第7章　水库主要工程地质问题研究</td><td></td><td>王殿春</td></tr>
<tr><td>第8章　高压隧洞山体与围岩稳定性研究</td><td></td><td>王著杰</td></tr>
<tr><td rowspan="5">第9章　地下厂房洞室群位置选择研究</td><td>9.1　地下厂房区的工程地质勘察方法</td><td rowspan="2">陈云长　杨　磊</td></tr>
<tr><td>9.2　地下厂房洞室群的位置及轴向选择原则</td></tr>
<tr><td>9.3　惠州抽水蓄能电站地下洞室群优化布置</td><td>陈云长　吴国荣</td></tr>
<tr><td>9.4　地下厂房洞室群布设综合评价与总结</td><td rowspan="2">陈云长　杨　磊</td></tr>
<tr><td>9.5　小结</td></tr>
<tr><td>第10章　基于DSI的地质三维建模技术与应用</td><td></td><td>朱焕春　陈云长</td></tr>
<tr><td>第11章　地下厂房洞室群围岩稳定三维数值分析</td><td></td><td>吴国荣　陈云长</td></tr>
<tr><td rowspan="3">第12章　特殊工程地质问题研究</td><td>12.1　广州抽水蓄能电站花岗岩黏土化蚀变问题研究</td><td>陈云长　魏炳荣</td></tr>
<tr><td>12.2　惠州抽水蓄能电站场区控制性断层勘察研究</td><td rowspan="2">吴国荣</td></tr>
<tr><td>12.3　惠州抽水蓄能电站复杂条件下高压隧洞灌浆处理研究</td></tr>
</table>

序

我国抽水蓄能电站的建设总体起步较晚，但广东在抽水蓄能电站的勘察设计和建设管理等方面一直处于国内前列。

早在20世纪70年代，为了大亚湾核电站安全满负荷运行，在国家能源电力主管部门和领导的关心支持下，广东省电力工业局携手香港中华电力公司研究在广东境内兴建抽水蓄能电站的可行性。1984年开始筹划并开展广州抽水蓄能电站前期勘察设计工作，1988年8月一期工程开工至2000年3月二期工程完工，8台机组装机容量2400MW全部并网发电，目前依然是世界上装机规模最大的抽水蓄能电站之一。广州抽水蓄能电站的勘察设计与建设充满了创新精神，表现在选点正确、布置合理，各重要部位均采用了当代先进新技术，并有所发展和完善。如混凝土面板堆石坝、岩壁吊车梁、高水头机组蜗壳加压预埋、洞室群的优化布置、高压长斜井和高压钢筋混凝土岔管、500kV高落差充油电缆、大型蓄能机组选型和计算机监控等，工程达到了国际先进水平。特别是在结构极为复杂的高压岔管工程中，国内首次成功采用了钢筋混凝土结构，是高压输水管道工程的一项重大突破，对我国地下结构设计中充分利用和发挥围岩承载力方面有重大进展，为设计理论和方法的发展取得了重要实践经验，在类似条件下有广泛的推广应用前景。

继广州抽水蓄能电站之后，广东省水利电力勘测设计研究院又相继承担了惠州抽水蓄能电站（2400MW）、清远抽水蓄能电站（1280MW）、深圳抽水蓄能电站（1200MW）和阳江抽水蓄能电站（2400MW）等项目的勘测设计工作，有效地解决了一系列复杂的技术难题，取得了很多重大的成果，获得过多项国家级奖励，锻炼和培养了一批专家。上述几座抽水蓄能电站的净水头都在480～700m，对高压隧洞和高压岔管，均采用了限裂透水理念设计和钢筋混凝土衬砌，其设计理念先进，既节省了投资，又缩短了工期。

抽水蓄能电站工程对地质条件有相当高的要求，尤其是地下厂房及高压岔管等地下洞室群的合理布置，保证围岩稳定是整个工程安全和成败关键。广东省水利电力勘测设计研究院在这方面摸索并积累了丰富经验，并在实践中验证行之有效。主要亮点有：推荐并正确地选择站址，选择低地震烈度区及地壳稳定性较好的区域；枢纽布置上有效地避开不利地质构造及其组合，将地下厂房洞室群和高压隧洞特别是高压岔管布置于岩体完整性好的地质块体中，实现了大跨度地下厂房采用喷锚作为永久支护和岩壁吊车梁技术；高压隧洞及高压岔管采用钢筋混凝土衬砌新技术。认识自然，利用自然，将客观存在的不利影响降低到最低，这是工程技术人员应该遵循的规律。

《广东抽水蓄能电站工程地质创新与研究》一书虽侧重于资料的汇集和重大成果的总结和提炼，但众所周知，工程地质勘察是一门探索性与实践性很强的学科，涉及范围广，耗时长，所以，不断系统地总结经验，寻找规律，吸取教训，是提高水平、锻炼队伍、培养人才最有效的方法。作者将几十年工作积累资料和经验编写成书，既是对前人工作的尊重和肯定，也是对后来者非常重要的启迪。我相信，本书的编写出版，将有力地推进我国抽水蓄能电站建设中相关工程地质工作的进步和发展。

是为序。

中国工程院院士 罗绍基

2016年9月于广州

前言

由广东省水利电力勘测设计研究院（以下简称广东省院）负责勘察设计并已经投产运营的抽水蓄能电站有广州抽水蓄能电站、惠州抽水蓄能电站和清远抽水蓄能电站3座电站，投产装机容量共6080MW；正在建设施工的深圳抽水蓄能电站和阳江抽水蓄能电站装机容量共3600MW。广东省抽水蓄能电站勘察设计工作最早开始于20世纪70年代，由当时的广东省电力局牵头与香港中华电力公司组成广电与中电联营蓄能电站可行性研究工作联合办公室，并委托广东省院开展勘察设计工作，在深圳市盐田附近选择了站址并开展勘察工作，但该项目由于各种原因被搁置。党的十一届三中全会后，广东经济发展迅猛，电网规模和用电负荷迅速增长，峰谷差逐渐增大，而在广东省境内可以承担调峰任务的已建或待建的大中型水电站站点很少，因此需要建设抽水蓄能电站以解决调峰问题。为此，1984年10月，为配合大亚湾核电站的建设与安全满负荷的运行，广东省院开始了广州抽水蓄能电站的勘察设计工作。广州抽水蓄能电站一期工程4台300MW机组于1994年3月全部建成投产发电，是国内最早建成的大型抽水蓄能电站，一直安全运行至今，为大亚湾核电站、广东和香港电网安全运行发挥了巨大效益。

抽水蓄能电站与常规水电站相比，对工程地质条件的要求上有共同点，但也有其特殊性。例如：由于上、下水库的水位频繁变动，消落深度大，对库岸稳定要求高；水库集雨面积小，尤其上水库，水源宝贵，水库的防渗要求更高；抽水蓄能电站一般是高水头发电站，引水隧洞内水压力高，大跨度高边墙地下厂房，对洞室群围岩强度、稳定性、抗渗性要求高。因此，除常规的勘察方法和手段外，还需进行特殊的勘测和试验。广州抽水蓄能电站是在我国没有针对该类电站勘察规范及勘察经验的条件下展开的。从广州抽水蓄能电站工作开始探索、实践，到惠州抽水蓄能电站工程、清远抽水蓄能电站工程和深圳抽水蓄能电站等工程的提高完善，形成了广东省院一套抽水蓄能电站勘察分析方法。在几座抽水蓄能电站的勘察中，广东省院的勘察技术人员积累了丰富的勘察成果及经验。编写出版本书的主要目的在于对勘察成果经验的归纳总结，使之能继续服务于抽水蓄能电站的工程建设。

本书共12章，主要内容包括：区域构造背景及构造稳定性研究；抽水蓄能电站关键地质问题研究，包括工程岩体特性、地下工程围岩分类方法及参数取值、深埋高压隧洞外水压力、站址选择、水库主要工程地质问题、高压隧洞山体与围岩稳定、地下厂房洞室群位置选择、三维地质建模技术；特殊工程地质问题研究如花岗岩黏土岩化蚀变岩、场区控制性断层勘察、复杂水文地质条件下高压隧洞灌浆处理等。广东省院在参与上述工程勘察设计与建设过程中，曾遇到过各种不同类型而十分棘手的设计与地质问题，给地质勘察提出了很高要求与期待。在国内没有任何经验可循情况下，广东省院的工程技术人员通过研发与创新，不仅创造性地解决了众多复杂技术难题，还丰富和积累了理论基础与宝贵工程经验，多个单项技术达到国际先进水平。如地下厂房区长探洞勘探布置及分析技术、深钻孔绳索取芯钻探技术、高压压水试验技术、解除法地应力测量技术和三维地质建模技术等。

在勘察过程中，广东省院与相关高校及科研单位联合开展了专题研究工作，相关成果也尽量纳入本书中。包括河海大学地球科学与工程学院周志芳教授、中山大学地球科学系陈国能教授、水利部长江水利委员会长江科学院邬爱清教授级高级工程师及尹健民教授级高级工程师、Itasca（武汉）咨询有限公司朱焕春教授等。

中国工程院院士罗绍基先生是我国水电工程抽水蓄能技术领域的先行者，从主持建设世界上最大的抽水蓄能水电站——广州抽水蓄能电站开始，一直高度重视勘察设计工作，关心广东省院的技术进步及发展，提出了很多宝贵的指导意见，并为本书写序。本书在编写过程中，除得到长江科学院邬爱清教授级高级工程师、尹建民教授级高级工程师、蒋昱州博士等的大力帮助外，还得到其他许多同志的大力支持，在此，表示衷心的感谢！

限于编者的水平有限和经验不足，疏漏及错误之处在所难免，敬请读者批评指正。

编者

2016年9月

目录

第1章 区域构造稳定性与地震研究

广东省抽水蓄能电站已建、在建和备建的站点，大致围绕着珠江三角洲分布在广东地势较高的地区。这些电站的工程稳定性除了决定于其工程地质条件外，还与地质构造环境和地震活动性密切相关。区域构造稳定性问题，是广东抽水蓄能电站工程地质研究的重要内容之一。依据抽水蓄能电站选址原则，应避开活动断裂和强震发震部位。因此，首先必须研究一定范围的区域地质构造与地震活动特征及其对站址的影响。就地质构造环境而言，电站站址取决于所在大地构造位置，地壳深处的重磁场及深部构造特征，新构造运动活动程度，以及断裂的规模、性质及其活动性。因此，本章就区域地质构造背景、工程场区断裂活动性和地震活动这几方面进行研究，以综合评价广东抽水蓄能电站的区域构造稳定性。

1.1 区域地质背景

1.1.1 区域地形地貌特征

广东省位于我国的东南沿海地带，地处亚洲大陆东南缘与太平洋壳块之间的扭动带内。广东陆地的地势大体是北高南低，地形复杂，有山地、丘陵、台地以及平原，其中以山地和丘陵为主。山地主要分布于粤北、粤东和粤西，多呈北东-西南走向。粤北的山地主要有大庾岭、骑田岭、滑石山、瑶山、大东山、连山，海拔高度一般为800.00～1100.00m，最高为乳源的石坑崆，海拔1902.00m，为广东的最高峰。粤东的山地主要有莲花山、罗浮山和九连山，海拔高度一般为800.00～1000.00m。粤西的山地主要有天雾山、云雾山和云开大山，最高峰分别为海拔1250.00m、1140.00m、1704.00m。广东的丘陵大都分布在山地周围，或零星散落于沿海平原与台地上，海拔高度一般为200.00～500.00m。南雄、仁化、连州、兴宁、梅县、五华、龙川、河源、平远、紫金、罗定等地都广泛分布着丘陵。台地海拔高度在200.00m以内，主要分布在粤西的湛江市、茂名市，粤东的海丰、陆丰、惠来南部和粤中一部分地区，尤以高州、电白以西最为普遍，雷州半岛基本上是玄武岩构成的台地。平原可分河谷冲积平原和三角洲平原。河谷冲积平原在各大小河流沿岸均有断续分布，较大的如北江的英德平原，东江的惠阳平原，粤东的榕江平原、练江平原，粤中的潭江平原，粤西的鉴江平原、漠阳江平原和九洲江平原。三角洲平原主要有珠江三角洲平原和韩江三角洲平原。

地壳厚度北厚南薄，北部一带莫霍面埋深约为35km，往南至海边约33km，至大陆架区不足20km，康拉德界面也有类似变化趋势。显然，广东地区处在东亚大陆边缘地壳减薄带。

1.1.2 区域地层岩性特征

广东省的最老地层上朔至震旦系，省内沉积有自震旦纪以来各地质时代的地层。按沉积特点及其形成的大地构造环境，大致可划分成以下三套。

震旦纪至志留纪沉积是一套厚18～20km的类复理石碎屑沉积，夹火山岩（含海底火山岩）的地槽型沉积建造。早古生代末地槽封闭褶皱上升，岩层普遍发生区域变质，形成一套浅变质岩系。部分地区花岗岩化、混合岩化现象也相当显著。它们是在以活动因素占主导的大地构造环境下生成的地槽区沉积建造组合。

泥盆纪至中三叠世，沉积一套以海陆交互相、浅海相为主的陆缘碎屑岩、砂页岩、灰岩。岩性岩相虽有差异，但总体上仍属稳定，多呈面状分布，碳酸盐岩所占比例很高，整套岩层均未变质。显然它们是一套在以“稳定”因素占主导的大地构造环境下形成的地台型沉积建造组合。此套沉积以盖层形式角度不整合覆盖前期沉积层之上。

晚三叠世至第四纪沉积，主要是一套巨厚的上叠性断、拗陷盆地沉积，北部陆区沉积了一套陆相粗屑类磨拉石建造及中酸的类复理石碎屑建造为主，中酸性火山岩建造；南部北缘大陆架断陷内，则形成了海相砂页岩、泥质岩、礁灰岩建造。此套沉积往往零星分布，严格受控于断陷盆地内，岩性复杂，厚度变化甚大。它们是在地壳强烈活化，构造反差和地貌反差甚大的环境下形成的，属地洼型沉积建造组合。它们构成了广东省地壳最上部的上叠盆地式沉积层。由断陷盆地沉积和火山岩组成了上构造层。它既不同于地槽型建造组合，也不同于地台型建造组合，是一类新的沉积建造组合，有些资料上称之为地洼型建造组合。

广东省地处南岭之中段，为著名的“南岭花岗岩”之所在。在漫长的地质发展过程中，强烈的地壳运动和断裂活动，为广泛的岩浆活动创造了极为有利的条件，形成了遍布全省的各种类型、规模不等的侵入体及火山岩体。

自震旦纪至第四纪曾发生过25个岩浆喷发旋回和9期岩浆侵入活动。火山岩出露面积达14800km^2，火山岩累计厚度10683m。在北部陆区，侵入岩出露面积占陆地总面积的1/3，大小侵入岩体207个，其中加里东期9个，华力西期19个，印支期21个，燕山一期8个，燕山二期20个，燕山三期50个，燕山四期50个，燕山五期24个，喜马拉雅期6个。依岩浆活动特点及其与构造运动的关系，分成4个构造岩浆活动旋回，即加里东旋回、华力西印支旋回、燕山旋回和喜马拉雅旋回。其中以燕山旋回的岩浆活动规模最大、最强烈。岩浆沿一些深大断裂带侵入或喷溢，形成多条规模巨大的构造岩浆带或构造火山活动带。

广东的岩浆活动多受大地构造环境控制，不同的大地构造环境有不同特点的岩浆活动。活动区（地洼区、地槽区）岩浆活动最强烈，其中地洼区又以中酸性岩浆活动占优势为其特色。相对稳定的地台区则岩浆活动相对微弱，仅在地台周缘或基底深部大断裂带内有分布。

广东省的变质岩相当发育。仅区域变质岩、混合岩、混合岩化花岗岩出露面积就占陆地总面积的1/3。

1.1.3 区域构造类型与发育特征

广东省濒临太平洋，地壳活动频繁而强烈。在地质历史发展过程中，由于历次构造运动的叠加和干扰，构成一幅错综复杂的构造图像。构造运动具有多期性，各期表现形式各不相同，以加里东运动及印支运动表现以褶皱作用为主，燕山运动则以强烈的断裂作用和广泛的以酸性为主的岩浆侵入及喷发活动为特征，喜马拉雅运动以断块作用及基性岩浆的喷出活动为主要标志。广东区域构造类型以褶皱、断裂（尤其数量较多的深、大断裂）和组合构造为主，其中上叠式中新生代断陷较为发育，局部地区还发育有弧形构造带和S形扭动构造。它们与其他各类构造共同构成了广东地壳中复杂的地质构造图像。

（1）褶皱构造。广东的褶皱构造有紧闭型线状褶皱，宽展型背斜、向斜，“梳”状褶皱和短轴型褶皱等，不同地质时期，不同的大地构造环境产生不同类型的褶皱。

（2）断裂构造。广东区域地壳经历了加里东运动、印支运动、燕山运动及喜马拉雅构造运动，形成一系列规模不等、方向各异、活动时代前后不一、性质不同的断裂。据有关方面统计，地壳中的断裂带有1000多条，其中深断裂带9条：①吴川-四会断裂带；②恩平-新丰断裂带；③河源断裂带；④莲花山断裂带；⑤潮州-普宁断裂带；⑥汕头-惠来断裂带；⑦南澳断裂带；⑧佛冈-丰良断裂带；⑨高要-惠来断裂带。大断裂9条：①郴县-怀集断裂；②罗定-悦城断裂；③贵子弧形断裂；④信宜-廉江断裂；⑤紫金-博罗断裂；⑥九峰断裂；⑦贵东断裂；⑧饶平断裂；⑨阿婆-惠来断裂。

（3）组合构造。①断块和上叠式断陷盆地；②山字形构造；③弧形断裂、褶皱构造带；④旋转构造系；⑤S形扭动构造系。

1.1.4 区域新构造运动及变形

广东省的地壳运动，早期强烈，中期相对较和缓，晚期重新强烈。自震旦纪至第四纪，发生在广东省内的地壳构造运动至少有15次。古生代以后，依次发生的构造运动有：郁南运动，加里东运动，华力西运动第一幕、华力西运动第二幕（东吴运动）、华力西运动第三幕，印支运动，燕山运动第一至第五幕，喜马拉雅运动第一、第二、第三幕，共14次。构造地貌轮廓，奠定了本省构造基本格局。喜马拉雅运动旋回，以断块运动为特征，北部陆区以不等幅差异性断块上升运动为主，南部海域以不等幅差异性下沉为主。雷琼断陷有大陆玄武岩喷溢，粤东河源、埔前、杨村等地有玄武岩沿断裂带喷溢，珠江三角洲断陷内也有流纹岩和玄武岩溢出。燕山运动旋回和喜马拉雅运动旋回形成的上叠盆地堆积及同期的岩浆建造组成了本省地壳的上构造层。

同时从新构造研究的角度和蓄能电站选址的需要考虑，这里主要论述第四纪以来的构造运动，因为它与现今地壳稳定性与地震活动息息相关。

根据断块运动特征在全省的地区差异，可以划分为8个新构造断块构造分区，它们在运动的基本特征、运动类型、运动强度等方面均有所差异。以下分述广东新构造运动的基本特征、运动类型和8个断块构造区的特征。

1.1.4.1 新构造运动的基本特征

广东地区属于我国东南低洼区的部分，经历过加里东期、印支期、燕山期、喜马拉雅期等多期构造变动，新构造运动使老构造进一步复杂化，其运动特征可概述为运动的继承性和新生性。

1. 继承性

燕山运动在广东及邻区主要表现为断裂和岩浆活动，现今沿海一带主要为北北东向或北东向深大断裂带，如长乐-惠来断裂带、邵武-河源断裂带、政和-海丰断裂带、四会-吴川断裂带、北流-合浦断裂带等均为燕山运动时有强烈活动的构造带。在这几组断裂的控制下，发育了一系列雁列式的北北东向或北东向的构造盆地和构造隆起。多期次的岩浆活动，是燕山运动的另一种地壳运动方式，其中又分为火山岩的喷出和花岗岩等酸性岩沿构造线侵入。岩浆岩沿断裂喷出或侵入以后，被抬升而成为断隆区，其中又有断陷盆地（或槽地）穿插，沿北东-南西方向呈雁列式展布，这种构造格局，构成了现今断块构造的基础。喜马拉雅运动继承了燕山运动的构造变动，仍然以断块运动为主，但有地区差异，沿近东西向或北东向构造线发生幅度不等的坳断，沉积了巨厚的古近纪红色岩系。新构造运动时期，继承了老构造的活动，原来的断隆和断陷构造进一步得到发育，大陆地区以断隆为主；海岸带有升降，表现了幅度较大的垂直差异运动；还伴随比较强烈的火山活动，雷州半岛发生了多期次的火山喷发，玄武岩披覆在古近及新近系之上。内陆的断块山地走向多循北东向的构造线展布，主要的水系亦取该构造线的走向，沿海珠江三角洲等地则继承性地沉降，发育成广东全省最大的三角洲平原。

2. 新生性

由于北西向构造发育较晚，且具有强烈的新生性，加之北东向、近东西向构造的重新活动，使原来的断块构造受切割、改造而分异。其新生性呈南强北弱，沿海强于内陆特点。沿海一带几组断裂的活动导致沿海地壳断块构造的复杂化，断块差异运动较强，形成一组第四纪的新生型断陷，如潮汕平原断陷、海陆丰平原断陷、阳江平原断陷等，断陷幅度达 50～150m。

综上所述，广东地区新构造运动，尤其是第四纪以来的构造运动的继承性和新生性具有明显的地区差异。继承性主要反映在北部的内陆山地丘陵所组成的隆起区，新生性则由内陆向沿海增强，前者表现为断块差异运动弱，活动盆地不发育，地震水平较低，而后者表现为断块差异运动较强，火山活动也较强，活动盆地发育，地震水平较高等方面。

1.1.4.2 新构造运动的类型

新构造运动的主要类型有断块差异运动、地壳间歇性整体抬升和掀斜等几种，其中断块差异运动起主要作用，以下分述各种运动类型的特征。

1. 断块差异运动

切割广东地壳的几组断裂构造带在新构造运动时期都有不同程度的活动，其中北东向，近东西向和北西向（北北西向）三组构造的活动性在构造地貌、地球化学、断层物质的年代检测、现代地壳垂直形变、地震活动、地热释放等方面有强弱不等的反映，在三组构造中，北东向构造塑造了现今广东地貌格架，其构造线往往是划分区域性地貌单元的主要依据。北东向的邵武-河源断裂带、政和-海丰断裂南段的莲花山断裂，四会-吴川断裂带等构造均严格地控制着粤东、粤北、粤西地区山地丘陵的走向。如粤东的莲花山脉，粤西的云开大山东翼的云雾山脉，分别是莲花山断裂和四会-吴川断裂带活动所控制下的断块山，其走向均与断裂走向一致，而与这组走向山脉互相穿插的断陷盆地或断层谷地则反映了断裂下降盘在第四纪以来的沉降活动，如位于莲花山东南侧的海陆丰平原与位于云雾山东南侧的阳春谷地就分别是上述两条断裂活动的产物（图 1.1-1）。北东向断裂对水系的发育也有重要的控制作用。现今广东主要的几条水系，东江水系、北江水系等常呈北东-南西走向。其中东江干流和北江若干支流的流向就明显地与北东向断裂带一致，与此相适应的河谷平原亦是取北东-南西走向。近东西向构造属地壳深部构造，它在地表上仅反映为断续延伸，彼此之间大致成等间距的断裂带。其中高要-陆丰断裂带的瘦狗岭断裂、罗浮山断裂等对珠江三角洲断陷的北界有明显的控制作用，南海北部的担杆列岛等近岸岛屿带则可能是珠江口南海近岸断裂带活动的反映。此外，粤东至粤西海岸带一组长轴为北东东向的海湾，如碣石湾、红海湾、大鹏湾也明显是受该组断裂构造的控制。总的来说，近东西向断裂的活动对沿海地区地貌发育有一定的影响，尤其表现在它与其他两组断裂交汇的地区。北西向（或北北西向）断裂原来多属于北东向构造，后期转化为与北东向共轭构造，但由于新构造运动以来板块运动的作用，其活动性明显增强，故它们切截、错移北东向和近东西向构造。在沿海地区成为活动性最强的一组断裂。在构造地貌上反映强烈，①它控制三角洲和海岸平原的第四系沉积格局，其第四系等厚线长轴均为北西向或北北西向；②控制了绝大多数注入南海的河流流向，如粤东的韩江、榕江，粤中的西江，粤西的漠阳江等；③构成与北东向的平行岭谷成正交的另一组平行岭谷（图 1.1-2），而且常切截前一组走向的岭谷。在雷州半岛还控制第四纪火山岩的活动。

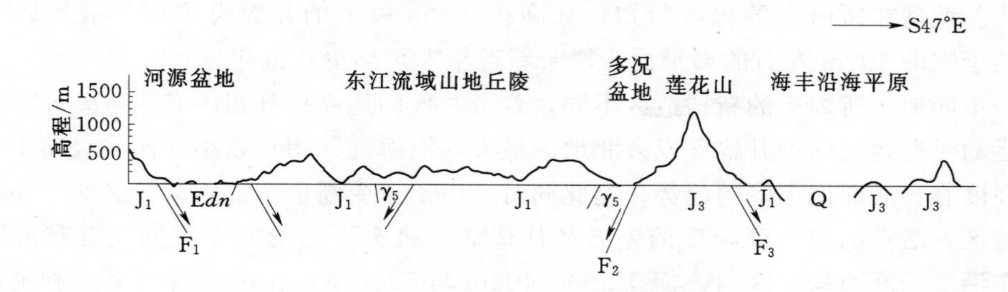

图 1.1-1 粤东沿海海丰-河源地质地貌剖面图

F_1—河源断裂（邵武-河源断裂带南段）；F_2—大埔-深圳断裂；F_3—莲花山断裂；J_1—下侏罗统砂页岩；J_3—上侏罗统火山岩；γ_5—燕山早期花岗岩；Edn—古近系砂岩、砾岩

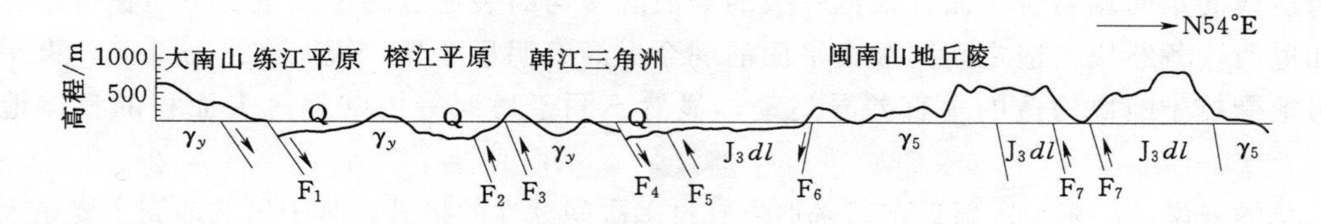

图 1.1-2 粤东大南山-闽南云霄山地质地貌剖面图

F_1—练江断裂；F_2—榕江断裂；F_3—桑浦山断裂；F_4—古港-澄海断裂；F_5—韩江断裂；F_6—梅县-饶平断裂；F_7—上杭-云霄断裂；γ_5—燕山早期花岗岩；γ_y—燕山晚期花岗岩；J_3dl—侏罗系火山凝灰熔岩；流纹岩；Q—第四系

断块构造运动对其他几种类型的新构造运动有一定控制作用，同时其一级构造单元构成广东地区新构造分区的依据。

广东地势北高南低，表现为从内陆向沿海的递降特征，这显然是由于受近东西向的断裂兼有北东向断裂活动控制下的断块垂直运动所致。北升南降的地壳运动主要受控于近东西向的高要-惠来断裂带，同时也受北东向的莲花山断裂、邵武-河源断裂、四会-吴川断裂活动的一定影响，它们所切截的内陆地块以大面积间歇性抬升为主，构成粤北断隆区。高要-惠来断裂以南则是断块差异运动不等的沿海断块构造。在地貌上，北部地壳的抬升反映在多级夷平面，推断自新近纪以来已累计上升数百米，而南部沿海的三角洲，海岸平原所坐落的活动盆地内埋藏的第四纪风化壳、河流阶地、古三角洲等与周边一带的阶地或台地成数十米的垂直反差。

2. 大面积的间歇性抬升

广东抽水蓄能电站的上、下库多是建在不同高程的夷平面上。多级夷平面的存在，表明地壳自新近纪以来多次大面积的间歇性抬升。目前研究所知，广东普遍保存着标高约 1000.00m、800.00m、500.00 ～ 600.00m、300.00 ～ 400.00m、150.00 ～ 200.00m、100.00m 等多级夷平面，其中后两级夷平面保存较好，分布较广，前两级的分布范围小，保存较差。一般推断，最高一级夷平面应代表古近纪的准平原，新近纪以来地壳多次间歇性的大面积抬升，才按上升的序次形成现今上述所见的几级夷平面。各级夷平面的时代可根据它们所切过的地层时代来推断。不过，大多数夷平面均发育于新生代以前的地层内，故只能从少数可界定的发育在新生界的夷平面时代来泛推处于相同的新构造区内其他夷平面的时代。就现在所研究的程度所知，标高在 300m 以上的几级夷平面一般均属于新近纪，而低于它的 100m 左右的夷平面应属于新近纪末至早更新世初。

由于不同地区所属于的新构造区不同，各个时代的地壳抬升幅度有明显差异。广东省新构造运动时期地壳的抬升幅度以粤北地区最大，沿海地区相对较小。同一级夷平面的现今海拔高度有自北而南递降的趋势。与此同时，由于深受断块构造运动的影响，在不同的断块构造区，活动断块升降幅度的差异往往造成同级夷平面的高差不同。据有关研究所知，粤东沿海的断块构造区内，标高 300～400m 与 500～600m 这两级夷平面所统计得出的实际高度就比粤中与粤西的沿海断块区高出近 100m。断块构造对夷平面发育的控制还反映在沿海地区各级夷平面的展布呈线性，并且与几组活动断裂带的展布方向相一致。无论在粤东沿海还是在粤中、粤西沿海地区，数级夷平面的等值线均与北东向、北西向的断裂构造线的走向相吻合，而且最低一级的等值线多与断裂通过的位置重合。但在粤东、粤中和粤西，各断块构造之间同级夷平面的现今标高有明显差异，说明在沿海地区，夷平面严格地受控于断块构造的垂直差异运动，显然不同于粤北等内陆地区大面积的整体地壳抬升。

总的来说，广东地区新近纪以来地壳有过多次间歇性的抬升，其中粤北地壳主要是大面积的整体抬升，断块构造差异运动不明显，而沿海地区因受断块构造的控制，地壳被分割成大小不等的断块抬升区和沉降区。抬升区的抬升虽然也有多次间歇性的抬升，但它明显地受活动断块所控制，其抬升幅度的地区差异较大，主要决定于不同断裂活动性的强弱。根据最高一级夷平面的现今标高，新近纪以来地壳最大的相对抬升幅度达 1000m，均发生在内陆地区，而广东全省总的抬升特征是自内陆向沿海、自北而南抬升幅度逐渐减小。

3. 掀斜

当地壳沿着一定的轴线在不同地段产生不均衡升降运动，就在地表上表现为掀斜。在广东，这种表现比较普遍，所涉及的地貌面较广泛。

从总体来看，广东全省现今地形呈北高南低的态势，即反映了地壳自南而北掀升的趋势，这可能是与物质均衡运动有密切关系。地壳的埋深由粤北的35km减至南海北部近岸带的33km。掀升反映在新近纪以来所形成的各级夷平面高程具有自北而南递降的趋势。据统计，高程500.00m以上的中山、低山（含标高500.00m、800.00m等级别的夷平面）面积百分比在粤北达20%以上，而在中部则减至5%，南部沿海仅1%，同级夷平面的高程也呈北高南低的态势。所以南岭一带标高850.00m的这级夷平面，延至中部一带时已降至750～830m，南部地区仅650.00～680.00m。

掀斜还常受断块构造的影响，因而常呈复式的掀升特征。较典型的是在粤中珠江三角洲地区，其北部外围的四会、从化、增城一带最高一级夷平面标高是200.00～300.00m，最高一级的侵蚀阶地（或台地）为60.00～80.00m，在三角洲过渡地带（即三角洲顶点附近）夷平面已尖灭，阶地（或台地）高程降至40.00～50.00m。再延至三角洲平原时这两级地貌面已被掩埋在三角洲下，这主要可能受纬向断裂构造影响下以近东西向为轴线的自南而北的掀升。在三角洲南部，五桂山断隆区控制着五桂山地区的掀斜。山地保存着200.00～300.00m高程的夷平面和40.00～50.00m高程的台地，而在该地区以南的珠海一带，这两级地貌面已成凤毛麟角。上升地貌主要是标高25.00～30.00m，10.00～20.00m的阶地（或台地），再延至珠江口两翼一带的海域，其基岩风化层埋深由陆缘的10多m增至20.00～60.00m。掀斜轴线走向是北东-南西，与五桂山北麓、南麓的断裂带方向相吻合。此外，沿海的潮汕平原、阳江平原、海陆丰平原和内陆的河源一带，也存在由夷平面或台地以某一方向为轴线的掀斜。控制其轴线走向的构造线是北东向或北西向，说明它们与断裂的活动密切相关。

1.1.4.3 新构造运动分区

依据研究区新构造运动的特征、基本形式、断块差异升降幅度、运动方向、边界及块内断裂新活动程度，广东地区可划分8个断块构造分区，分别为：Ⅰ—粤东沿海断陷区；Ⅱ—粤东掀斜断隆区；Ⅲ—粤东差异性断隆区；Ⅳ—珠江三角洲断陷区；Ⅴ—粤西差异性断隆区；Ⅵ—粤西断隆区；Ⅶ—雷州断陷区；Ⅷ—粤北断隆区。

1.1.5 地球物理场特征及深部构造分区

地壳是否稳定在很大程度上取决于深部构造，地震孕育和发生都在地壳深处，浅者几千米，深者十几千米，甚至几十千米不等，其发生的条件都是在特殊的深部构造部位。而要了解这样一个深度的地壳结构和深部的构造特征，势必要使用地球物理的方法才能获知，而重力法和磁法是其中两种主要的方法。本节主要介绍广东省地层岩石的重力特征及深部构造分区，而岩石的磁性特征在蓄能区域稳定研究中则不做重点分析。

1. *广东省岩石重力特征*

(1) 以地层系统的代为单位进行密度统计表明，新生代的平均密度为2.19g/cm^3；中生代的白垩纪、侏罗纪、三叠纪地层的平均密度为2.52g/cm^3；晚古生代的二叠纪、泥盆纪、石炭纪地层的平均密度为2.60g/cm^3；早古生代的奥陶纪、志留纪、寒武纪地层的平均密度为2.50g/cm^3；元古宙地层平均密度为2.60g/cm^3。新生代、中生代、晚古生代、早生代之间密度值差在0.08～0.33g/cm^{3}之间，新生代与中生代、中生代与晚古生代、晚古生代与早古生代之间存在明显密度差异界面，据此可对不同地层界面进行密度分层，研究各个不同深度构造地层密度界面形态特征。

(2) 沉积岩密度特征是泥、页岩密度最小，平均密度值为2.44g/cm^3，其次是各种砂岩、砾岩，平均密度值分别为2.51g/cm^3、2.57g/cm^3，最大是灰岩、白云岩、大理岩，平均密度值在2.65～2.79g/cm^{3}之间；内陆地区花岗岩密度比较稳定（2.54～2.57g/cm^3），平均值为2.55g/cm^3。而广东沿海岩浆岩活动带的花岗岩密度值变化比较明显，在2.60～2.76g/cm^{3}之间。辉长岩、玄武岩的密度比较高，在2.69～2.93g/cm^{3}之间，喷发到地面带气孔状的玄武岩密度偏低，平均为2.42g/cm^3，火山岩（凝灰岩）的密度不高，平均为2.53g/cm^3。

(3) 广东省沉积岩区的地表岩石除泥岩、页岩和粉砂岩密度偏低外，其他岩石的密度均高于（或相当于）花岗岩密度。沿海一带花岗岩由于含铁镁质较多而密度值大。

2. 广东省地壳深部构造分区

广东省地壳厚度总体上从西北向东南沿海变浅，与广东省现今构造地貌呈镜像关系，中低山地区与上地幔的坳陷区相对应，海盆地与上地幔的隆起区相对，大陆斜坡区与上地幔斜坡过渡带对应，形成了广东省南北分区特征，大致可把广东省分为以下5个特征区：

(1) 粤北幔凹区。以佛冈-丰良为届以北粤北地区，莫霍面深度为32～35km，等深线走向为北东和北西向，有4个凹陷中心和1个隆起。最大下降幅度3km左右，中心位于阳山、乳源、新丰、紫金一带，是广东省莫霍面起伏度最大幔凹区域。粤北山区为广东省海拔最高区，地壳底界凸凹相间是与该区巅谷成镜像关系，相对较厚地壳是粤北山区巨厚沉积层反映。吴川-四会断裂和佛冈-丰良断裂在莫霍面上具有明显的迹象，说明这两条断裂切穿莫霍面进入岩石圈了。

(2) 粤西幔凹区。东以吴川-四会为界、北界为佛冈-丰良、南以遂溪-电白为界的广东西部。莫霍面深度为31～33km，等深线走向北西，最大下降幅度2km左右，中心位于信宜一带，为莫霍面幔凹区域。

(3) 雷州半岛幔坪区。遂溪-电白以南雷州半岛广大区域，莫霍面深度为29.5～30km，等深线走向南北。深度相差小，莫霍面较平，为雷州半岛幔坪区。

(4) 粤中幔隆区。东以吴川-四会为界，北以佛冈-丰良为界，西以莲花上为界。莫霍面深度为29.5～30km，等深线走向北西，改区中心幔凸非常明显，极值29.5km，为粤中幔隆区。广东省大部分地形地质条件好的站点都位于该区。

(5) 东南沿海幔斜坡带。西以莲花山为界，北以丰良-饶平为界，莫霍面深度为29～31km，等深线为紧密梯级带形式呈现。

可以看出，上地幔顶部莫霍面总体从北到南抬升趋势，北部主要为坳陷相间，东南沿海上地幔为斜坡带。上地幔幔貌起伏受岩石圈断裂控制，不同幔形区均被断裂所围，地幔的升降幅度控制了地壳厚度和沉积相特征。切割莫霍面岩石圈深断裂出现在深部构造特定位置上，展示了构造成因上的联系，即：深部构造在发育过程中有其深部构造背景，而岩石圈断裂的发生和发展必然导致莫霍面均衡状态的破坏和重新均衡作用的发生。

1.1.6 区域构造应力场特征

区域构造应力场特征是决定一个区域构造形变的重要因素，也是一个区域构造事件（如褶皱、断裂、岩浆活动和地震等）发生的主要原因。地壳构造运动产生构造应力场，而构造应力场又促使地层、岩石产生变形、褶皱、断裂，而且影响一个地区的稳定，由于构造应力场的方向和大小的不同，导致岩石产生新生的裂隙和对岩石的老断裂将促成有利方向和角度的断裂先滑动，同时也促使那些不稳定的岩石产生崩塌和滑坡，这两种情况都可能引起抽水蓄能电站站址的稳定。古构造应力场可以通过沉积建造、岩浆建造和变质建造所遭受的褶皱和断裂所产生的构造型相来恢复。而要查明现代构造应力场，要做许多工作。在陆地上，要观察地貌形态和河流水系网格的分布，用各种测年的方法研究活动断层的最新活动时代，统计最新地层的剪节理的排列组合规律，鉴别断层面错动方向，配合三角测量和水准测量结果，确定断层运动方式，在不同地区不同深度进行原地应力测量，用形变测量方法和 GPS 观测系统，了解地块运动方向和速率，统计分析大量的震源机制资料，只有这样才有可能得出一个比较符合实际情况的现代构造应力场的图像。

1.1.6.1 构造应力场研究方法概述

研究构造应力场的主要方法如下：

（1）据地质资料推测构造应力场。根据地质资料，可从断裂旋性、节理的统计、岩石的组构、卫星影像判读等方面推测构造应力场。根据观测得到的断层滑动数据，从而反演模拟断层所在区域之构造应力状态，是用计算得到的断层面上的剪应力方向去拟合断层面的滑动方向，这就是最常用的方法，即滑动方向拟合法。该方法所得结果既很好地体现不同地质时期的构造变动，也对由现代构造运动引起的地壳上部的构造应力有所阐述和说明。

（2）据形变测量资料推测构造应力场。主要为三角测量和水准测量。三角测量是用各三角点位的水平位移矢量来分析测量区的地壳水平形变的位移场，在断裂两侧布置的三角网则能直观反映断裂两侧岩块相对位移的方向与量值；水准测量一般反映地壳上升和下降的垂直形变，如果断层两侧垂直形变的形态呈四象限分布或断层一侧呈两象限分布，由下降区到上升区则指示断层的错动方向。由于断层两侧岩块沿断层作相对错动，运动前方形成挤压，在形态上为上升区；运动后方拉张成为下降区。由于下降区沿断裂指向上升区必然是断层的错动方向。

（3）据地震震源机制解资料推测构造应力场。利用地震记录图中的地震波的初动符号、初动振幅等动力学特征求震源机制解，可以得到现代震源应力场。以震源单/双力偶点源的模型为基础，震源机制解法是根据观察测量得到的地震发生前后地块形变的资料或者地震波的资料等求出的震源模型参数。它的 T 轴反映了最大伸张变形方向，而 P 轴反映了地震发生时震源区的最大压缩变形的方向。T 轴和 P 轴的方向反映的主要是地震发生前后震源区的应力状态变化情况，而这并不完全是构造应力场在震源区内的真实方向，但是区域现在的平均构造应力场的方向可以通过大批震源机制解 T 轴、P 轴方向的平均分布方向来进行推断。

（4）据地应力测量推测构造应力场。平缓地形上多组深孔的地应力测试结果可推测出该区域的构造应力场，其最大水平主应力方向可代表构造主压应力方向。

1.1.6.2 广东省构造应力场特征

区域构造应力场特征（如应力轴方向和强度等）是决定一个区域构造形变的重要因素，也是一个区域构造事件（如褶皱、断裂、岩浆活动和地震等）发生的主要原因。利用地质、地貌、地球物理、大地测量、应力现场测量、地热和数学模拟等方法得出的本区域现今构造应力场特征是：主压应力轴走向为北西西（粤东）和北西（粤西），主张应力轴为北北东（粤东）和北东（粤西），中间应力轴近于直立。局部地段的应力状态因受其他因素影响略有差异。本区域的构造应力场符合中国大陆构造应力场的基本格局，即中国东部的主压应力略成向东突出的扇形分布，显示中国大陆与相邻的太平洋之间构造作用的关系。

1.2 断裂活动性研究

1.2.1 活动断裂概述

1. 活动断裂的定义

活动断裂（活断层、活动断层），最早由 A. C. Lawson（1908）提出，继之，B. Willis（1916）强调活动断层是与地震活动有关，今后仍可能发生滑动的断层。据 D. B. Slemmons（1977）统计，有关活断层的定义有 31 种之多。关于活断层有关名词，徐煜坚（1982）指出有 20 多个。但他们定义活断层有一个共同的特点，即强调现代和近代活动性，或者说至今仍活动的断层称为活断层。

广东省地震构造图及其说明书（广东省地震构造概论）对活动断裂的解释是：活动断裂的时间的界定晚更新世（约 10 万年）活动过或其后也有活动（无论是在地表抑或是深部或两者兼具）的断裂称为活动断裂。

2. 研究活动断裂的意义

地震活动，是地壳浅部与深部断裂活动的直接证据，地震给地表造成严重破坏，即使是无震滑动，即断裂的蠕动，也会对地表工程设施产生破坏。因此，活动断裂的研究，不仅对地质学、地球动力学和地震成因的研究具有理论意义，而且对蓄能电站建设的安全性以及对地震预测与防震减灾工作都具有实际意义。

1.2.2 活动断裂分类

结合广东省活动断裂研究的情况及与地震活动的关系，考虑其规模大小、切穿深度、力学性质及活动性，按不同标准对广东省活动断裂作了以下 3 种分类。

1. 按断裂规模分类

按断裂切割地壳的深度和延伸的规模大小来分类。

（1）深断裂。深断裂是指延伸距离长达 100～1000km，影响面宽达 1～100km，切割深度大的断裂，有的切穿硅铝层，有的切入硅镁层，甚至有的切穿上地幔或岩石圈。广东的深断裂绝大多数为切穿硅铝层的地壳断裂。深断裂都有多期次活动特征，地震沿深断裂成带状分布，温泉亦呈线状排列。如北东向南澳断裂（Ⅳ-1）、莲花山断裂（Ⅳ-4），东西向佛冈-丰良断裂（Ⅰ-3）等。

（2）大断裂。大断裂是指规模较大的断裂：走向延长一般约100km，个别也可超出甚至更长，影响宽度1～10km，切割深度可以切入基底和硅铝层，沿大断裂亦有地震分布，也有少量温泉出露，如北东向的紫金-博罗断裂（Ⅳ-5）、郴县-怀集断裂（Ⅵ-5）及东西向的九峰断裂（Ⅰ-1）等。

（3）断裂。断裂是指规模较小的断裂，走向延长小于100km，影响宽度也小于1km，一般长度到几十千米较为常见，往往是深断裂或大断裂的某一组成部分，有些发震构造即为这类断裂，如阳江1969年6.4级地震就发生在平冈断裂上。

2. 按断裂的性质分类

按力学性质分类，中间应力轴（σ_2）与主压应力轴（σ_1）与主张应力轴（σ_3）位置及相互关系而定。

（1）正断层（正倾滑断层）。σ_2、σ_3 近于水平，σ_1 近于铅直，则为正断层。如莲花山断裂、三水-罗浮山断裂、广州-从化断裂。近期即为正断层。

（2）逆断层（逆倾滑断层）。σ_2、σ_1 水平，σ_3 近于铅直，则为逆断层。如吴川-四会深断裂即为逆断层。

（3）平移断层（走滑断层）。σ_2 近于铅直，σ_1、σ_3 近于水平，则产生平移断裂。如据近期三角测量结果表明，北西向的榕江断裂则为右旋平移断裂。地震术语中称为走滑断层。

3. 按断裂活动性分类

以断裂最新活动剧烈程度和距今活动的时间来分类。

（1）发震断裂。这是最新、最剧烈的活动断裂。它和地震的发生有着成生的联系，强震发生时，可出现地表断层，亦可表现深部的错动，地震沿断裂呈线状分布，极震区长轴和震源机制的断层面解与断层产状有较好的对应关系，如2008年汶川8.0级地震的龙门山断裂，广东北东向河源断裂、人字石断裂及与其斜交的北北西向断裂，阳江地区的平冈断裂等。

（2）活动断裂。晚更新世（10万年）有过活动，小震零散但亦成带状排列，温泉呈线状分布，断层气（Hg、Rn）出现异常的断裂，如广州-从化断裂，莲花山断裂等。

（3）活动未明断裂。断裂测年大于10万年以上者，偶有小震分布，但不成带状，温泉亦零散出露，断层气又未出现异常的断裂。

1.2.3 活动断裂体系划分及其特征

广东省内的活动性断裂，按方向分属北东向断裂系、东西向断裂系和北西向断裂系。各自有其共性亦有差异性。

1. 北东向断裂系

本区北东向深断裂从东到西依次有南澳深断裂带、汕头-惠来深断裂带、潮州-普宁深断裂带、莲花山深断裂带、邵武-河源深断裂带、新丰-恩平深断裂带、吴川-四会深断裂带等。

上述北东向断裂系其特征和活动性各自有一定的差异，但它们同时也有以下共同特征：

(1) 断裂走向一般为 N30°～60°E，断裂走向由南往北由北东东变为北北东，在北纬 23°以南沿海走向为 N45°～60°E，往北断层走向为 N35°～45°E，北纬 26°以北，小于 N35°E。此类断裂大部分倾向南东，亦有倾向北西者。断裂规模较大，一般沿走向延伸数百千米甚至逾千千米，宽度达数千米至数十千米。

(2) 断裂活动具有多期性。加里东或印支期形成，燕山期活动强烈，此时具挤压性质，至喜马拉雅期往往转化为张性，多为正断层，如五华-深圳及政和-海丰断裂，由于相邻两条平行的正断裂而组成了地垒构造，同时还具左旋错动，如广州-从化断裂，喜马拉雅期左旋错动东西向三水-罗浮山断裂达 6km。又如邵武-河源断裂，不仅地质上错动明显，就是近数十年的形变测量亦明显的左旋错动。

(3) 断裂切割较深，至少达到硅铝层，沿断裂多有基性小岩体分布。如政和-海丰断裂上的揭西五经富玄武岩，邵武-河源断裂上的埔前-杨村一带的杏仁状玄武岩，吴川-四会断裂也有基性岩分布。沿这组断裂，几乎都有大片花岗岩以岩基状侵入，形成断裂岩浆岩带，随着热液的贯入和区域动力作用，往往在断裂两侧形成热动力断裂变质带。

(4) 断裂控制两侧的地层、构造的发育。不仅是岩相古地理的分界线，还是大地构造Ⅱ级单元的分界线，如莲花山断裂，东南侧主要为地洼构造层的火山岩分布，西北侧则广泛出露地槽、地台构造层，且又是Ⅱ级大地构造单元的分界线。邵武-河源断裂、吴川-四会断裂也有类似特征。

(5) 断裂控制了区域的地形地貌，在卫片上色调反差强烈，十分清晰可辨。沿断裂分布着一系列北东向延伸的山体，如莲花山、罗浮山、九连山、青云山、云雾山等和串珠状的中新生代盆地，如海丰、五华、多祝、淡水、龙川、河源、罗定、北流等盆地。断裂也成为正负地形的分界线，如莲花山两侧的断裂，即政和-海丰断裂南东倾，五华-深圳断裂北西倾，断层下盘上升，形成了高耸的莲花山脉，而两侧分布一系列中新生代盆地。此外，断裂还控制着水系的发育，东江沿着邵武-河源断裂延伸，流溪河、锦江有一大段则沿广州-从化断裂流动，新兴江、漠阳江上游是沿着吴川-四会断裂而下的。从断裂与水系的玫瑰图来看，也十分明显地看出水系分布受断裂控制。

(6) 断裂与地震的关系。这组断裂既是控震构造，也是发震构造。从控震构造来看，常常有一系列强震沿北东向断裂呈带状分布，如沿滨海断裂，就分布有 1600 年南澳 7 级和 1918 年 7.3 级地震，1604 年泉州 7½ 级地震，1605 年琼州 7½ 级地震；邵武-河源、苍城-海陵断裂带，同样发生了 1806 年寻乌 6 级地震，1962 年河源 6.1 级地震及 1969 年阳江 6.4 级地震，这些地震不仅受控于断裂带，且按一定方式与规律发生震中迁移，由此，而组成的构造地震带，同时，北东向断裂还是发震构造，如 1936 年灵山 6¾ 级地震和 1969 年阳江 6.4 级地震，其等震线长轴就呈北东方向，统计了 19 次 $M \geqslant 5$ 以上地震，等震线长轴近一半为北东向。

2. 东西向断裂系

东西向断裂系有 3 条深断裂：即佛冈-丰良、高要-惠来、琼州海峡深断裂。有三条大断裂：即九峰、贵东、遂溪大断裂。

上述东西向断裂系，具有以下几个共同特征：

(1) 每隔 1°～1°30′纬度出现一条东西向纬向构造，其宽度在 20′～40′之间似呈等间距排列。

(2) 在东西向断裂系中，航磁、重力异常比较明显，推测都有潜伏的基底断裂存在。

(3) 该断裂大都由花岗岩体、褶皱和断裂组成，地表断裂不连续，具有挤压破碎现象，早期为逆冲断裂，晚期转化为正断裂。

(4) 东西向断裂多被北东向和北西向断裂错切，与北东向断裂为左旋错切，与北西向断裂则为右旋错切。

(5) 断裂活功具有多期性，成生较早，剧烈活动在印支-燕山运动期间，晚期又切过中新生代盆地。

(6) 有温泉分布，同时形成东西向地热异常。

(7) 东西向断裂控制着地震的分布，地震的发生，往往在北东向、北西向与本断裂的交汇处。

3. 北西向断裂系

北西向断裂是一组现代活动性很强的断裂，主要发育于沿海地区，按一定的间距排列，自东而西主要有饶平大断裂、韩江大断裂、榕江大断裂、普宁大断裂、惠来大断裂、珠江口大断裂，白坭-沙湾大断裂、西江大断裂、广海湾大断裂、涠洲-斜阳大断裂。

北西向断裂系可以归纳为以下 4 条共同特征：

(1) 断裂走向呈北西至北北西，倾角较陡，规模不大，延伸不远，仅几十到 100km，呈断续分布，在卫星影像上仍然十分清晰。靠近沿海地区，断裂较密集，规模较大，活动较明显；远离海岸至内地，断裂较稀疏，规模较小，活动较弱。

(2) 断裂切割不深，沿断裂很少见玄武岩分布，但断裂活劫具有多期性，前期主要为张性，属正断层，断层上盘发育着新生代盆地，如茂名盆地、三水盆地。后期则表现为逆断层，具压性，如合江-茂名断裂，前期控制茂名盆地白垩-古近系红层的沉积，之后，断裂反向运动（逆冲），在断裂下盘沉积新近系，并使古近系逆冲在新近系之上。近期大地形变测量表明，西江断裂目前仍处于挤压状态。北西向断裂除了沿倾向滑动外，也同具走滑分量。如在高明三洲附近，北东向的从化-阳江断裂被北西向西江断裂所切，使西南侧的开-恩断陷带向西北错移，显示了右旋性质。同样，北西向珠江口断裂，将近东西三水-罗浮山断裂东段往南东呈右旋错动。

(3) 断裂控制了水系、盆地、港湾的形成和发育。由于北西向断裂发育较新，而且切割了北东向断裂，故一系列河流受北东断裂控制，如韩江、榕江、西江、漠阳江等，并相应形成了韩江三角洲、珠江三角洲和一系列受控于北西断裂港湾，如红海湾、大鹏湾、珠江口、磨刀门、阳江南的海湾、雷州湾等。

(4) 断裂与地震关系密切，是多次地震的发震构造。统计了东南沿海 19 次 $M \geqslant 5$ 级以上地震等震线的极震区长轴，50％北西向。具体来看，如 1067 年潮州 $6\frac{3}{4}$ 级地震，1806 年会昌 6 级地震等烈度图部明显反映出来。此外，1962 年新丰江 6.1 级地震，经众多学者研究，根据震源机制解及波谱分析，及余震呈北西方向条带状分布，确定该次地震主震发震构造为北西向。1981 年海丰震群，3 月 14 日 $M_L 3.4$ 级地震，发震构造为北西向断裂（魏柏林，1983）。1994 年、1995 年北部湾 6.0 级、6.1 级地震（魏柏林，1988）；1997 年台山 $M4.1$ 级、$M3.6$ 级地震，都是北西向断裂为发震构造。

1.3　地震活动特征研究

广东省抽水蓄能电站的选址，必须建立在场地稳定性较好的基础上。决定场地稳定性的因素，除了地质构造环境因素以外，另一重要因素就是地震活动性。地震的空间分布与断裂的活动性具有成因上的联系，故而地震沿活动断裂成串排列成带分布，具有等间距特征，按一定规律沿活动构造带发生迁移，强震发生在特定构造部位，在特定构造应力场作用下发生。从上述地震与构造的关系即可推知未来潜在震源区的所在位置。地震活动在时间上有高低起伏的现象，这表现为地震活动的周期性和活动幕与平静幕的相间出现。本章主要论述了东南沿海地震活动的时间与空间分布特征，震源机制解与现代构造应力场的关系以及潜在震源区的划分，并试图通过广东及邻区即东南沿海地震带地震的时空分布规律的探讨，了解现代构造应力场与地震的关系以及哪些地区具备孕育发生地震的危险，即潜在震源区的划分，为抽水蓄能电站的选址、地震的预测、防震减灾提供基础资料和决策依据。

1.3.1　地震活动的时间分布特征

每一地震区带中地震活动的时间不均匀性，可以通过其地震时间序列图，应变积累释放图，地震时空分布图等表现出来。不同区、带的地震时间序列特征不尽相同，这大概与地质构造、介质状况、地壳应力来源、强度及由诸多条件所制约的应变积累速度的大小等许多因素有关。就同一区、带而言，要有比较充分的历史地震资料，才能较好地显示出比较客观的序列特征，从而认识区、带的地震活动在时间发展上的规律性。这种规律性对估计未来一定时段内的地震危险性至为重要。

东南沿海地震带具有以下地震时间序列特征。

1. 周期性

图 1.3-1 所示，东南沿海地震带的地震活动在时间上具有明显的周期性，即以低潮期和高潮期交替出现为其主要特征。从序列分布来看自 1400 年以来明显存在两个地震活

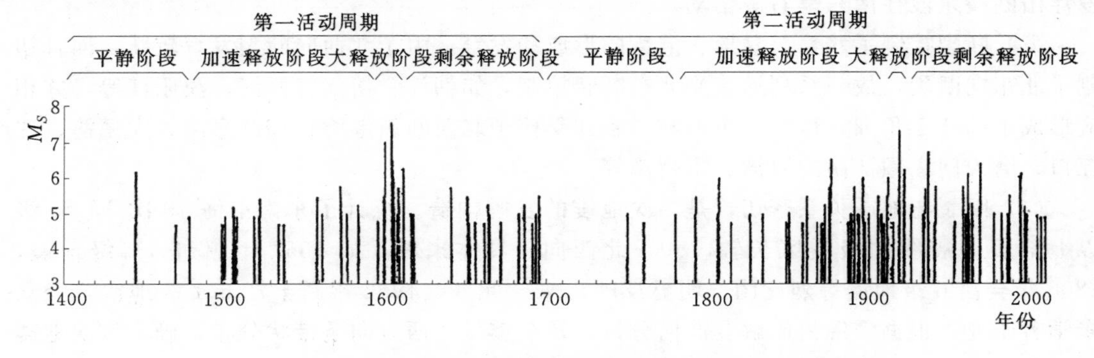

图 1.3-1　东南沿海地震带 $M_S \geqslant 4\frac{3}{4}$ 地震序列图

动周期，可以将 1400—1710 年定为第一活动周期，1711 年至今为第二活动周期。由于历史上的原因，1400 年以前的地震记载很少，难以划分更早的地震活动周期的时间界限，第一活动周期的起始时间是参照它与第二活动周期的界限而大体确定的。

图 1.3-2 和图 1.3-3 分别绘出了东南沿海地震带历史地震的蠕变曲线图和时空分布图，它们同样清楚地显示了 1400 年以来经历了两个地震活动周期。由图 1.3-1 可见，目前处于第二活动周期的后期。

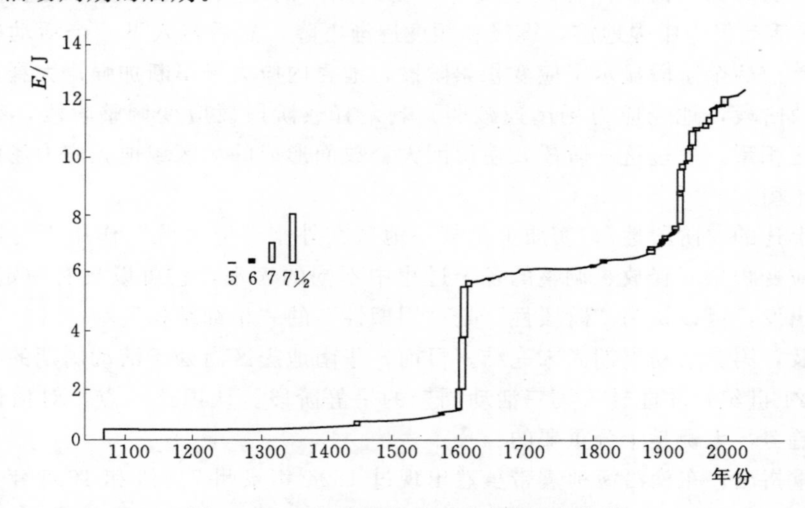

图 1.3-2　东南沿海地区应变能蠕变曲线

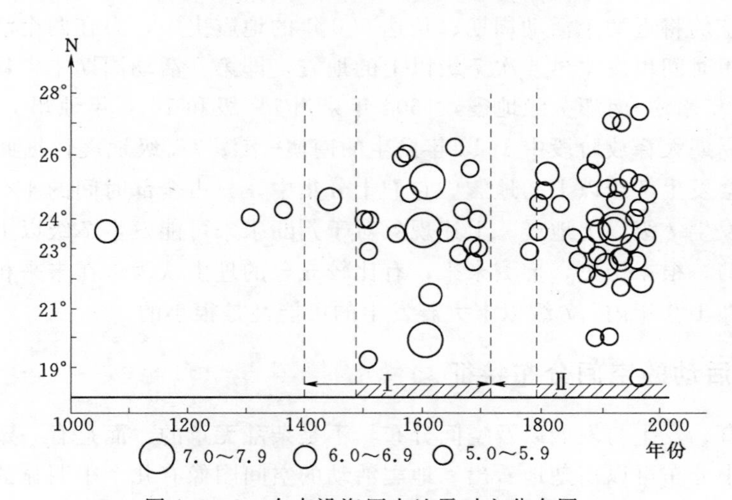

图 1.3-3　东南沿海历史地震时空分布图

第一活动周期的地震序列，展示了本带一个典型的完整的周期过程，第二活动周期则尚未完结。对比两个活动周期的过程，考察其序列的时间分布和能量释放的情况得到：1600—1605 年和 1918—1921 年分别为两个活动周期中高潮期，两者相距的时间与完整的第一活动周期所经历的时间相当一致，大约为 310～320 年。

2. 阶段性

每一活动周期都可以明显地划分成 4 个阶段，即平静阶段、加速释放阶段、大释放阶段和剩余释放阶段。把平静阶段作为活动周期的第一阶段，是因为平静阶段虽然地震活动很少，而实际上在地壳介质中不断积累能量，为未来的地震活动创造条件。值得强调的是，上述两个活动周期在阶段划分和时间进程上极其相似。每个阶段所经历的时间为：平静阶段约 80 年，几乎没有破坏性地震活动；加速释放阶段约 120 年，地震活动以中强震为主，震级和频度有逐渐上升的趋势；大释放阶段不超过 10 年（图 1.3－3)，出现 7 级以上的大震，经历时间很短，但释放了整个活动周期中的绝大部分能量；剩余释放阶段约 100 年，地震活动仍为中强地震，震级和频度逐渐下降，然后转入下一个活动周期的平静阶段。显然，前两个阶段显示了应变积累阶段，地壳内应力场不断加强；大释放阶段是主要的应变释放阶段，地壳应力场迅速减弱；剩余释放阶段属应变调整阶段，有些地区释放，有些地区积累，通过这一阶段，使得因大释放而形成的大区域地壳应力场的不平衡状态逐步恢复平衡。

可见，上述的“阶段性”，实质上是某一地区在外来“应力源”作用下，地壳介质必然要经历的应变积累、释放、调整的各个过程中不同的表现，它可以具有一定的普遍性。从这个角度出发，可以认为“阶段性”是“周期性”的“精细结构”。

前已述及，第二活动周期尚未完结。目前，华南地震区尚处于活动周期的剩余释放阶段。估计到 21 世纪初才能转入第三活动周期的平静阶段。认识这一点，对估计本区未来的地震发展趋势，无疑是十分重要的。

还应着重指出，东南沿海地震带虽然出现过 1604 年泉州 7½级和 1605 年琼州 7½级这样大的地震，但从频度看，对比与华北、西南、西北等地区，仍属少震区。迄今为止，这资料比较完整的将近两个活动周期、长达 600 年的地震史中，只在两个活动高潮（大释放阶段）的极短时间里发生过 4 次 7 级以上的地震，即第一活动周期中大释放阶段的 5 年间发生的 1600 年南澳-南澎 7 级地震，1604 年泉州 7½级和 1605 年琼州 7½级三次地震，以及第二活动周期大释放阶段中 1918 年发生的南澳-南澎 7¼级地震，据此认为，只有在大释放阶段才会发生 7 级以上的地震。它们十分集中，只占全部时间的 1%，在其余 99%的时间里从未发生 7 级以上地震。上述现象对于判断未来可能发生 7 级以上的大地震的时段是十分有用的。根据历史，推测未来，有比较充分的理由认为，在未来相当长达一段时间内，例如，在 100 年内，7 级以上大震发生的可能性是很小的。

1.3.2　地震活动的空间分布特征

地震的孕育、发生与发展以及空间分布，不是杂乱无章的，而是有一定规律的。从东南沿海地震震中分布可以清楚地看出，地震活动的空间图像有几个很明显的特征：地震按北东、北西和近东西向活动断裂组成的构造格架成带状分布；地震活动的强度从沿海到内地逐渐减弱；震中的迁移有一定的形式和方向性；强震的排列有一定的间距性；震级的发生往往出现成串的丛集现象；强震出现的新生性大于重复性；地震孕育的深度又具有浅层性；地震分布图像似乎又呈现网络性。现就地震空间分布的几个特征，阐述如下：

(1) 地震活动的成带性。地震发生与活动断裂有着密切的关系。沿着活动断裂地震往往成带状分布。因此，往往把沿着活动断裂的主体方向排列的地震称为地震构造带或构造地震带，简称地震带。从一条断裂带控制的地震分布，如河源-邵武地震带，到环太平洋俯冲构造带控制的地震分布都称为地震带，其差异十分巨大。

(2) 地震活动递变性。东南沿海地震分布从沿海往内地，有一个由强变弱的递变过程。

(3) 地震活动的迁移性。在一个地震构造带内，按着时间的顺序，地震发生由一处转移到另一处，称之为地震带内的地震迁移。这种现象很早就被人们发现，但其规律性及其产生的原因仍揭示和探讨的不够充分，理论解释还颇有争议，但已经用在潜在震源区的划分及地震活动危险性地点的预测上。

(4) 地震分布的等间距性。在一个地震区或一个地震带内，地震往往按一定的几近相等的间距排列，称为地震分布的等间距性。它有两种形式：一种是地震活动地段的等间距性；另一种是强震分布的等间距性。

(5) 地震活动的网络性。本区的构造格架，由规模宏大的北东向断裂与断续分布的规模较小的北西向断裂相互交切组成了一个共轭构造。同时，也有东西向构造横穿其中，但东西向构造主要是深部构造的反映，因此，浅部的构造格架比较醒目的仍是北东、北西构造组成了断裂网络，把地壳切成支离破碎的块体，地震往往发生在北东、北西断裂组成的网络网点上及其附近。

(6) 地震活动的丛集性。从东南沿海地震震中分布可看出，大小地震一串一串聚集在一起，这就是地震活动的丛集现象。特别是在震区表现得尤为明显，如南澳、南澎地区，因先后1600年和1918年发生过7级以上地震，因此，该处小震频繁不断，直至目前，仍时有3～4级地震发生。又如新丰江，自1962年发生6.1级主震以来，已有成千上万小震密集成丛。阳江地区也是如此，自1969年6.4级地震后，小震活动从未停止，尤其是自1986年、1987年连续发生两次晚期强余震后，小震活动又更为加剧。

(7) 强震的新生性大于重复性。从东南沿海以及全国的强震时空分布来看，强震绝大部分发生在未曾发生过强震的地段，即强震发生的新生性。强震的重复性是极少的。

(8) 震源深度分布的浅层性。板内大陆地震震源的深度分布，相对集中于地壳的中部10～15km深度范围。这一个孕育地震的深度称为多震层，多震层应是地壳内积累并释放弹性应变能的主要层次，具有半脆性介质。

1.4 地震动参数与区域稳定性评价

1.4.1 场地地震动参数确定与稳定性评价方法

(1) 地震动效应研究。地震动高程效应分析，一般采用山体振动测试和二维波动有限元法。

山体振动测试法主要报告人工激振法和环境振动（脉动）法。人工激振法测量山体高度的振动放大情况，即利用人工爆破，如以平洞开挖爆破为振源，沿上、下水库间山坡的不同高程布置传感器（水平、垂直给振仪）接收振动信号，经数据处理，得出沿山坡不同高度，主要是指上水库筑坝处振动相对于下水库或河谷谷底的放大倍数。环境振动（脉动）法：测量山体在环境振动下的响应，并用随机信号分析的方法，确定山体在小振幅情况下的动态特性——各阶频率、振型和阻力比。

二维波动有限元法：将不同概率水准下满足场址区地震动三要素的具有场址区基岩地震动特征的地震动加速度时程作为基岩地震动输入，对山体剖面进行二维有限元时程反应分析，求得各节点在不同概率水平下的水平、垂直方向的动力反应最大加速度值、最大位移值和振动时程。由山体的地质剖面和各构成岩层的物理力学试验指标建立二维计算模型，输入地震波采用基岩地震危险性分析得出的不同概率下的人造地震波。

（2）提出场地概率烈度和基岩加速度峰值。主要是考虑工程建设场地周围不小于150km 地震影响区内的地震活动特征以及地震动衰减关系等，采用复合概率法计算工程场地的地震危险性，得到各场点 50 年 10%、50 年 5%和 100 年 2%三个概率水平的地震烈度及基岩加速度峰值。

（3）提出地面加速度峰值及设计地震参数。根据场地土层的剪切波速及土动力三轴试验结果，采用等效化地震反应分析方法，计算得出场地不同孔位不同概率水平的地面加速度峰值及其综合设计地震系数。

（4）根据设计规准加速度反应谱提出地面设计地震影响参数。根据场地工程地震孔位的地震反应分析结果，得到其不同概率水平的规准加速度反应谱；再根据不同的反应谱和不同概率的设防标准得出设计地震影响系数。

（5）进行场地类型综合评价。根据工程建设场地地表 20m 内等效剪切波速的实测结果，得出各孔位的场地土类别、地面脉动卓越周期和场地类别。

（6）水库诱发地震评估。水库诱发地震评估一般是用水利水电规划设计总院曾归纳出的判别标志进行判别。判别标志为：①坝高大于 100m，库容大于 10 亿 m^3；②库坝区有新构造断裂活动，断裂呈张、扭性或张扭、压扭性；③库坝区为中新生代断陷盆地或其边缘，近代升降活动明显；④深部存在重力梯度异常；⑤岩体深部张裂隙发育，透水性强；⑥库坝区有温泉；⑦库坝区历史上曾有地震发生。

（7）地震地质灾害评估。在综合工程区地震地质、地形地貌、活动断裂和场地地质条件等资料，通过勘察试验及计算分析，来预测工程场区在地震作用下可能引起的地面和近地表的地质灾害，如崩塌、滑坡、泥石流、潜在不稳定体、地震液化砂层、软土震陷和岩溶塌陷等。

（8）区域构造稳定性评价。在收集分析站址周围 150km 范围内的地层岩性、表层和深部构造、区域性活断层、现代构造应力场、重力异常、重磁异常及地震活动性等资料的基础上，研究站址区构造背景及分区，综合分析确定工程近场区和工程场址区的构造稳定程度。一般划分为稳定性好、稳定性较差和稳定性差三个等级。

1.4.2　地震动参数确定与稳定性评价案例

1.4.2.1　惠州抽水蓄能电站

惠州抽水蓄能电站工程场地，经野外地质勘查、现场测试、土样试验以及室内一系列数据分析及整理，兹提交其设计地震动参数最终结果如下。

1. 场址概率烈度及基岩加速度峰值

考虑场址周围约 300km 地震影响区内的地震活动特征，以及地震动衰减关系等，采用复合概率法计算工程场址的地震危险性，得到其 50 年及 100 年内 3 个概率水平的地震烈度及基岩加速度峰值 PGA（表 1.4-1）。

表 1.4-1　　三个概率水准的地震烈度及基岩加速度峰值变化表

设防概率	10%（50 年）	5%（50 年）	2%（100 年）
概率烈度	6.67	7.03	7.71
$PGA/(cm/s^2)$	64.88	84.97	147.00

2. 地面加速度峰值及设计地震系数

根据场地土层的剪切波速及土动力三轴试验结果，采用等效线性化地震反应分析方法，计算得到场址不同孔位相应概率水平的地面加速度峰值及设计地震系数（表 1.4-2）。

表 1.4-2　　不同孔位相应概率水平的地面加速度峰值及设计地震系数表

"人工波"组别	第 1 组			第 2 组			第 3 组		
	10%（50 年）	5%（50 年）	2%（100 年）	10%（50 年）	5%（50 年）	2%（100 年）	10%（50 年）	5%（50 年）	2%（100 年）
DZ1	138.08	172.50	282.35	124.35	174.99	261.90	135.67	168.65	297.04
DZ2	89.43	111.92	206.77	74.22	107.58	194.63	92.89	116.89	207.54
DZ3	79.72	101.94	176.34	74.38	100.33	177.57	75.03	95.74	165.98
DZ4	105.24	132.60	216.04	93.29	128.04	225.52	105.94	136.62	236.81
DZ5	105.91	134.18	232.45	100.91	137.98	237.35	109.47	140.99	237.12
DZ6	76.03	95.29	164.27	71.22	97.42	173.50	73.73	94.55	162.83
DZ7	89.65	115.41	213.08	83.73	116.44	202.64	89.70	115.29	197.31
DZ8	91.43	120.80	195.03	81.49	107.70	201.06	94.61	125.69	207.44
K 值	0.1010	0.1316	0.2252	0.0910	0.1205	0.2053	0.0907	0.1188	0.2064

3. 地面设计规准加速度反应谱

根据场址 8 个工程地震孔位的地震反应分析结果，得到其不同概率水平的规准加速度反应谱

$$\beta(T)=\begin{cases}2.30(0.435+4.348T) & 0<T\leqslant 0.04\text{s}\\ 2.30(0.10/T)^{-0.542} & 0.04\text{s}\leqslant T\leqslant 0.10\text{s}\\ 2.30 & 0.10\text{s}\leqslant T\leqslant T_g\text{s}\\ 2.30(T_g/T)^C & T_g\leqslant T\leqslant 6.0\text{s}\end{cases}$$

4. 地面设计地震影响系数

根据我国现行抗震设计规范，地震荷载取决于地震影响系数 $\alpha(T)=K\beta(T)$。对于不同概率设防水准，可统一表示如下

$$\alpha(T)=\begin{cases}\alpha_{\max}(0.435+4.348T) & 0<T\leqslant 0.04\text{s}\\ \alpha_{\max}(0.10/T)^{-0.542} & 0.04\text{s}\leqslant T\leqslant 0.10\text{s}\\ \alpha_{\max} & 0.10\text{s}\leqslant T\leqslant T_g\text{s}\\ \alpha_{\max}(T_g/T)^C & T_g\leqslant T\leqslant 6.0\text{s}\end{cases}$$

其中各特征参数分为3个区，即上库区（DZ1、DZ2、DZ3、DZ4）、引水厂房区（DZ8）、下库区（DZ5、DZ6、DZ7），见表1.4-3。

表1.4-3 上库区、引水厂房区及下库区特征参数表

分区	上库区（DZ1、DZ2、DZ3、DZ4）			引水厂房区（DZ8）			下库区（DZ5、DZ6、DZ7）		
概率	10%（50年）	5%（50年）	2%（100年）	10%（50年）	5%（50年）	2%（100年）	10%（50年）	5%（50年）	2%（100年）
α_{max}	0.2323	0.3027	0.5180	0.2093	0.2771	0.4721	0.2087	0.2732	0.4747
T_g	0.40	0.45	0.60	0.40	0.40	0.50	0.50	0.50	0.50
C	0.95	0.95	0.95	0.90	0.90	0.90	0.90	0.90	0.90
K值	0.1010	0.1316	0.2252	0.0910	0.1205	0.2053	0.0907	0.1188	0.2064

5. 建筑场地类型综评

根据《水工建筑物抗震设计规范》（SL 203—1997）及《建筑抗震设计规范》（GB 50011—2010），本场地覆盖土层均属于中硬场地土，Ⅱ类场地，各孔位地面脉动卓越周期见表1.4-4。

表1.4-4 各孔位地面脉动卓越周期表

孔　位	DZ1	DZ2	DZ3	DZ4	DZ5	DZ6	DZ7	DZ8
脉动周期/s	0.243	0.217	0.148	0.232	0.179	0.144	0.162	0.262

6. 场地地震地质稳定性评价

惠州抽水蓄能电站工程场地位于区域上的两条大型断裂（罗浮山断裂和博罗断裂）夹持的地块中。据调查研究，罗浮山断裂西段属于早第四纪活动断裂，现今活动性不明显。罗浮山断裂东段属于晚第四纪活动断裂，现今有轻微活动，但活动强度不大，与下库距离超过5km，因此，对场址安全不会构成威胁。博罗断裂属于早第四纪活动断裂，对场址安全无太大影响作用。另外，北西向惠州断裂虽属晚第四纪活动断裂，但规模较小，对场址安全也不会构成严重威胁。

惠州抽水蓄能电站场址地形坡度一般不大，地层岩性比较简单，断层规模较小，未见切割错动上盖的晚更新世至全新世堆积层的活动迹象，构造岩热释光测年数据均为中更新世至晚更新世早期。历史上没发生过$M_S \geqslant 4.7$级破坏性地震，现代亦无地震活动记录。同时，场地不存在地震砂土液化、软土震陷、岩溶崩陷等地震地质灾害。因此，场地地震地质稳定性较好，符合抽水蓄能电站选址要求条件。

7. 场址基本烈度

根据地震危险性分析结果以及未来50年10%概率烈度计算值，本场址基本烈度为Ⅵ度。

1.4.2.2 深圳抽水蓄能电站

1. 场址概率烈度及基岩加速度峰值

考虑场址周围约300km地震影响区内的地震活动特征，以及地震动衰减关系等，采用复合概率法计算工程场址的地震危险性，得到各场点 50 年 10%、50 年 5%和 100 年 2%3 个概率水平的地震烈度及基岩加速度峰值 *PGA* 见表 1.4－5。根据概率烈度和地面加速度峰值的计算结果，本场地地震基本烈度为Ⅶ度。

表 1.4－5　　不同场点 3 个概率水准的地震烈度及基岩加速度峰值变化表

场点＼概率	概率烈度			$PGA/(cm/s^2)$		
	10%（50 年）	5%（50 年）	2%（100 年）	10%（50 年）	5%（50 年）	2%（100 年）
上库主坝	7.08	7.5	8.33	77.42	100.94	174.44
出水口	7.08	7.5	8.33	77.42	100.94	174.44
中平洞	7.01	7.42	8.24	67.72	88.984	153.86
厂房	7.01	7.42	8.24	67.72	88.984	153.86
下库主坝	7.01	7.42	8.24	67.72	88.984	153.86
下库副坝	7.01	7.42	8.24	67.72	88.984	153.86

2. 地面加速度峰值及设计地震系数

根据场地土层的剪切波速及土动力三轴试验结果，采用等效线性化地震反应分析方法，计算得到场址不同孔位相应概率水平的地面加速度峰值 A_{max} 及其综合设计地震系数 *K* 值，见表 1.4－6。

表 1.4－6　　不同孔位相应概率水平的地面加速度峰值及综合设计地震系数值

孔　位		$A_{max}/(cm/s^2)$			*K* 值		
		10%（50 年）	5%（50 年）	2%（100 年）	10%（50 年）	5%（50 年）	2%（100 年）
上库主坝	DZ1	104.803	134.862	219.347	0.1075	0.1382	0.2245
	DZ2	105.97	135.912	220.602			
出水口	DZ3	105.025	134.424	218.463	0.1072	0.1372	0.2229
中平洞	DZ4	71.605	92.096	159.909	0.0731	0.094	0.1632
厂房	DZ5	74.047	94.056	169.734	0.0756	0.096	0.1732
下库主坝	DZ6	98.753	122.962	195.414	0.1003	0.1261	0.2073
	DZ7	97.795	124.2	210.913			
下库副坝	DZ8	99.907	127.338	198.92	0.102	0.1299	0.203

3. 地面设计规准加速度反应谱

根据场址工程地震孔位的地震反应分析结果，得到其不同概率水平的规准加速度反应谱

$$\beta(T)=\begin{cases}\beta_{max}(0.45+0.55T/T_0) & 0<T\leqslant T_0\\ \beta_{max} & T_0\leqslant T\leqslant T_g\\ \beta_{max}(T_g/T)^r & T_g\leqslant T\leqslant 5T_g\\ \beta_{max}[0.2^r-0.02(T-5T_g)] & 5T_g\leqslant T\leqslant 6.0\text{s}\end{cases}$$

4. 地面设计地震影响系数

地震荷载取决于地震影响系数 $\alpha(T)=K\beta(T)$。对于不同概率设防水准，可统一表示为

$$\alpha(T)=\begin{cases}\alpha_{\max}(0.45+0.55T/T_0) & 0<T\leqslant T_0\\ \alpha_{\max} & T_0\leqslant T\leqslant T_g\\ \alpha_{\max}(T_g/T)^r & T_g\leqslant T\leqslant 5T_g\\ \alpha_{\max}[0.2^r-0.02(T-5T_g)] & 5T_g\leqslant T\leqslant 6.0\mathrm{s}\end{cases}$$

其中各特征参数见表 1.4－7。

表 1.4－7　　各场点特征参数表

场点	$\beta_{\max}$	T_g			γ	$\alpha_{\max}$		
		50 年 $P=10\%$	50 年 $P=5\%$	100 年 $P=2\%$		50 年 $P=10\%$	50 年 $P=5\%$	100 年 $P=2\%$
上库主坝	2.50	0.35	0.38	0.44	0.90	0.2688	0.3454	0.5612
出水口	2.30	0.29	0.33	0.38	0.90	0.2465	0.3155	0.5127
中平洞	2.30	0.37	0.41	0.46	0.85	0.1681	0.2161	0.3753
厂房	2.30	0.37	0.4	0.47	0.85	0.1738	0.2207	0.3984
下库主坝	2.50	0.40	0.45	0.59	0.90	0.2507	0.3152	0.5183
下库副坝	2.30	0.45	0.52	0.69	0.90	0.2346	0.2988	0.4669

5. 场地类型综评

根据本工程场址地表 20m 内等效剪切波速的实测结果，各孔位的场地土类别、地面脉动卓越周期和场地类别见表 1.4－8。

表 1.4－8　　各孔位的场地土类别、地面脉动卓越周期和场地类别表

场点	孔号	脉动周期 /s	等效剪切波速 V_{se}/(m/s)	覆盖层厚度 d_0/m	建筑规范	
					场地土	场地类别
上库主坝	DZ1	0.24	253.7	13.8	中硬	Ⅱ
	DZ2	0.21	278.9	12.0	中硬	Ⅱ
出水口	DZ3	0.19	328.3	11.0	中硬	Ⅱ
中平洞	DZ4	0.11	334.4	4.4	中硬	Ⅰ
厂房	DZ5	0.1	232.1	3.0	中软	Ⅱ
下库主坝	DZ6	0.25	234.4	14.4	中软	Ⅱ
	DZ7	0.22	286.7	18.0	中硬	Ⅱ
下库副坝	DZ8	0.23	269.6	36	中硬	Ⅱ

6. 场地地震地质稳定性评估

工程场地地震地质条件比较优越，不存在地震作用下的砂土液化、软土震陷和岩溶崩塌等地震地质灾害。场地断裂构造比较发育，特别是下库地段，区域上的五华-深圳断裂带的横岗-罗湖断裂从下库区附近通过，根据地形地貌、构造岩和上盖物质热释光测年试

验、地球化学勘测和第四纪地层研究，以及地震活动等方面资料的综合分析，证实这些断裂均属于非全新世活动断裂，它们主要活动时段在中更新世晚期，自晚更新世后期以来已基本上停止活动，对拟建的深圳抽水蓄能电站安全不会构成威胁。因此，场地符合蓄能电站的选址要求。但对于断裂破碎带发育区，要注意坡度不小于30°的地段在不低于Ⅶ度地震作用下可能产生的滑坡现象。

第2章　长探洞及深孔绳索取芯勘探技术研究

抽水蓄能电站工程地质勘察工作采用常规的勘察手段，主要包括：工程地质测绘，坑槽探、钻探，地球物理勘探的声波、剪切波、电阻率测试，取岩、土、水样进行室内试验，现场的压水试验、钻孔注水试验、试坑渗水试验、标贯试验、高压压水试验、地应力测试（应力解除法、水压致裂法），岩体变形、岩体抗剪断、混凝土/岩体抗剪断试验等。在勘察过程中除做好常规勘察外，最主要勘探手段是布置高程较低的长探洞及其支洞，查明了深部岩体及断层蚀变带的分布规律，最终确定地下厂房洞室群位置。另一重要勘探手段绳索取芯深钻孔钻探技术在广东的蓄能电站较早得到成功运用并积累了丰富的工程经验。本章主要对这两种勘探技术进行深入论述。

2.1　地下厂房洞室群长探洞勘察研究

2.1.1　概述

广东几座抽水蓄能电站，均采用中部地下厂房开发方案。抽水蓄能电站地下厂房区洞室群一般包括：①输水系统高压隧洞下平洞、高压岔管、引水支管、尾水支管、尾水岔管、尾水调压井、部分尾水隧洞；②厂房系统的主副厂房、主变洞、母线洞、尾水闸门廊道、尾闸运输洞，以及厂房附属洞室高压电缆洞、交通洞、通风洞、排水廊道、自流排水洞等，以及施工过程的施工支洞。洞室上下、左右错综复杂，厂房尺寸一般为155m×22m×50m，布置一套厂房洞室群平面面积约需300m×500m，两套厂房洞室群平面面积约需500m×500m，各座厂房洞室群规模见表2.1-1。

表2.1-1　各座抽水蓄能电站地下厂房规模

电站名称	厂房规模 长×宽×高/(m×m×m)	埋深/ m	围　岩
广州抽水蓄能电站工程	一期：146.5×21×44.54	350～445	燕山三期中粗粒黑云母花岗岩
	二期：146.5×22×46		
惠州抽水蓄能电站工程	A厂：152×21.5×48.25	260～350	燕山四期中细粒、中粗粒花岗岩
	B厂：155.5×21.5×48.25		
清远抽水蓄能电站工程	168.5×25.5×57.9	280～400	燕山三期中粗粒黑云母花岗岩
深圳抽水蓄能电站工程	164.5×24×55	260～280	燕山三期花岗岩
阳江抽水蓄能电站工程	212×25×59.8	390～460	燕山三期中粗粒黑云母花岗岩

根据类似工程经验，要选择一个地质条件较好的地下厂房和高压岔管位置，并对选定的厂房洞室群作出工程地质评价，主要是通过长探洞和支洞有效布置来实现。

2.1.2　地下厂房探洞勘探布置原则

2.1.2.1　《水力发电工程地质勘察规范》勘察规定

现行《水力发电工程地质勘察规范》（GB 50287—2006）可行性研究阶段关于地下厂房系统勘察的主要内容及方法如下。

地下厂房系统勘察主要内容：查明厂址区的地形地貌条件、岩体风化、卸荷、滑坡、崩塌、变形体及泥石流等不良物理地质现象；查明厂址区地层岩性，特别是松散、软弱、膨胀、易溶和岩溶化岩层的分布；探测岩层中有害气体和放射性物质的赋存情况，提出防范措施的建议；查明厂址区岩层的产状，蚀变岩带、断层破碎带和节理密集带的位置、产状、规模、性状及其组合关系；查明厂址区的水文地质条件，特别要查明涌水量大的含水层、强透水带以及与地表连通的断层破碎带、节理密集带和岩溶通道，预测掘进时发生突水、突泥的可能性，估算最大涌水量和稳定涌水量；可溶岩地区应查明岩溶的发育规律，主要岩溶洞穴的发育位置、规模、充填情况和富水性；查明厂址区岩体及结构面的物理力学性质；调查勘探平洞中发生的围岩岩爆、劈裂和钻孔岩芯饼裂等现象，进行现场地应力测试，分析岩体地应力状态，研究地应力对围岩稳定的影响，预测发生岩爆的可能性和强度，提出处理措施建议；根据厂址区的工程地质条件，提出地下厂房位置和轴线方向的建议；进行围岩工程地质详细分类，提出各类围岩的物理力学参数建议值，评价围岩的整体稳定性，提出支护设计建议；大跨度地下洞室还应查明主要软弱结构面的分布和组合情况，并结合岩体地应力状态评价顶拱、边墙、端墙、岩锚梁和洞室交叉段围岩的局部稳定性，提出处理建议；查明调压井布置区的覆盖层分布，基岩岩性，地质构造，风化、卸荷深度以及不良物理地质现象，进行井壁及穹顶的围岩分类；当井口为开敞式布置时，还应查明井口以上边坡的地质条件，评价工程边坡和自然边坡的稳定性，提出处理措施建议；查明压力管道及岔管布置区上覆岩体的厚度，风化、卸荷深度，岩体完整性和物理力学特性；高水头压力管道尚应调查上覆山体的稳定性、岩体结构特征、高压渗透特性和岩体地应力状态；查明气垫式调压室布置地段上覆岩体厚度、岩性、风化卸荷深度、构造发育情况、岩体完整性、围岩类别及物理力学特性、岩体地应力状态和高压渗透特性，评价山体抗抬稳定性、围岩抗劈裂稳定性、围岩抗渗稳定性及其闭气性；提出外水压力建议值。

地下厂房系统的勘察方法：进行工程地质测绘；各建筑物地段均应布置勘探剖面；根据地质复杂程度和地下厂房的规模在平洞内布置不同方向的钻孔，其中垂直向下的钻孔深度应进入设计洞底高程以下10～30m，但不应小于厂房跨度；大型地下洞室群宜在拟建洞室的纵横方向布置平洞，平洞深度宜穿过拟建洞室后1倍边墙高度的距离，平洞内可布置钻孔或竖井。高压管道及其岔管的勘探深度应以埋置最深、水头最大的岔管为控制；需要时，平洞应延伸到气垫式调压室可能布置的地段；大跨度深埋地下洞室、高压管道岔管段和气垫调压室应进行岩体现场变形试验、抗剪断及抗剪试验、岩体地应力测试；结构面现场抗剪断及抗剪试验；当存在软岩时，宜进行流变试验；高压管道及气垫式调压室布置地段宜进行高压压水试验，试验压力应不小于内水水头或气垫压力的1.2倍；可利用勘探平洞进行地下厂房围岩的位移监测。

关于抽水蓄能电站工程地质勘察方法规定：地下厂房和压力管道岔管部位应布置勘探平洞和钻孔，主探洞宜沿输水隧洞轴线方向布置，平洞高程宜高于厂房洞室顶拱一定高度；宜沿厂房轴线方向开挖勘探支洞，支洞超过厂房端墙的长度不应小于50m；应利用厂房探洞布置钻孔或竖井，钻孔深度应至设计洞室底板高程以下10～30m；对厂房等建筑物有重要影响的软弱岩层、蚀变岩带、断层、节理密集带等，根据需要应进行专门的勘察；应进行岩体的现场变形试验、抗剪试验、岩体地应力测试等，对地质条件复杂和工程规模大的洞室，可进行围岩收敛变形观测；在平洞和钻孔内，宜至少采用两种方法进行岩体地应力测试，厂房部位宜采用应力解除法，高压隧洞和岔管部位宜采用水压致裂法和应力解除法；根据需要进行工程区地应力场的回归分析；岔管部位应进行岩体高压压水试验；利用钻孔、勘探平洞和泉水等进行工程区地下水动态长期观测；进行放射性和有害气体的检测和预报；对半地下式和地面厂房，应查明建筑物地基、井筒和边坡的工程地质条件以及水库渗漏对洞室及建筑物地基稳定的影响。

2.1.2.2 《水电水利工程地下建筑物工程地质勘察技术规程》勘察规定

《水电水利工程地下建筑物工程地质勘察技术规程》（DL/T 5415—2009）关于地下厂房系统工程地质勘察方法规定：

在收集已有地形地质资料的基础上，开展地下厂房系统区工程地质测绘，查明地下厂房系统区的地形地貌、地层岩性、地质构造、物理地质现象、喀斯特、水文地质条件及地应力状态等基本地质条件，分析主要工程地质问题。

利用施工导洞及支洞，进行地质编录测绘。

地下厂房系统勘探应控制一定范围，以查明调压井、高压管道、岔道及地下厂房洞室群的地质条件。勘探的主要手段是洞探、钻探、物探。

地下厂房等洞室的勘探应进行洞探。对常规地下厂房，探洞宜在拟建厂房的拱座高程附近纵横方向布置：对抽水蓄能电站地下厂房，宜在洞顶以上30～50m纵横方向布置。并视地质条件的复杂程度和拟建厂房的规模，可在探洞内进行竖井或不同方向的钻孔。勘探的深度以埋置最深、水头最高的岔管为控制。

对常规调压井和气垫式调压室均应进行洞探、钻探。对高压管道应进行钻探，必要时布置洞探。宜进行孔间、洞间CT层析成像。在施工详图设计阶段，应进行围岩开挖爆破松动圈范围测定。

物探方法、钻探方法、洞探方法应分别符合规范《水电水利工程物探规程》（DL/T 5010）、《水电水利工程钻探规程》（DL/T 5013）、《水电水利工程坑探规程》（DL/T 5050）的要求。

长探洞的布置原则：在厂房顶拱附近以高于顶拱为宜；探洞的深度，可按预可研阶段中部开发方案确定；探洞的断面尺寸应便于钻探、现场试验和地质编录等工作的进行；洞口及其边坡地质条件较好，能保持较长期稳定；不影响厂房的稳定并可用于施工期通风和排水；与高压岔管的距离要控制一定的水力梯度。

工程探洞的布置，根据上述规定及适宜于布置地下厂房洞室群的地形地质条件，主要考虑以下因素：

(1) 能最大限度揭露工程地质条件，同时探洞的长度尽量缩短。

(2) 兼顾将来与水工永久建筑物的结合。

(3) 要有利于出渣、堆渣、排水。

(4) 尽量避免探洞施工对当地的干扰等因素。

(5) 探洞断面规格在与水工建筑物结合段以满足水工建筑物要求为主，其余探洞段，主要考虑有利于施工通风、出渣以及在探洞内进行钻探和测试等工作。

2.1.2.3 《岩土工程勘察设计手册》关于平洞的有关建议

机掘坑道净高不低于1.8m，运输设备与坑道一侧的安全间隙为0.2～0.25m，人行道宽度一般为0.5～0.7m。双轨运输线路间距应能保证运输设备最突出部分的间隙不小于0.2m，电机车架线高度：在有人行走的运输坑道、车场等，自轨面算起不小于2.0m；不行人的运输坑道，自轨面算起不小于1.8m。电机车架线与坑道拱顶或棚顶梁的距离不小于0.2m；为便于排水和运输，水平坑道必须保持一定的坡度，一般为3‰～7‰。平洞断面规格与使用条件见表2.1-2。

表2.1-2 平洞的断面规格与使用条件

长度/m	净断面（高×宽）/m^2	使用条件
0～50	1.8×1.2=2.16	人工打眼、人工装渣、手推车运输
0～100	1.8×1.5=2.70	机械掘进、人工装渣、斗车运输
0～500	2.0×1.8=3.16	机械掘进、机械装岩、机车运输
0～1000	2.2×2.3=5.06	机械掘进、机械装岩、机车运输

2.1.3 长探洞布置实例

2.1.3.1 广州抽水蓄能电站地下厂房探洞勘探布置

广州抽水蓄能电站工程一期探洞的布置，根据适宜于布置地下厂房洞室群的地形地质条件，主要考虑最大限度揭露工程地质条件，同时考虑利于排水，经研究洞口选择在下水库西南角，九曲水河左岸山坡上。下水库正常蓄水位287.40m，校核洪水位290.33m。主探洞PD02进洞口底板高程为297.00m，高于下库正常高水位及校核洪水位，探洞方向为SW245°，与水工建筑物尾水隧洞、交通洞、通风洞基本平行或小角度相交，利于揭露尾水范围的工程地质条件。主探洞PD02末端1+538.50处底板高程303.82m，探洞反坡坡度约4.43‰，利于探洞自流排水。支探洞PD02-4、PD02-5正SN向，长度分别为153.30m、181.30m，与主探洞65°角大角度相交，往厂房、尾水支管、引水支管、高压叉管区延伸。PD02-11长度45m，延伸至厂房中部。PD02-6基本顺高压叉管方向，为SW255°，位于高压叉管上方，长度198.95m。探洞总长度2117m。一期工程从探洞到厂房顶拱高差有65m。

广州抽水蓄能电站二期工程探洞经比较后选择从一期地下厂房上层排水廊道西北角掘进。主探洞PD7方向为S80°W，长度500.10m，在主探洞开挖完成后分析资料的基础上，在主探洞0+321布置近SN向支洞PD7-1、PD7-2，长度分别为202.10m、278.03m，在高压叉管、下平洞上方基本平行高压叉管方向南支洞 PD7－2 桩号 0＋172.48 布置东西支探洞 PD7－3、PD7－4，长度分别为 72.35m、98.89m，二期工程探洞总长度 1151.47m（图 2.1－1）。

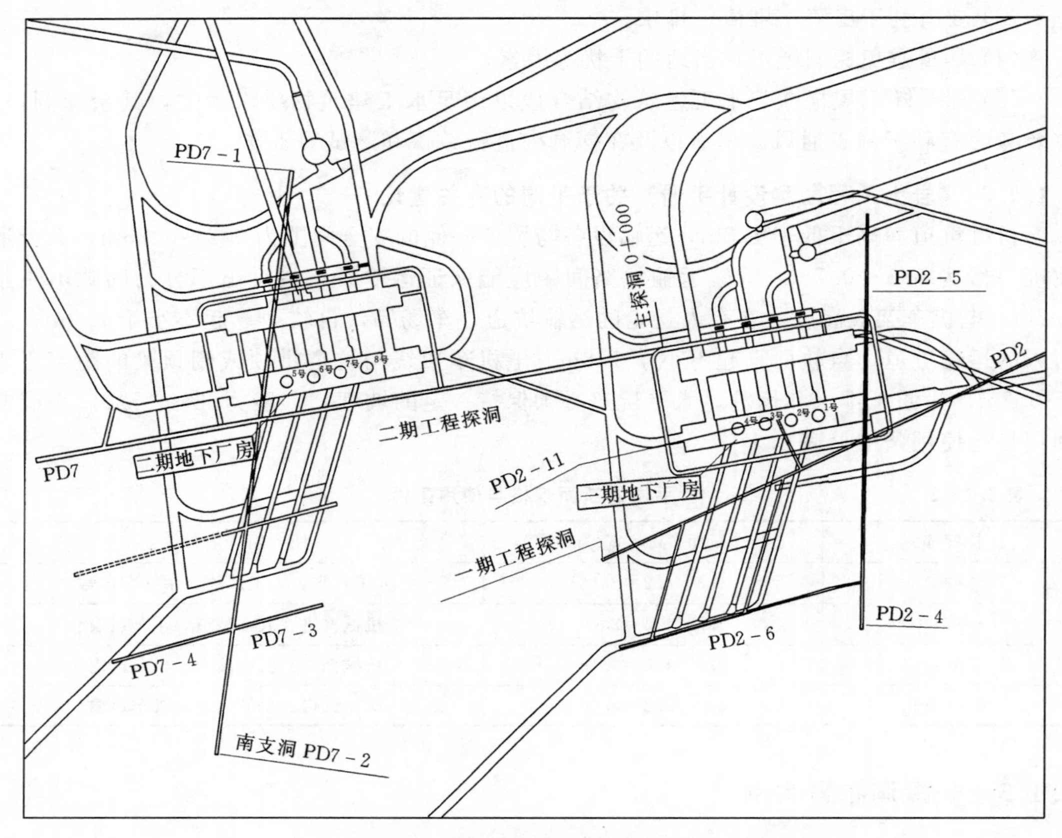

图 2.1－1　广州抽水蓄能电站探洞布置图

一期工程根据探洞揭露的地质情况，将原布置的地下厂房及主变压器室纵轴线从正南北向调整为 N80°E，并将地下厂房移至 PD2 勘探平洞北测，使厂房及主变压器室主要部分位于岩体相对完整，断层及蚀变带较少的 1＋310 北支洞的西侧，调整后的地下厂房范围内断层及蚀变带减少，且与地下厂房纵轴线交角大于 45°，可满足地下厂房等大型洞室对围岩稳定要求。通过施工和运行检验说明，广州抽水蓄能电站库址和地下厂房洞室群的位置选择是正确的，工程地质条件优良。

2.1.3.2　惠州抽水蓄能电站地下厂房探洞勘探布置

惠州抽水蓄能电站探洞勘察是在可行性研究阶段布置。探洞的布置，根据适宜于布置地下厂房洞室群的地形地质条件，主要考虑：最大限度揭露工程地质条件及探洞长短，与水工永久建筑物相结合，同时考虑利于出渣、堆渣、排水和避免施工干扰等因素。经研究洞口宜选择在上礤的东侧山坡上，探洞进洞口底板高程宜在下库正常高水位 231.00m 以上，断面规格在与水工建筑物结合段以满足水工建筑物要求为主，其余探洞段，主要考虑利于施工通风、在探洞内进行钻探和测试等工作。

按照上述原则，结合地形条件，水工、地质及广东抽水蓄能电站联营公司等各方经反复研究及讨论，探洞共布置了3个方案，主探洞进至厂房区后根据主探洞揭露的地质条件及有关测试成果，结合水工布置形式再布置支探洞。

方案1：探洞结合尾调通气洞（高洞口、短探洞），进洞口底板高程268.00m，到达厂房、高压岔管上方主探洞长约1080m，其中结合尾调通气洞段长540m，纯主探洞段长540m，厂房及岔管支探洞长约1000m，总长约2080m。优点是主探洞与本区主要的北西向断层交角较大，有利于最大限度揭露地质条件；主探洞长度最短。缺点是洞口高程较高，施工及出渣不便；全洞顺坡进洞，探洞施工期及完工后必须抽排水，不利于施工及在洞内进行测试、测绘等工作，施工干扰大。

方案2：探洞结合尾调通气洞（低洞口、长探洞），进洞口底板高程235.00m，到达厂房、高压岔管上方主探洞长约1356.119m，其中结合尾调通气洞段长748.861m，纯主探洞段约608.258m，厂房及岔管支探洞长约1000m，总长约2356.119m。优点是主探洞与本区主要的北西向断层交角较大，有利于最大限度揭露地质条件；全洞反坡进洞，探洞施工期及完工后自流排水，可减少排水维护措施，施工干扰少，有利于在洞内进行测试等工作；洞口高程较低，施工出渣方便。缺点是主探洞略长。

方案3：探洞结合排风出渣洞，进洞口底板高程250.00m，到达厂房、高压岔管上方主探洞长约1863m，其中结合排风出渣洞段长1030m，纯主探洞段长833m，厂房及岔管支探洞长约1000m，总长约2863m。优点是主探洞与本区主要的北西向断层交角较大，有利于最大限度揭露地质条件，能结合揭露尾水洞、交通洞等厂房附属洞室的地质条件。缺点是主探洞长度最长，工期长；探洞施工期及完工后必须抽排水。

在3个方案中，地质条件和背景类似，主要区别是在施工洞长短、排水及施工方便程度上。根据可研阶段时间安排，具体地质条件等因素比较，经业主、勘察设计单位、施工单位三方面研究决定采用方案2。其中在结合尾调通气洞段长度748.861m，基本断面6m×5.5m，纯主探洞断面尺寸2.5m×3m，城门洞式，试验洞PD01－6开挖尺寸为直径1.9m的圆形洞。探洞底板距厂房拱顶72～80m，距高岔中心约110m。反坡自流排水坡度约4‰，见表2.1－3及图2.1－2。

表2.1－3　各探洞主要特征参数表

探洞名称及编号	探洞方向	各探洞起点	探洞长度/m	探洞底板高程/m	备注
尾调通气洞PD01	N55°E	地面	958.46	239.0～242.5	①利用尾调通气洞作为厂房区地质探洞长度300m，是指地下厂房区平切图利用段的长度。②利用B厂尾调通气洞131m作为探洞。B厂尾调通气洞位于调整后的A厂轴线上方。③PD01－3交于PD01－4
A厂主探洞PD01	N10°E	尾调通气洞PD01桩号0＋958.46	415.10	245.2～247.3	
东支洞PD01－1	N90°E	A厂主探洞PD01桩号1＋010	490.00	245.4～247.4	
西支洞PD01－2	N90°W	A厂主探洞PD01桩号1＋070	150.00	246.1～246.7	
A厂高岔支洞PD01－3	S80°E	A厂主探洞PD01桩号1＋280	409.16	247.1～249.2	
B厂主探洞PD01－4	N25°E	东支洞PD01－1桩号0＋350	540.60	246.9～250.9	
B厂主探洞PD01－5	S25°W	东支洞PD01－1桩号0＋350	264.30	246.9～250.9	
B厂高岔支洞PD01－6	N75°W	B厂主探洞PD01－4桩号0＋080	101.30	248.3～248.9	
B厂尾调通气洞	N90°E	尾调通气洞PD01桩号0＋920	131	242.0～245	
合计			3459.92		

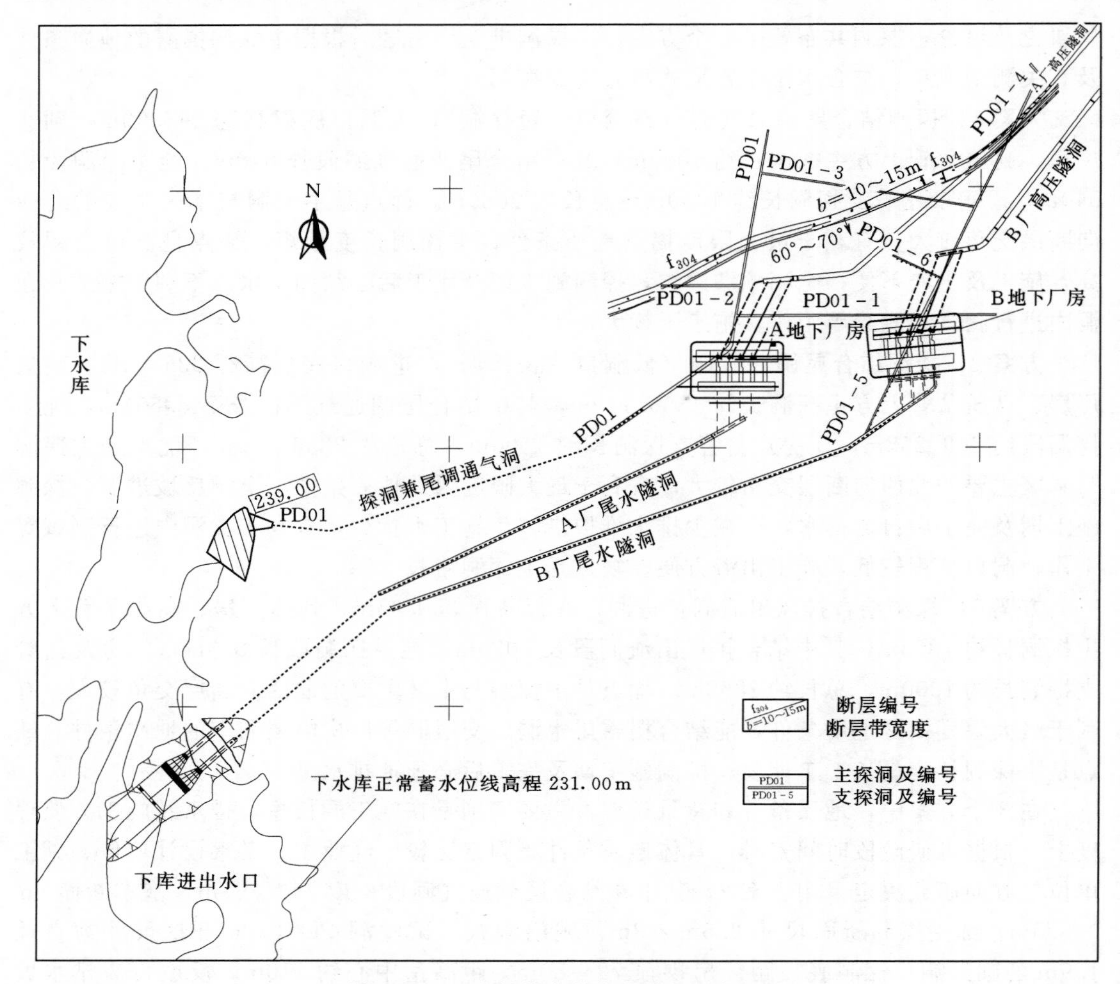

图 2.1－2　惠州抽水蓄能电站探洞布置图

考虑探洞位于厂房及高压叉管上部 72～110m，为利于查明厂房及高压叉管高程的工程地质条件，在探洞中布置了 16 个钻孔竖直孔，4 个水平钻孔共 20 个钻孔。通过钻探，揭露地下厂房区深部岩体特征，揭示可能存在的问题，评价地下厂房及高压岔管上覆岩体垂向上的变化特征。并进行相应的测试工作，根据工程地质特点，并在探洞中钻孔布置了现场试验工作，包括钻孔高压压水试验、水压致裂试验、应力解除法地应力测试。

2.1.3.3　清远抽水蓄能电站地下厂房探洞勘探布置

清远抽水蓄能电站探洞采用结合出渣通气洞布置的型式。利用了 714.788m 长的地质探洞，扩挖后作为厂房及主变洞第 1、第 2 层开挖出渣通道及主厂房进风通道，在桩号 0＋316.403 处与尾调通气洞相连，与尾水调压井上室相通，作为尾水调压井的通风通道。主探洞进洞点底板高程 148.00m，主探洞末端高程 105.80m。探洞累计总长 2325m，其中：主探洞长 1179m，主探洞结合出渣通气洞长 720m，扩挖后基本断面为 7.0m×6.5m（宽×高），往洞内排水坡度 6.09%；纯探洞段 516m，断面为 2.9m×3m 城门洞，自流往外排水坡度 1%。进洞方向为 N58.5°W，桩号 0＋705～0＋765 段为弧形转弯段，其后洞向为 EW 向。

为查明拟定的地下厂房、高压岔管和尾水调压井等的地质条件及其控制边界，在主探洞 0+936 北侧布置 PD01-1 北支探洞，洞长 148m。在主探洞 0+936 南侧布置 PD01-1 南支探洞，穿过初拟厂房南端墙，洞长 350m。在主探洞 1+140 北侧布置 PD01-2 北支探洞，洞长 20m。在主探洞 1+140 南侧布置 PD01-2 南支探洞，洞长 98m。通过勘察及试验测试查明厂房区地质条件。

根据探洞揭露工程地质条件，对原厂房位置进行了优化调整，厂房轴线由原来的 N15°E 调为 N10°E。为了查明推荐方案的地下厂房和尾水调压井、高压岔管工程地质条件和厂房深孔 ZK3003 揭露的断层在空间的位置，分别在 PD01-1 南支洞桩号 0+135 两侧布置 PD01-1 南-西支洞和 PD01-1 南-东支洞，其中：PD01-1 南-西高岔支探洞开挖至 220m，平面上已过 ZK3003 深孔，PD01-1 南-东尾调支探洞开挖至 300m，揭穿 f_{227} 断层和 NNW 向节理密集带。

地下厂房区探洞底高程约 105.00～110.00m，探洞距厂房顶拱 30m，高压岔管、地下厂房底板高程在 30～40m，仍有 70～75m 高差，为查明并具体落实选定的地下厂房、高压岔管、下平洞、尾水调压井等建筑物位置的工程地质条件，以及 f_{213}、f_{229}、f_{252} 等断层在建筑物高程的分布和特征，查明地下厂房围岩稳定条件，确定地下洞室围岩物理力学指标，为枢纽工程设计并确定地下厂房洞室群位置及轴面提供依据，在探洞的适当位置布置钻孔和进行现场测试。

2.1.3.4 深圳抽水蓄能电站地下厂房探洞勘探布置

深圳抽水蓄能电站地下厂房地质探洞工程结合尾水调压通气洞布置进洞口高程 86.00m，厂房部位探洞底板高程约 92～94m，主厂房拱顶高程 36.50m，厂房上方探洞底板距厂房顶拱约 50～60m 采用反坡坡度 3‰～5‰，自流排水。

探洞由洞口至尾水调压井附近的长度约 840m，厂房和高岔部位上方的探洞长度约 900m，探洞总长约为 1740m。由洞口开始的前 800m 范围采用 6.0m×5.5m（宽×高）的城门洞形断面，以满足尾水调压通风及施工交通使用要求；之后探洞均采用 2.5m×3.0m（宽×高）的城门洞形断面。

主探洞 PD01 洞口底板高程 86.00m，洞向为 S80°E，至 100m 后转为 S25°E，至 300m 后再转向 S7.5°E，根据设计布置和厂房位置的初步比选成果，主探洞在 600m 附近方向调整为 S33°E，开挖至尾水调压井附近后再调整为 S1.5°W 方向。主探洞长 1300m。

为加快探洞施工进度，并开展有关的洞内钻探及测试工作，在主探洞施工的同时，选择适宜布置地下厂房和高压岔管的位置开挖支探洞。根据主探洞揭露的地质条件和设计布置，在主探洞桩号 1+133 位置布置 PD01-1 支探洞，洞向为 N50°E。主探洞揭露，0～0+880 洞段地下水活动较为强烈，岩石裂面铁锈腐蚀严重，局部洞顶出现大量滴水现象和沿 NW 方向张开裂隙出现线状流水现象，岩体裂隙发育，完整性较差；1+231～1+300 洞段小断层及裂隙较为发育，岩体完整性较差，以Ⅲ类围岩为主；在 0+880～1+020 段以Ⅱ类和Ⅰ类围岩为主，洞顶洞壁渗滴水很少，岩面干燥，岩体完整性好，适宜于布置地下厂房和高压岔管，根据地质建议，设计对原推荐的厂房布置方案进行优化，根据主探洞揭露的断裂构造发育特点和统计资料，结合地应力场分析和测试成果资料，为使厂房轴线与区内主要的北西和近东西向构造有较大交角，与北东向构造斜交，厂房轴线由原来的

N80°E 调整为 N40°E，位置适当北移；高压岔管布置在由 f_{355} 和 f_{362} 断层所夹持的 NW 向较完整地质块体中。

根据设计优化布置，为查明拟定的地下厂房、高压岔管和尾水调压井等的地质条件，PD01-1 支探洞调整为高岔支探洞，在 PD01-1 桩号 0+171.3 处又布置支探洞 PD01-1-1、PD01-1-2，洞向作适当调整，在支洞到达推荐方案高岔位置后沿高岔轴向掘进，累计总洞长 288.9m。在主探洞 0+980 布置 PD01-2 厂房支探洞，厂房支洞沿初拟厂房轴线（N40°E）掘进，穿过厂房东端墙，洞长 215.0m。在主探洞 0+750 布置 PD01-3 支探洞，PD01-3 支探洞沿优化方案的尾水调压井掘进，洞长 92.0m。探洞总长 1895.9m（不包括 PD01-1-1、PD01-1-2）。

在地质探洞开挖完成后整个地下厂房洞室群沿轴线方向向西南移 80～90m，然后再整体向北西（下游）移 20～30m，优化后地下厂房洞室群工程地质条件更好，具备修建大跨度地下建筑物成洞条件。

2.1.3.5　阳江抽水蓄能电站地下厂房探洞勘探布置

阳江抽水蓄能电站厂房区主探洞 PD01，从各方面综合考虑进行了多个探洞方案的研究比较，采用了探洞结合高压电缆洞、从垅坑口进洞的方案。

主探洞 PD01 探洞进洞口高程仍为 155m，主探洞长度调整为 1026m，桩号 0+000～0+105洞向为 S28.6°E，桩号 0+105～0+408.957 为 S32.3°E，0+437 桩号后变为 SN 向，0+925 后洞向变为 S39.7°E，为了加快支洞施工进度，扩大段增加到 0+497.651，主探洞 0+480 扩大段坡度往洞内顺坡坡度为 9.2%；主探洞 0+480 以后及支探洞自流往外排水反坡坡度为 2%。

根据主探洞揭露的地质情况，选择适当的位置布置支探洞，控制厂房区的地质边界，在主探洞桩号 0+480 西边墙布置支探洞 PD01-1、0+485 东边墙布置 PD01-2、0+647.651 西边墙布置 PD01-3 和东边墙布置 PD01-4、0+847.651 西边墙布置 PD01-5 和东边墙布置 PD01-6，支探洞按 EW 向布置。

根据揭露的地质条件，在支探洞 PD01-3 以北、主探洞以西的地质块体断层发育较少，围岩完整性较好，设计根据地质意见把预可研阶段的地下厂房及高压岔管位置往北西方向进行了优化调整。

根据新的厂房布置方案对各探洞的方向和长度作了调整，PD01-3 在桩号 0+32.0 开始洞向从 EW 向变为 S75°W，目的是揭露最新方案高压岔管位置的地质条件，控制高压岔管区西边界，洞长 257m；PD01-1 目的是揭露最新方案主厂房位置的地质条件，控制厂房区西边界，洞长 280m；PD01-2 目的是揭露断层 f_{718}，控制厂房区东边界，洞长 214m；PD01-4 目的是揭露断层 f_{718}、f_{719}，控制厂房区南东边界，洞长 201.25m；PD01-5 目的是控制主洞揭露的断层 f_{751}、f_{752} 并查明地质条件，洞长 111.28m；PD01-6 目的是揭露控制断层 f_{718}，控制输水管下斜井东边界，洞长 87m；主探洞开挖至 0+925 桩号后，为了尽早揭露 f_{718}，洞向从南北调整为南东向至桩号 0+1026，以进一步控制 f_{718} 的具体位置及查明下斜井段的地质条件。

主探洞长 1026m，其中 0～454m 结合尾调通气洞和高压电缆洞布置，断面为 7m×5.5m（宽×高），地质探洞断面均为 2.5m×3m（宽×高）；支探洞长 1160m，探洞合计

2186m。探洞距厂房顶拱 85m，距高岔 133m，自流+抽排水，工期 14 个月。

2.1.4 长探洞布置经验探讨

依据上述长探洞布置实例，总结出布置经验如下：

(1) 洞口选择一般考虑交通较为方便，利于前期阶段设备、人员进出及出渣堆渣方便。洞口进洞条件较优，洞口高于下水库正常蓄水位为宜，除了阳江抽水蓄能电站探洞洞口高于正常蓄水位 51.3m 外，其余几座抽水蓄能电站洞口高于正常蓄水位 4.0～10.3m。这样在蓄水运行后，仍可以兼做其他用途，如排水、通气等。

(2) 主探洞的布置一般位于尾水隧洞附近，便于揭露尾水隧洞、交通洞、通风洞等的工程地质条件，有条件时与永久建筑物相结合，惠州抽水蓄能电站、深圳抽水蓄能电站结合尾水调压井通气洞实施，清远抽水蓄能电站结合通风出渣洞实施，阳江抽水蓄能电站结合高压电缆洞实施。与永久建筑物结合，可以采用较大断面，方便装载机装渣及东风汽车出渣，提高效率。

(3) 宜采用反坡进洞方式，坡度多数在 3‰～8‰，部分洞段坡度稍大达 1.5%～2.3%，满足自流排水的目的。南方地区山体地下水位较高，一般在地表埋深 10～50m 间，地质探洞位于地下水位以下，开挖过程山体地下水往探洞中排泄，遇到富水的较大张扭性断层带还可能出现突发性涌水，例如惠州抽水蓄能电站探洞揭露 f_{304} 出现突发性涌水，初始单位流量约 $1m^3/s$，历时 7h，累计涌水量约 2.44 万 m^3；10h 后，单位流量减弱为 $0.67m^3/s$，累计涌水量约 3.3 万 m^3；24h 后，单位流量约 $0.38m^3/s$，累计涌水量约 5.5 万 m^3。这么大的突发涌水，若不是自流排水，会严重威胁施工人员及设备安全。清远抽水蓄能电站利用通风出渣洞从洞口至 740m 洞段采用顺坡 7.183%，阳江抽水蓄能电站利用高压电缆洞从洞口至 454m 洞段采用顺坡 9.2%，都一直需要抽水排水，增加抽水电量及维护费用，清远抽水蓄能电站、阳江抽水蓄能电站每年探洞需要抽水 30 多万 m^3，消耗电费约 7 万～8 万元/a，加上维护费用每年需要投入 40 多万元，有些工程探洞开挖到电站施工完成可能长达 10 年以上时间，维护及抽水费用是较大的。

(4) 针对地下厂房和高压叉管一般均沿轴线布置勘探支探洞，主探洞及支探洞尽量大角度相交，有利于揭露不同方向的断裂构造，查明地质条件。

(5) 规范规定对抽水蓄能电站地下厂房，宜在洞顶以上 30～50m 纵横方向布置探洞。各抽水蓄能电站探洞距离厂房顶拱的距离从广州抽水蓄能电站二期工程的最小约 5m 到惠州抽水蓄能电站 70m，阳江抽水蓄能电站 85m，结合探洞中钻孔，达到了查明地质条件的要求。惠州抽水蓄能电站工程 B 厂高压叉管两条小断层原来分布在高压叉管的分叉位置，在厂房位置比选时从 N80°E 转到 N85°E，将两小断层放于 10m 长的直管段，开挖揭露结果反映探洞以下 110m 深高压叉管的断层位置如所推断的那样准确无误。

2.2 深孔勘探绳索取芯技术

2.2.1 绳索取芯技术钻进技术的特点

绳索取芯钻进是一种先进的勘探技术，广东省水利电力勘测设计研究院于 20 世纪 80

年代率先在广州抽水蓄能电站推广应用。钻进过程中，当岩芯管装满岩芯或发生岩芯堵塞需要提钻时，不需要将整套钻具提升到地表，而是用电动绞车将连接好钢丝绳的专用打捞工具投入孔内，卡住装有岩芯的内管总成，再通过绞车将打捞器及内管总成从外管和钻杆内捞取上来，取出岩芯后再将内管总成直接投入孔内，到位后就可以继续钻探。只有当钻头或扩孔器磨损到严重影响进尺时，才将孔内全部钻具提升出来。所以，绳索取芯钻进与普通钻进方法相比，有以下几个主要优点：

（1）钻进效率高。由于取芯时一般不需要将整套钻具提至地面，大大减少了钻探工作辅助时间，从而提高了钻探效率。

（2）钻头寿命长。绳索取芯钻进具有良好的稳定性，使得金刚石钻头在孔内有较好的工作环境，减少了钻头因钻具的震动所造成的损坏；同时，由于取芯时不用将外管及钻杆提至地面，这样就大大减少了孔壁发生坍塌掉块的可能性，从而减少了因扫孔带来的钻头磨损，因而提高了钻头的使用寿命。

（3）孔内事故少。绳索取芯钻杆与钻具直径相近，较粗，不容易折断；其径外平，与孔壁间隙小，因而减弱了对孔壁的破坏；同时，由于起下钻次数少，从而减少了因坍塌而造成的卡钻、埋钻等事故。

（4）劳动强度低。升降钻具、处理事故是钻探工作中劳动强度最大的工作。绳索取芯技术减少了升降钻具的次数，减少了钻孔事故，从而大大降低了钻探工人因拧卸钻杆和处理孔内事故等方面的劳动强度。

（5）钻孔垂直度高。绳索取芯钻杆柱直径较大、重量也较大、外平、孔壁间隙小，使得孔内工作稳定性好，有利于防止钻孔弯曲，保持了钻孔的垂直度。

2.2.2　绳索取芯技术在广东抽水蓄能电站深孔勘探中的应用

广东省水利电力勘测设计研究院自从 1990 年开始推广绳索取芯钻探技术以来，已先后在广州抽水蓄能电站、惠州抽水蓄能电站、阳江抽水蓄能电站、深圳抽水蓄能电站、清远抽水蓄能电站等深孔勘探中得到应用，取得了良好的经济技术效益。

2.2.2.1　广州抽水蓄能电站

广州抽水蓄能电站位于佛冈复式岩体的南缘部分，其分布岩性主要为燕山三期中粗粒（斑状）黑云母花岗岩和燕山后期中粗粒花岗岩等，其弱（微）风化岩层较坚硬、完整，岩体中还分布有断层蚀变岩，地质条件较差，岩性稍软。

1987 年 8 月，为了选择该电站地下厂房的位置，了解拟选地下厂房的工程地质情况，布置了一个 ZK623 钻孔，计划孔深 340m。采用普通小口径金刚石钻进，平均台班进尺仅 5.87m，还经常发生断钻杆、钻孔缩径而下不了钻具等孔内事故。为了提高深孔勘探效率，1990 年 7 月开始引进绳索取芯先进钻探技术，并先后完成了 5 个深孔的勘探，孔深 225～345.35m，平均台班进尺 11.9～13.35m，最高台班进尺高达 20.5m（ZK252），钻进效率比普通金刚石钻进提高了一倍多（表 2.2-1）。

由于绳索取芯钻进在钻杆内捞取岩芯，并具有钻杆壁薄、钻头唇部厚、钻杆与孔壁的环状间隙小等特点，因此，它和普通金刚石钻进的技术和方法有所不同，必须根据绳钻的

表 2.2-1 广蓄深孔勘探一览表

孔 号	孔深/m	钻探方法	平均台班进尺/m	岩芯采取率/%
ZK623	340.40	普通金刚石钻进	5.87	91.6
ZK2182	340.70	绳索取芯钻进	11.9	99.0
ZK2183	250.40	绳索取芯钻进	13.0	98.5
ZK2184	345.35	绳索取芯钻进	12.26	97.3
ZK2185	325.40	绳索取芯钻进	12.78	99.2
ZK252	225.00	绳索取芯钻进	13.35	98.8

特点和具体的施工条件，合理使用金刚石钻头，确定最优的钻进技术参数的合理的提钻间隔，制定严格的取芯措施，只有这样，才能大幅度提高钻进效率，保证钻孔质量，减少金刚石钻头的消耗，降低勘探成本。

1. 钻头的选择和使用

采用绳索取芯钻进技术，金刚石钻头的选择至关重要。它要求钻头不仅时效要高，易破碎岩石，还要有较长的使用寿命。如果钻头时效很高但使用寿命短，就不得不经常起下钻更换钻头，那将会大大降低钻进效率，不能充分发挥绳钻的优越性，所以，必须根据岩层的性质和实践经验选择好钻头参数。由于广蓄地区地层坚硬、完整，一般用 HRC30～35、浓度 80%、60～70 目的金刚石钻头，既有利于金刚石自磨出刃，克取岩石，又能保持较高的钻头寿命。

绳索取芯钻头的特点是在孔底连续工作时间较长，只有当钻头磨损到一定程度时才提钻检查更换，所以钻头的排队显得十分重要。每次钻进前，必须丈量好所有钻头的内外径，并分组排队，依照一定的顺序使用。先用外径大、后用外径小、内径大的，并且每次下入的钻头与前一个回次钻头直径之差要小，一般不大于 0.1mm。若不注意钻头的排队使用，比如把外径大、内径小的钻头放在后面使用，就很容易造成更换的新钻头下不到孔底，甚至损坏钻头，或引起孔内事故。

2. 钻进技术参数的选择

绳索取芯钻进与普通金刚石钻进一样，必须根据岩石的性质、钻头类型、钻孔深度、冲洗液类型及设备钻具的性能来选择最优的钻进参数，这些参数的有机配合，是决定钻速、钻进效率的重要因素。

在广州抽水蓄能电站深孔勘探中，采用 XY-2 钻机，配备 SGZB-3250 型水泵，冲洗液为润滑性能较好的乳化液，绳索取芯钻具的规格为 S75 和 S59 两种口径。这两种规格的钻头底唇面积比同口径普通金刚石钻头大 20%，所以其所需的钻压也应相应加大 20%，才能顺利克取岩石。一般地，S59 钻进的钻压为 8～10kN，S75 钻进的钻压为 11～13kN。当遇到坚硬、完整、研磨性稍弱的地层时，钻压还可适当高些，以提高钻进效率；当遇到断层蚀变岩层时，应迅速降低钻压，轻压慢转，以免造成岩芯堵塞，引起烧钻事故。

转速是影响金刚石钻进效率的重要因素。在坚硬、完整的岩层中钻进时，由于乳化液润滑性能较好，故可以开较高的转速，一般用 800～1000r/min；当遇到蚀变岩时，由于其岩性较软，进尺较快，为了保证钻头的冷却效果和岩粉的迅速排除，应限制转速。

绳索取芯钻进的冲洗液量应保证其足以清除孔内岩粉，冷却金刚石钻头和保护孔壁。由于绳钻环状间隙小而钻头底唇面积大，破碎下来的岩屑较多，故其泵量比普通金刚石钻进要大些，但也不能过大，否则会造成钻具内压过高，从而抵消钻头压力，增加钻具的振动，还会冲蚀钻头胎体内的岩芯。根据在广州抽水蓄能电站地区的勘探经验，一般地，S75 钻进泵量为 62～75L/min，S59 钻进的泵量为 38～58L/min。在坚硬、完整的岩层中钻进时，钻速较低，岩粉量较少，故泵量可小些；钻进蚀变岩层时，岩粉较多，为了尽快排除岩粉，泵量可大些；钻进裂隙发育、有轻微漏失的地层时，为补偿漏失的那一部分冲洗液，可采用稍大的泵量。

3. 确定合理的提钻间隔

绳索取芯钻进的提钻间隔合理与否，直接影响钻进效率和钻头寿命。提钻间隔越大，纯钻进时间越长，钻进效率就越高。但是，提钻间隔过大往往会使金刚石钻头磨损严重，增加金刚石消耗，所以，应合理确定提钻间隔，即合适的更换钻头时间。

（1）从钻速的变化来判断钻头底唇的磨损程度。一般情况下，如钻头选择得当，钻进技术参数稳定，钻速下降意味着孔底钻头已磨损或岩芯堵塞。前者引起钻速下降的幅度小，后者引起钻速下降的幅度较大。那么，如何判断钻速下降的原因呢？在实践中采用的方法是分析、比较打捞岩芯前后的钻速。如钻速没有变化，说明钻速下降是由于钻头磨损造成的；如打捞岩芯后钻速提高了，则说明钻速下降是由于岩芯堵塞造成的。

（2）根据岩芯直径的变化来判断钻头内径的磨损。由于绳索取芯钻头的内径采取了牢固的补强措施，所以正常情况下岩芯直径几乎没有什么变化。但当钻头内径发生磨损时，岩芯直径会接近或等于钻头内径，而且钻进时还会频繁发生钻头堵塞的现象。

金刚石钻头磨损到什么程度就必须提钻更换呢？这应根据孔深和钻速下降幅度等因素来确定。如果孔较深，且钻速下降幅度不大，则不要随意提钻。一句话，要能保证每个钻头尽量发挥其工作效能，获得最高进尺，以增大提钻间隔，提高钻进效率，降低钻探成本的劳动强度。

4. 钻探工具的保养与维护

为保证钻具和打捞工具的性能良好，防止其因零部件失灵导致捞取岩芯失败而不得不提钻，必须经常对其检查，做好保养和维护工作。特别是每回次下钻前一定检查单动轴承的灵活性、弹卡挡头拨叉磨损情况和张簧是否变形，并用柴油将其清洗干净，并用机油涂抹，检查合格后方可使用。

5. 钻孔事故的处理

在广州抽水蓄能电站深孔勘探中，由于地质条件并不十分复杂，加上措施得当，所以很少发生钻孔事故，只是在 ZK182 孔出现过打捞器捕捞不到内管总成的情况。事故发生后，经过分析，认为是起因于孔内岩粉过多，停钻后又未能及时打捞，沉淀的岩粉覆盖住捞矛头，使打捞器接触不到内管总成。处理办法：重新接上立轴钻杆，开大泵量冲洗钻孔，停泵后立即下入打捞器，终于将内管总成捞上来。

2.2.2.2 惠州抽水蓄能电站

惠州抽水蓄能电站地层地质条件以燕山三期和燕山四期侵入的花岗岩为主，岩性较硬，一般采用金刚石钻进。对于孔深在180m以内的钻孔，一般采用小口径单管或单动双管金刚石钻进方法。对于孔深超过180m的钻孔，采用绳索取芯金刚石钻进。

采用绳索取芯钻进技术进行深孔勘探时，针对该地区地层较硬、部分岩层研磨性较弱的特点，采用HRC25～28、浓度70%～80%、粒度70～80目的金刚石钻头，以保证胎体能及时磨蚀，使金刚石易于出露，更好地克取岩石。如此法仍不奏效，则可将少量磨料投入孔内，或者用浓硝酸腐蚀钻头胎体，使金刚石更易于出露。所用S75绳索取芯钻进参数一般为：钻压12～16kN，转速600～1000r/min，泵量60～80L/min。钻进时，要注意观察泵压、钻速及回水情况的变化，发现岩芯堵塞、不进尺、泵压突变、孔内响声异常等情况要及时打捞，避免发生孔内事故。每回次投放内管总成一定要确认其到达预定位置后方可开钻，以免发生打"单管"。遇到漏失严重的地层时，便在该漏失地段灌入聚丙烯酰胺浆液，起一定的堵漏作用，同时加大水泵进水管的直径，增加泵量；遇到弱风化裂隙发育地层时，由于该地层较为破碎，这时应适当降低转速（400～600r/min）及钻压（8～10kN），钻进中如出现岩块堵塞卡簧（反映在泵压骤升、进尺缓慢或不进尺）时要立即停钻捞取岩芯。同时还要控制起下钻的速度，以免起下钻的抽吸力过大造成破碎地段孔壁的坍塌。每次打捞后，要用柴油将内管总成和打捞器清洗干净，并在弹簧、张簧、弹性圆柱销、弹卡及回收管等处注入机油，单动轴承要定期注入黄油，钻杆的丝扣也要经常涂上丝扣油。同时要检查卡簧与岩芯直径的配合，并及时更换不合适的卡簧，以免卡簧卡不住岩芯。在钻进正常的情况，尽量延长提钻间隔，以提高钻进效率。

Zk2057孔在勘探施工过程中，碰到了一些难题。当钻进至206.50m时，由于该孔段严重破碎，钻具在出现掉块及塌孔现象，钻具下至204.80m时受阻，下不到底。对所钻取的岩芯进行分析，认为在193.20～195.50m及202.70m以下孔段地层较为破碎，由于孔壁与钻具之间的环状间隙较小，起下钻速度稍快些就会因抽吸作用而造成该孔段掉块和坍塌。针对这种情况，结合工地的实际情况，决定向孔内投入15m长的ϕ73mm套管，将这两段严重破碎带隔离住。投入套管后，下入S59绳索取芯钻具从204.80m位置开始慢慢扫孔，使套管慢慢下至孔底，然后再变径ϕ59钻进。当钻进至452.60～454.20m时，出现裂隙较大的岩洞，洞内填充物软弱，采用轻压、慢转的办法穿过该层底板。捞取岩芯并洗孔后，将干水泥球（加入水玻璃作为速凝剂）投入钻杆内，利用钻杆作导管将水泥球送入孔底，边投边提钻杆，直至将该孔段填满，待几天后水泥凝固了再重新钻进，取得了良好的效果。

在工程输水发电系统采用绳钻技术共完成了11个钻孔的勘探（表2.2-2），最大孔深473.75m，最小180.20m。强风化岩层平均岩芯采取率为89.5%，较完整的弱风化、微风化岩层采取率为98.6%，较破碎的弱风化、微风化岩层采取率为88.3%，平均台班进尺为8.73m，取得了良好的经济技术效果。

2.2.2.3 阳江抽水蓄能电站

2004年初及2005年8月，广东省水利电力勘测设计研究院承接了阳江抽水蓄能电站

表 2.2-2 惠蓄输水发电系统深孔勘探一览表

序　号	钻孔编号	钻孔深度/m	钻孔位置
1	ZK2001	262.82	地下厂房区
2	ZK2002	421.72	地下厂房区
3	ZK2004	250.50	上游调压井
4	ZK2005	180.20	上游调压井
5	ZK2008	380.53	地下厂房区
6	ZK2057	473.75	高压隧洞
7	ZK2085	262.85	高压隧洞
8	ZK2086	349.90	高压隧洞
9	ZK2087	193.05	高压隧洞
10	ZK2088	302.87	高压隧洞
11	ZK2134	231.20	上游调压井

初拟地下厂房区 ZK102、ZKY001 深孔勘探任务。通过地质测绘，该电站上库及引水隧洞上段处于燕山三期黑云母花岗岩内，初拟厂房位置位于花岗岩体内，靠近寒武系混合岩与燕山期花岗岩接触带。

ZK102 设计孔深 436m，ZKY001 设计孔深 540m，其主要的勘察目的如下：

(1) 通过这两个钻孔了解初拟厂房区的地层岩性、地质构造、岩体风化程度、岩体完整性程度，初步评价地下厂房的成洞条件。

(2) 初步查明厂房区上覆岩层厚度及风化分布带特征的变化。

(3) 初步查明厂房区所处的地层岩性，并取样试验，提出岩石的物理力学性质指标建议值。

(4) 通过工程地质评价和比较，最终确定地下厂房的位置。

通过认真总结广蓄、惠蓄深孔勘探中成功应用绳索取芯技术的经验，找出了不足之处。同时，比较了这几个蓄能电站的工程地质条件，既有相同之处，也有不同之处，特别是阳蓄破碎地层较多，漏水严重，这是该工程深孔勘探所面临的主要问题。

在破碎地层中钻进，将面临两个主要问题：①钻孔容易坍塌；②破碎岩芯难以采取。对于前者，一般情况下应在钻穿该层后快速下套管护壁，但由于该地层的多变性和不稳定性，经常会出现完整-破碎-完整-破碎的情况，这时应考虑采用水泥封孔护壁再钻穿等办法（特别是孔较深时）。对于后者，如果破碎程度不太严重，仍可采用绳钻方法。钻进时，首先要适当降低转速（400～600r/min）以减少对破碎岩芯的机械破坏；其次要调整好卡簧内径和岩芯直径、钻头内径的配合比，既要保证破碎岩芯顺利进入，又要保证卡簧能有效卡取岩芯；由于钻杆和孔壁间隙很小，仅 2.5mm，所以一定要严格控制起下钻的速度，防止因起下钻速度过快引起钻孔抽吸，造成孔壁坍塌；钻压不要太高，一般为 8～10kN；要注意观察泵压、钻速及回水情况的变化，一旦发现不进尺、岩芯堵塞、泵压突变、孔内响声异常等情况要立即停钻处理，以免发生孔内事故；如果岩层破碎程度严重，则采用自行设计的喷射式孔底反循环钻具进行钻进。

在裂隙发育漏失严重的地层钻进时，一定要密切注意孔口的回水情况。如果发现孔口回水很小或不回水，说明孔内漏水较为严重。如漏水部位较浅，可下套管封住，套管靴用海带止水，同时增大水泵的进水管直径，并适当增大泵量；如漏水部位较深，可向孔内分批投入一些泥粉，用加有堵漏剂的冲洗液稀释后护壁堵漏。

ZKY001是广东省水利电力勘测设计研究院综合运用深孔勘探技术成功的典范，其地层条件十分复杂，岩石较硬、研磨性弱、部分岩层裂隙发育，钻进中漏水严重。在该孔的勘探施工中，总结了ZK102孔的勘探经验，制定出更为合理的施工方案：孔浅时遇到破碎地层就用喷射式反循环金刚石钻进，孔深时用绳索取芯钻进，以提高岩芯采取率和勘探效率；遇到漏水地层时，根据孔内实际情况采用下套管（管靴绑上海带止水）或黄泥浆渗堵漏剂的方法解决。通过实施，效果良好，破碎岩层岩芯采取率高达89.6%，其540.65m的钻探深度创广东省水利水电钻探最深记录。

通过这两个钻孔提供的地质资料和试验数据，了解了初拟厂房区的地层条件、地质构造、岩体风化程度、岩体完整程度、岩石物理力学性质（表2.2-3）。经过有关专家论证、评价和比较地下厂房的成洞条件，最终确定ZKY001孔作为地下厂房的位置。

表2.2-3　　阳蓄初拟地下厂房深孔勘探一览表

孔　号	孔深/m	平均台班进尺/m	弱风化岩芯采取率/%	完成时间/d
ZK102	436.10	8.1	98.8	18
ZKY001	540.65	7.9	99.0	23

除了广州抽水蓄能电站、惠州抽水蓄能电站和阳江抽水蓄能电站之外，广东省水利电力勘测设计研究院还在深圳抽水蓄能电站和清远抽水蓄能电站应用绳钻技术完成了ZK12和ZK3003各一个深孔。其中深蓄ZK12孔深366.5m，台班进尺9.2m，完整地层岩芯采取率高达99%，破碎夹层采取率高达87%；清蓄ZK3003孔深421.8m，台班进尺8.5m（不含做地应力和水力劈裂试验时间），完整地层岩芯采取率高达99%，破碎夹层采取率高达90.2%。目前，正在大力推广绳索取芯钻进这种先进技术，并争取在一些浅孔勘探中也得到应用。

2.2.3 绳索取芯技术经验总结

20世纪80年代以来，广东省水利电力勘测设计研究院率先在广东数个抽水蓄能电站推广应用绳索取芯钻进技术，总结出以下几条经验：

（1）由于绳索取芯钻进是通过打捞器捞取岩芯，并具有钻头壁厚、唇部面积大、钻杆与孔壁的环状间隙小等特点，因此，它和普通金刚石钻进的技术和方法有所不同。必须根据绳钻的特点和具体的施工条件，合理使用金刚石钻头，确定最优的钻进技术参数和合理的提钻间隔，制定严格的取芯措施，只有这样，才能大幅度提高钻进效率，保证钻孔质量，减少金刚石钻头的消耗，降低勘探成本。

（2）钻进时，要注意观察泵压、钻速及回水情况的变化，发现岩芯堵塞、不进尺、泵压突变、孔内响声异常等情况要及时打捞，避免发生孔内事故。

（3）在破碎地层中钻进，将面临两个主要问题：①钻孔容易坍塌；②破碎岩心难以采取。对于前者，一般情况下应在钻穿该层后快速下套管护壁，但由于这类地层的多变性和不稳定性，经常会出现完整-破碎-完整-破碎的情况，这时应考虑采用水泥封孔护壁再钻穿等办法（特别是孔较深时）。

（4）在裂隙发育漏失严重的地层钻进时，一定要密切注意孔口的回水情况。如果发现孔口回水很小或不回水，说明孔内漏水较为严重。如漏水部位较浅，可下套管封住，套管靴用海带止水，同时增大水泵的进水管直径，并适当增大泵量；如漏水部位较深，可向孔内分批投入一些泥粉，用加有堵漏剂的冲洗液稀释后护壁堵漏。

第3章 工程岩体的物理力学特性研究

岩石与岩体的物理力学性质对工程的安全稳定起着重要的作用，认识岩石与岩体的特性，是利用与改造工程岩体的前提和基础。岩石是由一种或多种矿物和胶结物、火山玻璃、生物遗骸等物质组成的自然结合体。岩体是在漫长的自然历史过程中经受了各种地质作用，内部保留了各种各样的地质构造形迹的具有一定工程尺度的自然地质体；它由岩石和层理、节理、断层等各种性质的结构面共同构成。岩石主要的工程性质包括岩石的物理性质、水理性质和力学性质。岩体的工程性质主要取决于岩体内部结构面性质、发育程度及其分布情况，以及岩石本身的物理力学性状。研究岩体的工程性质，必须对岩石、岩体及其结构面的物理力学特性进行综合研究。

3.1 岩石物理力学特性试验研究

3.1.1 岩石的物理性质研究

3.1.1.1 岩石基本物理性质试验方法

在进行岩体的力学性质研究和工程岩体稳定性分析时，常常要用到岩石的物理性质指标，有些岩石的物理性参数与其力学性质有很好的相关性，岩石物理性试验是岩石乃至岩体的力学性质研究的重要内容。岩石的物理性质试验主要在室内用岩块进行，一般包括含水率、吸水性、颗粒密度、块体密度等试验。

1. 颗粒密度试验

岩石颗粒密度是其固相物质的质量与其体积的比值。其试验方法有比重瓶法和水中称量法，比重瓶法适用于各类岩石，水中称量法不适用于遇水崩解、溶解和干缩湿胀以及密度小于1g/cm^3 的岩石。水中称量法测定的颗粒密度与比重瓶法测定的颗粒密度值存在一定差别；但差别不大，能满足中小型工程及大型工程的可行性和初设计阶段的需要。水中称量试验快捷、方便，通常情况下被广泛采用，该方法的岩石颗粒密度按下式计算

$$\rho_p=\frac{m_d}{m_d-m_w}\rho_w \tag{3.1-1}$$

式中：m_d 为试件烘干后的质量，g；m_w 为强制饱和试件在水中的称量，g；ρ_p 为颗粒密度，g/cm^3；ρ_w 为试验温度下试液密度，g/cm^3。

2. 块体密度试验

岩石密度，即单位体积的岩石质量，是试样质量与试样体积之比。根据试样的含水量情况，岩石密度可分为烘干密度、饱和密度和天然密度。一般未说明含水情况时，即指烘干密度。根据岩石类型和试样形态，分别采用不同方法测定其密度。一般原则为：凡能制

备成规则试样的岩石，宜采用量积法；除遇水崩解、溶解和干缩湿胀性岩石外，可采用水中称重法；不能用量积法或水中称重法进行测定的岩石，可采用蜡封法；用水中称重法测定岩石密度时，一般用测定岩石吸水率和饱和吸水率的同一试样同时进行测定；按照下列公式进行计算

$$\rho_0=\frac{m_0}{m_s-m_w}\rho_w \tag{3.1-2}$$

$$\rho_d=\frac{m_d}{m_s-m_w}\rho_w \tag{3.1-3}$$

$$\rho_s=\frac{m_s}{m_s-m_w}\rho_w \tag{3.1-4}$$

式中：ρ_0 为天然密度，g/cm^3；ρ_d 为干密度，g/cm^3；ρ_s 为饱和密度，g/cm^3；m_d 为试件烘干后的质量，g；m_s 为试件强制饱和后的质量，g；m_w 为强制饱和试件在水中的称量，g。

3. 含水率、吸水率与孔隙率试验

岩石的天然含水率是指试样在大气压力和室温条件下，天然条件下岩石自身所含有的水的质量与试样固体质量比的百分率。通常采用烘干法进行试验，适用于含结晶水矿物和不含结晶水矿物的岩石，试验的关键技术是烘干标准。目前国内岩石力学试验规程有两种规定：①时间控制，规定在指定的温度下烘干若干小时，即含结晶水矿物岩石要求在40℃±5℃恒温下烘 24h，不含结晶水矿物岩石要求在 105～110℃恒温下烘 24h；②称量控制，规定在指定的温度下烘至恒量，即两次相邻称量之差不超过后一次称量的 0.1%。

岩石吸水率是试样在大气压力和室温条件下，岩石吸入水的质量与试样固体质量比的百分率；采用自由浸水方式求岩石吸水率。岩石饱和吸水率是试样在强制状态下，岩石的最大吸水质量与试样固体质量比的百分率；采用煮沸法或真空抽气法求岩石饱和吸水率，适用于遇水不崩解、不溶解和不干缩湿胀的岩石。

岩石孔隙率是岩石中孔隙的体积与岩石总体积的比值，常用百分数表示，坚硬岩石的孔隙率一般小于 2%～3%，而砾岩、砂岩等多孔岩石的孔隙率相对较大。

岩石天然含水率、吸水率、饱和吸水率、孔隙率按以下公式计算

$$w_0=\frac{m_0-m_d}{m_d}\times 100\% \tag{3.1-5}$$

$$w_a=\frac{m_a-m_d}{m_d}\times 100\% \tag{3.1-6}$$

$$w_s=\frac{m_s-m_d}{m_d}\times 100\% \tag{3.1-7}$$

$$n=\frac{m_s-m_d}{m_s-m_w}\times 100\% \tag{3.1-8}$$

式中：w_0、w_a、w_s、n 分别为岩石天然含水率、吸水率、饱和吸水率、孔隙率，%；m_0、m_d、m_a、m_s 分别为岩石天然质量、烘干质量、浸水 48h 质量和强制饱和质量，g。

3.1.1.2　广东抽水蓄能电站岩石的物理性质

1. 广州抽水蓄能电站

广州抽水蓄能电站工程区地层主要为燕山三期中粗粒花岗岩；在岩体形成后，受构造

作用以及燕山四期花岗岩侵入及地下热水影响，在一些断层和裂隙两侧，产生黏土化热液蚀变，形成特殊的黏土化蚀变岩带。

针对电站工程区不同风化程度的中粗粒花岗岩、蚀变花岗岩开展物理性质试验180余组，试验成果表明：不同风化程度的中粗粒花岗岩的颗粒密度为2.63～2.64g/cm³，天然密度为2.30～2.58g/cm³，饱和吸水率为0.43%～4.91%，孔隙率为2.22%～10.5%；不同性状的蚀变花岗岩的颗粒密度为2.63～2.66g/cm³，天然密度为2.35～2.47g/cm³，孔隙率为6.97%～8.15%；岩石物理性质试验成果见表3.1-1。

表3.1-1　广州抽水蓄能工程岩石物理性质试验成果表

岩石名称	统计值	颗粒密度 ρ_p /(g/cm³)	块体密度		孔隙率 n /%	自然吸水率 w_a /%	饱和吸水率 w_s /%
			天然密度 ρ_0 /(g/cm³)	饱和密度 ρ_s /(g/cm³)			
强风化中粗粒花岗岩	统计组数	16	22	16	8	19	10
	最大值	2.65	2.47	2.52	14.1	8.74	10.0
	最小值	2.62	1.97	2.11	4.49	1.63	3.02
	平均值	2.63	2.30	2.37	10.5	4.20	4.91
弱风化中粗粒花岗岩	统计组数	57	89	65	28	81	47
	最大值	2.67	2.64	2.65	6.08	1.19	1.20
	最小值	2.61	2.49	2.5	1.89	0.13	0.28
	平均值	2.64	2.54	2.56	2.90	0.48	0.62
微风化中粗粒花岗岩	统计组数	69	86	65	18	68	59
	最大值	2.66	2.62	2.63	3.79	0.80	0.90
	最小值	2.61	2.54	2.55	1.13	0.14	0.17
	平均值	2.64	2.58	2.60	2.22	0.31	0.43
弱蚀变花岗岩	统计组数	10	29	17	7	31	11
	最大值	2.65	2.53	2.56	11.4	2.75	3.92
	最小值	2.62	2.33	2.42	4.48	0.53	1.86
	平均值	2.63	2.47	2.52	6.97	1.81	2.48
黏土化蚀变花岗岩	统计组数	6	12		6	10	
	最大值	2.60	2.59		9.33	3.15	
	最小值	2.62	1.92		6.02	1.46	
	平均值	2.66	2.35		8.15	2.48	

2. 惠州抽水蓄能电站

惠州抽水蓄能电站区内地层以不同时期侵入的花岗岩为主，在其周围零星分布有残缺不全的沉积岩。侵入岩可分为3个侵入旋回：加里东侵入旋回、印支侵入旋回和燕山侵入旋回。燕山侵入旋回岩浆活动最为强烈，活动次数频繁，区内主要分布燕山三期 [$\gamma_5^{2(3)}$] 和燕山四期 [$\gamma_5^{3(1)}$] 侵入的花岗岩。在各期侵入岩中有较多石英脉和煌斑岩脉，煌斑岩脉宽10～30cm，呈不规则状延伸，一般几米至几十米。

选取典型岩石试样共开展了342组物理性质试验，参数主要包括块体密度、颗粒密度、天然含水率、饱和含水率和孔隙率；试验采用水中称重法，并采用烘干法和真空抽气法对试件进行烘干和饱和处理。室内物理性质试验成果表明，不同风化程度岩石天然块体密度在2.58～2.73 g/cm³ 之间，颗粒密度在2.63～2.77g/cm³ 之间，饱和吸水率均小于1%，物理性质试验成果见表3.1-2。

表3.1-2　　惠州抽水蓄能工程典型岩石物理性质试验成果

地层时代	岩性	风化状态	统计值	颗粒密度 ρ_p /(g/cm³)	块体密度			自然吸水率 w_a /%	饱和吸水率 w_s /%
					烘干 ρ_d /(g/cm³)	天然密度 ρ_0 /(g/cm³)	饱和密度 ρ_s /(g/cm³)		
燕山四期侵入	细粒、中细粒黑云母花岗岩	强风化	统计组数	11	24	24	27	18	18
			最大值	2.67	2.64	2.65	2.65	1.60	1.60
			最小值	2.61	2.41	2.48	2.41	0.32	0.32
			平均值	2.64	2.56	2.58	2.57	0.72	0.76
		弱风化	统计组数	50	110	110	116	109	109
			最大值	2.66	2.65	2.65	2.65	1.98	2.07
			最小值	2.61	2.50	2.55	2.56	0.03	0.07
			平均值	2.63	2.60	2.61	2.61	0.32	0.35
		微风化	统计组数	17	40	40	45	43	43
			最大值	2.68	2.72	2.73	2.73	0.39	0.45
			最小值	2.6	2.58	2.59	2.59	0.07	0.07
			平均值	2.65	2.62	2.62	2.62	0.21	0.22
加里东-燕山期($M\gamma_3$)变质岩	条带状、条痕状、眼球状混	强风化	统计组数	3	5	5	9	6	6
			最大值	2.73	2.71	2.71	2.71	3.11	3.52
			最小值	2.62	2.40	2.45	2.46	0.25	0.25
			平均值	2.65	2.49	2.53	2.56	2.06	2.21
		弱风化	统计组数	30	81	81	89	81	80
			最大值	2.79	2.81	2.81	2.81	2.24	2.41
			最小值	2.66	2.60	2.61	2.62	0.02	0.04
			平均值	2.71	2.67	2.68	2.68	0.49	0.57
		微风化	统计组数	22	41	41	53	41	41
			最大值	2.76	2.78	2.79	2.79	0.27	0.29
			最小值	2.66	2.62	2.62	2.62	0.02	0.02
			平均值	2.72	2.69	2.69	2.68	0.14	0.15

续表

地层时代	岩性	风化状态	统计值	颗粒密度 ρ_p /(g/cm³)	块体密度 烘干 ρ_d /(g/cm³)	天然密度 ρ_0 /(g/cm³)	饱和密度 ρ_s /(g/cm³)	自然吸水率 w_a /%	饱和吸水率 w_s /%
燕山四期以后脉岩	闪长岩、闪长玢岩	弱风化	统计组数	8	20	20	21	17	20
			最大值	3.05	3.01	3.02	3.06	0.75	0.93
			最小值	2.72	2.65	2.67	2.67	0.36	0.07
			平均值	2.8	2.72	2.73	2.75	0.52	0.56
		微风化	统计组数	18	18	18	18	17	18
			最大值	3.13	3.09	3.09	3.1	0.61	0.67
			最小值	2.62	2.6	2.61	2.61	0.02	0.03
			平均值	2.95	2.93	2.93	2.93	0.16	0.18
	煌斑岩	弱风化	统计组数	3	5	5	5	5	5
			最大值	2.78	2.81	2.81	2.81	0.33	0.34
			最小值	2.78	2.59	2.60	2.60	0.05	0.06
			平均值	2.78	2.72	2.72	2.72	0.12	0.13
		微风化	统计组数	2	6	6	5	6	6
			最大值		2.81	2.82	2.82	0.29	0.33
			最小值		2.59	2.60	2.60	0.05	0.05
			平均值	2.77	2.72	2.73	2.71	0.13	0.16

3. 清远抽水蓄能电站

清远抽水蓄能电站地层岩性主要为寒武系八村群第三亚群（$\in bc^c$）石英砂岩、粉砂岩，泥盆系下-中统桂头群（$D_{1-2}gt$）石英砂岩及泥质砂岩，以及燕山三期［$\gamma_5^{2(3)}$］中粗粒黑云母花岗岩。

针对工程区不同风化程度的石英砂岩、中粗粒花岗岩等开展物理性质试验250余组，试验成果表明：不同风化程度不同岩性的岩石颗粒密度在2.65～2.77g/cm³之间，天然状态下块体密度在2.61～2.72g/cm³之间，饱和吸水率均小于1%，岩石物理性质试验成果见表3.1-3。

表3.1-3　清远抽水蓄能工程典型岩石物理性质试验成果

地层时代	风化分带	岩石名称	统计	颗粒密度 ρ_p /(g/cm³)	块体密度 ρ_s /(g/cm³)	ρ_0 /(g/cm³)	ρ_d /(g/cm³)	自然吸水率 w_a/%	饱和吸水率 w_s/%
寒武系	弱风化（Ⅲ）	石英砂岩	组数	33	93	72	93	85	56
			平均值	2.77	2.72	2.72	2.72	0.19	0.25
			最小值	2.71	2.66	2.66	2.65	0.09	0.12
			最大值	2.98	2.92	2.94	2.91	0.30	0.41

续表

地层时代	风化分带	岩石名称	统计	颗粒密度 ρ_p /(g/cm³)	块体密度			自然吸水率 w_a/%	饱和吸水率 w_s/%
					ρ_s /(g/cm³)	ρ_0 /(g/cm³)	ρ_d /(g/cm³)		
泥盆系	弱风化(Ⅲ)	石英砂岩	组数	22	66	—	66	34	14
			平均值	2.75	2.71	—	2.71	0.13	0.15
			最小值	2.70	2.67	—	2.66	0.09	0.11
			最大值	2.80	2.76	—	2.75	0.22	0.27
	微风化(Ⅱ)		组数	2	6	—	6	4	—
			平均值	2.75	2.71	—	2.71	0.09	—
			最小值	2.74	2.69	—	2.69	0.05	—
			最大值	2.75	2.72	—	2.71	0.19	—
燕山三期	弱风化(Ⅲ)	中粗粒花岗岩	组数	11	33	9	33	31	16
			平均值	2.65	2.61	2.61	2.60	0.31	0.43
			最小值	2.63	2.52	2.50	2.45	0.18	0.26
			最大值	2.74	2.70	2.66	2.69	0.58	0.60
	微风化(Ⅱ)	中粗粒花岗岩	组数	16	48	15	48	48	21
			平均值	2.66	2.63	2.63	2.62	0.24	0.38
			最小值	2.62	2.58	2.59	2.57	0.16	0.20
			最大值	2.70	2.66	2.66	2.66	0.39	0.52

3.1.2　岩石力学特性试验研究

3.1.2.1　岩石力学特性试验方法

1. 单轴抗压强度试验

岩石单轴抗压强度是试件在无侧限条件下受轴向力作用破坏时单位面积所承受的荷载。试件含水状态可根据需要选择天然、烘干或饱和状态，同一状态下每组试件数量不应少于 3 个。岩石单轴抗压强度是划分岩石级别和评定岩石质量的重要指标，是岩体工程和建筑物基础的重要依据。岩石标准试件采用圆柱体，直径为 50mm，高径比为 2～2.5。对于非均质的粗粒结构岩石，或取样尺寸小于标准尺寸者，允许采用非标准试件，但高径比必须保持 2～2.5 的比值。对于层（片）状岩石，一般按垂直和平行于层（片）理两个方向制样。为了消除受载时的端部效应，试件两端安放光滑的钢质垫块。垫块直径等于或略大于试件直径。其高度约等于试件直径，垫块的刚度和平整度应符合要求。岩石单轴抗压强度与软化系数按照下列公式计算

$$R=\frac{P}{A} \tag{3.1-9}$$

$$\eta=\frac{\overline{R_s}}{\overline{R_d}} \tag{3.1-10}$$

式中：P 为破坏荷载，N；A 为垂直于加荷方向的试件面积，mm^2；R 为单轴抗压强度，MPa；$\overline{R_s}$为饱和状态下单轴抗压强度平均值，MPa；$\overline{R_d}$为干燥状态下单轴抗压强度平均值，MPa。

2. 单轴压缩变形试验

岩石单轴压缩变形试验是测定试件在单轴压缩条件下的纵向和横向应变值，据此计算岩石变形模量、弹性模量和泊松比。试件形态和含水状态，与抗压强度试件相同。常用的压缩变形量测方法有电阻应变片法、千分表法与引伸计法。岩石的弹性模量是指岩石在弹性变形阶段其应力与应变变化值之比；变形模量为应力-应变曲线零荷载点与单轴抗压强度 50%水平交点连线的斜率；泊松比是指材料在单向受拉或受压时，横向正应变与轴向正应变的绝对值的比值，也叫横向变形系数，它是反映材料横向变形的常数。岩石变形模量、弹性模量和泊松比参数按照下列公式计算

$$E_e=\frac{\sigma_b-\sigma_a}{\varepsilon_{hb}-\varepsilon_{ha}} \tag{3.1-11}$$

$$E_{50}=\frac{\sigma_{50}}{\varepsilon_{50}} \tag{3.1-12}$$

$$\mu_e=\frac{\varepsilon_{db}-\varepsilon_{da}}{\varepsilon_{hb}-\varepsilon_{ha}} \tag{3.1-13}$$

$$\mu_{50}=\frac{\varepsilon_{d50}}{\varepsilon_{h50}} \tag{3.1-14}$$

式中：E_e 为岩石弹性模量，MPa；σ_a 为应力与纵向应变关系曲线上直线段起始点的应力值，MPa；σ_b 为应力与纵向应变关系曲线上直线段终点的应力值，MPa；ε_{ha} 为应力为 σ_a 时的纵向应变值；ε_{hb} 为应力为 σ_b 时的纵向应变值；E_{50} 为变形模量，即割线模量，MPa；σ_{50} 为相当于 50%抗压强度的应力值，MPa；ε_{50} 为应力为抗压强度 50%时的应变值；μ_e 为岩石弹性泊松比；ε_{da} 为应力为 σ_a 时的横向应变值；ε_{db} 为应力为 σ_b 时的横向应变值；μ_{50} 为与 ε_{h50} 和 ε_{d50} 相应的泊松比；ε_{d50} 为应力为 σ_{50} 时的横向应变值；ε_{h50} 为应力为 σ_{50} 时的纵向应变值。

3. 三轴压缩强度试验

岩石三轴压缩强度是指岩石在三向应力状态下承受荷载的能力。工程岩体一般处于三向应力状态，这种条件下岩石的破坏准则、强度与变形特征与一维受力状态下的不同。三向应力状态下岩石的总变形量大大增加，随着侧向压力的增大，岩石塑性特征越来越明显且强度也逐渐增大，破裂形式趋于剪切破坏。岩石三轴压缩强度通常采用标准的圆柱体岩石试样在等侧向压力（$\sigma_2=\sigma_3$）下开展试验；根据莫尔-库仑强度理论确定三轴应力状态下的岩石抗剪强度参数。

莫尔-库仑强度准则的最简单形式是线性关系，即

$$\sigma_1=K\sigma_3+Q$$

式中：σ_1 为三轴峰值强度；σ_3 为围向应力值；Q 为单轴压缩强度；K 为围压对强度的影响系数。

相应的式的形式可以写成：

$$\tau_s=\sigma_n\tan\varphi+c \tag{3.1-15}$$

式中：φ 为内摩擦角；c 为岩石的黏聚力。

K，Q 分别满足：

$$K=\tan^2\theta_0 \tag{3.1-16}$$

$$Q=2c\tan\theta_0 \tag{3.1-17}$$

式中：θ_0 为岩石剪切破坏面的倾角。

$$\theta_0=\frac{\pi}{4}+\frac{\varphi}{2} \tag{3.1-18}$$

3.1.2.2　广东抽水蓄能电站岩石的力学特性

1. 广州抽水蓄能电站

广州抽水蓄能电站岩石力学性质试验主要包括抗压强度（天然和饱和两种状态）、单轴压缩变形（天然和饱和两种状态）、三轴（等围压 $\sigma_2=\sigma_3$）压缩强度试验等。针对不同风化程度的中粗粒花岗岩与弱蚀变花岗岩共进行 100 余组岩石力学特性试验；不同风化程度中粗粒花岗岩的弹性模量范围值为 4.85～46.3GPa，变形模量范围值为 2.90～42.9GPa，软化系数范围值为 0.44～0.80；弱蚀变花岗岩的弹性模量约为 12.6GPa，变形模量约为 9.78GPa，软化系数约为 0.63；广州抽水蓄能电站岩石基本的力学特性试验成果见表 3.1-4。

表 3.1-4　　广州抽水蓄能电站岩石力学特性试验成果表

岩石名称	统计值	软化系数 K_R	弹性模量 E_e /GPa	弹性阶段泊松比 μ_e	变形模量 E_{50} /GPa	强度 50%时泊松比 μ_{50}
强风化中粗粒花岗岩	统计组数		10	9	10	8
	最大值		7.78	0.37	5.40	0.40
	最小值		1.51	0.12	1.09	0.14
	平 均 值	0.44	4.85	0.21	2.90	0.25
弱风化中粗粒花岗岩	统计组数		37	27	39	36
	最大值		55.9	0.31	54.0	0.33
	最小值		20.6	0.07	14.9	0.08
	平均值	0.77	43.8	0.13	38.3	0.15
微风化中粗粒花岗岩	统计组数		54	39	54	49
	最大值		58.2	0.22	54.1	0.31
	最小值		29.5	0.06	23.8	0.05
	平均值	0.8	46.3	0.13	42.9	0.16
弱蚀变花岗岩	统计组数		7	7	6	7
	最大值		14.0	0.32	12.7	0.28
	最小值		8.82	0.08	6.99	0.12
	平均值	0.63	12.6	0.19	9.78	0.21

2. 惠州抽水蓄能电站

惠州抽水蓄能电站不同风化程度岩石的饱和抗压强度范围值为 36.3～151MPa，软化系数范围值为 0.41～0.84，弹性模量范围值为 17.0～75.4GPa，抗剪断强度内摩擦系数 f 值范围值为 0.86～1.14，黏聚力 c 值范围值为 5.32～16.7MPa；惠州抽水蓄能电站岩石基本的力学特性试验成果见表 3.1-5。

表 3.1-5　　惠州抽水蓄能工程室内岩石力学特性试验成果

地层时代	岩性	风化状态	统计值	弹性模量	泊松比	弹性模量	泊松比	弹性模量	泊松比	单轴抗压强度			软化系数	抗剪断强度	
				饱和状态		天然状态		烘干状态							
				E_{50} /MPa	ν	E_{50} /MPa	ν	E_{50} /MPa	ν	饱和 R_s /MPa	天然 R /MPa	烘干 R_d /MPa	K_R	$\tan\varphi$	c
燕山四期侵入	细粒、中细粒黑云母花岗岩	强风化	统计组数	21	13	13	14	15	14	24	16	16	5		
			最大值	32400	0.48	33700	0.59	48600	0.33	78.4	115	181.6			
			最小值	2270	0.08	4780	0.12	11400	0.13	16.9	15.8	49.1			
			平均值	16998	0.25	20382	0.23	33807	0.22	41.4	69.6	104.2	0.77		
		弱风化	统计组数	106	79	83	69	71	65	102	87	73	58	4	4
			最大值	63700	0.37	67700	0.38	75900	0.36	171.80	214.80	272.70	0.99	1.11	17
			最小值	20600	0.11	30500	0.12	34100	0.10	60.60	56.90	72.60	0.19	0.87	2.80
			平均值	43011	0.20	48475	0.21	50411	0.19	107.87	116.53	142.17	0.72	0.95	9.95
		微风化	统计组数	49	34	31	24	29	22	44	35	27	17		
			最大值	77400	0.31	77400	0.25	77500	0.28	233.5	234.1	228.3	0.97		
			最小值	41700	0.09	41000	0.11	43000	0.09	101.2	95.8	107.9	0.64		
			平均值	55841	0.18	60014	0.19	59355	0.18	148.47	155.03	169.43	0.84		
加里东-燕山期（$M\gamma_3$）变质岩	条带状、条痕状、眼球状混合岩	强风化	统计组数	8	5	3	4	5	5	8	6	6			
			最大值	28800	0.49	36200	0.59	55400	0.24	50.8	86.7	94.4			
			最小值	918	0.22	14300	0.18	12200	0.13	13.1	48.9	59.6			
			平均值	16952	0.35	23367	0.31	33420	0.20	36.3	62.6	76.6			
		弱风化	统计组数	65	64	55	54	16	11	60	48	35	16	9	9
			最大值	64400	0.33	71600	0.32	74700	0.31	173	157.3	193.6	0.98	1.18	22.8
			最小值	30200	0.12	37100	0.12	43200	0.14	45.7	50.4	53.4	0.36	0.85	3.40
			平均值	51032	0.23	52947	0.24	60113	0.21	79.1	79.6	88.7	0.77	1.07	6.46
		微风化	统计组数	47	43	36	33	31	28	49	36	32	13	5	5
			最大值	71300	0.33	80900	0.25	84000	0.30	197.3	222.6	189.4	0.96	1.16	11
			最小值	41000	0.11	46300	0.05	52200	0.09	66.7	75.5	85.7	0.71	0.84	1.70
			平均值	56945	0.20	61892	0.18	64594	0.20	117.5	129.8	137.8	0.83	1.14	5.32

续表

地层时代	岩性	风化状态	统计值	弹性模量	泊松比	弹性模量	泊松比	弹性模量	泊松比	单轴抗压强度			软化系数 K_R	抗剪断强度	
				饱和状态		天然状态		烘干状态		饱和 R_s /MPa	天然 R /MPa	烘干 R_d /MPa		$\tan\varphi$	c
				E_{50} /MPa	ν	E_{50} /MPa	ν	E_{50} /MPa	ν						
燕山四期以后脉岩	闪长岩、闪长玢岩	弱风化	统计组数	16	13	14	14	7	5	16	16	13	5	2	2
			最大值	94100	0.34	81300	0.39	68500	0.45	131.2	129.5	143.9	0.88	0.91	17
			最小值	36400	0.09	33600	0.12	50700	0.18	45.4	54.5	51.7	0.5	0.8	16.4
			平均值	62350	0.22	59757	0.21	57543	0.29	77.6	85.8	101.4	0.71	0.86	16.7
		微风化	统计组数	17	15	17	15	15	8	14	13	13	7	3	3
			最大值	97600	0.29	120900	0.31	17700	0.25	202.2	233.6	285.20	0.93	0.92	16.4
			最小值	47700	0.09	51000	0.11	53800	0.13	77.10	87.80	82.70	0.66	0.80	11.0
			平均值	72494	0.20	77488	0.21	89733	0.20	136.24	145.98	174.52	0.78	0.87	13.1
	煌斑岩	弱风化	统计组数	3	1	4	4	4	3	4	4	4	3		
			最大值	77700		75600	0.38	71800	0.27	117.0	121.9	264.4	0.44		
			最小值	56800		61900	0.16	64900	0.19	44.0	86.3	125.3	0.35		
			平均值	69600	0.22	70950	0.26	67750	0.22	77.6	103.1	169.5	0.41		
		微风化	统计组数	3	1	3	3	2	2	6	5	3	2		
			最大值	86900		88500	0.29			177.6	250.4	242.8			
			最小值	57000		79300	0.13			118	112	136			
			平均值	75467	0.13	79600	0.19	84900	0.12	151.4	156	192.8	0.73		

3. 清远抽水蓄能电站

清远抽水蓄能电站针对不同风化程度的石英砂岩、中粗粒黑云母花岗岩开展了120余组岩石力学特性试验。不同风化程度石英砂岩的饱和抗压强度范围值为122～192MPa，饱和条件下弹性模量范围值为59.8～86.8GPa，抗剪断强度内摩擦系数 f 范围值为1.03～1.21，黏聚力 c 范围值为13.8～15.3MPa；不同风化程度中粗粒花岗岩的饱和抗压强度范围值为116～143MPa，饱和条件下弹性模量范围值为54.0～55.3GPa，抗剪断强度内摩擦系数 f 值约为1.05，黏聚力 c 值约为9.97MPa；清远抽水蓄能电站岩石基本的力学特性试验成果见表3.1-6。

表3.1-6　清远抽水蓄能工程典型岩石力学特性试验成果

地层时代	风化分带	岩石名称	统计	弹性模量	泊松比	弹性模量	泊松比	弹性模量	泊松比	单轴抗压强度			抗剪断强度	
				饱和状态		天然状态		烘干状态		饱和	天燃	烘干		
				E_e /MPa	μ	E_e	μ	E_e /MPa	μ	R_s /MPa	R /MPa	R_d /MPa	$\tan\varphi$	c /MPa
寒武系	弱风化(Ⅲ)	石英砂岩	组数	53	41	26	19	32	29	44	24	33	8	8
			平均值	59819	0.24	62465	0.20	65506	0.20	122	140	156	1.21	13.8
			最小值	23800	0.09	16000	0.11	34200	0.10	53.6	62	84	0.84	6.7
			最大值	95400	0.34	95100	0.30	95000	0.31	195	203	237	1.55	20.0
泥盆系	弱风化(Ⅲ)	石英砂岩	组数	19	14	—	—	15	15	11	—	13	6	5
			平均值	86832	0.28	—	—	87180	0.26	177	—	206	1.19	14.5
			最小值	59700	0.21	—	—	63000	0.19	121	—	126	0.86	12.7
			最大值	112000	0.35	—	—	111000	0.34	222	—	255	1.52	17.2
	微风化(Ⅱ)		组数	4	4	—	—	3	2	3	—	3	1	1
			平均值	75575	0.25	—	—	93467	0.20	192	—	298	1.03	15.3
			最小值	61100	0.09	—	—	86500	0.17	181	—	267	1.03	15.3
			最大值	108300	0.35	—	—	101400	0.23	204	—	327	1.03	15.3
燕山三期	弱风化(Ⅲ)	中粗粒花岗岩	组数	19	18	6	5	15	13	16	4	12	—	—
			平均值	54016	0.18	52983	0.19	56133	0.22	116.4	144.8	152.8	—	—
			最小值	29000	0.09	42300	0.14	33900	0.11	68.9	98.0	101.0	—	—
			最大值	79600	0.30	73100	0.26	76800	0.31	179.0	183.0	185.0	—	—
	微风化(Ⅱ)	中粗粒花岗岩	组数	35	35	5	4	24	24	36	4	24	6	6
			平均值	55271	0.17	65040	0.17	58271	0.19	143	152	169	1.05	9.97
			最小值	33400	0.09	45800	0.11	43700	0.09	89	141	131	0.88	4.00
			最大值	73900	0.22	74100	0.21	67900	0.28	252	168	257	1.40	18.10

3.2　岩体力学特性试验研究

3.2.1　岩体变形特性试验

3.2.1.1　岩体变形特性试验方法

现场岩体变形试验的目的是通过测试岩体应力-应变关系曲线，研究岩体变形特性，得到相应变形参数。测定岩体变形参数的方法较多，比较常用的方法有承压板法、狭缝法、钻孔变形法等。它们测试的主要方法是：在选定的岩体表面、槽壁或钻孔壁面施加一定的荷载，测定不同荷载时产生的变形，然后通过绘制的压力与变形曲线特征值计算岩体的变形参数。其中，承压板法能较好地模拟建筑物基础的受力状态和变形特征，在工程设计中得到普遍的应用。

承压板法的试验原理为：假定承压板所在的平面为无限平面，试验荷载影响范围内的半无限地基岩体为均匀、各向同性的弹性介质；根据半无限地基边界上受集中力作用的 J. Boussinesg 公式为基础推导计算变形参数。承压板法按照承压板的性质又分为刚性承压板法和柔性承压板法；相对于被试验地基介质具有足够刚度的为刚性承压板，一般通过钢板和组合型钢进行加载，见图 3.2－1；相对于被试验地基介质为柔性的为柔性承压板，一般通过压力钢枕进行加载，见图 3.2－2；通常刚性承压板法适用于较软弱的岩体，柔性承压板法适用于较坚硬的岩体。按试验时位移测量的方式又可分为表面位移测量法和深部位移测量法（即中心孔法）。

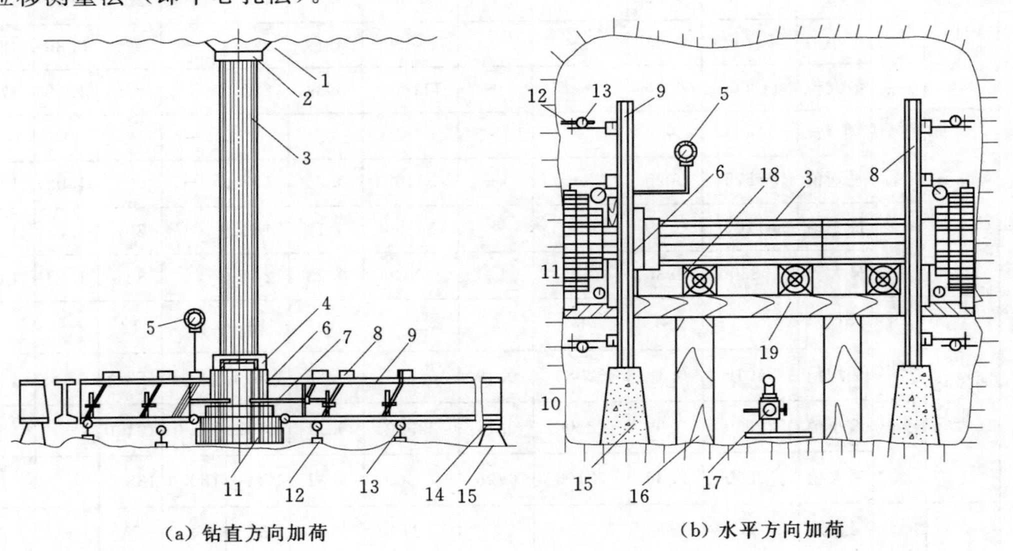

图 3.2－1　刚性承压板法试验安装示意图

1—砂浆顶板；2—垫板；3—传力柱；4—圆垫板；5—标准压力表；6—液压千斤顶；7—高压管（接油泵）；8—磁性表架；9—工字钢梁；10—钢板；11—刚性承压板；12—表点；13—千分表；14—滚轴；15—混凝土支墩；16—木柱；17—油泵（接千斤顶）；18—木垫；19—木梁

当采用刚性承压板法量测岩体表面变形时，按下式计算变形参数：

$$E=\frac{\pi}{4}\frac{(1-\mu^2)PD}{W} \quad (3.2-1)$$

式中：E 为岩体弹性（变形）模量，当以总变形 W_0 代入计算时为变形模量 E_0，当以弹性变形 W 代入计算时为弹性模量 E，MPa；W 为岩体变形，cm；P 为按承压板面积计算的压力，MPa；D 为承压板直径，cm；μ 为泊松比。

当采用柔性承压板法量测岩体表面变形时，按下式计算变形参数：

$$E=\frac{(1-\mu^2)P}{W}2(r_1-r_2) \quad (3.2-2)$$

式中：r_1、r_2 分别为环形柔性承压板的外半径和内半径，cm；W 为板中心岩体表面的变形，cm。

当采用柔性承压板法量测中心孔深部变形时，按下式计算变形参数

$$E=\frac{P}{W_z}K_z \quad (3.2-3)$$

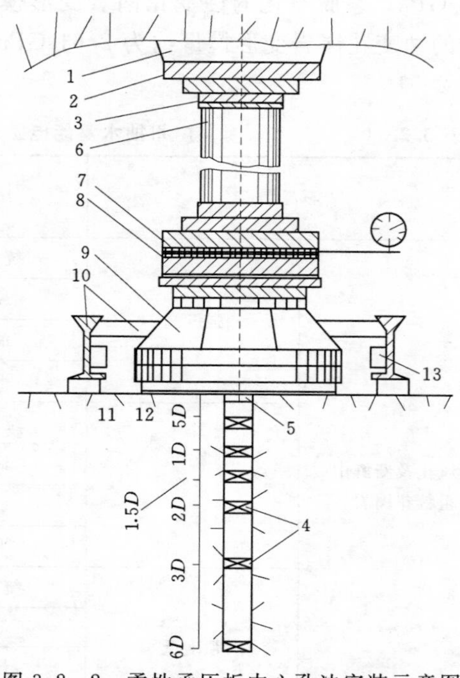

图 3.2-2　柔性承压板中心孔法安装示意图

1—混凝土顶板；2—钢板；3—斜垫板；4—多点位移计；5—锚头；6—传力柱；7—测力枕；8—加压枕；9—环形传力箱；10—测架；11—环形传力枕；12—环形钢板；13—小螺旋顶

$$K_z=2(1-\mu^2)(\sqrt{r_1+z^2}-\sqrt{r_2+z^2})-(1+\mu)\left(\frac{z^2}{\sqrt{r_1+z^2}}-\frac{z^2}{\sqrt{r_2+z^2}}\right) \quad (3.2-4)$$

式中：W_z 为深度为 z 处的岩体变形，cm；z 为测点深度，cm；K_z 为与承压板尺寸、测点深度和泊松比有关的系数，cm。

当柔性承压板中心孔法量测到不同深度两点的岩体变形值时，两点之间岩体的视变形模量应按下式计算

$$E=P\frac{K_{z1}-K_{z2}}{W_{z1}-W_{z2}} \quad (3.2-5)$$

式中：W_{z1}、W_{z2} 分别为深度为 z_1 和 z_2 处的岩体变形，cm；K_{z1}、K_{z2} 分别为深度为 z_1 和 z_2 处的相应系数。

3.2.1.2 广东抽水蓄能电站岩体变形特性

1. 广州抽水蓄能电站

针对广州抽水蓄能电站不同强度的微新中粗粒花岗岩、弱蚀变花岗岩及黏土化蚀变花岗岩共进行 28 组岩体变形特性试验；微新中粗粒花岗岩的变形模量与其强度具有对应关系，强度越高变形模量值越大，范围值为 9.7～32.6GPa；弱蚀变花岗岩的变形模量约为

5.23 GPa；蒙脱石化的蚀变花岗岩变形模量低，其值约为0.12GPa；高岭石化或水白云母化的蚀变花岗岩变形模量约为2.61 GPa。广州抽水蓄能电站岩体变形特性试验成果见表3.2-1。

表3.2-1　广州抽水蓄能电站现场岩体变形试验成果表

岩石类别		统计值	变形模量 E_e/GPa	弹性模量 E_d/GPa
微风化及新鲜中粗粒花岗岩	强度高	统计组数	2	2
		最大值	35.8	46.3
		最小值	29.3	45.8
		平均值	32.6	46.1
	一般	统计组数	5	5
		最大值	23.8	33.4
		最小值	15.0	20.0
		平均值	19.2	28.0
	强度低	统计组数	4	4
		最大值	11.7	26.0
		最小值	6.96	9.44
		平均值	9.7	17.7
弱蚀变花岗岩		统计组数	4	4
		最大值	8.46	2.22
		最小值	2.73	14.79
		平均值	5.23	19.14
黏土化蚀变花岗岩	蒙脱石化	统计组数	7	7
		最大值	0.34	2.4
		最小值	0.02	0.26
		平均值	0.12	1.4
	高岭石化或水白云母化	统计组数	6	6
		最大值	5.27	14.85
		最小值	0.98	5.86
		平均值	2.61	9.7

2. 惠州抽水蓄能电站

惠州抽水蓄能电站一期工程，在地下厂房区探洞中布置了12个测点进行现场刚性承压板法岩体变形试验，其中Ⅰ类、Ⅱ类围岩4个点，Ⅲ类、Ⅳ类围岩各4个点，最大压应力为9.0MPa，试验成果见表3.2-2。

可研阶段在上水库主坝址的左右岸探洞中，开展的现场岩体试验，主要针对强-弱风化带岩体，围岩为Ⅳ类、Ⅴ类围岩，岩体变形试验5点，结果作为工程地质条件差岩体的指标，试验成果见表3.2-3。

表 3.2-2　　惠州抽水蓄能一期工程地下厂房区现场岩体变形（刚性承压板法）试验成果表

围岩类别	压力变形曲线类型	试样编号	试点位置	试验值			平均值	
				泊松比 μ	弹性模量 E_e /GPa	变形变量 E_0 /GPa	弹性模量 E_e /GPa	变形摸量 E_0 /GPa
Ⅰ	a	变0-1	PD01（1+169.08）	0.15	27.5	12.4	26.2	15.6
	e	变4-2	PD01-4（0+22.75）		27.9	20.0		
	a	变5-2	PD01-5（0+239.75）		23.2	14.5		
Ⅱ	a	变0-2	PD01（1-173.20）	0.20	16.9	7.1	13.2	7.6
	e	变5-1	PD01-5（0+237.15）		12.0	8.4		
	d	变3-2	PD01-3（0+108.10）		10.7	7.4		
Ⅲ	a	变3-3	PD01-3（0+110.45）	0.25	9.4	4.9	9.2	5.7
	a	变4-1	PD01-4（0+20.40）		9.0	6.5		
Ⅳ	d	变3-1	PD01-3（0+104.00）	0.30	6.5	4.5	5.0	3.4
	d	变5-3	PD01-5（0+248.75）		5.3	2.6		
	d	变5-4	PD01-5（0+251.98）		4.2	2.6		
	d	变3-4	PD01-3（0+111.63）		3.8	3.7		

表 3.2-3　　惠州抽水蓄能工程上水库主坝址岩体变形（刚性承压板法）试验成果表

风化状态及围岩类别	试样编号	试点位置	试验值			平均值	
			泊松比 μ	弹性模量 E_e /GPa	变形变量 E_0 /GPa	弹性模量 E_e /GPa	变形摸量 E_0 /GPa
强风化Ⅴ	左变1	PD03（0+33.10）	0.35	0.38	0.16	0.54	0.32
	左变2	PD03（0+34.20）	0.35	0.71	0.48		
弱风化Ⅳ	右变1	PD02（0+18.80）	0.30	12.2	4.94	8.76	4.68
	右变2	PD02（0+19.90）	0.30	6.17	5.49		
	右变3	PD02（0+16.50）	0.30	7.91	3.62		

施工图阶段在厂房开挖过程，在地下厂房上层排水廊道中及厂房探洞中进行了复核性现场岩体力学试验，主要针对揭露的Ⅰ类、Ⅱ类岩体，进行现场岩体变形试验（柔性承压板法）7点，试验的最大压力多在6MPa左右，个别试验点的压力达到8.5～9.0MPa，压力-变形曲线分陡坎型、下凹型、上凹型及直线型，试验成果见表3.2-4。

3. 清远抽水蓄能电站

清远抽水蓄能电站工程岩体的主要岩性为燕山三期中粗粒黑云母花岗岩，岩质坚硬，断层及节理裂隙发育一般。地下厂房围岩主要为坚硬、完整或完整性较好的Ⅰ类、Ⅱ类围岩；少数为Ⅲ类围岩；局部裂隙密集带、断层带为Ⅳ类围岩。针对地下厂房区的Ⅰ类、Ⅱ类、Ⅲ类、Ⅳ类围岩共进行了8个点的岩体变形试验，试验在地下厂区探洞的主洞PD01

表 3.2-4　　惠州抽水蓄能工程现场变形（柔性承压板法）试验成果表

试点编号	试点位置	压力变形曲线类型	泊松比	变形模量 E_0 /GPa	弹性模量 E_e /GPa	综合整理分析成果					
						围岩类别	波松比	变形模量 E_0/GPa		弹性模量 E_e/GPa	
								平均值	范围值	平均值	范围值
TD1-2	PD01-3（0+387）	e	0.13	55.8	65.3	Ⅰ	0.13～0.22	41.8	35.8～46.3	53.5	44.2～63.4
				44.0	55.3						
TD1-3	PD01-4（0+138）	e	0.19	52.3	65.1						
				35.8	51.2						
PSLD1-1	A 厂上层排水廊道（0+499）	d	0.2	42.7	45.7						
				40.9	44.2						
PSLD1-2	A 厂上层排水廊道（0+513）	a	0.22	46.3	63.4						
				46.3	63.4						
TD1-1	PD01-3（0+384）	e	0.16	41.2	49.7	Ⅱ	0.16～0.20	28.9	28.1～29.8	35.8	32.9～38.6
				28.1	38.6						
TD3-1	PD01-5（0+238）	e	0.20	40.5	42.0						
				29.7	32.9						

及 PD01-1SW、PD01-1S、PD01-1SE、PD01-2S 各支洞内进行。Ⅰ类、Ⅱ类围岩为微风化-新鲜岩石，岩质坚硬，裂隙不发育，试验得到的岩体变形参数相对较高；Ⅲ类围岩主要为弱-微风化岩，岩质坚硬，裂隙较发育，地下水活动较强烈，其变形参数低于Ⅱ类围岩；Ⅳ类围岩主要为强风化岩，岩质相对较软，裂隙发育，地下水活动强烈，其变形参数明显低于Ⅲ类围岩；试验成果见表 3.2-5。

表 3.2-5　　清远抽水蓄能工程现场变形（刚性承压板法）试验成果表　　单位：GPa

试点编号	围岩类别	各级压应力									
		2.08MPa		4.16MPa		6.24MPa		8.32MPa		10.40MPa	
		弹模 E_e	变模 E_0	弹模 E_e	变模 E_0	弹模 E_e	变模 E_0	弹模 E_e	变模 E_0	弹模 E_e	变模 E_0
PD01-1SW-053	Ⅰ	82.5	41.3	86.8	42.3	82.5	43.4	75.0	44.0	68.8	45.3
PD01-1S-177	Ⅱ	48.0	40.8	45.3	41.8	48.0	43.7	45.3	41.8	43.4	40.0
PD01-1SE-073	Ⅱ	45.3	42.9	48.0	46.6	47.1	44.5	44.7	42.9	42.9	41.2
PD01-1S-088	Ⅱ	58.3	51.0	62.7	52.6	64.4	55.6	66.6	54.4	65.8	53.0
PD01-1S-343	Ⅲ	28.4	21.0	29.0	27.0	35.1	31.0	38.4	33.9	39.8	34.6
PD01-1SE-236	Ⅲ	46.9	44.2	53.1	51.4	59.7	49.8	55.9	46.2	53.8	44.7
PD01-970	Ⅲ	33.2	33.2	40.8	33.9	43.4	35.1	46.9	36.6	46.9	37.2
PD01-2S-42	Ⅳ	20.7	20.7	26.2	23.7	29.0	24.3	29.5	24.4	28.7	24.5

3.2.2 工程岩体抗剪强度特性研究

3.2.2.1 岩体直剪试验方法

现场岩体抗剪强度试验的目的是测试岩体的强度极限、研究岩体的破坏模式和机制。由于岩体受力后的应力状态和裂隙分布不均匀，现场应当采用较大尺寸的试件进行试验，通常岩体剪切面不小于 $2500cm^2$，最小边长不小于 50cm。岩体直剪试验根据加载方式可分为平推法和斜推法，平推法是指剪切荷载平行于剪切面，斜推法是指剪切荷载与剪切面成一定夹角，两种方法都要求剪切面上的应力分布均匀。规程中两种方法并列采用，在进行平推试验时应尽可能将力臂降低以减小倾覆力矩；采用斜推法时则要求推力通过剪切面中心，施加剪切应力时应同步降低垂直荷载以保持正应力恒定。

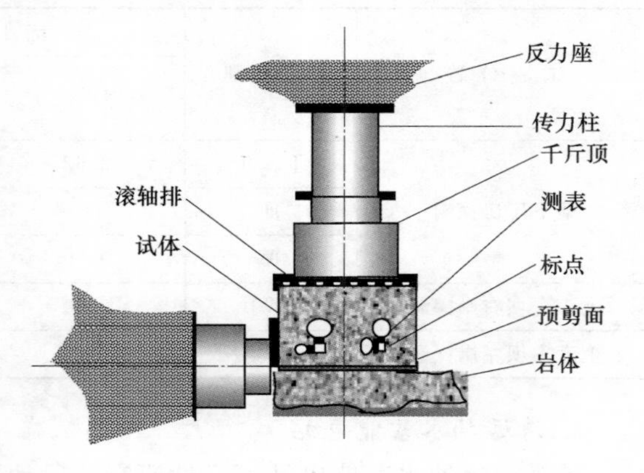

图 3.2-3 岩体直剪试验（平推法）示意图

抽水蓄能工程岩体直剪试验采用平推法，剪切面为水平面。剪切推力为水平方向，并通过预定的剪切面，法向应力为垂直方向，见图 3.2-3。基于莫尔-库仑强度准则确定直接剪切条件下的工程岩体的抗剪强度参数。

3.2.2.2 广东抽水蓄能电站岩体抗剪强度特性

1. 广州抽水蓄能电站

广州抽水蓄能工程区的岩体主要为燕山三期的粗粒黑云母花岗岩和后期侵入的燕山四期细粒花岗岩，受到沿节理侵入的气液作用，岩体发生蚀变现象，形成低强度条状的蚀变带。针对不同类型的蚀变带岩体开展了抗剪强度测试，试验成果见表 3.2-6。

表 3.2-6 广州抽水蓄能工程蚀变岩体抗剪试验成果表

试验位置	抗剪断强度	
	黏聚力 c/MPa	内摩擦角 φ/(°)
蒙脱石化蚀变花岗岩	0.24～0.32	22～23
高岭石或水白云母化蚀变花岗岩	0.32～0.41	30～34
轻度蚀变花岗岩	0.72	41.5

2. 惠州抽水蓄能电站

在惠州抽水蓄能电站的地下厂房探洞区进行了现场岩体直剪试验 3 组 15 点。厂房探洞及厂房排水廊道，隧洞埋藏较深，围岩相对较好，试验的围岩主要是Ⅰ类、Ⅱ类围岩，Ⅲ类、Ⅳ类围岩主要针对断层带及其影响带开展试验工作。可研阶段在上水库主坝址的左、右岸探洞中，开展的现场岩体抗剪断试验 2 组 10 点，主要对象为强-弱风化带岩体。Ⅰ类、Ⅱ类、Ⅲ类围岩的抗剪性能较好，抗剪断内摩擦系数范围值为 1.5～2.62，抗剪断黏聚力范围值为3.27～6.24MPa；Ⅳ类、Ⅴ类围岩的抗剪断内摩擦系数范围值为0.6～0.7，抗剪断黏聚力范围值为0.474～4.87MPa；惠州抽水蓄能电站岩体直剪试验成果见表3.2-7。

表3.2-7　惠州抽水蓄能电站岩体直剪试验成果表

试验位置	围岩类别	抗剪断强度		抗剪切强度	
		摩擦系数 f'	黏聚力 c' /MPa	摩擦系数 f	黏聚力 c /MPa
地下厂房探洞	Ⅰ、Ⅱ	2.62	6.24	2.45	—
	Ⅲ	1.5	3.27	0.88	1.76
	Ⅳ	0.70	4.87	0.56	2.8
上库主坝右岸探洞	Ⅳ	0.70	0.983	0.67	0.915
上库主坝左岸探洞	Ⅴ	0.60	0.474	0.51	0.42

3. 清远抽水蓄能电站

针对清远抽水蓄能电站可行性研究阶段地下厂房区PD01-1SE、PD01-1S探洞中的3组结构面进行试验了直剪试验，即：第一组，近东西向结构面；第二组，北东向结构面；第三组，北西向节理密集带结构面。岩体结构面直剪试验采用平推法进行，清远抽水蓄能电站岩体结构面直剪试验成果见表3.2-8。试验结果中第一、第二组结构面为贯通性结构面，试验结果离散性较小，抗剪强度参数 φ 值较为接近，c 值相差不大，抗剪断强度参数与抗剪摩强度参数相差不大，反映了该区坚硬岩体硬性结构面的直剪力学特征。第三组结构面为节理密集带结构面，试验沿复合结构面及部分完整岩体剪断，抗剪断强度参数明显大于抗剪摩强度参数；抗剪断及抗剪摩强度参数均大于第一、第二组贯通性结构面。

表3.2-8　清远抽水蓄能电站岩体结构面直剪试验成果表

试验类别组别及编号		抗剪断强度						抗剪摩强度					
		峰值			残余值			峰值			残余值		
		f	c /MPa	φ /(°)	f	c /MPa	φ /(°)	f	c /MPa	φ /(°)	f	c /MPa	φ /(°)
第一组	PD01-1SE-74（下）							0.72	0.131	35.8	0.6	0.038	31.1
	PD01-1SE-74（上）							0.56	0.864	29.4	0.5	0.823	26.5
	回归及调整值	0.71	0.294	35.4	0.63	0.284	32.3	0.71	0.291	35.3	0.61	0.278	31.5
	建议值	0.71	0.294	35.4	0.63	0.284	32.3	0.71	0.291	35.3	0.61	0.278	31.5
第二组	PD01-1S-345（下）							0.79	0.114	38.4	0.77	0.019	37.5
	PD01-1S-345（上）							0.59	1.131	30.6	0.58	1.046	30
	回归及调整值	0.72	0.631	35.6	0.71	0.555	35.5	0.69	0.623	34.7	0.66	0.551	33.6
	建议值	0.72	0.631	35.6	0.71	0.555	35.5	0.69	0.623	34.7	0.66	0.551	33.6
第三组	调整值	1.04	1.299	46.1	0.86	0.679	40.7	0.88	0.72	41.5	0.85	0.635	40.3
	建议值	1.04	1.299	46.1	0.86	0.679	40.7	0.88	0.72	41.5	0.85	0.635	40.3

3.2.3 工程岩体声学特性研究

3.2.3.1 岩体弹性波测试方法

岩体弹性波测试是借助对岩体施加动荷载，以激发弹性波在岩体中传播所获得的声学信息，如波速、振幅、频率等来研究岩体的物理力学性质；将地震、声波和超声波用于岩石力学研究的测试方法通称为弹性波法。弹性波法按波的传播方式可分为直透法和平透法(包括折射波法和反射波法)；按换能器分布方式可分为岩体表面观测和岩体内部观测（单孔、孔间步进式观测或预埋换能器方式)；按发、收换能器的配置分为一发一收、二发二收和多发多收法。通常将发射与接收换能器置于不同平面的，都是研究直达波为主要目的；将发射与接收置于同一平面，换能器间保持一定距离的，属于折射法，以研究表层及近表层有限深度内介质特性为主要目的；将发射与接收置于同一平面且距离很近的，折射波将不出现盲区，接收到的除了自发射点的直达波外，还可观测到介质内部与表面平行界面传来的反射波，属于反射波法。

弹性波测试技术在岩石力学与岩石工程中的主要应用有以下几个方面：

(1) 测定岩体声波参数，建立与岩体物理力学性质的相关关系，为进行工程岩体质量评估和工程岩体分级提供依据。

(2) 测定边坡及地下洞室围岩的松弛范围，进行稳定性评价。

(3) 定量测定地质资料参数，如风化系数、裂隙系数、完整性系数、探明构造地质因素、岩溶位置、裂隙长度等。

(4) 施工爆破开挖影响范围和岩体锚固、灌浆加固处理效果的质检评估等。

弹性波的纵波、横波传播速度按下列公式计算

$$V_p=\frac{L}{t_p-t_0} \tag{3.2-6}$$

$$V_s=\frac{L}{t_s-t_0} \tag{3.2-7}$$

式中：V_p、V_s 分别为纵波、横波的速度，m/s；L 为介质长度，m；t_p 为纵波在介质中的传播时间，s；t_s 为横波在介质中的传播时间，s；t_0 为仪器系统的零延时，s。

利用弹性波的波速得到与岩石变形性质有关的动力弹性参数是岩体声波测试的主要内容，岩体动弹性参数按下列公式计算：

当无限介质满足 $d \geqslant (5\sim10)\lambda$ 时

$$E_d=\rho V_p^2\frac{(1+\mu)(1-2\mu)}{1-\mu} \tag{3.2-8}$$

当板满足 $\lambda<10d$ 时

$$E_d=\rho V_L^2(1-\mu^2) \tag{3.2-9}$$

当杆满足 $\lambda \geqslant (5\sim10)d$，$L/d>3$ 时

$$E_d=\rho V_b^2 \tag{3.2-10}$$

其中

$$\mu=\frac{\left(\frac{V_p}{V_s}\right)^2-2}{2\left[\left(\frac{V_p}{V_s}\right)^2-1\right]} \tag{3.2-11}$$

式中：V_p、V_s 分别为纵波、横波的速度，m/s；V_L、V_b 分别为板波度、杆波速，m/s；E_d 为动弹性模量，kg/cm^2；μ 为岩体的泊松比；ρ 为岩石密度，g/cm^3。

3.2.3.2　广东抽水蓄能电站岩体的声学特性

1. 广州抽水蓄能电站

广州抽水蓄能电站针对一期、二期地下厂房探洞断层蚀变带出露情况及地震波波速进行了测试分析，Ⅰ类、Ⅱ类围岩的断层蚀变带出露宽度比范围值为 0.37%～2.9%，动弹性模量范围值为 48.3～ 58.8GPa，完整性系数范围值为 0.66～0.80；Ⅲ～Ⅳ类的断层蚀变带出露宽度比范围值为 18.8%～31.9%，动弹性模量范围值为 35.2～ 40.7GPa，完整性系数范围值为 0.45～0.54；Ⅴ类围岩的断层蚀变带出露宽度比超过 70%，动弹性模量约为 7.43GPa，完整性系数约为 0.20；广州抽水蓄能电站岩体弹性波测试成果见表 3.2-9。

表 3.2-9　　广州抽水蓄能电站一期、二期地下厂房探洞断层蚀变带出露宽比及地震波波速成果表

围岩类别	统计值	断层蚀变带出露宽度比 /%	其中蚀变带出露宽度比 /%	纵波波速 V_p /(m/s)	横波波速 V_s /(m/s)	泊松比 μ_d	动弹模 E_d /GPa	完整性系数 K_v
Ⅰ	统计组数	30	30	22	16	16	16	22
	最大值	1.48	1.48	5750	3265	0.30	67.1	0.98
	最小值	0	0	5000	2666	0.20	48.1	0.74
	平均值	0.37	0.13	5281.00	2923	0.27	58.8	0.80
Ⅱ	统计组数	30	30	26	18	18	18	26
	最大值	8.6	5.5	5000	3022	0.32	55.1	0.74
	最小值	0	0	4481	2400	0.16	39.5	0.60
	平均值	2.9	1.7	4703	2714	0.24	48.3	0.66
Ⅲ	统计组数	20	20	13	6	7	7	13
	最大值	21.8	16.9	4444	2631	0.34	48.1	0.59
	最小值	1.3	0.3	4025	2246	0.22	27.9	0.48
	平均值	18.8	7.9	4248	2522	0.26	40.7	0.54
Ⅳ	统计组数	15	15	10	3	3	3	10
	最大值	68.6	40.6	4200	2500	0.29	38.3	0.52
	最小值	11.5	6.2	3320	2162	0.18	31.7	0.33
	平均值	31.9	20.2	3856	2265	0.24	35.2	0.45
Ⅴ	统计组数			5			5	5
	最大值			3082			18.2	0.28
	最小值			1362			1.18	0.06
	平均值	≥70	≥50	2502			7.43	0.20

2. 惠州抽水蓄能电站

在惠州抽水蓄能电站地下厂房探洞工程区，针对Ⅰ类、Ⅱ类、Ⅲ类、Ⅳ类围岩，开展了岩体声学特性的弹性波测试，测试成果见表3.2-10。试验成果表明，弹性波纵波速度最大值为5280m/s，最小值为3580m/s，最小值在PD01-3桩号0+106断层f_{304}处。各类围岩的纵波速度范围值存在重叠部分，说明围岩分类具有复杂性与多指标性。

表3.2-10　惠州抽水蓄能工程岩体弹性波测试成果表

围岩类别	地震波纵波波速 V_p/(m/s)		地震波横波波速 V_s/(m/s)		泊松比 μ		动弹模 E_s/GPa		完整性系数 K_v		
	范围值	平均值	范围值	平均值	范围值	平均值	范围值	平均值	范围值	平均值	完整性评价
Ⅰ	4452～5258	4836	2667～3086	2761	0.23～0.19	0.20	41.9～66.4	53.9	0.74～0.98	0.83	完整
Ⅱ	4364～4727	4611	2280～2783	2550	0.26～0.23	0.24	36.9～49.8	46	0.68～0.80	0.76	较完整-完整
Ⅲ	4020～4450	4270	2060～2462	2261	0.33～0.28	0.31	29.5～41.2	35.8	0.58～0.71	0.65	较完整-完整
Ⅳ	3580～4128	3878	1630～2133	2019	0.37～0.29	0.32	18.4～35.9	27.8	0.46～0.61	0.53	完整性差-较完整

3.3 隧洞围岩高压渗透特性研究

广东省已建和在建抽水蓄能电站水头均超过400m，裂隙岩体在高水压力作用下其渗透特性如何，多大水压力下张开劈裂，直接关系到围岩的稳定性。研究高水头作用下围岩的渗透性，为设计提供基础资料，进而采取科学合理的防渗处理措施，具有十分重要的作用。为了研究裂隙岩体在工程建成后在设计水压力作用的渗透特性，通常在前期勘察阶段在不同压力水道布置钻孔，在孔内进行高压压水试验。为了测量不同工程部位岩体中的裂隙在多大水压力作用下会张开劈裂，在钻孔内选择有代表性的裂隙岩体进行水力劈裂试验。

3.3.1 围岩高压压水试验研究

3.3.1.1 钻孔高压压水试验方法

工程岩体的渗透性通常采用现场压水试验进行研究，以了解裂隙岩体的透水性状。岩体透水性的现场压水试验一般采取0.3MPa、0.6MPa、1.0MPa、0.6MPa、0.3MPa的3级压力5个压力阶段的常规压水测试方法。通过这种测试，可以测定低水头作用下岩体的渗透性。然而，在高水头抽水蓄能电站的高压输水隧洞等工程中，由于隧洞围岩工作压力远远超过1.0MPa，用最高压力仅为1.0MPa的压水测试方法已不能适应工程研究和设计的需要，常规压水测试的结果不能真实地反映出高压下的岩体透水特征，所以需要对裂隙岩体进行高压压水测试。

高压压水试验是一种在钻孔中进行的岩体原位渗透试验，其主要目的是测定岩体在高水头作用下的透水率，为评价岩体的渗透性能和为防渗设计提供基本资料。在一般情况下，岩体的透水量随压力的增大而增大，一些在低压下不渗透或透水率很低的岩体，在高压下透水或透水量明显增大。这主要是由于在高压作用下岩体中的微裂隙或节理等软弱结构面可能张开或扩展，从而改变了岩体的原始透水特性，因此，只有按照岩体实际承受的水压力下进行压水测试，才能得到更接近实际工况下岩体透水性的资料。通常高压压水试验的最大压力不小于 1.2 倍电站最大静水头。钻孔高压压水试验中，一般采用对裂隙岩体试段以 3 个压力点，5 个压力阶段进行施压，即 $P_1 \rightarrow P_2 \rightarrow P_3 \rightarrow P_4(P_4=P_2) \rightarrow P_5(P_5=P_1)$ $(P_1<P_2<P_3)$，记录测段压入的流量变化，绘制出对应的压力-流量变化曲线。《水利水电工程钻孔压水试验规程》（SL 31—2003）中划定，$P-Q$ 曲线有 5 种类型，即 A（层流）型、B（紊流）型、C（扩张）型、D（冲蚀）型、E（充填）型。每种曲线代表一种渗流形式，其标准曲线特征见表 3.3-1。

表 3.3-1　　$P-Q$ 曲线类型及曲线特点

类型名称	$P-Q$ 曲线	曲线特点
A（层流）型	压力 P；流量 Q；0；1；2；3；4；5	升压曲线为通过原点的直线，降压曲线与升压曲线基本重合
B（紊流）型	压力 P；流量 Q；0；1；2；3；4；5	升压曲线凸向 Q 轴，降压曲线与升压曲线基本重合
C（扩张）型	压力 P；流量 Q；0；1；2；3；4；5	升压曲线凸向 P 轴，降压曲线与升压曲线基本重合
D（冲蚀）型	压力 P；流量 Q；0；1；2；3；4；5	升压曲线凸向 P 轴，降压曲线与升压曲线不重合，呈顺时针环状
E（充填）型	压力 P；流量 Q；0；1；2；3；4；5	升压曲线凸向 Q 轴，降压曲线与升压曲线不重合，呈逆时针环状

通过高压压水试验可以确定出裂隙岩体的透水率，其单位为吕荣（Lu），通常取最大压力下的透水吕荣值作为该试段的透水率。压水试验段的透水率采用第三阶段的压力值和流量值按下式计算

$$q=\frac{Q_3}{LP_3} \tag{3.3-1}$$

式中：q 为试验段的透水率，Lu；L 为试验段长度，m；Q_3 为第三阶段的计算流量，L/min；P_3 为第三阶段的试验段压力，MPa。

利用压水试验成果计算岩体渗透系数时，当试段位于地下水位以下，透水性较小（$q<10$Lu），$P-Q$ 曲线为A类型（层流型）时可按下式计算岩体渗透系数

$$K=\frac{Q}{2\pi HL}\ln\frac{L}{r_0} \tag{3.3-2}$$

式中：K 为岩体渗透系数，m/d；Q 为压入流量，m^3/d；H 为试验水头，m；L 为试验段长度，m；r_0 为钻孔半径，m。

当试段位于地下水位以下，透水性较小（$q<10$Lu），$P-Q$ 曲线为B类型（紊流型）时，可用第一阶段的压力 P_1 换算成水头值以米计和流量 Q_1 代入式（3.3-2）近似地计算渗透系数。当透水性较大时宜采用其他水文地质试验方法测定岩体渗透系数。

3.3.1.2 广东抽水蓄能电站的隧道围岩高压渗透特性

1. 广州抽水蓄能电站

广州抽水蓄能电站在ZK2179中进行了5段高压压水试验，其中3段为断层带、2段为蚀变岩，试验成果见表3.3-2。试验成果中，当稳定压力值在7.6～8.3MPa时，渗水量0～3.6L/min，最大压力阶段透水率为0～0.46Lu，说明在胶结较好的蚀变岩带及断层带，在高水头作用下渗透性微弱。

表3.3-2　广州抽水蓄能电站ZK2179钻孔高压压水试验成果表

序号	孔　深/m	高　程/m	地质特征	最高稳定压力/MPa	渗水量/(L/min)	渗水率/Lu
1	177.2～178.2	525.60～524.60	角砾岩	7.8	3.6	0.46
2	262.2～263.2	440.60～439.60	蚀变花岗岩	7.6	0	0
3	333.5～334.5	369.30～368.30	角砾岩	8.3	0.5	0.06
4	375.2～376.2	327.60～326.60	蚀变花岗岩	8.2	1.2	0.15
5	427.4～428.4	275.40～274.40	角砾岩	8.2	0.2	0.02

2. 惠州抽水蓄能电站

惠州抽水蓄能电站工程高压压水试验在探洞的钻孔PDZK03、PDZK04、PDZK05和PDZK11四个垂直孔中进行了50段高压压水试验，在PDZK17、PDZK18、PDZK19和PDZK20平孔中进行了8段高压压水试验；累计共开展了58段高压压水试验，成果见表3.3-3。在58个高压压水试验段中，最大透水率值为1.0Lu的试段占45段，占试段总数的77.8%；说明厂区岩体较为完整，围岩节理裂隙胶结良好，大多数属张性的结构面，连通性也比较差，因此在6～7MPa高压力下，绝大多数试段不透水和吕荣值为1.0Lu。由表3.3-2还可以看出，就4个垂直钻孔比较而言，PDZK03孔透水率最大，说明该孔围岩结构受到f_{304}断层破碎带和张性结构面的影响。其余3个垂直孔各试段高压透水率比较低或不透水，说明钻孔围岩完整性好，节理裂隙胶结紧密，厂房高压岔管附近岩体透水率都很低。

表 3.3-3　惠州抽水蓄能工程高压压水试验成果表

钻孔编号	钻孔方位	试验段数	最大透水率/Lu						
			0	0～1	1～2	2～3	3～4	4～5	>10
PDZK03	垂直洞底	14	1	3	6	1		1	2
PDZK04	垂直洞底	12	7	5					
PDZK11	垂直洞底	12	10	2					
PDZK17	S85°W	2			2				
PDZK18	N35°W	2		1	1				
PDZK19	S50°E	2	2						
PDZK20	S5°W	2	2						
总计		58	23	22	9	1		1	2

3. 清远抽水蓄能电站

清远抽水蓄能工程在钻孔 ZK3003 中进行了 10 段高压压水试验。试验采用 3 个压力点 1.0MPa、3.0MPa、5.0MPa。在钻孔 ZK3003 中进行了 10 段高压压水试验。试验结果表明，10 个测段最高压力均能稳定在 5.0MPa，在 10 个高压压水试验段中，吕荣值接近于 0 的试段占 8 段，占试段总数的 80%，只有两个测段 340.56～344.06m、345.41～348.91m 的吕荣值相对较高，分别为 0.2～0.3Lu、0.4～0.9Lu，均低于 1，这说明测试孔附近岩体非常完整、节理裂隙胶结良好，大多数属压性结构面，连通性也很差，岩体在 5.0MPa 水压力下具有良好的抗渗性能。

3.3.2　围岩水力劈裂试验研究

3.3.2.1　水力劈裂试验方法

工程岩体赋存于一定的地应力和地下水压力环境中，初始地应力通常使结构面受到压缩并使深埋岩体中的裂隙闭合，而地下水压力作用于裂隙面的法向，力图使裂隙面张开。在自然状态下，岩体内储水空隙所占空间有限，岩石矿物的平均容重也大于地下水，且地下水面一般在地表以下，某点的地应力一般大于该处的静水压力，在地应力环境的共同作用下，一般不会产生水力劈裂现象，此时水压力的作用主要是减小岩体中的有效应力。但隧道开挖后，由于局部岩体的卸除，扰动区的应力处于复杂状态，局部甚至会出现拉应力区，在水库蓄水后，在高水头内压作用下，大部分内水压力将由围岩承担，岩体内部裂纹在高水头作用下出现水力劈裂现象，导致裂纹扩展或产生新的裂纹。蓄能电站水头高，其输水隧洞的围岩长期承受高水压力作用，裂隙岩体在高水压力作用下是否张开，其渗透特性如何，直接关系到围岩的稳定性。所以进行实际水头作用下原地测量，对于评价围岩稳定性，支护与防渗措施设计有着重要意义。

目前，原地测量通常是在钻孔中进行，大体相当于慢速水压致裂试验，测试设备基本与水压致裂测试设备相同，得到的裂隙岩体的张开压力称为裂隙岩体水力劈裂压力。裂隙岩体的张开压力与节理裂隙的空间展布及原地应力直接相关，水力劈裂试验一般选择在有裂隙的岩体中进行，其物理基础是裂隙岩体的渗流理论，同时裂隙岩体的渗流行为服从达西定律。在试验过程中，首先向测段施加较低的压力，同时得到流量的稳定值后，再使压力升高一个台阶，并重复上一过程。依此类推，得到一系列稳定压力下的稳定流量值，也就得到了测段压力与流量的关系曲线。开始阶段，压力与流量呈线性关系，裂隙岩体未被水压力张开，渗流速率主要受控于水头压力并遵循达西定律。随着压力逐步增大，当裂隙面由闭合状态转变为张开状态时，流量突然增大，此时，裂隙面的有效应力与施加的水压力平衡，对流量这一突变点对应的压力称为裂隙岩体的张开压力，此种试验的张开压力就是裂隙岩体水力劈裂压力。依此来判断裂隙岩体承受水力劈裂的能力，上述试验方法称为水力劈裂试验。

3.3.2.2　广东抽水蓄能电站围岩的水力劈裂特性

1. 惠州抽水蓄能电站

惠州抽水蓄能工程水力劈裂试验在钻孔 PDZK03、PDZK04、PDZK05 和 PDZK11 孔中各进行了 3 段水力劈裂试验，目的是了解围岩长期承受高水头压力作用下，裂隙岩体在高水压力作用下是否张开，其渗透特性如何，裂隙岩体的承载能力有多大。厂区围岩裂隙岩体水力劈裂值分高、中和低 3 种情况：①高值区，该区裂隙岩体抗水力劈裂值在 11～12MPa，在 PDZK03 孔的 16.06～16.86m 和 PDZK05 孔的 105.00～106.10m 两个试段，这两个试段岩心以块状和柱状为主，裂隙微小，胶结好，挤压紧密，岩体承载能力高；②低值区，该区裂隙岩体抗水力劈裂值 4～5MPa，只有在 PDZK03 孔的 75.32～76.12m、PDZK04 孔的 85.74～ 86.74m 和 PDZK05 孔的 35.50～36.60m 3 个试段，这 3 个试段一般是距断裂带或断层破碎带较近，多为碎裂岩，或绿泥石化，或硅化蚀变，岩芯破碎，这种裂隙岩体抗水力劈裂能力差，承载能力低；③中等值，该区裂隙岩体抗水力劈裂值 7～8MPa，共有 7 段，占试验总数的近 60%，厂区裂隙岩体多属此类型，该类岩体普遍胶结好，岩心完整（表 3.3-4）。

表 3.3-4　　惠州抽水蓄能工程围岩水力劈裂试验成果表

钻孔编号	试段深度/m	劈裂压力/MPa	岩性及节理裂隙性状
PDZK03	16.06～16.86	12.0	微风化闪长岩脉，见 40°倾角裂隙较发育，胶结好
	62.80～63.60	7.5	碎裂岩，角砾岩，胶结较好
	75.32～76.12	5.0	为构造角砾岩，局部或部分为碎裂岩，硅质、钙质胶结好
PDZK04	16.06～16.86	7.6	微风化浅灰色中粒花岗岩，硅质脉倾角 65°～70°，胶结好
	71.25～72.25	7.7	断层碎裂岩，倾角 80°，胶结好，岩石普遍绿帘石化
	85.74～86.74	4.8	弱风化碎裂岩，倾角 70°，岩石硅化，岩质较硬
PDZK05	35.50～36.60	4.3	岩石硅化蚀变，65°～70°倾角裂面破碎、绿泥石化
	105.00～106.10	11.0	岩石弱度碎裂状，但胶结好
	122.02～123.12	7.2	岩石弱度碎裂状，但胶结好，裂面见绿泥石化
PDZK11	13.50～14.40	7.1	零星可见倾角 50°硅质岩脉分布，胶结好
	24.00～24.90	9.3	岩石硅化，弱度破碎，胶结好，产状倾角 65°～70°
	91.00～91.90	6.9	零星可见 60°、70°裂面分布

惠州抽水蓄能工程厂区 12 个试验段水力劈裂值随孔深的分布情况，见图 3.3-1，洞内裂隙岩体水力劈裂值与孔深没有直接关系，数值的大小主要受控于裂隙岩体的性状。大多测段裂隙岩体水力劈裂压力大于 7MPa，在 PDZK03 孔和 PDZK04 孔接近 f_{304} 断层带附近的测段，裂隙岩体水力劈裂压力较低，大约在 5MPa 左右。

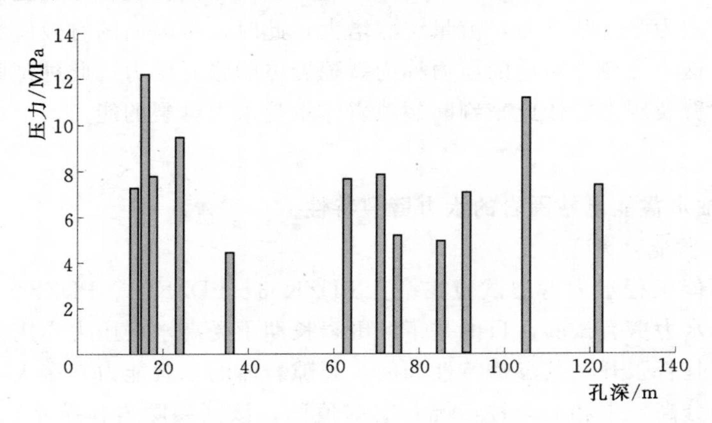

图 3.3-1　惠州抽水蓄能工程厂区裂隙岩体水力劈裂值随深度分布情况

2. 清远抽水蓄能电站

清远抽水蓄能工程水力劈裂试验在钻孔 ZK3003 孔中共进行了 8 段水力劈裂试验，试验段分布在孔深 327.86～412.23m 之间，试验结果见表 3.3-5。钻孔 ZK3003 围岩裂隙岩体水力劈裂值分高、中和低 3 种情况：①高值区，该区裂隙岩体抗水力劈裂值在 12MPa 以上，在钻孔 ZK3003 的 358.46～359.66m 和 388.56 ～ 389.76m 两个试段，这两个试段岩芯以柱状和长柱状为主，裂隙微小，胶结好，挤压紧密，岩体承载能力高；②低值区，该区裂隙岩体抗水力劈裂值 6.5MPa，只有在 411.03～412.23m 试段，这个试段一般是裂隙相对较发育、裂隙充填物胶结性能较差，这种裂隙岩体抗水力劈裂能力差，承载能力相对低；③中等值，该区裂隙岩体抗水力劈裂值 8～10MPa，共有 5 段，厂区裂隙岩体多属此类型，该类岩体普遍胶结好，岩芯相对完整。

表 3.3-5　　清远抽水蓄能工程围岩水力劈裂试验成果表

钻孔编号	试段深度/m	劈裂压力/MPa	岩性及节理裂隙性状
ZK3003	327.86～329.06	8.2	有 3 条裂隙，裂隙面较平
	337.01～338.21	8.4	有 5 条裂隙，裂隙面大多不平，少数较平，多数裂隙充填物为钙质充填，其中少数夹有绿泥石
	345.71～346.91	8.4	有 4 条裂隙，裂隙面相对较平，充填物为绿泥石
	354.51～355.71	9.5	有 6 条裂隙，充填物主要为钙质充填物，局部夹有绿泥石
	358.46～359.66	12.6	仅见 1 条裂隙，裂隙面相对较平，充填物为绿泥石
	378.36～379.56	9.8	有 4 条裂隙，充填物为钙质充填物
	388.56～389.76	＞15	岩体完整，压力 15MPa 仍未发生水力劈裂
	411.03～412.23	6.5	有一条裂隙，裂隙充填物为肉红色长石

清远抽水蓄能工程厂区裂隙岩体水力劈裂值随深度分布情况见图 3.3-2，钻孔内裂隙岩体水力劈裂值主要受控于岩体裂隙的性状，多数测段裂隙岩体水力劈裂压力大于 8MPa，在 411.03～412.23m 测段，受岩体裂隙性状及裂隙充填物性状的影响，裂隙岩体水力劈裂压力相对偏低，大约在 6.5MPa 左右。

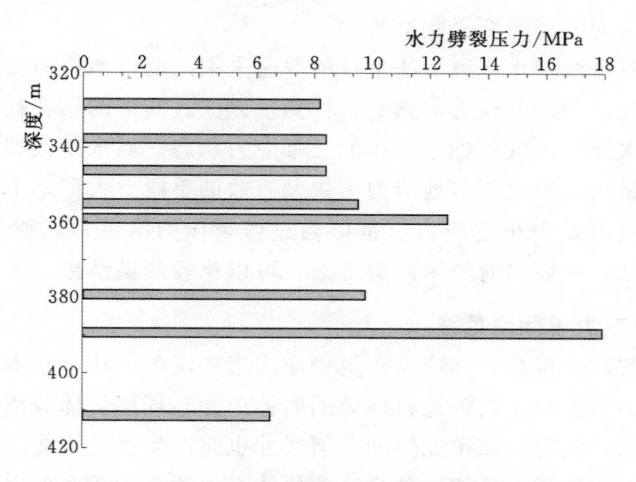

图 3.3-2 清远抽水蓄能工程厂区裂隙岩体水力劈裂值随深度分布情况

3.4 工程岩体初始地应力场测试与分析

3.4.1 概述

地应力是存在于地层中的未受工程扰动的天然应力，也称岩体初始应力、绝对应力或原岩应力。而当工程开挖以后，应力受到开挖扰动的影响而形成的应力称为二次应力或诱导应力；不受开挖影响部分的应力，相对开挖而言，也可称为岩体的初始应力。

地应力是岩体工程最基本、最重要的工程荷载，也是进行岩体工程数值计算的初始条件、分析工程岩体破坏和位移特征的基本因素。抽水蓄能电站厂房规模较大，初始地应力资料对于分析地下洞室开挖后的围岩变形与稳定，合理地设计地下洞室的轴线方向，施工开挖程序和确定支护方案具有十分重要的意义。抽水蓄能电站的高压引水隧洞具有埋深特别大、内水压力高、岔管体型复杂等特点，隧洞围岩稳定问题是设计关注的主要问题之一。按照国内外现有的设计理论与经验，只有满足一定的最小覆盖层厚度要求，才能保证高压隧洞各洞段的岩体能够承受全部内水压力，山体不会上抬；而隧洞围岩最小主应力大小，既决定围岩抗水力劈裂的能力，也是决定采用高压隧洞及高压岔管能否采用钢筋混凝土衬砌的依据。因此，初始地应力状态的测试与分析是抽水蓄能电站勘察设计中的重要任务。

3.4.2 测试方法及原理

地应力测试是对测点的地应力状态的直接观测方法。国际岩石力学学会测试方法委员会于 1987 年颁布的测定岩石应力的建议方法主要是 4 种。分别如下：

（1）USBM 型钻孔孔径变形计的钻孔孔径变形测量法。

（2）CSIR（CSIRO）型钻孔三轴应变计的钻孔孔壁应变测量法。

（3）水压致裂法。

（4）岩体表面应力的应力恢复测量法。

钻孔孔壁应变测量法和水压致裂法是目前普遍采用的两种地应力测量方法。应力解除法则是发展时间较长，理论上较为成熟的一种测量方法。其中的钻孔孔壁应变测量法能通过一个钻孔中的一次测量，就可确定岩体的三维应力状态。而水压致裂法地应力测量是非套钻孔应力解除测量法，则是深部地应力测量最有效的手段。大型地下洞室与高压隧洞设计，需要水压法直接测试最小主应力（也可通过劈裂压力测试）以确定岩石的抗劈裂能力。在抽水蓄能电站，一般同时使用两类方法，可以比较测试结果。

3.4.2.1　钻孔孔壁应力解除测量法

钻孔孔壁应力解除法也是岩体应力测量中应用很广泛的方法。基本原理是：当需要测定岩体中某点的应力状态时，人为地将该处的岩体单元与周围岩体分离，此时，岩体单元上所受的应力被解除。同时，该单元体的几何尺寸也将产生弹性恢复。应用应变仪器，测定这种弹性恢复的应变值或变形值，并且认为岩体是连续、均质和各向同性的弹性体，于是就可以借助弹性理论的解答来计算岩体所受的应力状态。

钻孔孔壁应变测量法所采用的应变计，目前常用的有两种型式：①一般的钻孔三向应变计（图 3.4-1），它是把测量元件电阻丝应变片直接粘贴在钻孔的岩壁上。这种应变计测量精度高，但操作复杂，对被测岩体完整性要求高，测量成功率较低。②空心包体式钻孔三向应变计（图 3.4-2），它是把测量元件电阻丝应变片粘贴在预制的环氧树脂薄筒上后，再浇注一层薄的环氧树脂层制成应变计，把应变片嵌固在环氧树脂层中，地应力测量时，再用环氧树脂黏结剂充填应变计与钻孔岩壁之间的空隙。这种应变计操作方便，能适应完整性较差的岩体，测量成功率较高。

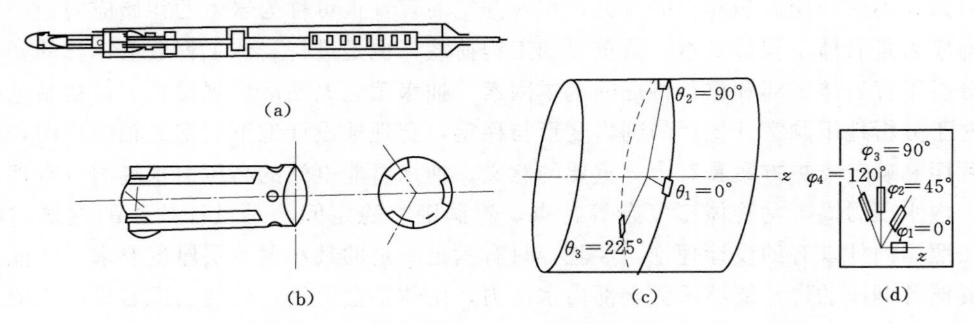

图 3.4-1　CJS-1 型钻孔三向应变计应变片布置形式图

为区别这两种不同型式钻孔三向应变计的测量法，把测量元件直接粘贴在钻孔岩壁上的浅钻孔三向应变计和深钻孔水下三向应变计的测量法，称为一般钻孔孔壁应变测量法；把测量元件嵌固在环氧树脂层的空心包体式钻孔三向应变计的测量法，称为包体式钻孔孔壁应变测量法。

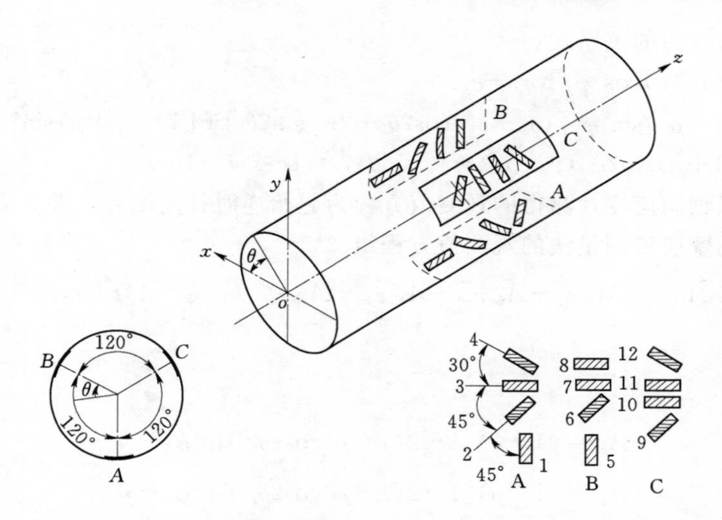

图 3.4-2 CKX-97 型空心包体式钻孔三向应变计应变片的布置图

1. 一般钻孔孔壁应变测量法

采用一般钻孔孔壁应变测量法测定地应力状态，应变计内布设 s 个应变丛，其序号用 i 表示，对应的极角为 θ_i。每个应变丛由 t 个应变片组成，其序号用 j 表示，对应的角度为 φ_j。钻孔岩壁上二次应力状态 $\sigma'_{\theta i}$，σ'_{zi}，$\tau'_{\theta izi}$ 与地应力状态的关系，为

$$\left.\begin{aligned}
&\sigma'_{\theta i}=(\sigma_x+\sigma_y)-2[(\sigma_x-\sigma_y)\cos 2\theta_i+2\tau_{xy}\sin 2\theta_i]\\
&\sigma'_{zi}=-2\mu[(\sigma_x-\sigma_y)\cos 2\theta_i+2\tau_{xy}\sin 2\theta_i]+\sigma_{z0}\\
&\tau'_{\theta izi}=2\tau_{yz}\cos\theta_i-2\tau_{zx}\sin\theta_i\\
&\sigma'_{ri}=\tau'_{ri\theta i}=\tau'_{ziri}=0
\end{aligned}\right\}\tag{3.4-1}$$

式（3.4-1）等号右边 σ_x，σ_y，…，τ_{zx} 为由钻孔坐标系表达的 6 个应力分量。因为钻孔孔壁应变测量法在一个钻孔中的一次测量，可测定三维地应力状态，不再需要其他实测资料而直接解答，因此这种测量方法的初步实测成果是由钻孔坐标系表达的 6 个应力分量。然后再根据应力分量坐标变换公式，转换到由大地坐标系表达，最后求出它们的主应力量值和方向。

利用钻孔岩壁上点应变状态之间的关系，第 i 应变丛第 j 应变片测得的解除应变值 ε_{ij} 与切向、轴向应变值的关系为

$$\varepsilon_{ij}=\varepsilon_{zi}\cos^2\varphi_{ij}+\varepsilon_{\theta i}\sin^2\varphi_{ij}+\frac{1}{2}\gamma_{zi\theta i}\sin 2\varphi_{ij}\tag{3.4-2}$$

再引入弹性平面问题的应力应变关系的虎克定律

$$\left.\begin{aligned}
&\varepsilon_{zi}=\frac{1}{E}(\sigma'_{zi}-\mu\sigma'_{\theta i})\\
&\varepsilon_{\theta i}=\frac{1}{E}(\sigma'_{\theta i}-\mu\sigma'_{zi})\\
&\gamma_{zi\theta i}=\frac{1}{G}\tau'_{zi\theta i}=\frac{2(1+\mu)}{E}\tau'_{zi\theta i}
\end{aligned}\right\}\tag{3.4-3}$$

把式（3.4-1）代入式（3.4-3），然后再代入式（3.4-2），得到解除应变值与钻孔

岩壁上二次应力状态的关系式：

$$\begin{aligned}E\varepsilon_{ij}=&[1-(1+\mu)\cos^2\varphi_{ij}](\sigma_x+\sigma_y)\\&-2(1-\mu^2)\sin^2\varphi_{ij}[(\sigma_x-\sigma_y)\cos2\theta_i+2\tau_{xy}\sin2\theta_i]+[1-(1+\mu)\sin^2\varphi_{ij}]\sigma_z\\&+2(1+\mu)\sin2\varphi_{ij}(\tau_{yz}\cos\theta_i-\tau_{zx}\sin\theta),i=1\sim s,j=1\sim t\end{aligned}\tag{3.4-4}$$

把方程组以轴向应变片测得的观测值方程为起始逆时针向编号，并令 $k=(i-1)t+j$，得到一般钻孔孔壁应变测量法的观测值方程组

$$E\varepsilon_k=A_{k1}\sigma_x+A_{k2}\sigma_y+A_{k3}\sigma_z+A_{k4}\tau_{xy}+A_{k5}\tau_{yz}+A_{k6}\tau_{zx},k=(i-1)t+j,i=1\sim s,j=1\sim t\tag{3.4-5}$$

其中

$$\left.\begin{aligned}A_{k1}&=(1+\mu)[1-2(1-\mu)\cos2\theta_i]\sin^2\varphi_{ij}-\mu\\A_{k2}&=(1+\mu)[1+2(1-\mu)\cos2\theta_i]\sin^2\varphi_{ij}-\mu\\A_{k3}&=1-(1+\mu)\sin^2\varphi_{ij}\\A_{k4}&=-4(1-\mu^2)\sin2\theta_i\sin^2\varphi_{ij}\\A_{k5}&=2(1+\mu)\cos\theta_i\sin2\varphi_{ij}\\A_{k6}&=-2(1+\mu)\sin\theta_i\sin2\varphi_{ij}\end{aligned}\right\}\tag{3.4-6}$$

由此解得由钻孔坐标系表达的岩体6个应力分量后，把它们转换到大地坐标系中去，再根据下式求解它的3个主应力

$$\left.\begin{aligned}\sigma_1&=2\sqrt{-\frac{p}{3}}\cos\frac{\omega}{3}+\frac{1}{3}J_1\\\sigma_2&=2\sqrt{-\frac{p}{3}}\cos\left(\frac{\omega+2\pi}{3}\right)+\frac{1}{3}J_1\\\sigma_3&=2\sqrt{-\frac{p}{3}}\cos\left(\frac{\omega+4\pi}{3}\right)+\frac{1}{3}J_1\end{aligned}\right\}\tag{3.4-7}$$

其中

$$\left.\begin{aligned}\omega&=\arccos\left[-\frac{Q}{2}\Big/\sqrt{-\left(\frac{p}{3}\right)^3}\right]\\p&=-\frac{1}{3}J_1^2+J_2\\Q&=-\frac{2}{27}J_1^3+\frac{1}{3}J_1J_2-J_3\end{aligned}\right\}\tag{3.4-8}$$

式中：J_1、J_2 和 J_3 分别为应力张量的第一、第二和第三不变量。

$$\left.\begin{aligned}J_1&=\sigma_1+\sigma_2+\sigma_3=\sigma_x+\sigma_y+\sigma_z\\J_2&=\sigma_1\sigma_2+\sigma_2\sigma_3+\sigma_3\sigma_1\\&=\sigma_x\sigma_y+\sigma_y\sigma_z+\sigma_z\sigma_x-\tau_{xy}^2-\tau_{yz}^2-\tau_{zx}^2\\J_3&=\sigma_1\sigma_2\sigma_3=\sigma_x\sigma_y\sigma_z-\sigma_x\tau_{yz}^2-\sigma_y\tau_{zx}^2-\sigma_z\tau_{xy}^2+2\tau_{xy}\tau_{yz}\tau_{zx}\end{aligned}\right\}\tag{3.4-9}$$

主应力方向由下式：

$$\left.\begin{aligned}(\sigma_x-\sigma_i)l_i+\tau_{xy}m_i+\tau_{zx}n_i=0\\ \tau_{xy}l_i+(\sigma_y-\sigma_i)m_i+\tau_{yz}n_i=0\\ \tau_{zx}l_i+\tau_{yz}m_i+(\sigma_z-\sigma_i)n_i=0\end{aligned}\right\}\qquad(3.4-10)$$

中的任二式和方向余弦关系式：

$$l_i^2+m_i^2+n_i^2=1\qquad(3.4-11)$$

联立解得。主应力的倾角 α_i 和方位角 β_i 为

$$\left.\begin{aligned}\alpha_i&=\arcsin n_i\\ \beta_i&=\beta_0-\arcsin\frac{m_i}{\sqrt{1-n_i^2}}\end{aligned}\right\}\qquad(3.4-12)$$

式中：β_0 为大地坐标系 x 轴的方位角，如 x 轴为正北方向，则 $\beta_0=0$。

2. 空心包体式钻孔孔壁应变测量法

采用空心包体式钻孔孔壁应变测量法测定地应力状态，同一般钻孔孔壁应变测量法一样。得到各方向的应变观测值方程为

$$\begin{aligned}E\varepsilon_{ij}=&\{K_1(\sigma_x+\sigma_y)-2(1-2\mu^2)K_2[(\sigma_x-\sigma_y)\cos2\theta_i+2\tau_{xy}\sin2\theta_i]\\&-\mu K_4\sigma_z\}\sin^2\varphi_{ij}+[\sigma_z-\mu(\sigma_x+\sigma_y)]\cos^2\varphi_{ij}\\&+2(1+\mu)K_3(\tau_{yz}\cos\theta_i-\tau_{zx}\sin\theta_i)\sin2\varphi_{ij}\end{aligned}\qquad(3.4-13)$$

由式（3.4－13）可见，空心包体式钻孔三向应变计地应力测量所建立的观测值方程组，与一般钻孔三向应变计测量时所建立的观测值方程组，在形式上完全一致，所不同的是应变观测值方程中包含有由于应变片并非直接粘贴在钻孔岩壁上的修正系数 $K_i(i=1\sim4)$。修正系数 K_i 一般在 0.8～1.3 之间。当应变片直接粘贴在钻孔岩壁上时，得到 $K_1=K_2=K_3=K_4=1$。

3.4.2.2　水压致裂测量法

水压致裂法地应力测量是非套钻孔应力解除测量法，也是迄今为止进行深部地应力测量最有效的手段。该方法在地壳深层岩体的地应力场研究中是必不可少的，尤其是研究地震及其破坏机理和预测预报。

自从 Hubbert、Willis 1957 年发表水压致裂法基本原理后，Fairhurst（1964，1970）、Haimson（1968）等通过研究在美国率先达到实用阶段。我国在 20 世纪 70 年代末引进水压致裂法（国家地震局地壳应力研究所李方全等 1978 年用于唐山地震区，长江科学院刘允芳等 1980 年应用在长江葛洲坝水利工程）。与国际岩石力学学会测试方法委员会建议的其他三种测量方法相比，水压致裂法具有以下突出优点：

（1）测试深度深。

（2）资料整理时不需要岩石弹性参数参与计算，可以避免因岩石弹性参数取值不准引起的误差。

（3）岩壁受力范围较长（钻孔承压段可长达 1～2m），可以避免“点”应力状态的局限性和地质条件不均匀性的影响；

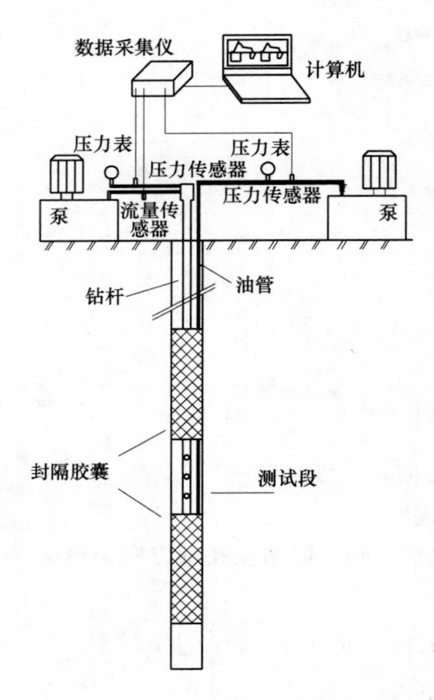

图 3.4-3　水压致裂测试装备

(4) 操作简单，测试周期短。

这些优点是套钻孔应力解除测量法无法比拟的。因此，这种地应力测量方法已被国内外广泛应用，应用范围已覆盖水电、矿山、交通、军工等岩石工程和地震机制及地球动力学研究等领域。

水压致裂法地应力测试原理是利用一对可膨胀的橡胶封隔器，在预定的测试深度封隔一段钻孔，然后泵入液体对该段钻孔施压，根据压裂过程曲线的压力特征值计算地应力。图 3.4-3 和图 3.4-4 为水压致裂测试装备示意图和典型曲线。

水压致裂法地应力测量原理是建立在弹性力学平面问题理论基础上的，它的经典理论以 3 个建设条件为前提：

(1) 围岩是线性、均匀、各向同性的弹性体。

(2) 围岩为多孔介质时，注入的流体按达西定律在岩体孔隙中流动。

(3) 铅直向应力 σ_V 为主应力之一，大小等于上覆岩层的自重压力。

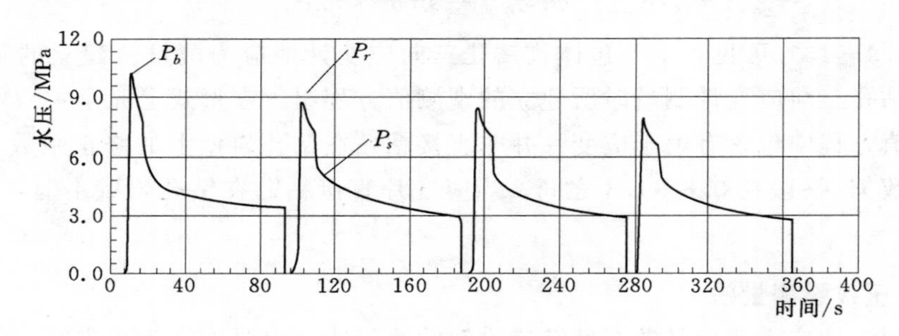

图 3.4-4　水压致裂法典型曲线

P_b—岩石原地破裂压力；P_r—破裂面重张压力；P_s—破裂面瞬间闭合压力

因此有钻孔在无限大平板受两向应力 σ_A 和 σ_B（$\sigma_A>\sigma_B$）的作用时，则孔周附近的二次应力状态为

$$\left.\begin{aligned}\sigma'_\theta&=\frac{\sigma_A+\sigma_B}{2}\left(1+\frac{a^2}{r^2}\right)-\frac{\sigma_A-\sigma_B}{2}\left(1+\frac{3a^4}{r^4}\right)\cos2\theta\\\sigma'_r&=\frac{\sigma_A+\sigma_B}{2}\left(1-\frac{a^2}{r^2}\right)+\frac{\sigma_A-\sigma_B}{2}\left(1+\frac{3a^4}{r^4}-\frac{4a^2}{r^2}\right)\cos2\theta\\\sigma'_{r\theta}&=-\frac{\sigma_A-\sigma_B}{2}\left(1-\frac{3a^4}{r^4}+\frac{2a^2}{r^2}\right)\sin2\theta\end{aligned}\right\}\tag{3.4-14}$$

式中：a 为钻孔半径；r 为径向距离；θ 为极径与轴 X 的夹角；σ'_r、σ'_θ 和 $\tau'_{r\theta}$ 分别为径向应力、切向应力和剪切应力；σ_A 和 σ_B 分别为钻孔横截面上最大和最小主应力（图 3.4-5）。

在孔周岩壁（$r=a$）的应力状态为

$$\left.\begin{aligned}\sigma_\theta'&=(\sigma_A+\sigma_B)-2(\sigma_A-\sigma_B)\cos2\theta\\ \sigma_r'&=0\\ \tau_{r\theta}'&=0\end{aligned}\right\}\qquad(3.4-15)$$

水压致裂测试时，施加液压 P_W 产生的附加应力为

$$\left.\begin{aligned}\sigma_\theta''&=-P_W\frac{a^2}{r^2}\\ \sigma_r''&=P_W\frac{a^2}{r^2}\end{aligned}\right\}\qquad(3.4-16)$$

在孔周岩壁（$r=a$）的附加应力为

$$\left.\begin{aligned}\sigma_\theta''&=-P_W\\ \sigma_r''&=P_W\end{aligned}\right\}\qquad(3.4-17)$$

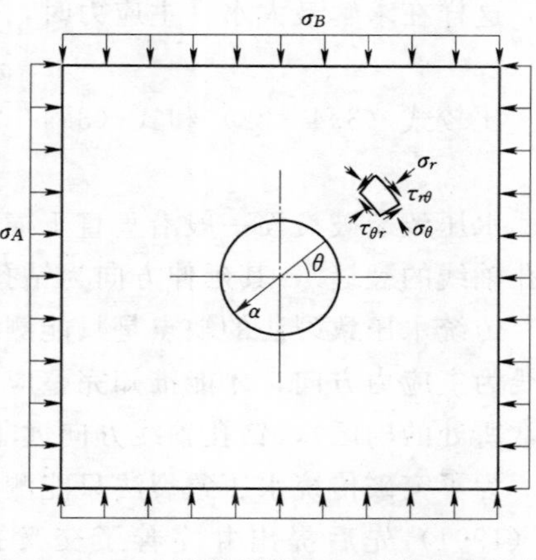

图 3.4-5　含圆孔无限大平面的应力状态

由此，钻孔孔岩壁上的应力为

$$\sigma_\theta=\sigma_\theta'+\sigma_\theta''=(\sigma_A+\sigma_B)-2(\sigma_A-\sigma_B)\cos2\theta-P_W\qquad(3.4-18)$$

破裂缝产生在钻孔孔壁拉应力最大的部位。因此，围岩二次应力场中最小应力出现的部位最为关键。由式（3.4-18）可见，在孔壁 $\theta=0$ 或 $\theta=\pi$ 处切向应力为最小

$$\sigma_\theta=3\sigma_B-\sigma_A-P_W\qquad(3.4-19)$$

由于深孔围岩存在着孔隙水压力 P_0，因此岩体的地应力由有效应力（岩石晶格骨架所承受的应力）和孔隙水压力（岩石孔隙中的液体压力）组成，即有效应力为 $\sigma-P_0$，在压裂过程中，随着压力段的液压增大，孔壁上有效应力逐渐下降，最终变为拉应力，当切向有效应力值等于或大于岩石的抗拉强度 σ_t 时，孔壁上开始出现破裂缝，岩石破裂出现的临界压力（P_b）由海姆森给出

$$P_b-P_0=\frac{3(\sigma_B-P_0)-(\sigma_A-P_0)+\sigma_t}{K}\qquad(3.4-20)$$

式中：K 为孔隙渗透弹性系数，可在试验室内确定，其变化范围为 $1\leqslant K\leqslant2$。

对非渗透性岩石，K 值近似等于 1，故上式简化为

$$P_b-P_0=3\sigma_B-\sigma_A+\sigma_t-2P_0\qquad(3.4-21)$$

在测试钻孔为铅直向情况，σ_A 和 σ_B 为最大和最小水平主应力 σ_H 和 σ_h，若以地应力代替上式中的有效应力，得到

$$P_b=3\sigma_h-\sigma_H+\sigma_t-P_0\qquad(3.4-22)$$

根据破裂缝沿最小阻力路径传播的原理。关闭压力泵后，维持裂隙张开的瞬时关闭压力 P_s，就等于垂直破裂面方向的压应力，即最小水平主应力

$$\sigma_h=P_s\qquad(3.4-23)$$

按式（3.4-22）确定最大水平主应力

$$\sigma_H=3\sigma_h-P_b-P_0+\sigma_t\qquad(3.4-24)$$

式（3.4-24）中的抗拉强度 σ_t 采用以下方法确定：在现场对封隔段的多次循环加压过程求出。在第一次加压循环过程中，使完整的孔壁围岩破裂，出现明显的破裂压力 P_b，而在以后的加压循环过程中，因岩石已破裂，故其抗拉强度 $\sigma_t=0$，则重张压力 P_r 为

$$P_r=3\sigma_h-\sigma_H-P_0\qquad(3.4-25)$$

这样在求解最大水平主应力时，也可直接采用重张压力计算

$$\sigma_H = 3\sigma_h - P_r - P_0 \tag{3.4-26}$$

比较式（3.4-22）和式（3.4-25）可近似得到孔壁岩石的抗拉强度

$$\sigma_t = P_b - P_r \tag{3.4-27}$$

水压致裂破裂面一般沿垂直于横截面上最小主应力方向的平面扩展（一般形成平行于钻孔轴线的裂缝），其延伸方向为钻孔横截面上的最大主应力方向。

传统水压致裂法的缺点是只能测得钻孔横截面上的二维应力状态，且还需要假设钻孔轴线为主应力方向，才能推知完整应力场或完整应力张量。若地形地貌复杂（如岩石工程经常所处的山区），钻孔轴线方向远非主应力方向，则不能测得地应力场的全貌。

为了突破传统水压致裂法只能测量二维应力状态的限制，Kuriyagama（1989）、刘允芳（1991）先后提出并完善了交叉孔水压致裂法三维地应力测量理论和方法。Cornet（1993）提出了在单钻孔中基于原生裂隙重张试验测定岩体三维地应力场的改进水压法（HTPF）。这些方法从原则上为确定地形地貌起伏剧烈的水利水电工程（一般处在浅表或深度小于500m）岩体中的复杂应力场提供了解决思路。

3.4.3 地应力回归分析方法

通过钻孔岩体初始应力测量，可以取得岩体初始应力在钻孔附近随深度分布的资料。对于规模较大的 抽水蓄能电站来说，为了进行工程岩体稳定性分析，还需要确定工程岩体范围内的三维初始应力场。

地应力构成因素主要包括地心引力、地幔热流牵引力、板块驱动力、岩浆侵入和地壳非均匀扩容等构造作用，异常的地温和异常地下水压力、地表剥蚀或其他物理化学变化也可引起相应的应力场。一般认为，浅部岩体地应力场主要由水平向构造应力场和与地形地貌相关的重力场组成。本章依据该观点建立地应力场的数学计算模型。自重应力场：采用岩体实测密度，计算在自重的作用下产生的自重应力场，计算模型侧面及底面加位移约束，均仅限制其法向方向位移，见图3.4-6。构造应力场：在计算模型的两个侧面分别施加水平方向不同的均布压力来模拟水平方向构造作用力，对非加载侧面边界和底部边界的约束条件与自重应力场模拟时相同，见图3.4-7。对水平面内剪切应力的模拟，则通过施加边界位移来模拟。

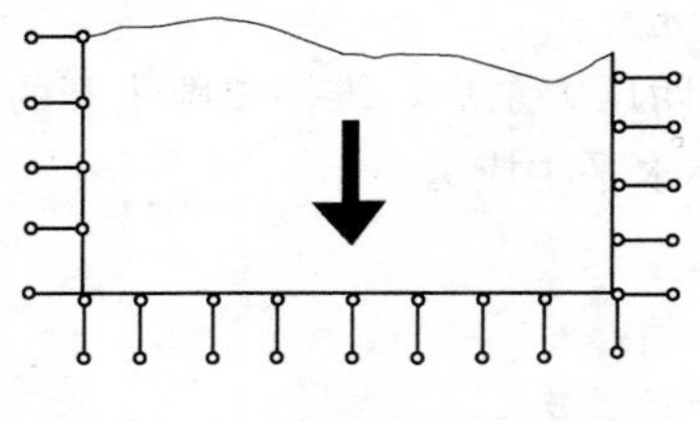

图3.4-6 自重应力场

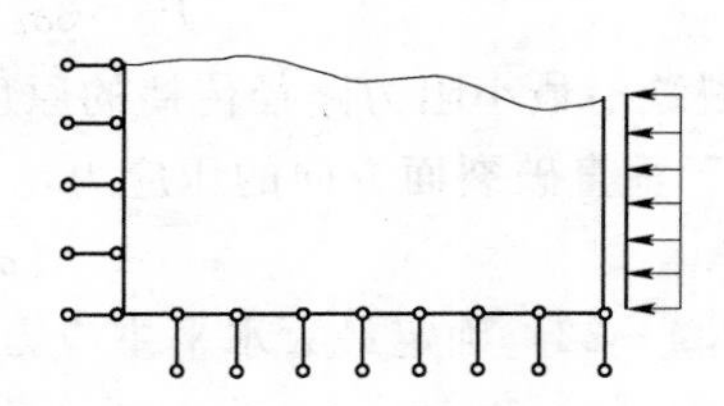

图3.4-7 水平方向构造应力场

将地应力回归计算值作为因变量，把有限元计算求得的自重应力场和构造应力场相应于实测点的应力计算值作为自变量建立回归方程，用最小二乘法进行多元回归分析求得地应力场分布。根据多元回归法原理，将地应力回归计算值$\bar{\sigma}_k$作为因变量，把有限元计算

求得的自重应力场和构造应力场 4 个子应力场相应于实测点的应力计算值 σ_k^i 作为自变量，则回归方程的形式为

$$\overline{\sigma}_k = \sum_{i=1}^{n} L_i \sigma_k^i \tag{3.4-28}$$

式中：k 为观测点的序号；$\overline{\sigma}_k$ 为第 k 观测点的回归计算值；L_i 为相应于自变量的多元回归系数；$\overline{\sigma}_k$ 和 σ_k^i 分别为相应应力分量计算值的单列矩阵；n 为回归元素数。

假定有 m 个观测点，则最小二乘法的残差平方和为

$$S_{残} = \sum_{k=1}^{m}\sum_{j=1}^{6}(\sigma_{jk}^{*} - \sum_{i=1}^{n} L_i \sigma_{jk}^{i})^2 \tag{3.4-29}$$

式中：σ_{jk}^{*} 为 k 观测点 j 应力分量的观测值；σ_{jk}^{i} 为 i 基本应力场 j 应力分量的有限元计算值。

根据最小二乘法原理，使得 $S_{残}$ 为最小值的法方程式为

$$\begin{bmatrix} \sum_{k=1}^{m}\sum_{j=1}^{6}(\sigma_{jk}^{1})^2 & \sum_{k=1}^{m}\sum_{j=1}^{6}\sigma_{jk}^{1}\sigma_{jk}^{2} & \sum_{k=1}^{m}\sum_{j=1}^{6}\sigma_{jk}^{1}\sigma_{jk}^{3} & \sum_{k=1}^{m}\sum_{j=1}^{6}\sigma_{jk}^{1}\sigma_{jk}^{4} \\ & \sum_{k=1}^{m}\sum_{j=1}^{6}(\sigma_{jk}^{2})^2 & \sum_{k=1}^{m}\sum_{j=1}^{6}\sigma_{jk}^{2}\sigma_{jk}^{3} & \sum_{k=1}^{m}\sum_{j=1}^{6}\sigma_{jk}^{2}\sigma_{jk}^{4} \\ \text{对} & & \sum_{k=1}^{m}\sum_{j=1}^{6}(\sigma_{jk}^{3})^2 & \sum_{k=1}^{m}\sum_{j=1}^{6}\sigma_{jk}^{3}\sigma_{jk}^{4} \\ & \text{称} & & \sum_{k=1}^{m}\sum_{j=1}^{6}(\sigma_{jk}^{4})^2 \end{bmatrix} \begin{Bmatrix} L_1 \\ L_2 \\ L_3 \\ L_4 \end{Bmatrix} = \begin{Bmatrix} \sum_{k=1}^{m}\sum_{j=1}^{6}\sigma_{jk}^{*}\sigma_{jk}^{1} \\ \sum_{k=1}^{m}\sum_{j=1}^{6}\sigma_{jk}^{*}\sigma_{jk}^{2} \\ \sum_{k=1}^{m}\sum_{j=1}^{6}\sigma_{jk}^{*}\sigma_{jk}^{3} \\ \sum_{k=1}^{m}\sum_{j=1}^{6}\sigma_{jk}^{*}\sigma_{jk}^{4} \end{Bmatrix} \tag{3.4-30}$$

解此法方程式，$n=4$，得 4 个待定回归系数 $L=(L_1, L_2, L_3, L_4)^{\mathrm{T}}$，则计算域内任一点 P 的回归应力，可由该点各基本应力场有限元计算值迭加而得

$$\sigma_{jp} = \sum_{i=1}^{4} L_i \sigma_{jp}^{i} \tag{3.4-31}$$

其中 $j=1, 2, \cdots, 6$，对应应力 6 个分量。

利用实测资料和 4 个三维有限元应力场模拟结果，用最小二乘法多元回归分析，得到 4 个自变量的回归系数 L_1、L_2、L_3 和 L_4。根据求得的回归系数，叠加 4 个子应力场，可求得整个工程区的回归应力场，从而为具体部位的地下工程结构稳定性分析提供了应力边界条件。

回归效果的检验，可以通过计算回归方程和回归元素的显著性检验值 F 和 F_i 进行检验：

$$F = \frac{S_{残}/N}{R/(6n-N-1)} \tag{3.4-32}$$

$$F_i = \frac{V_i}{R/(6n-N-1)} \tag{3.4-33}$$

其中

$$V_i = L_i^2 / C_{ii} \tag{3.4-34}$$

式中：R 和 $S_{残}$ 为回归差平方和和残差平方和；N 为回归差平方和的自由度；V_i 为回归方程中各自变量的贡献，用变量的偏回归差平方和表示；C_{ii} 为式（3.4-30）系数矩阵逆阵的主元素。

3.4.4　地应力测试布置

地应力测量范围涵盖整个输水发电系统地下建筑物可能的埋深、高程范围，并以地下厂房区和高压岔管区为重点、涵盖各种埋深深度，尽量具有代表性及全面性，以满足工程对地应力评价需要。测试方法采用上述两种方法联合测试，互相印证补充。

惠州抽水蓄能电站先后在调压井、中平洞、地下厂房、高压岔管等部位的 10 个钻孔进行了水压致裂法和套芯解除法地应力测试。测试钻孔编号为 ZK2002、ZK2008、ZK2050、ZK2088、PDZK03 ～ PDZK06、PDZK11 和 PDZK13 孔，其中 ZK2002、ZK2008、ZK2050 和 ZK2088 为地表孔，其余钻孔布置于勘探平洞内。测孔布置见图 3.4-8。其中 ZK2008 孔解除法最大测试深度 365m，创造国内最深记录。

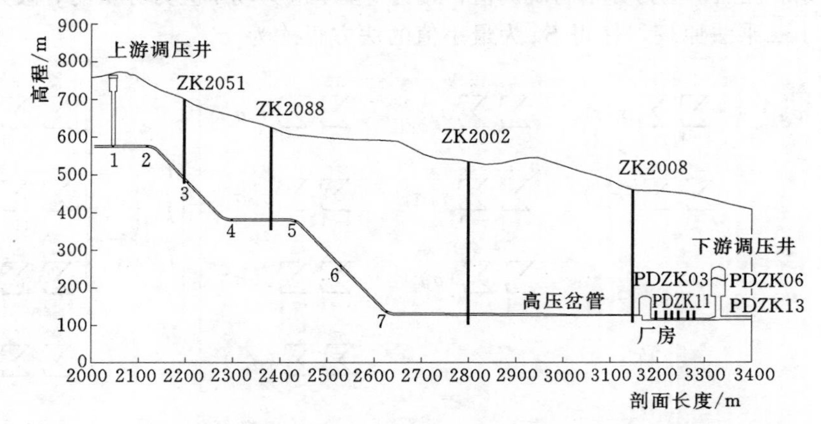

图 3.4-8　惠州抽水蓄能电站工程纵剖面及测孔布置图

深圳抽水蓄能电站工程先后在调压井、中平洞、地下厂房、高压岔管等部位的 10 个钻孔进行了水压致裂法、深孔套芯解除法、浅孔套芯解除法和水力劈裂试验等多种方法的地应力测试。取得了测试区共 44 段二维水压，20 段三维水压和 20 段三维解除法地应力实测数据。测试钻孔编号分别为 ZK1051、ZK1052、ZK1058、ZK301～ZK307。其中 ZK1051、ZK1052 和 ZK1058 为地表孔，位于调压井和高压隧洞部位；ZK301～ZK307 孔布置于勘探平洞内，ZK304 和 ZK305 两孔成水平状态并与 ZK302 构成三维垂直相交孔系（图 3.4-9）。

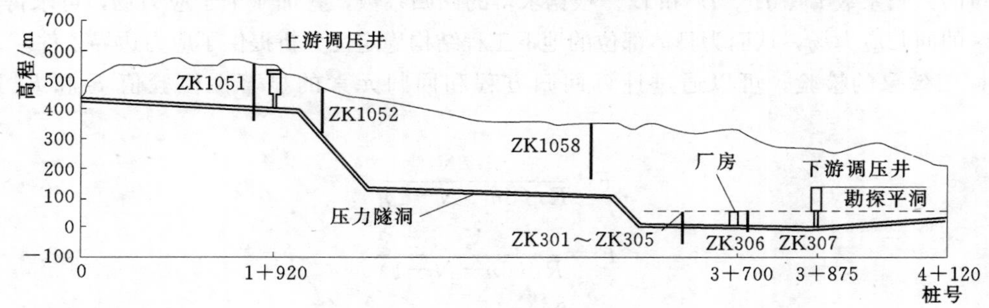

图 3.4-9　深圳抽水蓄能电站工程纵剖面及测孔布置图

清远抽水蓄能电站地应力测量采用应力解除法和水压致裂法这两种测量方法，先后在中平洞、地下厂房、高压岔管等部位的 4 个钻孔中进行地应力测量。测孔编号分别为

ZK3003、ZK3029、ZKD01、ZKD03，其中前两孔为地表测孔，位于高压岔管和高压隧洞部位；后两孔为勘探平洞测孔。具体测孔部位和方向以及所采用的测量方法见表 3.4－1，测孔布置见图 3.4－10。图 3.4－10 中还标出了围岩水压劈裂的 7 个控制点。

表 3.4－1　测孔部位和方向以及所采用的测量方法

孔　号	测孔部位	测孔方向	应力解除法	水压致裂法	高压压水/水力劈裂
ZK3003	高压岔管区	铅垂向	13	—	—
ZK3029	过沟段	铅垂向	14	—	—
ZKD01	下平洞段	铅垂向	13	13	12
ZKD03	地下厂房区	铅垂向	12	12	3
合计			53	25	15

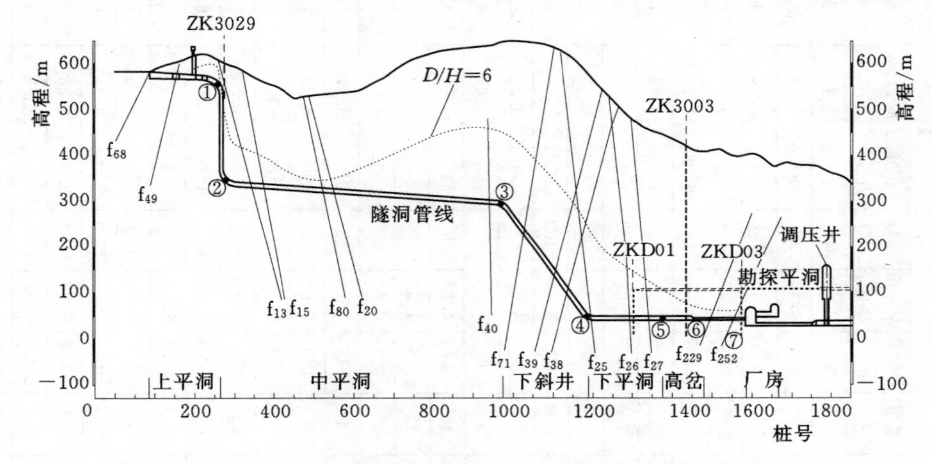

图 3.4－10　清运抽水蓄能电站工程纵剖面及测孔布置图

广州抽水蓄能电站除采用常规勘测方法外，在地表或探洞内钻孔，用应力解除或水压致裂测量地下洞室位置及高程的原始应力。深孔应力解除测量，从地表做到孔深 307m（在水电系统中是最深的）。在超千米长的探洞内再往下打钻孔，最深 160m。探洞内钻孔应力解除试验，从地表起算达到深度 500m。满足本区地下洞室深部应力测量要求。应力解除测量能做到这个深度是少有的。

3.4.5　地应力测量成果及应用

3.4.5.1　惠州抽水蓄能电站

输水发电隧洞均为有内水压力的有压隧洞，且高压隧洞段内水压力较大，最小主应力的大小关系到隧洞的抗劈裂稳定问题。由于受地应力测试工作量限制，不可能沿线均测量地应力，因此需根据代表性测点测试成果，经过分析整理，找出规律，以推断隧洞沿线各种埋深条件下隧洞的围岩中的最小主应力大小，评价隧洞围岩抗劈裂的稳定性。场区解除法地应力测试成果，测试点深度与最小主应力的大小关系见表 3.4－2 及图 3.4－11。

从图 3.4－11 实测测点深度与最小主应力大小的分布看，最小主应力大小虽然存在离散性，但存在随深度增加而最小主应力量值呈线性增大的趋势。根据图 3.4－11 输水隧洞

表 3.4-2 **惠州抽水蓄能电站引水厂房系统深孔应力解除地应力测量成果表**

位置	孔号	测段号	测点高程/m	测点离地表深度/m	测点离探洞深度/m	空间三个主应力的大小、倾角、方位角									水平主应力			垂直（自重）应力		差异系数 $A=\sigma_{z'}/\sigma_3$
						σ_1			σ_2			σ_3			最大水平主应力 σ_H /MPa	最小水平主应力 σ_h /MPa	最大水平主应力方向 β_H/(°)	实测 σ_z /MPa	计算 $\sigma_{z'}=rH$ /MPa	
						应力值/MPa	倾角/(°)	方位角/(°)	应力值/MPa	倾角/(°)	方位角/(°)	应力值/MPa	倾角/(°)	方位角/(°)						
引水隧洞	ZK2050	1	634.79	36.79	地面孔	4.23	46	203	3.72	1	294	3.02	44	25	3.72	3.6	301	3.65	1	0.33
		2	605.24	66.24		7.84	79	29	6.77	4	279	6.49	10	188	7.84	6.77	275	7.79	1.78	0.27
高压隧洞中平洞	ZK2088	3	593.44	65.45		6.52	46.1	187.4	5.55	1.6	93	1.15	43.8	1.6	5.56	3.72	270.8	3.94	1.76	1.53
		4	561.26	97.63		6.72	59.3	17.3	3.61	2.7	282.8	1.47	30.6	191.3	3.36	2.82	275.2	5.36	2.65	1.8
		5	538.35	120.54		7.2	54.8	87.1	3.59	0.6	356.2	3.09	35.2	265.9	4.46	3.59	267.6	5.83	3.27	1.06
		6	515.18	143.71		7.89	46.6	81.4	6.42	26.5	319.5	3.49	31.4	211.7	6.87	4.53	293.2	6.4	3.89	1.11
		7	493.39	165.50		7.85	57.1	127.1	6.73	24.4	261.5	3.06	20.7	1.4	6.95	3.62	274.1	7.06	4.48	1.46
		8	469.82	189.07		8.6	81.1	23.6	5.17	3.8	268.8	4.9	8	178.2	5.19	4.97	260	8.52	6.59	1.35
		9	435.47	223.42		9.17	68.1	190.2	5.28	0.7	282	3.94	21.9	12.3	5.29	4.66	284	8.44	7.37	1.87
地下厂房及高压岔管	ZK2008	10	393.90	95.18		4.03	71	218	3.28	13	87	3.09	14	354	3.33	3.13	252	3.94	2.52	0.82
		11	346.56	142.52		6.19	79	326	4.78	8	107	4	7	198	4.81	4.02	289	6.13	3.78	0.95
		12	331.34	157.74		6.48	75	269	5.55	15	93	4.54	1	3	5.61	4.54	273	6.41	4.19	0.92
		13	301.80	187.28		7.75	68	276	5.14	22	106	4.51	3	14	5.5	4.52	281	7.38	4.96	1.1
		14	224.20	264.88		9.84	83	13	7.23	2	251	6.88	7	180	7.23	6.92	269	9.79	7.02	1.02
		15	195.50	293.58		10.91	77	178	8.56	4	285	7	12	15	8.57	7.18	287	10.7	7.79	1.11
		16	173.42	315.66		11.01	84	0	8.32	2	110	7.69	6	200	8.32	7.73	291	10.9	8.37	1.09
		17	140.31	348.77		12.1	64	60	10.2	9	312	9.71	24	218	10.4	10	282	11.6	9.25	0.95
		18	123.94	365.14		12.7	66	61	10.11	22	265	8.97	9	171	10.5	9.03	255	12.2	9.67	1.08
	PDZK06（地面高程525.00m）	19	164.26	360.74	83.45	11.89	73	7.9	7.55	9.6	244.4	6.03	13.9	152	7.7	6.34	234.5	11.43	9.57	1.59
		20	145.08	379.92	102.63	12.81	78.4	77.5	7.28	11.1	274.6	6.88	3.3	184	7.5	6.89	268.2	12.58	10.07	1.46
		21	129.06	395.94	118.65	12.6	80.4	155.6	7.95	1	59.5	7.09	9.6	329.3	7.95	7.24	238.2	12.45	10.49	1.48
		22	120.01	404.99	127.70	13.29	76.4	346.9	8.19	35.7	101	6.73	12.3	192.5	8.25	7.02	287.7	12.94	10.78	1.59
	PDZK13（地面高程540.00m）	23	181.89	358.11	65.25	11.05	86.6	216.4	6.34	1.9	93.3	5.96	2.8	2.2	6.35	5.98	271	11.02	9.49	1.59
		24	171.09	368.91	76.05	12.28	73.8	32.8	8.18	5.2	284.5	6.52	15.3	193.1	8.22	6.91	278.7	11.84	9.78	1.5
		25	154.79	385.21	92.35	12.28	76.2	323.3	8.38	6.9	83.2	6.97	11.8	174.6	8.45	7.19	269.1	12	10.2	1.46
		26	130.94	409.06	116.20	13.49	73.2	249	8.02	14.7	98.9	7.71	8	6.7	8.43	7.75	259.8	13.02	10.84	1.41

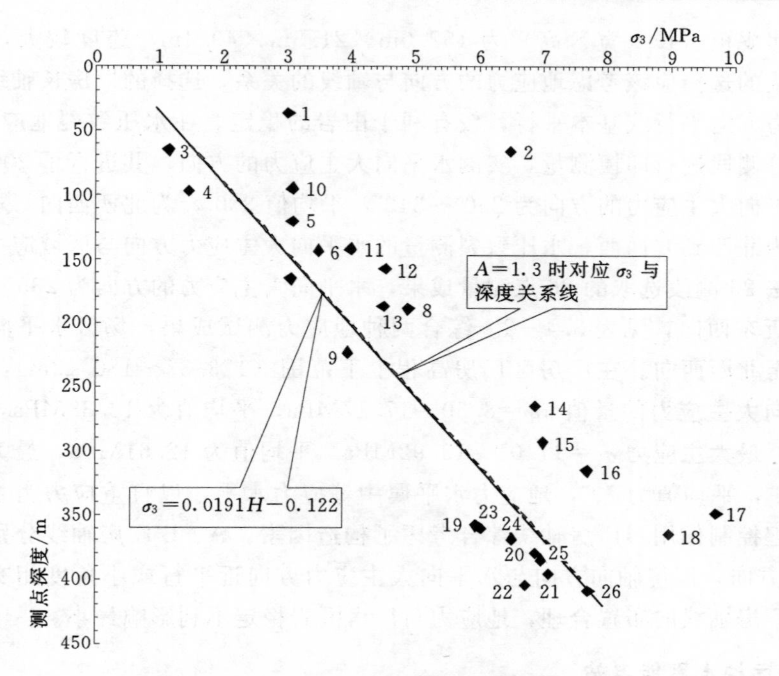

图 3.4－11　最小主应力 σ_3 与深度关系曲线

沿线任意点的最小主应力就可求出。对输水发电隧洞沿线部分最危险的点能否满足最小主应力准则、是否会出现水力劈裂的评价见表 3.4－2。表 3.4－2 中反映隧洞沿线在过沟浅埋段、A厂中平洞下弯点处最小主应力 σ_3 小于隧洞内静水压力，其余位置 σ_3 均大于隧洞内水静水压力 P_0，但隧洞内的动水压力值 P，在 A、B厂过沟浅埋段、中平洞下弯点、A厂高压岔管起点存在隧洞内动水压力大于相应埋深条件下隧洞处的最小主应力 σ_3，围岩存在水力劈裂的可能，在A厂中平洞下弯点至高压岔管段、B厂中平洞下弯段附近及 A、B厂过沟浅埋段附近进行了加强衬砌处理及围岩灌浆处理，以防止水力劈裂的发生。其余位置最小主应力均大于隧洞内的动水压力值，满足最小主应力准则，围岩不会产生水力劈裂。另根据抗抬理论，高压隧洞沿线需要足够的埋深，埋深足够了，最小主应力 σ_3 也就满足了。

表 3.4－3　　输水发电隧洞沿线水力劈裂评价表

工程部位		隧洞埋深 H /m	内水静水头 P_0 /MPa	动水压力 P /MPa	最小主应力 σ_3 /MPa	σ_3/P	σ_3/P_0
A厂输水发电隧洞	过沟浅埋段	73.5	1.70	1.76	1.28	0.73	0.75
	上平洞下弯点	115.0	1.72	1.99	2.07	1.04	1.20
	中平洞下弯点	180.0	3.77	4.52	3.32	0.73	0.88
	高压岔管起点	347.5	6.24	7.42	6.52	0.88	1.04
B厂输水发电隧洞	过沟浅埋段	74.1	1.70	1.77	1.29	0.73	0.76
	上平洞下弯点	131.2	1.72	1.90	2.38	1.25	1.38
	中平洞下弯点	228.9	3.77	4.35	4.25	0.98	1.13
	高压岔管起点	420.5	6.24	7.20	7.91	1.10	1.27

地下厂房规模（长×宽×高）为 152.0m×21.5m×49.4m，跨度较大，如此大型的地下厂房轴线的选择应该考虑地应力的方向与轴线的关系，选择的厂房长轴线方向与水平向最大主应力方向平行或基本平行，较有利于围岩的稳定。在水压致裂地应力测量过程，通过选择部分测段进行印模测量，实测水平向大主应力的方向，共进行了 20 段印模测量，测量成果水平向大主应力的方向为 250°～342°，平均值 300°，为北西西向。本地区的区域应力场方向为北西到北西西，水压致裂测量的水平向大主应力方向与区域应力场方向基本一致。解除法 26 测段选取的 26 点测量成果，水平向大主应力的方向为 235°～301°，平均值 272°，为近东西向，见表 3.4-2。综合两种地应力测试成果，场区水平向大主应力方向为近东西至北西西向。在厂房区厂房高程上下范围（123.32～180.42m），水压致裂测量得到水平向大主应力的量值 σ_H=8.50～17.17MPa，平均值为 12.38MPa，解除法地应力测量成果，最大主应力 σ_1=11.01～13.92MPa，平均值为 12.61MPa，最大主应力倾角为 46°～86.6°，平均值为 70°，地应力水平属中等应力水平，以自重应力为主，地应力对围岩稳定不起控制作用。厂房轴线综合考虑了构造因素，A、B 厂房轴线分别布置为东西向及 N85°E 方向，厂房轴向方向与水平向大主应力方向近平行或小角度相交，从地应力角度考虑，厂房轴线的布置合理，地应力对厂房围岩稳定不利影响最小。

3.4.5.2　清远抽水蓄能电站

清远抽水蓄能电站高压隧洞最大水平主应力量值为 1.68～8.07MPa，最小水平主应力约为 0.78～6.51MPa，属于中等偏低应力区。高压岔管部位最大水平应力量值范围为 10.6～16.9MPa，最小水平主应力量值为 7.6～10.4MPa。地下厂房部位最大水平主应力为 9.7～15.6MPa，最小水平主应力为 7.4～11.4MPa。综合区域内所有资料，最大水平主应力方向的侧压力系数（$\lambda=\sigma_H/\sigma_Z$）为 0.5～1.36，集中分布为 0.7～1.1，远大于岩石自重产生的侧压力系数 $\mu/(1-\mu)$，说明该工程区域由于地形地貌以及构造运动产生的水平应力是地应力的重要组成部分。各孔应力量值与方向基本相符且最大水平应力方位角基本分布为 70°～120°，集中分布在东西向。个别钻孔在深部向北北东方向偏转。比较地下厂房区和高压岔管的两种测量方法的测试成果，其应力量值和方向基本相符，可以相互印证。

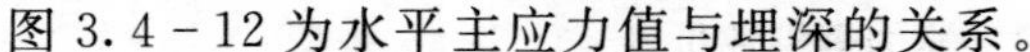

图 3.4-12 为水平主应力值与埋深的关系。

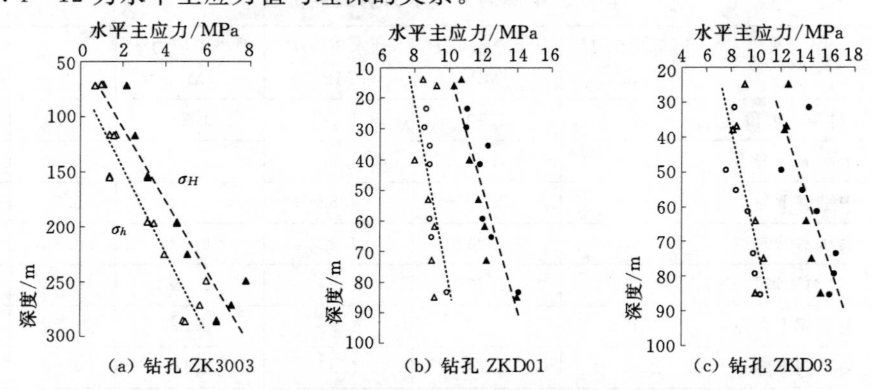

(a) 钻孔 ZK3003　(b) 钻孔 ZKD01　(c) 钻孔 ZKD03

图 3.4-12　清远抽水蓄能电站水平主应力值与埋深的关系

▲—应力解除法 σ_H；△—应力解除法 σ_h；●—水压致裂法 σ_H；○—水压致裂法 σ_h

综合所有区域的地应力测量成果，可判断该地区地应力属于中等水平。该区围岩强度应力比处于一个相对较低的水平，预计地下厂房开挖过程中虽然围岩二次应力水平对围岩稳定有一定影响，但不足以引起围岩的应力控制型破坏。该区岩体最小主应力量值也均大于7.0MPa（1.2倍设计最大水头），满足围岩在高水头作用下的抗劈裂要求。最大水平主应力方位稳定在南北至北北东之间，与可研报告建议地下厂房轴线N0°～10°E基本一致，有利于洞室围岩的稳定。

为了克服现场实测值的局限性和离散性，并为工程设计提供适用范围更大的地应力场，进行了三维应力场回归分析。具体而言，通过建立三维有限元地质模型，并结合实测资料，用最小二乘法多元线性回归方法，获得了整个引水隧洞纵剖面上的最大/最小主应力分布图以按最小主应力准则验证设计方案。结果表明，隧洞沿程的抗水力劈裂系数（最小主应力和内水压力的比值）范围为1.42～2.65，满足不设置钢衬的条件（图3.4-13及表3.4-4）。

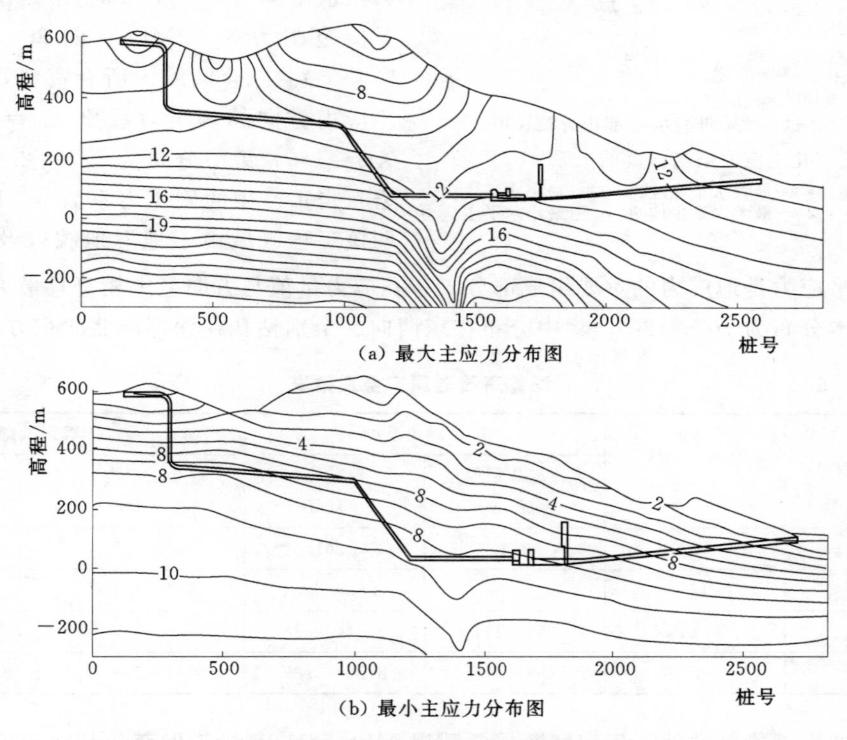

(a) 最大主应力分布图

(b) 最小主应力分布图

图3.4-13 清远抽水蓄能电站高压引水隧洞纵剖面主应力分布图

表3.4-4 清蓄高压隧洞安全系数表

隧洞布置	最大静水头 P_0/m	抗抬理论准则		水压劈裂准则	
		上覆盖岩层厚度 H/m	覆盖比 $\lambda=H/P_0$	最小主应力 σ_3/MPa	安全系数 $K=\sigma_3/P_0$
上平洞至竖井转点	38.5	36.55	0.95	0.91	2.36
竖井至中平洞转点	272.5	264.32	0.97	7.23	2.65
中平洞中点	293.68	226.61	0.77	7.22	2.45
1号引支尾端	570.50	358.80	0.63	8.08	1.42

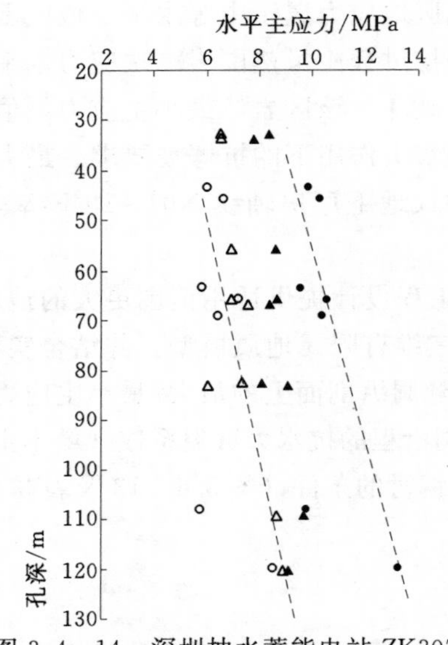

图 3.4-14　深圳抽水蓄能电站 ZK307 孔主应力值与深度的关系

水压致裂法：● — 最大水平主应力　○ — 最小水平主应力
应力解除法：▲ — 最大水平主应力　△ — 最小水平主应力

3.4.5.3　深圳抽水蓄能电站

深圳抽水蓄能电站调压井处最大水平主应力量值范围为 4.1～9.1MPa，最小水平主应力为 2.7～5.7MPa。高压隧洞上部最大水平主应力量值为 2.7～3.9MPa，最小水平主应力约为 2.3～2.4MPa，而下部最大水平主应力量值约为 5.1～7.4MPa，最小水平主应力约为 3.5～4.8MPa。总体上讲，以上两工程部位属于中等偏低应力区。高压岔管和地下厂房部位最大水平应力量值范围为 8～15MPa，最小水平主应力量值范围为 5～9MPa（图 3.4-14 和表 3.4-5）。综合区域内所有资料，最大水平主应力方向的侧压力系数（$\lambda=\sigma_H/\sigma_Z$）为 0.6～4.6，集中分布为 1.0～2.0，远大于岩石自重产生的侧压力系数 $\mu/(1-\mu)$，说明该工程区域由于地形地貌以及构造运动产生的水平应力是地应力的重要组成部分。各孔应力量值与方向基本相符且最大水平应力方位角基本分布为 70°～120°，集中分布在东西向。个别钻孔在深部向北北东方向偏转。

表 3.4-5　深蓄高压隧洞安全系数表

隧洞布置	最大静水头 P_0/m	抗抬理论准则		水压劈裂准则	
		上覆盖岩层厚度 H/m	覆盖比 $\lambda=H/P_0$	最小主应力 σ_3/MPa	安全系数 $K=\sigma_3/P_0$
上平洞	127	204	1.61	3.6～4.5	2.0～3.1
中平洞	425	290～358	0.68～0.84	6.4～6.9	1.5～1.6
下平洞	515	364～401	0.71～0.78	7.6～7.7	1.5
尾平洞	85	288～318	3.75～3.39	7.4～7.5	8.7～8.8

深圳抽水蓄能电站地下厂房区断层裂隙以 N40°～70°W 最为发育，其次为近东西和北北西向，岩石为灰白色微风化-新鲜花岗岩，岩石坚硬。根据工程类比法，该洞身区岩石的单轴抗压强度 R_c 平均为 135.0MPa。由应力测试和分析成果可知铅直向应力与最大水平向应力量值基本相当，最大水平主应力的范围为 8.0～15.0MPa，隧道横截面内的最大初始应力 σ_{max} 约 15.0MPa，$7<R_c/\sigma_{max}=9<11$。根据国标《工程岩体分级标准》（GB/T 50218—2014），该区属中等应力区，因此地应力对围岩稳定及厂房轴线选择不起绝对控制作用。综合考虑厂区地质构造以及地应力对地下厂房影响，在满足工程安全运行的条件下，厂房轴线应与主要发育的断层裂隙有较大交角，并尽量平行于最大水平主应力方向，因此建议地下厂房轴线为 N40°E。

3.5 小结

(1) 广东几座抽水蓄能电站工程区的岩层主要为燕山三期、四期的中粗粒花岗岩或黑云母花岗岩，部分地区存在不同程度和类型的黏土岩化蚀变岩；工程岩体总体性状较好，花岗岩强度高，岩体完整性较好，物理力学试验参数相对较高，具备修建大型地下洞室群的优越条件。

(2) 广东已建和在建抽水蓄能电站工程岩体的渗透性主要受断层及岩体裂隙控制。高压水头作用下断层、裂隙是围岩的主要渗透通道；围岩中断层和裂隙越发育，岩体透水性越强，岩体的水力劈裂值越低；压性断层、充填胶结较好的断层裂隙透水性相对较弱；断层、裂隙连通性越好，岩体总体透水性强；蓄能电站高压水道的防渗重点在于主要断层和裂隙带的抗渗处理。

(3) 广东抽水蓄能电站厂房规模较大，初始地应力资料对于分析地下洞室开挖后的围岩变形与稳定、合理地设计地下洞室的轴线方向、施工开挖程序和确定支护方案具有十分重要的意义。地应力测量范围涵盖整个输水发电系统地下建筑物可能的埋深、高程范围，并以地下厂房区和高压岔管区为重点、涵盖各种埋深深度，尽量具有代表性及全面性，以满足工程对地应力评价需要。测试方法采用应力解除法和水压致裂法这两种测量方法联合测试，互相印证补充，并对在惠州、清远和深圳抽水蓄能电站的测试成果进行分析总结，基本反映了广东抽水蓄能电站的应力特征。

第4章　地下洞室围岩分类方法及参数取值研究

随着我国经济建设的快速发展，对能源的需求量也越来越大，水电资源开发突飞猛进；而在水利水电工程建设的各个阶段，正确地对工程岩体的质量进行分类与评价，具有十分重要的意义和价值。工程岩体的质量评价主要是对岩体的承载力和稳定性做出正确的分析判断，它反映人们对岩体的地质属性及其力学性质规律性的认识程度。而岩体质量的好坏直接关系到岩体的工程特性和稳定性，对岩体做出准确而合理的质量评价，不仅可较好地反映多个因素对岩体质量的影响程度，而且可用简单的类型级别表达岩体对工程建筑物的适宜性。对于稳定性好、质量高的岩体在施工中可以直接利用或者使用少量加固措施；而质量低、稳定性差的岩体则会带给施工很大的影响，需要进行针对性地处理。因此，正确地对工程建设过程中所涉及的岩体质量做出评价，无论从经济合理角度还是从安全稳定角度来说均是十分必要的。

广东省已建和在建抽水蓄能电站均采用地下厂房，输水发电系统一般深埋于地下，地下建筑物工程量大，研究地下建筑物与围岩相互作用、相互影响产生的工程地质问题，综合考虑各项影响因素，对地下工程区围岩进行分类，选择围岩工程地质性质好的地质单元布置地下洞室，对优化设计、指导施工、减少投资、加快工程建设及工程建成后期稳定运行有重要意义。

由于影响围岩工程地质特性的因素较多，各因素随时间的变化和在空间上的不均一性，不同行业对主要因素和次要因素的认识不一致，使得围岩分类标准难以统一，国内外分类方法很多，各种分类方法既互相区别，又相互关联，分类的本质上是基本一致，只是考虑的因素和侧重点有差别。基于广东省抽水蓄能工程的特殊地质条件，选择影响工程岩体质量的主控因素，提出适用于广东省抽水蓄能工程的岩体质量分类方法及相应参数取值，具有重要的理论与工程实际意义。

4.1　国内外常用的岩体分类方法

国内外现有的围岩分级方法有定性、定量、定性与定量相结合3种方法，且多以前两种方法为主。定性分级法是通过对影响岩体质量的诸因素进行定性描述、鉴别、判断，或对主要因素作出评判、打分，经验的成分较大，有一定人为因素和不确定性，在使用中随勘察人员的认识和经验的差别，不同的人对同一围岩往往做出级别不同的判断，常常出现与实际差别0.5～1级的情况。定量分级法是根据对岩体（或岩石）性质进行测试的数据或对各参数打分，经计算获得岩体质量指标，并以该指标值进行分级。但由于岩体性质和赋存条件十分复杂，分级时仅用少数参数和某个数学公式难以全面、准确地概括所有情况，而且参数测试数量有限，数据的代表性和抽样的代表性均存在一定的局限，实施时难度较大。

4.1.1 RMR 岩体质量分级法

比尼奥斯基于 1976 年提出 RMR（rock mass rating）分级，后经多次修订。目前常用的为 1989 年修订版。RMR 分级方法考虑了 6 个指标：①岩块强度；②*RQD*；③节理间距；④节理条件；⑤地下水条件；⑥节理产状。对每一项指标的取值，RMR 分级方法都给出了详细的确定方法，见表 4.1-1。通过 6 项指标的求和，综合确定 RMR 值。RMR 分级系统将岩体划分为五级，表 4.1-2 给出了各级别岩体的划分标准以及各级别岩体自稳时间及力学特征。

在采用 RMR 分级系统进行岩体质量分级时，当现场不具备条件时，*RQD* 可通过现场计数单位体积中的节理数量 J_v 后，按下式进行换算：$RQD=115-3.3J_v$（J_v 为每立方米岩体中的节理总数）。

表 4.1-1　　比尼奥斯基于 1989 年修订的 RMR 分级方法

<table>
<tr><td colspan="10">A 分级指标及确定方法</td></tr>
<tr><td colspan="10">指标　　　　取值</td></tr>
<tr><td rowspan="3">1</td><td rowspan="2">岩块强度（R_1）</td><td>点荷载</td><td>>10MPa</td><td>4～10MPa</td><td>2～4MPa</td><td>1～2MPa</td><td colspan="3">此区间建议用单轴抗压强度</td></tr>
<tr><td>单轴</td><td>>250MPa</td><td>100～250MPa</td><td>50～100MPa</td><td>25～50MPa</td><td>5～25MPa</td><td>1～5MPa</td><td><1MPa</td></tr>
<tr><td colspan="2">取值</td><td>15</td><td>12</td><td>7</td><td>4</td><td>2</td><td>1</td><td>0</td></tr>
<tr><td rowspan="2">2</td><td colspan="2">岩芯 RQD（R_2）</td><td>90%～100%</td><td>75%～90%</td><td>50%～75%</td><td>25%～50%</td><td colspan="3"><25%</td></tr>
<tr><td colspan="2">取值</td><td>20</td><td>17</td><td>13</td><td>8</td><td colspan="3">3</td></tr>
<tr><td rowspan="2">3</td><td colspan="2">节理间距（R_3）</td><td>>2m</td><td>0.6～2m</td><td>200～600mm</td><td>60～200mm</td><td colspan="3"><60mm</td></tr>
<tr><td colspan="2">取值</td><td>20</td><td>15</td><td>10</td><td>8</td><td colspan="3">5</td></tr>
<tr><td rowspan="2">4</td><td colspan="2">节理条件（R_4）</td><td>表面很粗糙，不连续，未张开，未风化</td><td>表面较粗糙，张开小于 1mm，微风化</td><td>表面较粗糙，张开小于 1mm，强风化</td><td>表面光滑，充填厚度小于 5mm，张开1～5mm</td><td colspan="3">软弱充填厚度大于 5mm，张开大于 5mm</td></tr>
<tr><td colspan="2">取值</td><td>30</td><td>25</td><td>20</td><td>10</td><td colspan="3">0</td></tr>
<tr><td rowspan="4">5</td><td rowspan="3">地下水（R_5）</td><td>地下水入渗量 L/m</td><td>无</td><td><10</td><td>10～25</td><td>25～125</td><td colspan="3">>125</td></tr>
<tr><td>裂隙水压力与主应力比</td><td>0</td><td><0.1</td><td>0.1～0.2</td><td>0.2～0.5</td><td colspan="3">>0.5</td></tr>
<tr><td>一般条件</td><td>干燥</td><td>有湿气</td><td>潮湿</td><td>滴水</td><td colspan="3">流水</td></tr>
<tr><td colspan="2">取值</td><td>15</td><td>10</td><td>7</td><td>4</td><td colspan="3">0</td></tr>
</table>

续表

B 依据结构面方向对指标的修正						
倾向和倾角		很有利	有利	一般	不利	很不利
修正值（R_6）	地下洞室	0	−2	−5	−10	−12
	坝基、建筑地基	0	−2	−7	−15	−25
	边坡	0	−5	−25	−50	

C 结构面条件各指标值确定原则					
结构面长度	＜1m	1～3m	3～10m	10～20m	＞20m
取值	6	4	2	1	0
隙宽	无	＜0.1mm	0.1～1mm	1～5mm	＞5mm
取值	6	5	4	1	0
粗糙程度	很粗糙	粗糙	较粗糙	光滑	平直有充填
取值	6	5	3	1	0
充填	无	硬质充填＜5mm	硬质充填＞5mm	软弱充填＜5mm	软弱充填＞5mm
取值	6	4	2	2	0
风化	未风化	微风化	弱风化	强风化	全风化
取值	6	5	3	1	0

D 地下洞室内结构面方向的影响			
结构面走向垂直于洞轴线		结构面走向平行于洞轴线	
顺倾向，倾角45°～90°	顺倾向，倾角20°～45°	倾角45°～90°	倾角20°～45°
很有利	有利	很不利	一般
逆倾向，倾角45°～90°	逆倾向，倾角20°～45°	倾角0～20°（与结构面走向无关）	
一般	不利	一般	

表4.1-2　　RMR分级中不同级别岩体特征

RMR指标	100～81	80～61	60～41	40～21	＜21
级别	Ⅰ	Ⅱ	Ⅲ	Ⅳ	Ⅴ
描述	很好	好	一般	差	很差
自稳时间跨度-时间	15min至20年	10min至1年	5min至1周	2.5min至10h	1min至0.5h
黏聚力/kPa	＞400	300～400	200～300	100～200	＜100
摩擦角/(°)	＞45	35～45	25～35	15～25	＜15

4.1.2 GSI岩体质量分级法

GSI方法体系是E. Hoek多年来与世界各地与之合作的地质工作者共同研究发展起来的一种方法，它根据岩体结构、岩体中岩块的嵌锁状态和岩体中不连续面质量，综合各

种地质信息进行估值。

GSI指标是基于岩体的岩性、结构类型和结构面条件等因素，通过对揭露的岩体进行肉眼观察评价，综合考虑两个基本因素，即岩体结构类型与结构面特征对工程岩体进行分类。GSI的量化指标包括岩体结构等级SR（structure rating）和结构面表面特征等级SCR（surface condition rating）。

为确定岩体结构指标SR，将岩体划分为4类：B类：镶嵌良好，未扰动，含三组正交裂隙；VB类：镶嵌结构，部分扰动，含四组或四组以上裂隙；B/D类：含褶皱或断层，被多组裂隙切割；D类：碎裂松散岩体。各类别岩体结构形态见图4.1-1。

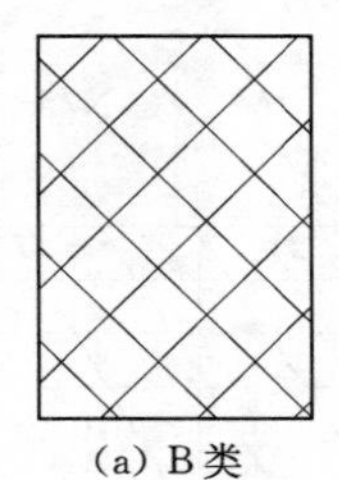

(a) B类

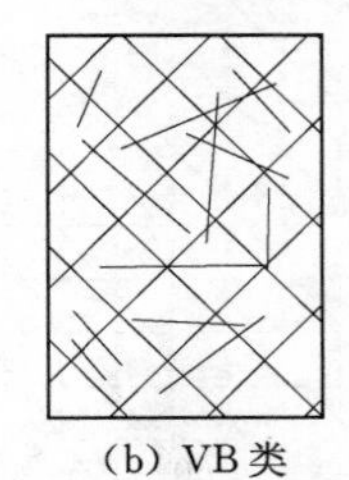

(b) VB类

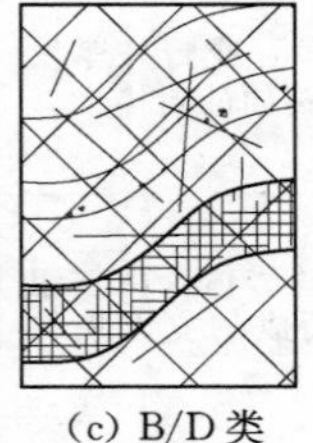

(c) B/D类

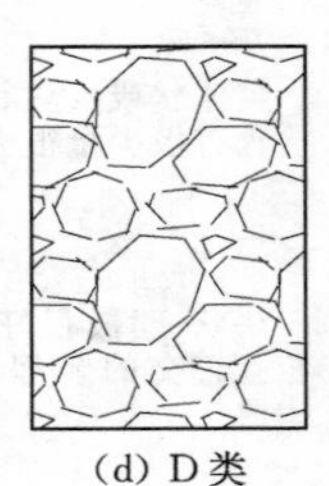

(d) D类

图4.1-1 不同类型岩体结构形态

结构面条件指标SCR由三方面因素综合确定，其一为粗糙系数R_r，其二为风化系数R_w，其三为充填系数R_f；$SCR=R_r+R_w+R_f$。结构面条件因素R_r、R_w、R_f按表4.1-3确定。

表4.1-3 结构面条件指标 *SCR* 确定方法

粗糙系数 R_r	很粗糙	粗糙	轻微粗糙	平直	平直光滑
	6	5	3	1	0
风化系数 R_w	未风化	微风化	弱风化	强风化	全风化
	6	5	3	1	0
充填系数 R_f	无充填	$<$5mm硬质充填	$>$5mm硬质充填	$<$5mm软弱充填	$>$5mm软弱充填
	6	4	2	2	0

GSI值由SR和SCR通过查表4.1-4综合确定。

4.1.3 BQ岩体质量分类法

《工程岩体分级标准》（GB/T 50218—2014）是在总结国内各行业岩石工程建设和众多工程岩体分级研究经验的基础上，制定的超越行业和具体工程类型特点的基础性标准。该标准将岩石坚硬程度和岩体完整程度作为划分岩体基本质量级别的主要指标。依据岩石坚硬程度和岩体完整程度，按表4.1-5确定岩体基本质量级别。

当根据基本质量定性特征和基本质量指标（BQ）确定的级别不一致时，应通过对定性划分和定量指标的综合分析，确定岩体基本质量级别。岩体基本质量指标（BQ），根据分级因素的定量指标R_c的兆帕数值和K_v，按式（4.1-1）计算：

$$BQ=100+3R_c+250K_v \tag{4.1-1}$$

表 4.1-4　　GSI 分类量化表

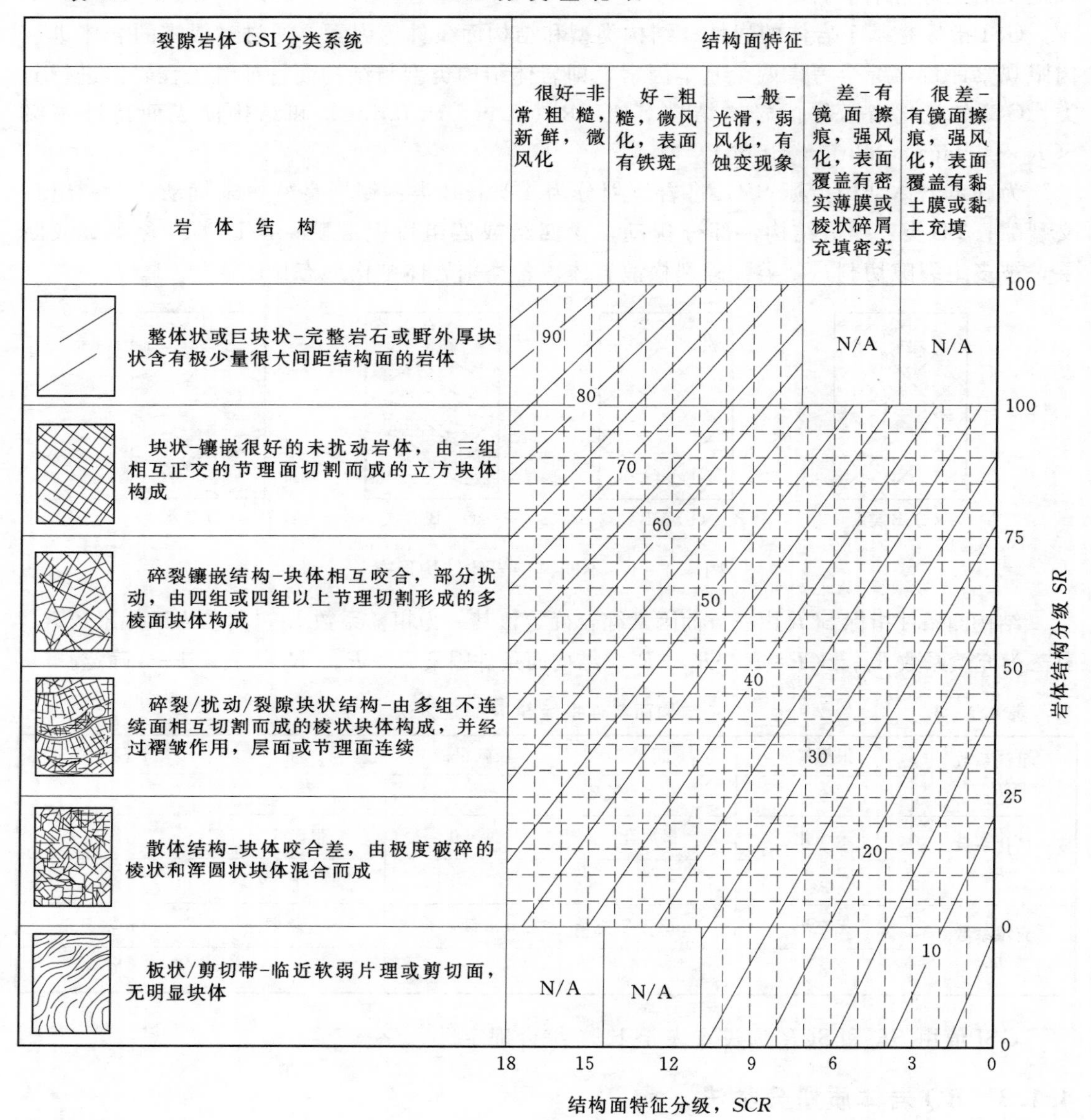

表 4.1-5　　岩体基本质量分级

基本质量级别	岩体基本质量的定性特征	岩体基本质量指标 BQ
Ⅰ	坚硬岩，岩体完整	>550
Ⅱ	坚硬岩，岩体较完整； 较坚硬岩，岩体完整	550～451
Ⅲ	坚硬岩，岩体较破碎； 较坚硬岩，岩体较完整； 较软岩，岩体完整	450～351

续表

基本质量级别	岩体基本质量的定性特征	岩体基本质量指标 BQ
Ⅳ	坚硬岩，岩体破碎； 较坚硬岩，岩体较破碎-破碎； 较软岩，岩体较完整-较破碎； 软岩，岩体完整-较完整	350～251
Ⅴ	较软岩，岩体破碎； 软岩，岩体较破碎-破碎； 全部极软岩及全部极破碎岩	≤250

使用式（4.1-1）时，应遵守下列限制条件：

（1）当 $R_c > 90K_v + 30$ 时，以 $R_c = 90K_v + 30$ 和 K_v 代入计算 BQ 值。

（2）当 $K_v > 0.04R_c + 0.4$ 时，以 $K_v = 0.04R_c + 0.4$ 和 R_c 代入计算 BQ 值。

地下工程岩体详细定级，如遇有有地下水、岩体稳定性受结构面影响、高初始应力现象等情况之一时，需要对岩体基本质量指标（BQ）进行修正，并以修正后的值按标准表4.1-5确定岩体级别。地下工程岩体基本质量指标修正值（$[BQ]$），可按式（4.1-2）计算。其修正系数 K_l、K_2、K_3 值，可分别按表4.1-6～表4.1-8确定。

$$[BQ] = BQ - 100(K_1 + K_2 + K_3) \tag{4.1-2}$$

式中：$[BQ]$ 为岩体基本质量指标修正值；K_1 为地下工程地下水影响修正系数；K_2 为地下工程主要结构面产状影响修正系数；K_3 为初始应力状态影响修正系数。

表4.1-6　　地下工程地下水影响修正系数 K_1

地下出水状态	BQ				
	>550	550～451	450～351	350～251	≤250
潮湿或点滴状出水 $p \leq 0.1$ 或 $Q \leq 25$	0	0	0～0.1	0.2～0.3	0.4～0.6
淋雨状或线流状出水 $0.1 < p \leq 0.5$ 或 $25 < Q \leq 125$	0～0.1	0.1～0.2	0.2～0.3	0.4～0.6	0.7～0.9
涌流状出水 $p > 0.5$ 或 $Q > 125$	0.1～0.2	0.2～0.3	0.4～0.6	0.7～0.9	1.0

注　1. p 为地下工程围岩裂隙水压，MPa；
　　2. Q 为每10m洞长出水量，L/(min·10m)。

表4.1-7　　地下工程主要结构面产状影响修正系数 K_2

结构面产状及其与洞轴线的组合关系	结构面走向与洞轴线夹角小于30°，结构面倾角30°～75°	结构面走向与洞轴线夹角大于60°，结构面倾角大于75°	其他组合
K_2	0.4～0.6	0～0.2	0.2～0.4

表4.1-8　　初始应力状态影响修正系数 K_3

初始应力状态	BQ				
	>550	550～451	450～351	350～251	≤250
极高应力区	1.0	1.0	1.0～1.5	1.0～1.5	1.0
高应力区	0.5	0.5	0.5	0.5～1.0	0.5～1.0

4.1.4　*Q* 系统岩体分类法

1974年由挪威的巴顿提出的岩体质量分类 *Q* 系统分类。

分类指标 *Q* 值由下式确定

$$Q=\frac{RQD}{J_n}\frac{J_r}{J_a}\frac{J_w}{SRF} \tag{4.1-3}$$

式中：*RQD* 为岩石质量指标，取值见表4.1-9；J_n 为节理组数，取值见表4.1-10；J_r 为节理粗糙度，取值见表4.1-11；J_a 为节理蚀变系数，取值见表4.1-12；J_w 为节理水折减系数，取值见表4.1-13；*SRF* 为应力折减系数，取值见表4.1-14。

表4.1-9　　岩石质量指标 *RQD*

岩石质量指标	*RQD*/%	岩石质量指标	*RQD*/%
很差	0～25	好	75～90
差	25～50	很好	90～100
一般	50～75		

注　*RQD* 值估算：$RQD=115-3.3J_v$

式中　J_v 为每立方米的节理总数，当 $J_v<4.5$ 时，取 $RQD=100$。

表4.1-10　　节理组数 J_n

节理组数	J_n	节理组数	J_n
整体性岩体，含少量节理或不含节理	0.5～1.0	三组节理	9
一组节理	2	三组节理再加些紊乱的节理	12
一组节理再加些紊乱的节理	3	四组或四组以上节理，随机分布特别发育的节理，岩体被分成方糖块等	16
两组节理	4		
两组节理再加些紊乱的节理	6	粉碎状岩石，泥状物	20

注　1. 对于巷道交叉口，取 $3.0J_n$。

2. 对于巷道入口处，取 $2.0J_n$。

表4.1-11　　节理粗糙度 J_r

节理粗糙度	J_r	节理粗糙度	J_r
节理壁完全接触		粗糙或不规则的平面状节理	1.5
节理面在剪切错动10cm以前是接触的		光滑的平面状节理	1.0
不连续的节理	4	带擦痕面的平面状节理	0.5
粗糙或不规则的波状节理	3	剪切错动时岩壁不接触	
光滑的波状节理	2	节理中含有足够多的黏土矿物，足以阻止节理壁接触	1.0
带擦痕面的波状节理	1.5	节理含砂、砾石或岩粉夹层，其厚度足以阻止节理壁接触	1.0

注　1. 若有关的节理组平均间距大于3m，J_r 按左行数值再加1.0。

2. 对于具有线理且带擦痕的平面状节理，若线理指向最小强度方向，则可取 $J_r=0.5$。

表 4.1-12　　节理蚀变影响因素 J_a

节理蚀变影响因素	J_a	φ_r
节理完全闭合		
节理壁紧密接触，坚硬、无软化、充填物不透水	0.75	—
节理无蚀变，表面只有污染物	1.0	25°～35°
节理壁轻度蚀变、不含软矿物覆盖层、砂粒和无黏土的解体岩石等	2.0	25°～35°
含有粉砂质或砂质黏土覆盖层和少量黏土细粒（非软化的）	3.0	20°～25°
含有软化或摩擦力低的黏土矿物覆盖层，如高岭土和云母。它可以是绿泥石、滑石和石墨等，以及少量的膨胀性黏土（不连续的覆盖层，厚度不大于 1～2mm）	4.0	8°～16°
含砂粒和无黏土的解体岩石等	4.0	25°～30°
含有高度超固结的、非软化的黏土质矿物充填物（连续的厚度小于 5mm）	6.0	16°～24°
含有中等（或轻度）固结的软化的黏土矿物充填物（连续的厚度小于 5mm）	8	12°～16°
含膨胀性黏土充填物，如蒙脱石（连续的厚度小于 5mm），J_a 值取决于膨胀性黏土颗粒所占的百分数以及含水量	8.0～12.0	6°～12°
剪切错动时节理壁不接触		
含有解体岩石或岩粉以及黏土的夹层（见关于黏土条件的 G、H 和 I 款）	6.0	—
含有解体岩石或岩粉以及黏土的夹层（见关于黏土条件的 G、H 和 I 款）	8.0	—
含有解体岩石或岩粉以及黏土的夹层（见关于黏土条件的 G、H 和 I 款）	8.0～12.0	6°～24°
由粉砂质或砂质黏土和少量黏土微粒（非软化的）构成的夹层	5.0	—
含有厚而连续的黏土夹层（见关于黏土条件的 G、H 和 I 款）	10.0～13.0	
含有厚而连续的黏土夹层（见关于黏土条件的 G、H 和 I 款）		6°～24°
含有厚而连续的黏土夹层（见关于黏土条件的 G、H 和 I 款）	13.0～20.0	

注　如果存在蚀变产物，则残余摩擦角 φ_r 可作为蚀变矿物的矿物学性质的一种近似标准。

表 4.1-13　　节理水折减系数 J_w

节理水折减系数	J_w	水压力的近似值 /(kg/cm³)
隧道干燥或只有极少量的渗水，即局部地区渗流量小于 5L/min	1.0	<1
中等流量或中等压力，偶尔发生节理充填物被冲刷现象	0.66	1.0～2.5
节理无充填物，岩石坚固，流水大或水压高	0.5	2.5～10.0
流量达或水压高，大量充填物均被冲出	0.33	2.5～10.0
爆破时，流量特大或压力特高，但随时间增长而减弱	0.2～0.1	>10.0
持续不衰减的特大流量或特高水压	0.1～0.05	>10.0

注　1. 后四款的数值均为粗略估算值，如采取疏干措施，J_w 可取大一些。
2. 由结冰引起的特殊问题本表没有考虑。

表 4.1-14　　应力折减因素 *SRF*

应力折减因素			
软弱区穿切开挖体，当隧洞掘进时开挖体可能引起岩体松动			*SRF*
含黏土或化学分解的岩石的软弱区多处出现，围岩十分松散（深浅不限）			10.0
含黏土或化学分解的岩石单一软弱区（开挖深度小于50m）			5.0
含黏土或化学分解的岩石单一软弱区（开挖深度大于50m）			2.5
岩石坚固不含黏土但多处出现剪切带，围岩松散（深度不限）			7.5
不含黏土的坚固岩石中的单一剪切带（开挖深度小于50m）			5.0
不含黏土的坚固岩石中的单一剪切带（开挖深度大于50m）			2.5
含松软的张开节理，节理很发育或像“方糖”块（深度不限）			5.0
坚固岩石，岩石应力问题	σ_c/σ_1	σ_t/σ_3	*SRF*
低应力，接近地表	>200	>13	2.5
中等应力	200～10	13～0.66	1.0
高应力，岩体结构非常紧密（一般有利于稳定性，但对侧帮稳定性可能不利）	10～5	0.66～0.33	0.5～2
轻微岩爆（整体岩石）	5～2.5	0.33～0.16	5～10
严重岩爆（整体岩石）	<2.5	<0.16	10～20
挤压性岩石，在很高的应力影响下不坚固岩石的塑性流动			*SRF*
挤压性微弱的岩石压力			5～10
挤压性很大的岩石压力			10～20
膨胀性岩石，化学膨胀活性取决于水的存在与否			*SRF*
膨胀性微弱的岩石压力			5～10
膨胀性很大的岩石压力			10～20

注　1. 如果有关的剪切带仅影响到开挖体，而不与之交叉，则 *SRF* 值减少25%～50%。
2. 对于各向应力差别甚大的原岩应力场（若已测出的话）：当 $5\leqslant\sigma_t/\sigma_3\leqslant10$ 时，σ_c 减为 $0.8\sigma_c$，σ_t 减为 $0.8\sigma_t$；当 $\sigma_t/\sigma_3>10$ 时，σ_c 减为 $0.6\sigma_c$，σ_t 减为 $0.6\sigma_t$。这里，σ_c 表示单轴抗压强度，σ_t 表示抗拉强度（点载试验），σ_1 和 σ_3 分别为最大和最小主应力。

其中，RQD/J_n 为岩体的完整性；J_r/J_a 表示结构面（节理）的形态、充填物特征及其次生变化程度；J_w/SRF 表示水与其他应力存在时对岩体质量的影响。

该公式中第一项比值岩块尺寸（RQD/J_n）代表岩体结构的影响，可作为块度或粒度的粗略量度，其两个极值（100/0.5 和 10/20）相差 400 倍。第二项比值岩块间的抗剪强度（J_r/J_a）表示节理壁粗糙度和节理充填物的特性。第三项比值主动应力（J_w/SRF）是一个经验因数，由两个应力参数组成。这样岩体质量指标 Q 是岩块尺寸、岩块间的抗剪强度、主动应力的复合指标，具体按照 Q 值进行岩体分类，见表 4.1-15。

表 4.1-15　　按 Q 值对岩体的分类

Q 值	<0.01	0.01～0.1	0.1～1.0	1.0～4.0	4.0～10	10～40	40～100	100～400	>400
岩体分类	异常差	极差	很差	差	一般	好	很好	极好	异常好

4.1.5 水利水电勘察规范岩体分类方法

《水力发电工程地质勘察规范》(GB 50287)中推荐的围岩分类方法：以控制围岩稳定的岩石强度、岩体完整程度、结构面状态、地下水和主要结构面产状五项因素之和的总评分为基本判据，围岩强度应力比为限定判据；各因素的评分标准见表 4.1-16～表 4.1-21。

表 4.1-16　围岩分类及稳定性评价

围岩类别	围岩稳定性	围岩总评分（A～E之和）	围岩强度应力比 S	支护类型
Ⅰ	稳定。围岩可长期稳定，一般无不稳定的块体	100～85	>4	不支护或局部锚杆或喷薄层混凝土。大跨度时，喷混凝土、系统锚杆加钢筋网
Ⅱ	基本稳定。围岩整体稳定，不会产生塑性变形，局部可能产生掉块	85～65	>4（S<4 时降为Ⅲ类）	
Ⅲ	稳定性差。围岩强度不足，局部会产生塑性变形，不支护可能产生塌方或变形破坏。完整的较软岩，可能暂时稳定	65～45	>2（S<2 时降为Ⅳ类）	喷混凝土、系统锚杆加钢筋网。跨度为20～25m 时，并浇注混凝土衬砌
Ⅳ	不稳定。围岩自稳时间很短，规模较大的各种变形和破坏都可能发生	45～25	>1（S<1 时降为Ⅴ类）	喷混凝土、系统锚杆加钢筋网，并浇注混凝土衬砌
Ⅴ	极不稳定。围岩不能自稳，变形破坏严重	<25	不限	

注　围岩强度应力比 $S=\frac{R_b K_v}{\sigma_m}$，$R_b$ 为岩石饱和单轴抗压强度，MPa；K_v 为岩石完整性系数；σ_m 为围岩最大主应力，MPa，无实测资料时可用岩体自重应力（γ_H）代替。

表 4.1-17　岩石强度评分表

岩石类型		硬质岩		软质岩	
		坚硬岩	中硬岩	较软岩	软岩
饱和单轴抗压强度/MPa		100～60	60～30	30～15	15～5
评分	硬质岩	30～20	20～10		
	软质岩			10～5	5～0

注　1. 当岩石饱和单轴抗压强度大于 100MPa 时，岩石强度评分为 30。

2. 当岩体完整程度与结构面状态评分之和小于 5 时，岩石强度评分大于 20 的，按 20 评分。

表 4.1-18　岩体完整程度评分表

岩体完整程度		完整	较完整	完整性差	较破碎	破碎
岩体完整性系数 K_v		1.0～0.75	0.75～0.55	0.55～0.35	0.35～0.15	<0.15
评分	硬质岩	40～30	30～22	22～14	14～6	<6
	软质岩	25～19	19～11	11～5	5～3	<3

注　1. 当岩石单轴饱和抗压强度不大于 15MPa 时，岩体完整程度与结构面状态评分之和大于 40 的，按 40 评分。

2. 当岩石单轴饱和抗压强度大于 30MPa、不大于 60MPa 时，岩体完整程度与结构面评分之和大于 65 的，按 65 评分。

表 4.1－19　　结构面状态评分表

结构面状态	张开度	闭合（<0.5mm）		稍张（0.5～5.0mm）									张开（>5mm）	
	充填物	无充填					岩屑			泥质			岩屑	泥质
	起伏粗糙状况	起伏粗糙	平直光滑	起伏粗糙	起伏光滑或平直粗糙	平直光滑	起伏粗糙	起伏光滑或平直粗糙	平直光滑	起伏粗糙	起伏光滑或平直粗糙	平直光滑		
评分	硬质岩	27	21	24	21	15	21	17	12	15	12	9	12	6
	较软岩	27	21	24	21	15	21	17	12	15	12	9	12	6
	软岩	18	14	17	14	8	14	11	8	10	8	6	8	4

注　1. 结构面的延伸长度小于 3m 时，硬质岩、较软岩的结构面状态评分另加 3 分，软岩加 2 分；结构面延伸长度大于 10m 时，硬质岩、较软岩减 3 分，软岩减 2m。
2. 当结构面张开度大于 10mm，无充填时，结构面状态评分为零。

表 4.1－20　　地下水评分表

活动状态			渗水、滴水	线状流水	涌水
水量［L/(min·10m)］洞长或压力水头/m			<25 或<10	25～125 或 10～100	>125 或>100
基本因素评分	100～85	地下水评分	0	0～－2	－2～－6
	85～65		0～－2	－2～－6	－6～－10
	65～45		－2～－6	－6～－10	－10～－14
	45～25		－6～－10	－10～－14	－14～－18
	<25		－10～－14	－14～－18	－18～－20

表 4.1－21　　主要结构面产状评分表

结构面走向与洞轴线夹角/(°)		90～60				60～30				<30			
结构面倾角/(°)		>70	70～45	45～20	<20	>70	70～45	45～20	<20	>70	70～45	45～20	<20
评分	洞顶	0	－2	－5	－10	－2	－5	－10	－12	－5	－10	－12	－12
	边墙	－2	－5	－2	0	－5	－10	－2	0	－10	－12	－5	0

注　按岩体完整程度分级为完整性差、较破碎和破碎的围岩不进行主要结构面产状评分的修正。

4.2　广州抽水蓄能电站围岩分类方法与参数取值

4.2.1　围岩特性及分类

广州抽水蓄能电站地下厂房洞室群，位于燕山三期中粗粒花岗岩体中，地下厂房深埋于地表以下 365～445m 的山体内。地下厂房及引水系统的围岩分类，主要是以地质探洞的围岩为代表进行岩体质量分类研究，并对比应用于地下洞室的开挖和支护。

为了解地下厂房洞室群的工程地质条件，在第一期厂房顶上60m，开挖PD2地质探洞，主洞长1538m，在二期厂房顶高程处，开挖PD7地质探洞，总长1151m。在探洞中做了详细地质测绘，并做了多种物理力学性质测试。工程区的花岗岩在岩体形成后，受构造作用，产生断层裂隙外，还受燕山四期花岗岩侵入及地下热水影响，在一些断层和裂隙两侧，产生黏土化热液蚀变，形成特殊的黏土化蚀变岩带，其软弱程度的工程地质特性，类似断层破碎风化带，但又有异于断层破碎风化带。为突出完整性对岩体强度的影响，在广州抽水蓄能电站围岩初步分类中，加入了断层及蚀变岩带出露宽度占地下洞室长度的百分比，作为初步分类的宏观指标。以探洞的岩性特征、断层裂隙和蚀变带发育情况、地下水活动情况、地应力情况、岩石岩体物理力学指标等因素，按《水力发电工程地质勘察规范》(GB 50287—2006）的地下洞室围岩分类标准，进行围岩质量分类。各类围岩分类综合概况见表4.2-1。

表4.2-1 广州抽水蓄能电站地下洞室花岗岩围岩分类及物理力学参数表

各项指标 \ 围岩类别		Ⅰ	Ⅱ	Ⅲ	Ⅳ	Ⅴ
围岩性状	岩体特征	微风化及新鲜花岗岩部分地段有少量蚀变岩。裂隙以短小闭合为主，无充填或充填少量方解石及硅质，裂面平整粗糙，岩体完整，呈整体-块状结构。无明显地下水出露，局部裂面潮湿或有滴水	微风化夹弱风化及新鲜花岗岩，和少量蚀变岩。裂隙部分闭合。多数微张，大部分有白色泥膜充填，裂面较平整粗糙，呈微风化状，岩体较为完整，呈块状-整体结构。沿部分裂面有滴水或渗流	微风化夹较多的弱风化花岗岩和蚀变岩，蚀变以高岭石或水白云母化为主，部分为轻度蚀变，相当于弱风化带岩体。断层裂隙较发育，多数张开(0.5～1.5mm)充填白色高岭石或钙质、水白云母，裂面较平整光滑，稍有风化，岩体完整性较差，呈块状-层状结构。沿断层有水渗流，张开裂有渗水或滴水	以弱风化花岗岩为主，夹较多的蚀变岩，以蒙脱石化为主，也有轻度蚀变，岩性软弱，完整性差，接近于强风化带岩体。裂隙发育，大部分张开充填白色高岭土及泥膜，裂面风化充填砂砾土，呈层状-碎裂结构。沿断裂面有流水或滴水，沿较大断层呈股状涌出，但很快排干，蚀变岩发育地段出水少	强风化花岗岩及全风化土，性质较弱，呈碎裂或散粒结构。地下水呈渗水或滴水出露普遍，受降雨影响明显
	断层蚀变带出露宽度比/%（以10m洞长）	<1.0(0～1.5)	3.0(0～8.6)	11(1.3～21.8)	32(11.5～69.0)	≥70
岩石强度	单轴饱和抗压强度 R_b/MPa	95(129～71)	71(95～52)	52(72～33)	15(33～3)	<8

续表

各项指标 \ 围岩类别			Ⅰ	Ⅱ	Ⅲ	Ⅳ	Ⅴ
岩体完整性	地震波纵波速度 V_p/(m/s)		5280(5800～5000)	4700(5000～4500)	4240(4500～4000)	3850(4200～3300)	2500(3300～1360)
	岩体完整性系数 K_v		0.83(1.0～0.74)	0.66(0.74～0.60)	0.53(0.60～0.48)	0.45(0.52～0.32)	0.20(0.32～0.06)
	裂隙发育组数		1	1～2	2～3	≥2	—
	裂隙发育频率/(条/m)		<2	2～3	3～5	≥5	—
	岩体质量指标 RQD/%		94(100～84)	75(84～68)	61(68～54)	51(59～36)	<20
岩体透水率/Lu			<1	<2	2～5	>5	—
岩体物理力学指标	动弹模 E_s/GPa		55(67～48)	44(55～39)	31(48～28)	<28	<8
	弹模 E_v/GPa		39(46～29)	28(33～20)	17(26～9)	4.9(7.8～1.5)	<1.5
	变模 E_d/GPa		35(43～23)	19(24～15)	9(12～7)	2.9(5.4～1.0)	<1.0
	饱和容重 γ/(g/cm^3)		2.6	2.58	2.56	2.4	2.30～1.90
	泊桑比 μ		0.2	0.24	0.26	0.3	≤0.35
	抗拉强度 T/MPa		6.0～5.5	5.5～4.0	3	1.6	—
	弹性抗力系数 K_0/MPa		290(350～190)	150(170～120)	71(95～56)	22(42～8)	≤8
	抗剪断强度	f'	1.3	1.2	1	0.8	0.6
		c'/MPa	1.5	1.3	1	0.7	0.4

4.2.2　围岩物理力学参数取值

（1）广州抽水蓄能电站地下洞室花岗岩围岩分类及物理力学参数表中所用的各类花岗岩岩块物理力学试验成果，是根据每组岩样试验指标，进行岩类具体划分。例如在强风化带中有可能取的是弱风化岩，应放在弱风化岩内统计；弱风化带有可能取的是强风化岩，应放在强风化岩内统计；微风化带有可能取的是弱风化岩，也应放到弱风化岩内统计；蚀变岩综合各项指标确定蚀变深浅程度。经过这样统计每类岩石指标比较准确。同时在统计过程中还采用标准差及离差系数进行分析，认为统计的数值是合理的。

（2）现场变形试验统计表中新鲜及微风化花岗岩分出强度高、强度一般和强度低 3 种状态。强度高的弹变模已接近于新鲜及微风化花岗岩岩块的弹变模，分类表中用岩块弹变模作为Ⅰ类围岩指标。用强度一般的弹、变模作为Ⅱ类围岩指标，用强度低的弹、变模作为Ⅲ类围岩指标。Ⅳ类围岩由于断层蚀变带较多，强度已接近强风化岩，用强风化岩岩块弹、变模作为它的指标。Ⅴ类围岩弹、变模更低，用小于Ⅳ类围岩最小值表示。

（3）断层蚀变带出露宽度比，在统计时以洞长 10m 计。在 10m 范围内，如果断层蚀变带出露宽度比超出两侧断层蚀变带宽度比较大，地震波波速又有明显差别，就单独划分出来。地震波纵波波速统计时，除掉一期引水厂房探洞（PD2）洞深 860m 以后所测不合理的数值，与二期地下厂房探洞（PD7）地震波测试成果一起统计。统计结果每类围岩纵波波速都有一个范围值和平均值，每类围岩范围值基本上是能衔接起来，平均值也比较合理，与一般的围岩分类所采用的指标比较接近。将纵波波速 5800m/s 作为新鲜完整岩石的纵波波速，并以它作为完整性系数（K_v）为 1。根据各类围岩实测纵波波速推算各类围岩完整性系数。

(4) 岩体质量指标 *RQD* 值是根据钻孔岩芯进行统计。新鲜及微风化花岗岩 *RQD* 值的平均值为 94%，用它作为Ⅰ类围岩 *RQD* 值的平均值，相应的完整性系数（K_v）平均值为 0.83。它的完整性系数（K_v）变化范围为 1.0～0.74，相应的 *RQD* 值变化范围为 100%～84%。其他各因围岩岩体质量指标 *RQD* 及完整系数也按此方法进行综合。这样做用完整系数及岩体质量指标评价围岩完整程度是一致的，与按风化分带统计的 *RQD* 值也相近似。

(5) 裂隙发育程度通常用体积节理系数（条/m^3）表示，为便于统计改用裂隙发育组数和裂隙发育频率（条/m）来表示。本区发育有 6 组断裂，最发育的只有 3 组（方向为北西、北北西、北北东）。这 3 组断裂与地下洞室轴向多呈斜交，在不同位置都会遇到这些断裂。Ⅰ类、Ⅱ类围岩一般只出现 1～2 组，Ⅲ类围岩才有可能出现 2～3 组，3 组最发育的断裂在同一位置出现是极少见的。Ⅳ类围岩往往裂隙发育的组数不一定多，而且是发育频率高，宽度大。每类围岩还有极少量的随机裂隙。Ⅰ类围岩裂隙发育频率多在 2 条/m 以内。

(6) 岩石透水性借用各风化带内的钻孔压水试验资料，结合洞内地下水出露情况予以选择。

(7) 每类围岩抗拉强度利用水压致裂试验资料，Ⅰ类围岩取破裂压力较大的岩石抗拉强度平均值，Ⅱ类围岩取破裂压力中等岩石的平均值，Ⅲ类取其最小值，Ⅳ类围岩取其破裂压力较小岩石的平均值。

(8) 弹性抗力系数 K_0 值，用变形模量（E_d）和泊松比系数（μ）的数学表达式：$K_0=\dfrac{E_d}{100(1+\mu)}$计算结果采用。

(9) 抗剪强度利用室内岩块和现场岩体三轴抗剪断试验结果选取，Ⅰ类、Ⅱ类围岩用新鲜及微风化花岗岩试验成果大值与小值；Ⅲ类、Ⅳ类围岩考虑蚀变岩所占比例，用正常花岗岩与蚀变花岗岩试验成果加权平均；Ⅴ类围岩用高岭石化蚀变花岗岩抗剪指标。

(10) 工程区实测最大主应力随埋深增加而增大，埋深 500m 实测最大主应力为 15.1MPa，是属于中等应力。最大主应力方向为南南东，倾角大于 60°，地下洞室是处在有利的地应力环境。根据上述情况，因此在围岩分类中对每类围岩不考虑降低类别。

4.2.3 不同围岩分类方法的对比分析

基于广州抽水蓄能电站围岩分类及物理力学参数和力学特性指标的选用情况，将地下洞室围岩分类（分级）方法及标准和围岩分类各因素采用值及状态进行归纳，用 4 种常用的围岩分类方法进行评定，将评定成果进行对比，总体上看各分类方法的差异，从另一个角度对围岩分类对比进行探讨。

表 4.2-2　　4种常用的地下洞室围岩（岩体）分类（分级）判别方法及标准

种类	判别方法及标准	评分或计算公式及岩体稳定性特征	Ⅰ	Ⅱ	Ⅲ	Ⅳ	Ⅴ	备注
①	《水力发电工程地质勘察规范》（GB 50287—2006）附录P围岩工程地质分类 总评分　Σ 围岩强度应力比 S，判断围岩类别降低与否	$\Sigma=A+B+C+D+E$ $S=\dfrac{AB}{F}$ F 无实测，可用 rH	100～85 $S>4$	85～65 $S>4$	65～45 $S>2$	45～25 $S>2$	<25 不限	分5类
			稳定	基本稳定	稳定性差	不稳定	极不稳定	
②	《工程岩体分级标准》（GB/T 50218—2014），求岩体基本质量指标 BQ 及修正值 [BQ] [BQ] 用于地下工程岩体	$BQ=90+3A+250B$ $[BQ]=BQ-100(D+E+F)$	>550	550～451	450～351	350～251	≤250	分5级
			洞径不大于20m，可长期稳定	洞径10～20m，可基本稳定； 洞径小于10m，可长期稳定	洞径10～20m，可稳定数日～1个月 洞径5～10m，可稳定数月； 洞径小于5m，可基本稳定	洞径大于5m，一般无自稳能力； 洞径不小于5m，可稳定数日～1个月	无自稳能力	
③	巴顿（Barton）1974年 求岩体质量 Q 用 De 确定支护形式	$Q=\dfrac{B_1}{B_2}\dfrac{C_1}{C_2}\dfrac{D}{F}$ $De=\dfrac{跨度}{ESR（开挖支护比）}$ ESR 查表得出	1000～400　特别好 400～100　极好	100～40　良好 40～10　好的	10～4　中等 4～1　不良	1～0.1　坏的	0.1～0.01　极坏 0.01～0.001　特别坏	原分9类
			1000～100	100～10	10～1	1～0.1	0.1～0.001	归纳为5类
			个别处加锚杆	布置系统锚杆，不预加张力，灌浆，喷薄层混凝土	布置系统锚杆，不预加张力到预加张力，灌浆，局部加钢丝网，喷混凝土厚5～20cm	布置系统锚杆，预加张力，灌浆，普遍加钢丝网，喷混凝土厚5～40cm	一般就地浇筑混凝土	
④	比尼奥斯基（T. Bieniawski）1973年 RMR分类 总评分	$RAM=A+B_1+B_3+C+D-E$	100～81	80～61	60～41	40～21		分5级
			很好。 15m跨度10年	好。 8m跨度6个月	中等。 5m跨度7d	差。 2.5m跨度10h	很差。 1m跨度30min	

各式中：A—饱和单轴抗压强度；B—完整性系数 B_1—岩石质量指标 RQD 值；B_2—节理组数目；B_3—不连续面间距；C—结构面状态评分、不连续面评分；C_1—节理粗糙度数值；C_2—节理蚀变数值或充填物；D—地下水活动状态评分、地下水影响修正系数、节理含水折减系数；E—主要结构面产状评分、主在软弱结构面产状影响修正系数、不连续面方向条件评分；F—初始应力值、应力影响修正系数、应力折减系数。

说明：①④属于和差模式；③属于积商模式；②逐步回归，逐步判别，并检验基本质量指标，两种模式都用到

表 4.2-3　　**广州抽水蓄能电站围岩分类各因素采用值及状态表**

因素	代号	围岩类(级)别 / 用于种类号	Ⅰ	Ⅱ	Ⅲ	Ⅳ	Ⅴ
饱和单轴抗压强度/MPa	A	①②④	95(129~71)	71(95~52)	52(72~33)	15(33~8)	<8
完整性系数/K_v	B	①②	0.83(1.0~0.74)	0.66(0.74~0.60)	0.53(0.60~0.48)	045(052~0.32)	0.20(0.32~0.06)
岩石质量指标 RQD 值/%	B_1	③④	94(100~84)	75(84~68)	60(68~54)	51(59~36)	<20
节理组数目	B_2	③	—	1~2	2~3	≥2	呈碎裂及散粒结构
不连续面间距/m	B_3	④	>1	1~0.6	0.6~0.2	≤0.2	
结构面或不连续面状态	C	①④	闭合-稍张，大部分不连续	部分稍张，较连续	稍张，部分张开，较连续，稍有风化	稍张-张开，连续，面大部分有风化	张开，连续，面全有风化
节理粗糙度	C_1	③	平整，起伏粗糙	光滑，起伏	光滑，起伏	平直，光滑	平直、光滑
节理蚀变数值或充填物	C_2	③	面无风化，无充填	部分面呈弱风化，充填钙质，绿泥石	部分面呈弱风化，充填高岭土，钙质	面呈全—强风化，充填高岭土，泥质，铁锰质	面呈全—强风化，充填泥质，铁锰质
地下水活动状态	D	①②③④	干燥，极少滴水	潮湿，局部滴水	沿断裂滴水或渗流	沿断层带渗流或滴水，蚀变岩发育处较干燥	地下水随季节呈渗流或渗滴
主要结构面或软弱面产状	E	①②④	与洞向交角大，无缓倾裂隙	与洞向交角大，局部有缓倾裂隙	与洞向斜交，有缓倾裂隙	与洞向斜交到近于平行有缓倾裂隙	大的断层对围岩稳定影响较大
初始应力	F	①②③	中等	中等	中等	中等，在蚀变岩发育段有轻微膨胀压力	较低

注 1. 括号内为范围值。
2. 用于种类号①④直接查表得分。
3. ②、③有的直接参与计算，有的查表得出影响修正系数，折减系数，再参与计算。

表4.2-4　广州抽水蓄能电站地下洞室4种围岩（岩体）分类（级）评定成果对比表

不同分类（级）评定成果 ＼ 工程围岩类别		Ⅰ	Ⅱ	Ⅲ	Ⅳ	Ⅴ
《水力发电工程地质勘察规范》（GB 50287—2006）围岩工程地质分类	累计总评分∑	87(97～77)	72(82～62)	49(58～41)	28(37～21)	7(10～4)
	评定后的围岩类别	Ⅰ夹有少量Ⅱ	Ⅱ夹有少量Ⅲ	Ⅲ夹Ⅳ	Ⅳ夹Ⅴ	Ⅴ
	岩体稳定特征及支护类型	稳定。不支护或局部锚杆或喷薄层混凝土，大跨度时，布置系统锚杆，掛网，喷混凝土	基本稳定，支护同Ⅰ类	稳定性差夹不稳定，系统锚杆，掛网喷混凝土，跨度20～25m浇混凝土	不稳定 系统锚杆、掛网喷混凝土，并浇筑混凝土	极不稳定，支护同Ⅲ类，必须浇筑混凝土
《工程岩体分级标准》（GB 50218—2014），岩体基本质量指标	修正值［BQ］	582.5(676～488)	468(560～386)	351(436～264)	188(269～124)	74(114～29)
	评定后的围岩类别	Ⅰ	Ⅱ夹Ⅲ	Ⅲ夹Ⅳ	Ⅳ～Ⅴ	Ⅴ
	岩体（围岩）稳定特征	坚硬，完整洞径不大于20m可长期稳定	坚硬，较完整，较坚硬，完整。洞径小于10m，可长期稳定	坚硬，较破碎，软硬互层，较完整。洞径小于10m，可基本稳定	坚硬，破碎，较坚硬或软硬互层，较破碎，洞径小于5m，可基本稳定	较软岩，破碎，软岩，较破碎。无自稳能力
巴顿（Barton）1974年Q值围岩分类	岩石质量指标Q	150～126	56～25.5	5.7～4.5	0.32～0.20	≤0.01
	评定后的围岩类别	Ⅰ	Ⅱ	Ⅲ	Ⅳ	Ⅴ
	岩体稳定特征及支护措施	极好。个别处加锚杆	良好。布置系统锚杆，不予加张力灌浆，喷薄层混凝土	中等。布置系统锚杆，不予加张力到予加张力灌浆，局部夹钢丝网，喷厚5～20cm混凝土	坏的。布置系统锚杆，予加张力灌浆，普遍加钢丝网，喷厚5～40cm混凝土	特别坏。一般就地浇筑混凝土衬砌
比尼奥斯基（T. Bieniawski）1973年RMR分类	总评分RMR	92～84	74～65	55～46	37～25	≤9
	评定后的围岩级别	Ⅰ	Ⅱ	Ⅲ	Ⅳ	Ⅴ
	岩体稳定特征及自立时间	很好。15m跨10年	好。8m跨6个月	中等。5m跨7d	差。2.5m跨10h	很差。1m跨30min

不同分类（分级）判别方法及标准归纳见表 4.2－2；广州抽水蓄能电站围岩分类各因素采用值及状态见表 4.2－3；不同分类方法的评定成果对比见表 4.2－4。从广州抽水蓄能电站用 4 种围岩分类方法进行分类（分级）评定对比，得到结果基本上是一致的。说明广州抽水蓄能电站地下洞室围岩分类及物理力学参数取值是可靠的，所以它的分类是可以与国内外主要的围岩分类方法相衔接。

综合分析常用的 RMR 分级方法、国标 *BQ* 分级系统、巴顿 *Q* 值分级方法以及《水力发电工程勘察规范》（GB 50287—2006）中围岩分类方法，不同的分类方法具有不同的侧重点与适应性条件。

（1）RMR 岩体分级系统是定性为主，定量为辅的分级方法，在综合特征值的确定上，偏重于定性观察，突出节理结构面对岩体稳定性的影响，所以又被称之为节理化岩体地质力学分类。在对每个因素赋分值时，均为平行值，如对饱和单轴抗压强度区段对应某一个值，而且在确定平洞洞壁岩体 *RQD* 时存在一定的偏差。

（2）国标 *BQ* 分级系统是以岩石坚硬程度、岩体完整程度为两个基本因素，再考虑地下水、软弱结构面和地应力等因素进行修正。因此，在评价岩体质量时对岩石强度采用的是强度值，因此对于极坚硬岩体，会放大岩石强度对岩石分级的级别，当岩体主要受岩体结构和结构面控制时，国标 *BQ* 分级系统的适应能力不强。

（3）1974 年巴顿（Barton）等人根据 200 多个实例分析而得。先按岩体质量等条件求得 *Q* 值，再按洞跨/*ESR*（开挖支护比）求得 *De* 值，然后按 *Q* 及 *De* 值查出建议的锚喷支护参数。

（4）《水力发电工程地质勘察规范》（GB 50287—2006）附录 P 围岩工程地质分类，它是以控制围岩稳定的岩石强度、岩体完整性、结构面状态、地下水和主要结构面产状五项因素的和差总评分为基本依据，围岩强度应力比为限定判据。

（5）在岩石分类等级数方面，采用五级分类、百分制，便于各有关行业应用和理解。

（6）岩石强度的评分。强度大于 100MPa 的岩石与 60～100MPa 的岩石相比，前者对围岩稳定存在更有利的影响，应划出一级较好。当强度大于 100MPa 时，没有必要再分级。第二级强度下限是 70MPa 还是 60MPa，应与国标其他规范统一，从多数微风化岩石强度变化范围看，还是用 60MPa 为宜。

（7）岩体完整性对围岩稳定性影响最大，权分中占优势是应该的，大部分分类中都占 40%左右。*Q* 分类中还用了 *RQD* 与裂隙组数双重评分；RMR 分类也用了 *RQD* 与裂隙间距双重评分。完整性与岩石强度在极端情况下，例如：极坚硬岩石的破碎岩体，或软弱岩石的完整岩体，对岩石评分和完整性评分进行限制是必要的。

（8）软弱结构面的情况，对稳定性有较大影响，它受结构面张开度、风化蚀变程度和充填物所控制，应该在评分中有明确位置。完整性系数（K_v 值）不能完全代表结构面的情况，例如破碎带中有硬岩块，波速可短路传递，波速值还是较高的。“工程岩体分类”中，有结构面状态的叙述，定量评分中没结构面状态的位置，K_v 值难全代表，因此，在软弱结构面中等的地段、评分偏高、围岩分类也偏高。

（9）国内两种围岩分类，在评定每类围岩中还夹有少量下一类的围岩，这是符合客观情况，对岩体稳定特征是用稳定或不稳定及坚硬、软弱、完整、破碎来评价。国外两种围岩分类评定的指标都在每类围岩的指标范围内，对岩体特征是用质量好坏或好差来评价的，而且它们所采取的处理措施也不一样；因此，出现不同方法对岩体稳定特征及处理措施认识不一致的情况。

4.3　抽水蓄能电站围岩分类方法应用与推广

广州抽水蓄能电站的地质勘察初期，没有类似的工程作为参考，经过多年的探索，总结出了具有较强适用性的围岩分类方法，通过工程实践证明，广州抽水蓄能电站的围岩分类方法是科学合理的，符合工程实际，根据围岩类别进行的设计支护措施安全可靠。在参考广州抽水蓄能电站围岩分类的基础上，根据广东其他抽水蓄能水电工程的实际情况，以工程区的岩石强度、岩体完整性、结构面状态、地下水和主要结构面产状 5 项因素总评分和围岩强度应力比，进行工程围岩分类，根据围岩类别选取物理力学参数，详见表 4.3-1 和表 4.3-2。表中所列建议参数作为广东抽水蓄能电站地下工程围岩设计指标，工程地质条件类似的地下工程围岩分类及物理力学性质指标可参考使用。

表 4.3-1　　地下工程围岩工程地质分类表

围岩分类	地质描述	评分						总评分 T	围岩强度应力比 S
		岩石强度 A	岩体完整性 B	结构面状态 C	基本因素 T'	地下水	主要结构面产状		
Ⅰ	微风化和新鲜花岗岩、混合岩，$R_b>100$MPa，裂隙短小闭合，无充填或充填少量方解石、硅质，完整性系数 $K_v=0.82\sim1.0$。岩体完整、坚硬，呈整体-块状结构。洞室内无明显地下水出露，局部裂面潮湿或有滴水	30	35～40	21～27	>86	0	0	86>	>4
Ⅱ	微风化夹弱风化和新鲜花岗岩、混合岩，$R_b=80\sim120$MPa。完整性系数 $K_v=0.67\sim0.82$。裂隙部分闭合，多数微张，大部分有白色泥膜充填，裂面较平整，呈微风化状，岩体较为完整，呈块状-整体结构。沿部分裂面有滴水或渗流	25～30	30～35	17～21	72～86	0～−2	0～−5	65～86	>4
Ⅲ	微风化夹较多弱风化花岗岩、混合岩，$R_b=60\sim100$MPa。完整性系数 $K_v=0.58\sim0.67$。断层、裂隙较发育，裂面多数张开（0.5～1.5mm），充填白色高岭石或钙质。裂面风化，岩体完整性较差，呈块状结构。沿断层有水渗流，张开裂隙有渗水或滴水	24～27	24～30	12～15	60～72	−2～−6	−2～−5	49～65	>2

续表

围岩分类	地质描述	评分						总评分 T	围岩强度应力比 S
		岩石强度 A	岩体完整性 B	结构面状态 C	基本因素 T'	地下水	主要结构面产状		
Ⅳ	微、弱风化相间，$R_b=60\sim80$MPa。完整性系数 $K_v=0.40\sim0.58$。岩体完整性差。裂隙发育，裂面大部分张开，充填白色高岭土，裂面风化。呈碎裂至层状结构。沿断裂面有流水和渗水和滴水，沿较大断层呈股状涌出	15	17～22	6～9	38～46	−5～−10	0	28～44	>2
Ⅴ	强、全风化，或局部夹弱风化，$R_b<30$MPa，完整性系数 $K_v<0.35$。岩石破碎，为散体结构。裂隙发育到密集，裂面大部分张开，充填泥质。沿断裂面有流水和渗水和滴水	<10	<14	<6	<35	−10～−14	0	<25	

表 4.3-2　广东省抽水蓄能电站地下工程围岩分类及物理力学性质指标表

围岩分类		Ⅰ	Ⅱ	Ⅲ	Ⅳ	Ⅴ
岩体纵波速度 V_p/(m/s)		5200(5000～5500)	4700(4500～5000)	4200(3900～4500)	3500～4000	<3000
岩体完整性	岩体完整性系数 K_v	0.82～1.0	0.67～0.82	0.58～0.67	0.40～0.58	<0.35
	裂隙发育组数	1组	1～2组	2～3组	≥3组	
	裂隙发育频率/(条/m)	<2	2～3	3～5	≥5	
	岩体质量指标 RQD/%	90～100	80～90	60～80	20～60	0～20
完整性评价		完整	较完整夹完整	较完整夹完整性差	完整性差-较破碎	较破碎-破碎
岩体物理力学参数	饱和容重 γ/(g/cm³)	2.65	2.63	2.6	2.55	
	动弹性模量 E_d/GPa	50(44～62)	44(41～52)	30(25～35)	8～16	
	弹性模量 E/GPa	35～40	30～35	15(10～20)	6～8	
	变形模量 E_0/GPa	25～30	16～25	8～16	3～5	
	泊松比 μ	0.17	0.20	0.25	0.35	
	岩石饱和单轴抗压强度 R_b/MPa	100～160	80～120	60～100	60～80	
	坚固系数 f	10～12	8～10	6～8	4～6	
	山岩压力分析	无	局部不稳定块体	按块体平衡	块体平衡-散粒体	
	围岩强度应力比 S	5.0～8.0	4.0～5.0	2.0～4.0	1.5～2.0	
	单位弹性抗力系数 k_0/(MPa/m)	25000～30000	20000～25000	5000～9000	2000～3000	
围岩稳定性评价		围岩可长期稳定，一般无不稳定岩块	围岩整体稳定，不会产生塑性变形，局部可能产生组合块体失稳	局部产生塑性变形，不支护可能产生塌方和变形破坏	围岩自稳时间很短，规模较大的变形和破坏都可能发生	围岩不能自稳，变形破坏严重

4.4　小　　结

（1）工程岩体分类方法很多，各种方法有自身的优缺点与适应性，分类标准尚不统一。目前国内外的工程岩体分类方法中，无论是在分级指标的选用、级别数量、划分标准上，均存在着很大的差异性；不同的工程类型或环境条件对应不同的分类标准。

（2）广州抽水蓄能电站地下厂房洞室群，位于燕山三期中粗粒花岗岩体中，在围岩质量初步分类时，主要以地质探洞的围岩为代表进行研究，并对比应用于地下洞室的开挖和支护，同时加入了断层及蚀变岩带出露宽度占地下洞室长度的百分比，作为初步分类的宏观指标。以探硐的岩性特征、断层裂隙和蚀变带发育情况、地下水活动情况、地应力情况、岩石岩体物理力学指标等因素进行围岩质量分类。

（3）广州抽水蓄能电站的地质勘察初期，没有类似的工程作为参考，经过多年的探索，总结出了具有较强适用性的围岩分类方法，通过工程实践证明，广州抽水蓄能电站的围岩分类方法是科学合理的，符合工程实际，根据围岩类别进行的设计支护措施安全可靠。

（4）基于广东省其他抽水蓄能水电工程的实际情况，对广州抽水蓄能电站围岩分类方法进行推广应用，以工程区的岩石强度、岩体完整性、结构面状态、地下水和主要结构面产状 5 项因素总评分和围岩强度应力比，进行工程围岩分类，根据围岩类别选取物理力学参数作为广东抽水蓄能电站地下工程围岩设计指标；该方法可为类似地下工程围岩分类及物理力学参数选取提供参考。

第5章 隧洞外水压力影响因素与取值方法

随着经济建设迅猛发展以及西部大开发战略的实施，在水电工程、交通工程、跨流域调水工程中，越岭隧道方案被大量采用并逐渐朝深埋、超长方向发展。随着隧洞埋深的增大，隧洞高外水压问题越来越突出。早期一般采取“以排为主”的原则处理隧道建设中遇到的地下水问题，因此在隧道设计中不考虑相应的外水压力。但长期大量的排放地下水，破坏了隧址区原有的地下水平衡状态，造成区域地下水位下降、隧址区地表水漏失，并发生地面沉降变形等问题。如果施工中对地下水采取全封堵方案，高水位地区则往往会产生高达若干兆帕的外水压力，一般衬砌难以承受如此巨大的外水压力，从而导致衬砌结构设计变得十分困难；因此，在地下水位较高的地区建设隧道时，亦采用“以堵为主，限量排放”的防排水原则，如何准确计算隧道衬砌上的外水压力，成为隧道设计的关键问题之一。隧洞外水压力合理取值问题成为隧洞设计、施工中亟待解决的问题。外水压力取值偏低会造成隧洞施工和运营过程中实际承受的水压力过高，造成衬砌破裂、隧洞涌突水，影响隧洞的正常使用，造成重大的人员伤亡和经济损失；外水压力取值过高又会导致隧洞衬砌厚度过大，带来材料浪费，增加工程成本。

广东抽水蓄能电站往往是高水头电站，采用地下厂房形式，输水隧洞较长，一般3000～5000m，较大埋深的洞室可达埋深300～500m，地下水位埋深一般小于50m，隧洞内最大内水静水压力往往达到500m以上。引水发电系统建筑物均深埋在地下，外水压力对地下厂房及高压引水钢衬支管稳定的影响，尤其在隧洞放空时，会有较高的水压作用在衬砌上，对钢衬支管安全很不利。因此对电站区开展工程区外水压力特性研究是工程经济、安全的重要保障。

5.1 外水压力取值方法

隧洞外水压力是指作用在衬砌外缘上的地下水压力，是边界荷载。通过分析，隧洞外水压力可以如下定义，当衬砌与围岩接触面形成间隙，作用于衬砌内的渗流体积力可近似用衬砌内外缘的水压力代替，衬砌外缘的水压力称之为外水压力。外水压力的取值要通过隧洞渗流场分析求得接触面处的水头 h，则外水压力为 $f_w=\gamma(h_c-z_c)$。在水压较大的山岭隧洞，为了保护隧洞周边的地下水资源和环境的要求，在不能采取以排为主的条件下，采取“以堵为主，堵排结合”的原则。在水利水电工程上，早些时候就对水压力进行了较多的研究，并制定了相应的设计规范。

隧洞衬砌外水压力取值方法主要有折减系数法、理论解析法、数值法、渗流与应力耦合分析法。

5.1.1 折减系数法

《水工隧洞设计规范》（SL 279—2002）以及《水力发电工程地质勘察规范》（GB 50287—2006）等规范规定：地下水压力实际上是在渗流过程中渗透水作用在围岩和衬砌中的体积力，有条件时可通过渗流分析决定相应的水荷载。对于一般水文地质条件较简单的隧洞，可采用地下水位线以下的水柱高乘以相应的折减系数的方法，估算作用在衬砌外缘的地下水压力，隧洞设计规范建议隧洞衬砌计算外水压力按地下水位至隧洞轴线的静水压乘以折减系数 β，取值见表5.1-1。

表5.1-1 水工隧洞设计规范建议的外水压力折减系数

级别	地下水活动状态	地下水对围岩稳定的影响	建议 β 取值
1	洞壁干燥或潮湿	无影响	0.00～0.20
2	沿结构面有渗水或滴水	风化结构面充填物质，降低结构面的抗剪强度，对软弱岩体有软化作用	0.10～0.40
3	严重滴水，沿裂隙或软弱结构面有大量滴水，线状流水或喷水	泥化软弱结构面充填物质，降低抗剪强度，对中硬岩体有软化作用	0.25～0.60
4	严重滴水，沿软弱结构面有小量涌水	冲刷结构面中充填物质，加速岩体风化，对断层等软弱带软化泥化，并使其膨胀崩解，以及产生机械管涌。有渗透压力能鼓开较薄的软弱层	0.40～0.80
5	严重股状流水，断层等软弱带有大量涌水	冲刷携带结构面充填物质，分离岩体，有渗透压力，能鼓开一定厚度的断层等软弱带，能导致围岩塌方	0.65～1.00

对于无压隧洞，应考虑设置排水的办法，减小地下水压力。对于地质条件、水文地质条件复杂的隧洞，应进行专门的研究。表5.1-1中 β 值就是按混凝土衬砌出现裂缝的条件下规定的。如果衬砌完全不透水，如钢衬，则 $\beta=1$。

张有天（1996）在规范确定折减系数的基础上提出了改进方法，他认为规范建议的单一外水压力折减系数法有以下缺点：①β 值变幅很大，使设计人员很难作出选择。②β 值是根据通常的混凝土衬砌并有裂缝条件下制定的。对于有些工程，要求混凝土衬砌透水性极小，建议值就不再适用。③在实际情况下，由于地形、地质条件不同，初始渗流场某一点的水压力并不等于该处地下水位的静水压力。因此，他提出了外水压力修正系数法，使得该方法更加合理，并且可以为其他类似工程选择系数提供了较明确的参考。

外水压力修正系数法就是把折减系数修正为3个修正系数，此时混凝土衬砌外水压力 P_c 等于地下水位的静水压力 P_0 乘以综合修正系数 β

$$P_c=\beta_1\beta_2\beta_3P_0 \tag{5.1-1}$$

式中：β_1 为初始渗流场（隧洞开挖前）隧洞轴线处外水压力修正系数；β_2 为混凝土衬砌后外水压力修正系数；β_3 为有排水措施外水压力修正系数。

隧洞修建前，山体中地下水因流动而形成初始渗流场，任一点的水压力一般不等于该点由垂线上地下水位产生的静水压力，因此存在修正系数 β_1。在山体内 β_1 一般小于1.0，但在山谷下部及承压水地层中 β_1 大于 1.0。隧洞开挖过程中，地下水位下降，衬砌完成后，地下水位回升。根据衬砌与围岩透水的相对关系，存在修正系数 β_2。当衬砌完全不透水时，$\beta_2=1.0$，否则 β_2 小于 1.0。当对围岩进行固结灌浆或采用旨在减压的排水措施后，衬砌的外水压力将再予折减，因此，存在修正系数 β_3。

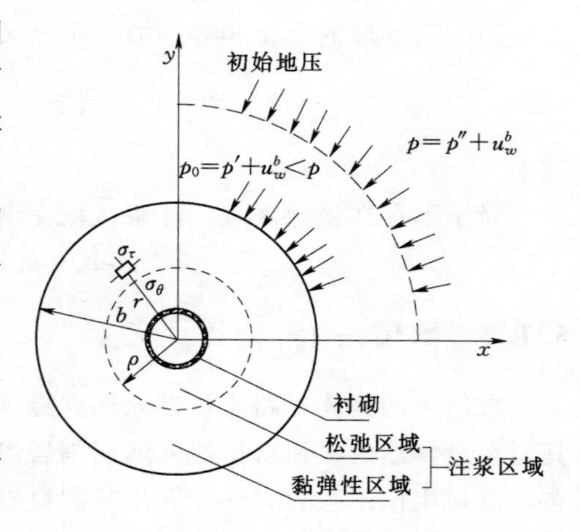

图 5.1-1 隧洞围岩模型

p'、p''—有效应力；u_w^b—间隙水压

5.1.2 理论解析法

假定围岩为均质、各向同性的弹塑性体，其中作用的初始应力视为静水压力状态。根据图 5.1-1 围岩模型，运用达西（Darcy）定律推导出了作用在衬砌及注浆加固圈区域内的间隙水压力。

在下列边界条件下分别为：当 $r=\rho$ 时，$h=h_\rho$；当 $r=b$ 时，$h=h_b$。

则 $\nabla^2 h=0$ 解，可由下式给出

$$h=\frac{h_b-h_\rho}{\ln(b/\rho)}\ln(r/\rho)+h_\rho \tag{5.1-2}$$

此外，设这个区域的透水系数为 k_c，则隧洞径向流量为

$$Q=2\pi k_e(h_b-h_\rho)/\ln(b/\rho) \tag{5.1-3}$$

同样，松弛区域内的水头在其边界条件下为：当 $r=a$ 时，$h=0$；当 $r=\rho$ 时，$h=h_\rho$，则

$$h=h_\rho\ln(r/a)/\ln(\rho/a) \tag{5.1-4}$$

即隧洞内壁按不能止水处理。松弛区域的流量为

$$Q=2\pi k_\rho h_\rho/\ln(\rho/a) \tag{5.1-5}$$

式中：k_ρ 是松弛区域的渗透系数。

根据上述结果，注浆区域的间隙水压 u_w 的分布可表示如下。

在黏弹性区域内

$$u_w=(u_w^b-u_w^\rho)\ln(r/\rho)/\ln(b/\rho)+u_w^\rho,\rho\leqslant r<b \tag{5.1-6}$$

在松弛区域内

$$u_w=u_w^\rho\ln(r/a)/\ln(\rho/a),a\leqslant r<\rho \tag{5.1-7}$$

其中，$u_w^b=I_w h_b$，$u_w^\rho=I_w h_\rho$，I_w 是水的单位体积质量。

因为两区域的流量相等，故有下列关系

$$\frac{u_w^\rho}{u_w^b}=1\Big/\left[n\frac{\ln(b/\rho)}{\ln(\rho/a)}\right]+1 \tag{5.1-8}$$

其中

$$n=k_\rho/k_e$$

对于不存在松弛区域，注浆区域完全是弹性区域的情况时，间隙水压分布由下式给出

$$u_w=u_w^b\ln(r/a)/\ln(b/a) \tag{5.1-9}$$

5.1.3 数值法

数值法的具体思路是：首先建立隧洞排水的水文地质概念模型，采用经验解析法预测其涌水量，然后将涌水量代入隧洞围岩渗流的剖面二维模型，模拟排水时围岩渗流场的分布，再采用作用系数方法计算出隧洞衬砌的外水压力。该方法采用了数值方法通过围岩的渗流场模型模拟了隧洞施工排水时的渗流场分布，从而计算得到了作用在衬砌上的外水压力。

这种方法建立了如下的剖面二维数学模型：

$$\begin{cases}\dfrac{\partial}{\partial x}\left(K_{xx}L\ (x,z)\ \dfrac{\partial H}{\partial x}\right)+\dfrac{\partial}{\partial z}\left(K_{zz}L\ (x,z)\ \dfrac{\partial H}{\partial z}\right)+\sum\limits_i Q_i\delta_i=\mu\dfrac{\partial H}{\partial t},t\geqslant t_0,(x,z)\in D\\ H(x,z,t_0)=H_0(x,z,t_0),(x,z)\in D\\ H(x,z,t)=H_1(x,z,t),(x,z)\in \Gamma_1,t\geqslant t_0\\ K_{xx}\cos(n,x)\dfrac{\partial H}{\partial x}+K_{zz}\cos(n,z)\dfrac{\partial H}{\partial z}=q(x,z,t),(x,z)\in\Gamma_2,t\geqslant t_0\end{cases} \tag{5.1-10}$$

式中：H 为地下水系统水头；K_{xx}、K_{zz} 为渗透系数；$L(x,\ z)$ 为隧洞轴线方向的含水层长度；Q_i 为经验解析法计算出的隧洞涌水量等效到剖分节点上的数值；δ_i 为狄拉克函数；H_0、H_i 为含水层的初始水位和定水头边界水头；Γ_1，Γ_2 为第一、二类边界；q 为已知流量。

5.1.4 渗流与应力耦合分析法

渗流与应力耦合分析法主要考虑地下水对围岩和衬砌的共同作用，从渗流理论出发计算水对围岩和衬砌的作用，直接通过分析隧洞开挖引起的地应力和地下水渗透力对围岩和衬砌的耦合作用。该方法不用强调作用在衬砌上的外水压力，而应该强调的是耦合作用，直接用耦合作用来分析隧洞衬砌结构受力和围岩的稳定性。围绕岩体渗流场与应力耦合场耦合模型，科学家做了大量的工作，取得了长足进展。Noorishad（1982，1989）提出了多孔连续介质渗流场与应力场耦合场模型；Oda（1986）以节理统计为基础，运用渗透张量法，建立了岩体渗流场与应力场耦合模型；Ohnishi 和 Ohtsu（1982）研究了非连续节理岩体的渗流与应力耦合方法；仵彦卿和张倬元（1994，1995）提出了岩体渗流场与应力场耦合的集中参数模型和裂隙网络模型。这些模型促进了岩体水力学向定量化方向发展，但针对隧洞开挖及修建支护结构后围岩及衬砌范围的渗流场和应力场的耦合研究较少。

5.2 外水压力的影响因素

外水压力是作用在输水管线和地下厂房等地下建筑物上的地下水荷载，由于岩体中断层和裂隙发育的复杂性导致了外水压力值几乎各点不同，即不同的空间坐标有不同的外水压力值，虽然影响外水压力的因素很多，但概括起来主要有以下几个方面：

（1）水文因素。由前面的水文地质条件分析得知，电站区的地下水补给源主要是降雨，在降雨季节，降水补给地下水，使潜水面上升，使得静水头增大；在干旱季节，由于地下水向深部含水层补给，向地面蒸发以及植物吸收，地下水位降低，由于水文因素影响而引起的地下水位变幅达到5～15m。如惠州抽水蓄能电站下水库PSK04孔，地下水位埋深由14.17m（2001年9月24日测）到28.21m（2003年5月26日测），变幅为13.95m；上水库ZK1017孔，地下水位埋深由29.57m（2003年10月1日测）到38.89m（2003年4月10日测），变幅为9.32m。

（2）地形因素。高程较高处的地下水补给低洼地区的地下水，与地表分水岭相比，地下分水岭相对平缓，高程较高的地方地下水埋深较大，如惠州抽水蓄能电站上库主坝钻孔ZK1065，地面高程最大，达到811.57m，地下水埋深也最大为49.32m，其他钻孔的孔口高程为760.00m左右，地下水埋深一般介于8～30m之间。在平缓地区，地下水面与地表面基本一致，且埋深较小。

（3）地层岩性因素。惠州抽水蓄能电站工程区的岩性主要为花岗岩和混合岩，在花岗岩体中，有后期侵入的闪长玢岩脉、花岗闪长岩脉、煌斑岩脉等，岩脉与围岩花岗岩接触面清晰，一般胶结好，个别胶结差，主要是在接触带有后期错动形成断层所致。岩脉与围岩胶结好时具有一定的阻水作用，地下水活动微弱，外水压力折减系数较小；胶结差的岩体，地下水活动强烈，外水压力折减系数较大。

（4）构造因素。这是比较主要的因素，主要包括断层、断层破碎带、节理和裂隙等，其作用是使上部含水层与地下深部相通，导送地下水，使地下水以外水压力的形式直接作用到工程建筑物上。如惠州抽水蓄能电站发育规模较大的f_{304}断层，甚至在有的地方出露于地表，距离厂房和输水管线也比较近，因此地下水活动强烈，外水压力折减系数较大，此外对厂房影响较大的断层还有（f_{31}）、（f_{33}）等。构造因素的影响主要取决于规模、连通性，密度等。规模越大，连通性越好，发育越密集，外水压力折减系数就越大；反之就越小。

（5）风化因素。主要是从剖面上来说的，随着风化程度变弱，岩体的裂隙密度逐渐变小，裂隙间的水力联系逐渐减弱。因此，从全风化带、强风化带、弱风化带、微风化带到新鲜岩体，外水压力的折减系数越来越小。

（6）作用在混凝土衬砌上的外水压力大小与围岩的渗透系数有很大的关系。在岩石完整、洞壁较为干燥与湿润地段，实测的外水压力很小，这说明此地段围岩的渗透系数很小，并与混凝土衬砌渗透系数相近；在滴水地段，外水压力就稍大，即说明此地段围岩的渗透系数大于衬砌的渗透系数；大量滴水与涌水地段，外水压力就显著增高，甚至于接近地下水的全水头。

（7）作用在衬砌上的外水压力，不仅取决于围岩的渗透系数，同时也与衬砌自身的渗透系数有关。实测资料反映出，在地下水头一定，混凝土衬砌质量好，也就是衬砌渗透系数小于围岩渗透系数时，测得的外水压力较大；而在混凝土衬砌抗渗质量较差的部位，如蜂窝、麻面、冷缝、施工缝以及未堵的灌浆孔等部位，它们的渗透系数较大，外水压力就显著降低。此外，地下水头的大小、衬砌的厚度以及衬砌和围岩是否紧密贴合等也对隧洞外水压力有一定的影响。

由以上分析可见，作用在衬砌上的外水压力大小主要和地下水头大小、围岩渗透系数大小、围岩渗透系数和衬砌渗透系数的比值及混凝土衬砌的厚度等因素有关。

5.3 广东抽水蓄能电站隧洞外水压力特征研究

5.3.1 广州抽水蓄能电站隧洞外水压力取值及其处置措施

5.3.1.1 隧洞外水压力取值

广州抽水蓄能电站是一个高水头埋深的地下电站。输水隧洞全长一期工程3358m；二期工程4300m；衬砌后内径8～9m。输水隧洞分为引水隧洞、高压引水隧洞和尾水隧洞。引水隧洞穿越上库雄厚分水岭，埋深普遍在80～140m。高压引水隧洞采用斜井布置，埋深80～480m，承受内水静水压力水头80～610m，高压隧洞和高压岔管均采用40～60cm厚钢筋混凝土衬砌，按“高压透水衬砌”理论，限制裂缝张开宽度设计。尾水隧洞普遍埋深在100～400m。跨度为22m的地下厂房埋深360～440m。引水发电系统建筑物均深埋在地下水水位以下，外水压力为地下洞室主要荷载之一，直接影响工程安全与正常运行。为此，根据本区水文地质条件，在大量勘测及测试资料基础上，研究外水压力形成原因及大小，分析排水降低外水压力的可行性和在厂区布置排水孔、洞的原则及排水效果，以及对地下厂房及高压引水钢衬支管稳定的影响；尤其在隧洞放空时，会有较高的水压作用在衬砌上，对钢衬支管安全很不利。

整个电站地下建筑物均位于燕山三期中粗粒（斑状）黑云母花岗岩体中。地下水类型主要为基岩裂隙水，根据岩石裂隙发育和风化状况，岩石透水性从地表向深部逐渐减弱。根据地下水出露情况不同，将山坡上的岩层分为两个含水层：山坡上部厚约50～70m为裂隙性潜水含水层，根据钻孔压水试验，岩石透水性一般在2～7Lu，个别达到10Lu以上。洞室在这个深度内地下水出露普遍，多呈渗滴或线流，受季节降雨影响明显。据观测资料，地下水位埋深一般在10～30m，靠近冲沟更浅。地下水位分布在强风化带中、下部或弱风化带上部，年变幅一般在10m以内，属于同性透水裂隙介质，水力联系密切，在剖面上构成一个连续的地下水位线。地下水补给来自降雨，由地表垂直下渗，顺山坡向下部沟谷或冲沟排泄。输水管线附近长期有泉水出露的高程，上库分水岭地带在825m以上，高于引水隧洞45～85m，也比上库正常高水位816.80m高出8m多。高压引水隧洞地表冲沟泉水出露高程640.00m，高于中平段约200m；高压岔管旁侧冲沟在高程480.00m也常有泉水流出，高于高压岔管中心约280m。尾水隧洞一带泉水出露高程也都在410.00～360.00m，高于尾水隧洞180～90m，也比下库高水位287.40m高出72～122m。钻孔中稳定的地下水位比泉水出露高程还要高，据一期厂房区 ZK673、ZK674、ZK675 孔的地下水位，上层裂隙性潜水含水层地下水位线，在高压岔管位置为 650m 左右，高于高压岔管中心约 450m；地下厂房位置为 600m 左右，高于厂房拱顶约 360m。ZK675 孔深部遇 f_{7025} 断层，地下水位降到孔深 80 多 m，比上层裂隙性潜水含水层水位低约 70m。在山坡上 50～70m 深度以下为相对不透水层，岩石透水率一般小于 2Lu，不少地段为 0；高压（压力 6.0MPa）压水透水率仍很小。但遇到断层或张开裂隙，岩石透水率不小于 5Lu。水压致裂试验表明，在埋深 90m 以下，最小破裂压力也有 8.0MPa，一般在 12～15MPa，最大 18.0MPa，说明本区花岗岩能承受较大的内水压力而不致开裂。在相对不透水层中存在有脉状裂隙水，它的含水情况与断层和张开裂隙发育情况有关，在探洞揭露到 F_{110} 和 f_{7012} 断层带时有地下水呈股状流出，流量约 30～60L/min；数小时后减弱成渗流或滴水，表明该断层向四周连通性不是很好，没有丰富水源补给。脉状裂隙水在探洞内多沿断裂呈渗滴或渗流状出露，出露不普遍，受季节影响小，水量有限。据长约 2000m 探洞观测，地下水出水量约 29L/min，每 100m 探洞地下水出水量约 1.5L/min。同位素测井资料反映，在孔深 420m 以下仍有地下水活动迹象，孔深 300m 上下既有垂直流又有水平流。脉状裂隙水也有地下水位，根据部分深孔揭露到断层带后，测得稳定的地下水位普遍比上层裂隙性潜水含水层地下水位低，一般埋深在 30～80m（孔内尚未隔离观测，混有上层水位）。并随着钻孔揭露断层带的深度加深，其地下水位埋深也随之加深。如一期高压引水隧洞渗 1 孔，揭露 F_{145} 断层带在孔深 60m，地下水位在孔深 40m，高程 756.00m。二期高压引水隧洞 ZK2184 孔，在孔深 300 多 m 揭露 F_{145} 断层，地下水位在孔深 172m，高程 611.00m。两孔相距 200 多 m，同一条断层就有不同的地下水位，说明脉状裂隙水水位变化大，不同断裂之间一般无水力联系，因此不能连成一条地下水位线。与上部裂隙性潜水含水层存在一定的水力联系，接受其补给，但不是很密切。从现有的观测资料来看，由于大量的地下洞室开挖排水，对地表泉水出露高程的水量变化影响很小。因此，目前还只能用上部裂隙性潜水含水层的地下水位作为深部地下洞室的地下水位。

勘测阶段在探洞内的垂直钻孔中，用孔隙水渗压计进行渗透压力观测，测点布置情况见图 5.3-1。根据 3 个多月的观测结果，在一期高压岔管上方 PD2-6 支洞内 PD2-ZK01、PD2-ZK02 孔实测最大压力高于硐底 5～17m。PD2-ZK01 孔 GPD-1 渗压计埋在孔深 10m，实测水头为 15m；PD2-ZK02 孔 GPD-2 渗压计埋在孔深 98m，实测水头为 115m 。说明在岩体深部探洞开挖一段时间后，仍有渗透压力存在。按原地下水位 650.00m，计算外水压力折减系数为 0.04～0.26。考虑探洞的排水影响，建议在相对不透水层中的外水压力折减系数为 0.1～0.4。裂隙性潜水含水层，根据它的透水性和地下水活动情况，参考有关规定，建议外水压力折减系数为 0.6～0.8。

综合分析，广州抽水蓄能电站工程地下洞室根据埋深不同，外水压力大小的取值情况为：埋深在 70m 以内，折减系数用 0.8～0.6，主要在隧洞进出口部分。埋深在 70～150m，折减系数用 0.6～0.4，主要在引水隧洞，高压引水隧洞靠上游调压井的位置，尾水隧洞靠出口约 400m。埋深 150～300m，折减系数用 0.4～0.2，除了地下厂房及其上、下游的大部分地段。埋深 300～500m，折减系数用 0.3～0.1，主要在地下厂房和上、下游岔、支管，高压引水隧洞下平段和下斜井的一部分。从外水压力折减系数来看，埋深在

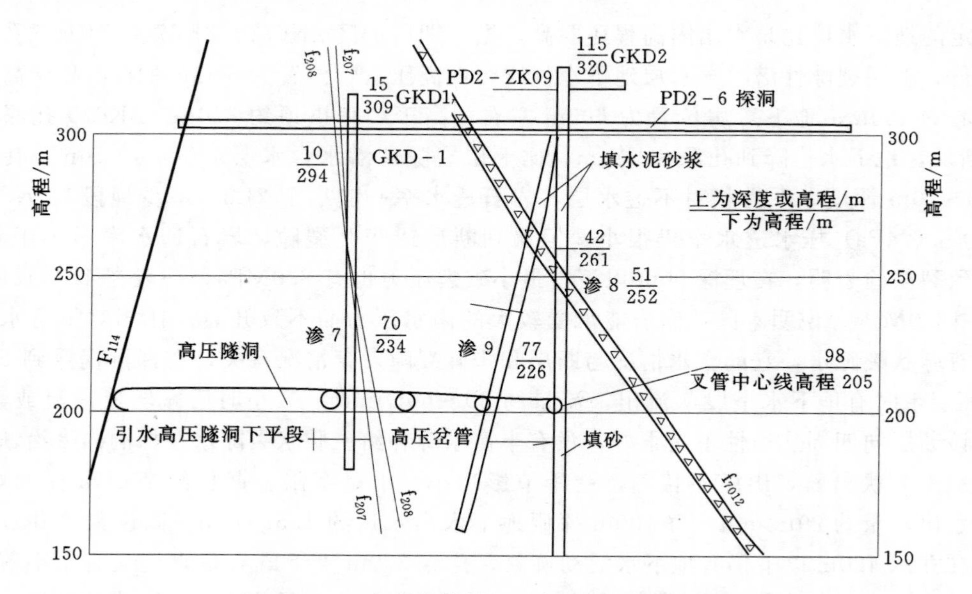

图 5.3－1 高压岔管段地下水压力观测布置图

150m 以下折减系数已在 0.1～0.4，埋深在 300m 上下折减系数有些重复，主要原因是在这个深度上、下地下水渗流场变化较大。根据折减系数地下厂房拱顶以上的外水压力水头为 108～36m，采用喷锚作为永久支护是可行的，但排水降压也必须考虑。

5.3.1.2 外水压力预测与处置措施及效果

根据广州抽水蓄能电站工程水文地质条件和工程运行情况，在勘测设计阶段，对一期高压岔管段外水压力进行预测，预测的基本情况如下：

(1) 高压岔管中心点的地面高程 680.00m，地下水位 650.00m，岔管中心高程 200.00m。

(2) 原地下水位至岔管中心 450m，属于静水压力水头。

(3) 用原地下水静水压力水头 450m，乘以折减系数 0.3，得出原地下水位渗透压力水头为 135m。

(4) 实测原地下水渗透压力水头为 115m（PD2－ZK02 孔成果），与用折减系数得出的渗透压力比较接近。

(5) 高压岔管正常运行时，内水压力水头为 610m，高于天然地下水位。

(6) 内水外渗的影响范围不会超过高程 480.00m，因为在高程 480.00m 以下常有泉水流出，岩体处于饱和状态。

(7) 利用高程 303m 探洞作为排水洞，排水洞影响范而是有限的。

根据上述基本情况，提出高压岔管段外水压力各种预测见图 5.3－2。

考虑地下水天然状态和岔管段内水外渗的影响，高压岔管外水压力考虑以原天然地下水位至排水洞之间，按 0.5 倍水头计，排水洞以下为全水头，得出外水压力水头为 270m，即图 5.3－2 中第⑧线作为高压岔管预测的外水压力。高压岔管后面紧接 4 条钢衬的高压支管，其外水压力取值按照这个预测来进行设计，可以保证高压支管的安全。

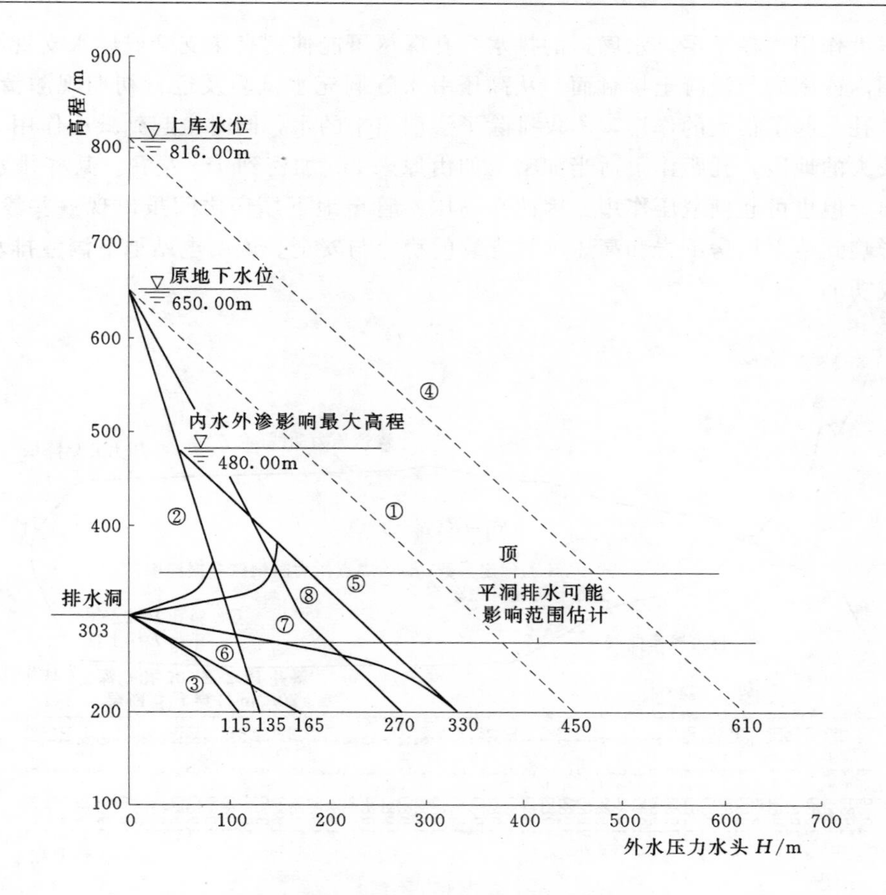

图 5.3-2　高压岔管段外水压力预测图

①—原地下水位全水头压力线；②—原地下水渗流压力线（按 0.3 系数折减）；③—PD2-ZK02、ZK01 钻孔渗压计实测压力值；④—内水压力全水头线；⑤—内水外渗与原地下渗流线组合的压力线；⑥—设排水洞及排水钻孔后的外水压力线（按 0.5 系数计）；⑦—仅用排水洞的外水压力线；⑧—设排水洞和排水孔后外水压力线，高程 303～650m 按 0.5 水头计，303～200m 按全水头计

地下厂房探洞底板高程在厂房拱顶以上，对地下厂房的施工和运行，都起到明显的排水作用。在地下厂房边、端墙外约 11m，开挖上、下层两圈排水廊道，其中二期工程上层南侧排水廊道还利用了主探洞的一部分；目的是防止地下水或高压隧洞（含高压岔管）内水外渗出来的水流入地下厂房，并降低地下厂房拱顶及边墙的外水压力。钻孔的排水效果从安装在 PD2-ZK02 孔的 GKD-2 渗压计测试，渗透压力测试读数与时间关系曲线见图 5.3-3，其旁侧 PD2-ZK09 斜孔的孔深 70m 穿 f_{7012} 断层后，渗压计的压力明显降低下来，说明排水孔是可以降低地下水渗透压力。因此，在研究厂区排水措施时，主张在上、下层排水廊道内打垂直的排水孔，上层排水廊道向地下厂房及主变室拱顶方向打倾斜的排水孔，组成一个地下水排水网。排水孔的方向和倾角，需根据导水构造产状及其组合情况而不同，一般情况是以穿越最多结构面为原则。这样，排水降压效果更好，如二期厂房针对拱顶缓倾角裂隙和 F_{416}、f_{25} 等断层的排水孔，在充水试验前就消除了地下厂房及主变室渗水潮湿状况；在充水试验及以后运行过程中，排除高压岔管内水外渗出来的部分水

发挥了很大作用。在下层排水廊道的排水孔孔深尽可能伸到高压支管或尾水支管周围的围岩松动圈内或围岩与混凝土接触面。从高压引水隧洞充水试验及运行初期观测情况来看，某些排水孔是起了很大的作用，不仅排除了渗漏出来的水，同时也起到减压作用。在排水孔出水较大的地段，孔距作了适当加密，如由原来3m加密到1m左右。某些排水孔虽没有水流出，但也可起到减压作用。因此在高压岔管至地下厂房之间虽出现一些渗水现象，但没有影响到地下厂房围岩和高压钢衬支管的稳定与安全。说明电站地下洞室排水措施的布置是成功的。

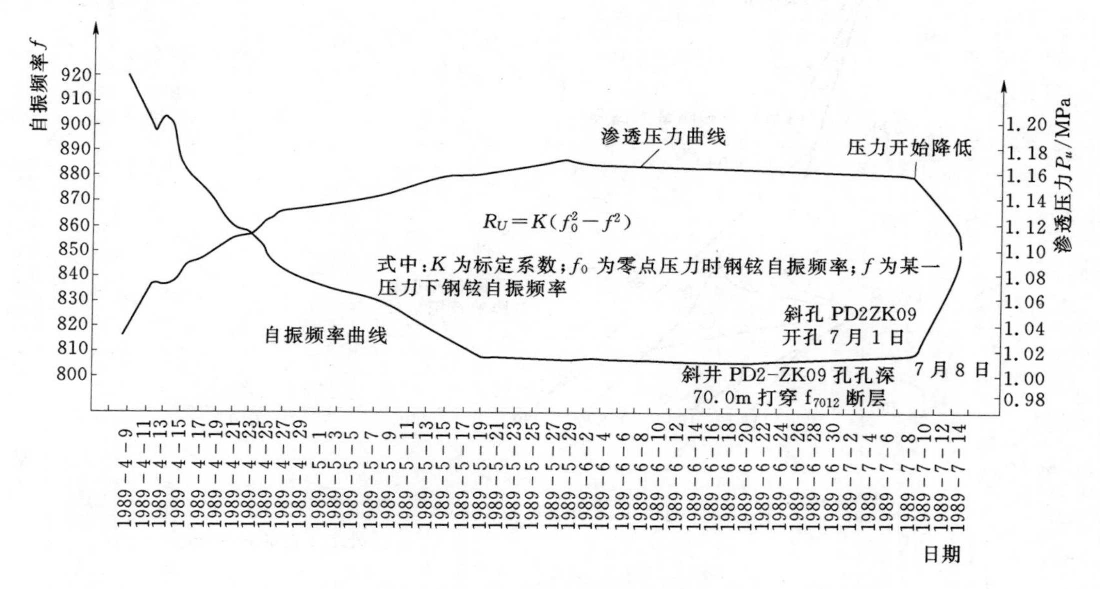

图5.3-3　PD2-ZK02孔渗透压力与时间的关系曲线图

在外水压力研究过程中，为了减少内水外渗的影响，要求在高压引水隧洞及高压岔管段进行高压固结灌浆，加固围岩和提高它的防渗性能。灌浆孔孔深在断层带处为入岩7m，其余为5m。灌浆最大压力上斜井为3MPa，下斜井为4.0～4.5MPa，下平段及高压岔管为6.5MPa。由于需配合提前发电，一期工程上斜井、下斜井只对Ⅲ类、Ⅳ类同岩进行高压固结灌浆。上斜井Ⅲ类、Ⅳ类围岩单位耗灰量664kg/m。下斜井Ⅲ类、Ⅳ类围岩单位耗灰量440kg/m。两条规模较大的F_{145}与F_2断层，分别耗灰9.9t与5.6t。高压岔管有7个孔单位耗灰量大于35.5kg/m，最大93.3kg/m。高压岔管内规模较大的f_{207}断层（宽30～80cm）耗灰1.08t。二期工程平均耗灰量比一期要少，其中上斜井单位耗灰量43.62kg/m；中平洞单位耗灰量5.67～7.2kg/m；下斜井单位耗灰量27.95kg/m。不论是一期工程或二期工程，耗灰主要集中在衬砌与围岩接触面和入岩1.5m以内。灌后混凝土衬砌表面渗水及潮湿现象消失，说明高压固结灌浆加固断层破碎带及Ⅲ类、Ⅳ类围岩效果明显。在电站运行初期放空高压引水隧洞检查，下平段及高压岔管钢筋混凝土衬砌完好无损，只是沿原有裂缝稍有扩张，部分高压支管钢衬内灌浆孔封堵不好有水渗出，重新封堵后，再次充水运行后，总渗漏量由处理前3.78L/s（逐渐增大的），减小到不足1L/s。厂房部分拱顶及边墙围岩曾由渗水及潮湿转为干燥状态，现在一直保持下来，说明高压固结

灌浆真正起到防渗效果，钢筋混凝土衬砌结构在高水头作用下内水外渗是很微小的。

高压隧洞一期工程充水试验外水压力观测成果见表5.3-1，说明在充水前后外水压力及内水外渗都是正常的。二期工程两次充水观测大部分地段的渗透压力和渗漏量表现正常；局部地段部分渗压计的渗透压力较高，见图5.3-4和图5.3-5。外渗是由于灌浆孔封堵不好或钢筋混凝土衬砌开裂引起的，如一期工程的渗9号渗压计；二期工程的P4、P5、P6渗压计等。P3渗压计两次充水不同，是由于排水不畅，恢复到原有的压力。总体来看，经过充水试验和初期运行观测资料，整个引水隧洞围岩承受了巨大的内水压力考验，证明山体稳定和围岩稳定条件好，绝大部分管道运行正常；同时说明广州抽水蓄能电站隧洞外水压力的预测是可行和可靠的，排水措施布置设计是成功的。

表5.3-1　　一期工程高压引水隧洞渗压观测成果表

渗压计编号	位置	渗压计安装高程/m	充水试验前观测成果				充水试验后观测成果			
			渗压计水位高程/m	实测水头/m	从渗压计到地下水位高差/m	外水压力折减系数	渗压计水位高程/m	水位上升值/m	所在洞室内水压力水头/m	上升值占内水压力水头的百分比/%
渗1	上斜井	744	756	12	40	0.3	763	7	110	6.4
渗2	中平段	595	599	4	45	0.1	663	64	360	17.8
渗7	高压岔管	234	294	60	416	0.144	316	22	610	3.6
渗8	高压岔管	252	288	36	398	0.1	369	81	610	13.3
渗9	高压岔管	226	242	16	424	0.038	480	238	610	39.0

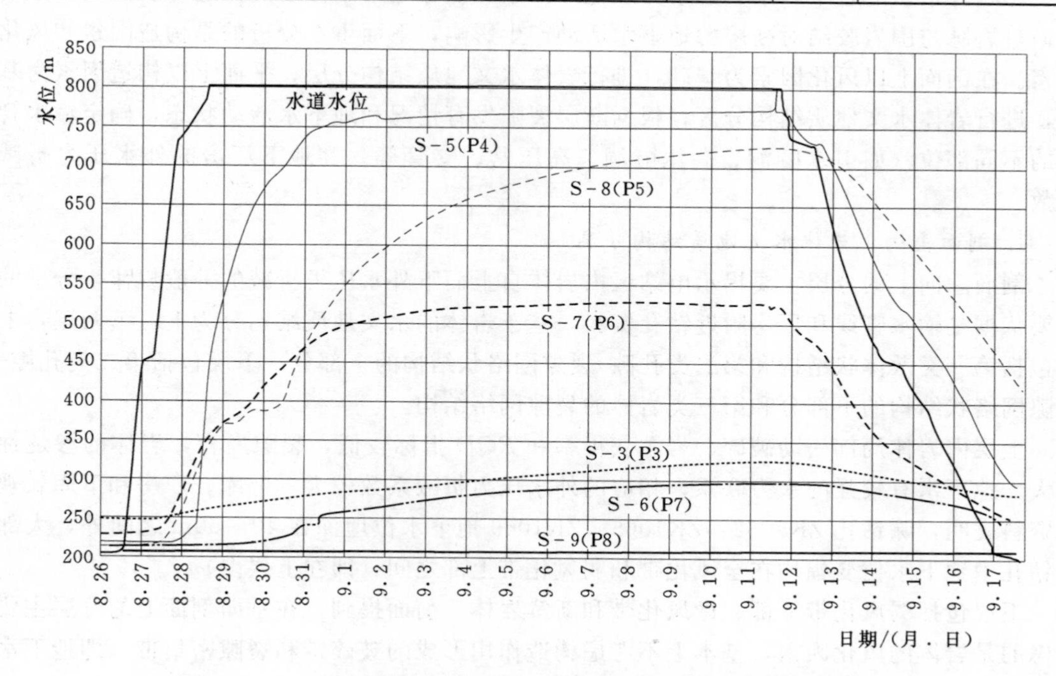

图5.3-4　二期工程高压隧洞第一次充水典型测点渗压水位曲线图

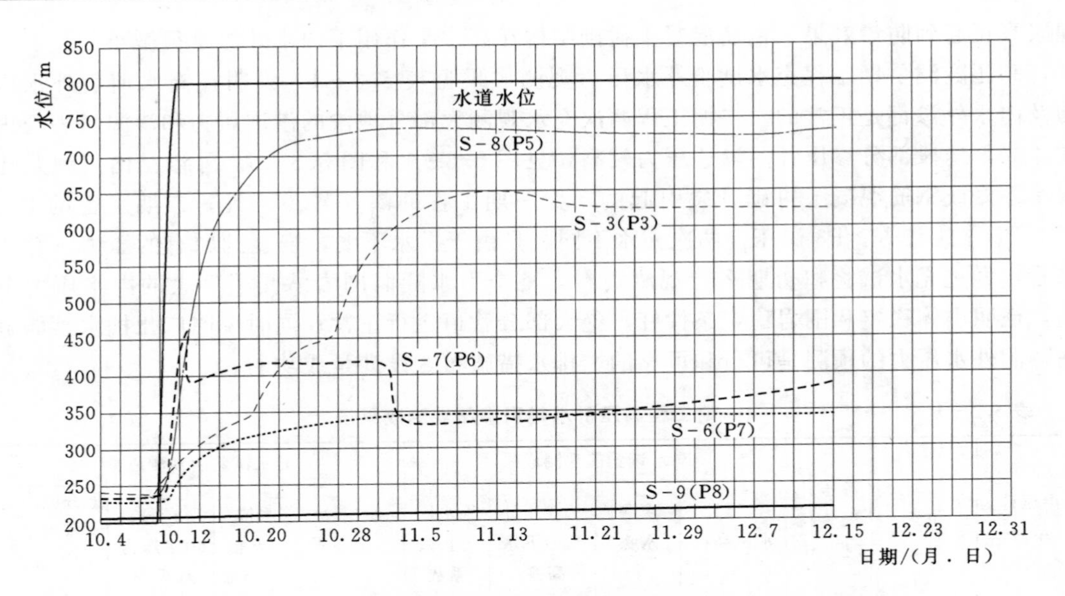

图5.3-5 二期工程高压隧洞第二次充水典型测点渗压水位曲线图

5.3.2 惠州抽水蓄能电站隧洞外水压力取值研究

5.3.2.1 水文地质结构分层分区取值

影响外水压力各个因素中的水文和地形因素反映在地下水位的高低上，岩性因素主要是通过岩脉与围岩胶结对断层的地下水活动产生影响，下面重点分析的是构造因素和风化因素。在剖面上以风化因素为基础，进行岩体水文地质结构分层；平面上以构造因素为基础，进行岩体水文地质结构分区，根据断层裂隙发育情况和地下水活动状态，确定输水管线的不同部位（如引水隧洞、高压隧洞、高压岔、支管等）和地下厂房的外水压力折减系数。

1. 剖面垂向上岩体水文地质结构分层

剖面垂向上的分层主要揭示电站区内岩体自上而下外水压力折减的一般规律，分层的主要依据是输水管线和厂房附近钻孔资料，基于岩体的水文地质结构分为上、下两层，上层包括第一类散体状结构和第二类孔隙-裂隙网络状结构的上部分；下层包括第二类孔隙-裂隙网络状结构的下部分和第三类岩体的裂隙网络结构。

上层内岩体局部松动破碎，岩芯获得率和 *RQD* 指标较低，裂隙发育，岩体的渗透性较大，地下水有较强的水力联系，相应的外水压力折减系数较大。上库、厂房和下库长观孔资料表明，除钻孔 ZK1062、ZK1065、ZK1069 地下水位埋深在 40～50m 之间外，大部分钻孔中地下水位变幅均在全风化带和弱风化带上部之间（即在上层内）。

下层包括弱风化带下部、微风化带和新鲜岩体。前面提到，在垂向剖面上的分层主要考虑的是岩体的风化因素，基本上不考虑构造作用形成的破碎带和裂隙密集带（即地下水强烈活动带）的影响，这些地下水强烈作用带将在后面分区时作为特殊介质进行研究，因此弱风化带下部以下的岩体实际上是下层和地下水活动强烈带这两种介质的叠加。下层中除断层外，岩体坚硬完整，地下水活动微弱。对平洞内19个钻孔进行了统计，除钻孔PDZK01和PDZK06有部分弱风化带外，其余均为微风化带，表明地下厂房和高压岔、支管都处于下层中。

综上所述，上层和下层建议的外水压力折减系数β见表5.3-2。

表5.3-2　相对含（隔）水层建议折减系数表

分层	风化分带	平均厚度/m	岩芯获得率/%	*RQD*/%	裂隙密度/(条/m)	单位吸水率*Q*/Lu	建议β值
上层	坡积层、全风化带、强风化带、弱风化带上部	31.53	69.10	34.62	2.63	13.46	0.8～1.0
下层	弱风化带下部、微风化带	269.41	94.95	76.47	1.88	1.89	0.25～0.4

2. 平面上岩体水文地质结构分区（据高程246.00m探洞）

剖面垂向分层（下层和隔水层）仅揭示了电站区内地下水运动介质的一般规律，而电站区发育的大量中倾和陡倾角断层和裂隙对地下水活动起控制作用，因此平面上的分区主要考虑断层、节理特性以及地下水活动情况，即水文地质结构中的第四类脉状结构。参照水工隧洞设计规范建议的外水压力折减系数，把高程246.00m探洞围岩分成4种类型：地下水活动剧烈，$\beta=0.8\sim1.0$；地下水活动强烈，$\beta=0.6\sim0.8$；地下水活动较强烈，$\beta=0.4\sim0.6$；地下水活动微弱，$\beta=0.25\sim0.4$。把高程246.00m探洞分成7个区段，详情见表5.3-3。

表5.3-3　246m高程探洞沿线岩体水文地质结构分区特征统计表

探洞号	地层岩性、地质构造和岩体结构特征	地下水活动状态	建议β值
PD01	探洞围岩主要为微风化中粒花岗岩，该段共发现7条断层，3条为裂隙。其中NE向断层4条，NNW向断层2条，NW向断层1条，断层带为弱风化构造角砾岩、碎裂岩，胶结大部分较好，部分较差。NW向裂隙2条，NNE向裂隙1条	地下水活动剧烈。PD01主探洞长415.10m，共有10条断层或裂隙有涌水、线流水或滴水现象	0.8～1.0
PD01-1	探洞围岩主要为微风化中细粒花岗岩，该洞段共发现3条断层，12条为裂隙。其中2条断层是NNW向，1条是NW向，断层带为碎裂岩、构造角砾岩，胶结大部分较好，部分较差，岩体较完整。4条裂隙NW向，4条NE向，2条NNE向，1条NNW，1条近EW向	地下水活动较强烈。PD01-1支探洞长490m，共有16条断层或裂隙有线流水、滴水现象	0.4～0.6
PD01-2	探洞围岩主要为微风化中粒花岗岩，岩质坚硬。有f_{45}、f_{48}和f_{49}等断层出露，断层带为构造角砾岩和碎裂岩，胶结大部分较好，部分较差	地下水活动微弱。PD01-2支探洞长150m，仅起点0+005附近，有1条NNE向裂隙有线流水，其余洞段干燥	0.25～0.4
PD01-3	探洞围岩主要为微风化中粒花岗岩，岩质坚硬。共发育7条为断层，3条是NW向，2条是NNW向，2条是NE向，断层带为弱风化糜棱岩及石英脉，硅质胶结，大部分胶结较好，部分较差；4条为NNW向闪长玢岩脉；17条为裂隙，10条NW向，3条NNW向，4条NNE向	地下水活动强烈。PD01-3支探洞长409.16m，共有28条断层、岩脉或裂隙有线流水、滴水现象。本支洞有地下水出露的断层、裂隙、岩脉大多分布于f_{304}断层的上盘	0.6～0.8

续表

探洞号	地层岩性、地质构造和岩体结构特征	地下水活动状态	建议β值
PD01-4	探洞围岩主要为微风化中粒花岗岩，岩质坚硬。该段断层裂隙相当发育，12条断层中7条是NW向，3条是近EW向，2条是NE向，断层带为弱风化碎裂岩及糜棱岩，胶结部分较好，大部分胶结较差，断层带透水性较强；3条为NW向闪长玢岩脉；71条裂隙，33条NW向，25条近EW向，10条NNW向，2条NE向，1条NNE向	地下水活动剧烈。PD01-4支探洞长540.6m，共有86条断层、岩脉或裂隙有股状、线流水、滴水现象	0.8～1.0
PD01-5	探洞围岩主要为微风化中粒花岗岩，岩质坚硬。断层带为强风化夹全风化断层蚀变带，揭露后与空气接触产生膨胀，呈片状松散脱落，遇水膨胀，具有一定的阻水作用	地下水活动微弱。PD01-5支探洞长264.3m，仅在（f_{71}）、（f_{65}）2条NNW向断层有滴水现象，未见裂隙有渗滴水现象	0.25～0.4
PD01-6	探洞围岩主要为微风化中粒花岗岩，岩质坚硬。断层带为弱风化夹强风化构造角砾岩、糜棱岩、碎裂岩及泥化糜棱岩，其成分主为花岗岩及闪长岩脉，胶结物为钙质、硅质，胶结一般较差、部分较好	地下水活动微弱。PD01-6支探洞长101.3m，仅在（f_{69}）断层有线流水，其余硐段干燥	0.25～0.4

由以上分区可知，厂房和高压岔、支管等部位地下水活动剧烈时，外水压力折减系数较大；地下水活动微弱，外水压力折减系数则较小。表5.3-3中只考虑了岩体在剖面方向上风化程度的一般规律，并没有考虑到构造因素的影响；洞段地质构造不明显时，可以采用表5.3-3中建议的折减系数β值。探洞顶外水压力取值计算见图5.3-6，各洞段外水压力的估算值见表5.3-4。

表5.3-4　　246m高程探洞各洞段外水压力估算值

探洞号	PD01	PD01-1	PD01-2	PD01-3	PD01-4	PD01-5	PD01-6
折减系数β_1	0.8	0.8	0.8	0.8	0.8	0.8	0.8
折减系数β_2	0.8	0.25	0.3	0.7	0.8	0.4	0.4
外水压力/MPa	1.792	0.615	0.612	1.638	2.032	0.936	1.016

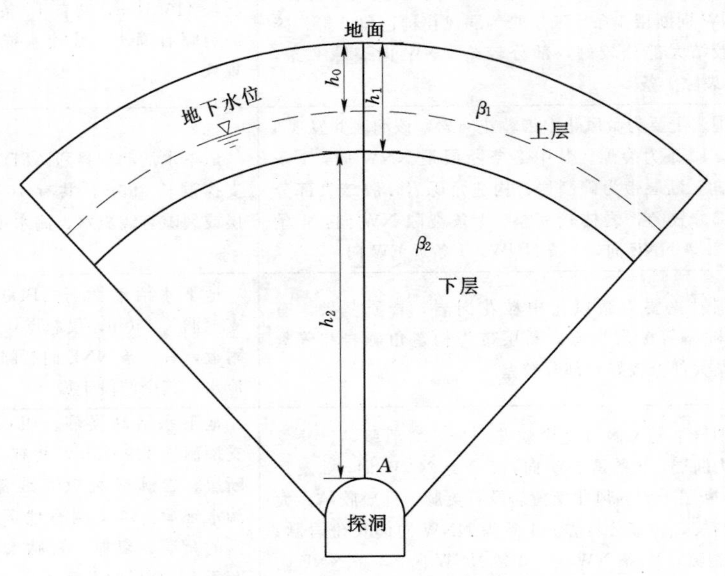

图5.3-6　探洞顶外水压力计算示意图

从表 5.3-4 中可以看出，外水压力最大值集中在 PD01-4 洞段，主要原因是探洞顶部山体较厚，具有较高的初始地下水位，高于 500.00m，而其他洞段地下水位多介于 450.00～480.00m 之间；沟通 f_{304} 断层的北西和北北东向断层和裂隙发育，探洞揭露表明，有相当一部分断层和裂隙出现股状、线流水、滴水现象，地下水在这些裂隙和断层形成的网络中快速流动，水力联系较强，地下水活动剧烈。

5.3.2.2　现场实测取值

惠州抽水蓄能电站工程在高程 246.00m 探洞的 PDZK02 孔、PDZK03 孔、PDZK04 孔、PDZK06 孔、PDZK09 孔、PDZK10 孔和 PDZK14 孔中共埋设了 10 个压力探头，进行外水压力的观测。从 2005 年 5 月 3 日开始观测，每 5 天观测一次，根据各孔的外水压力观测资料，可以绘出各探头压力随时间变化曲线，见图 5.3-7 和图 5.3-8。从图中可以看出，PDZK02 孔中的 10051 探头的压力较小为 0～0.008MPa，平均为 0.0035MPa。探头据钻孔中地下水位的距离为 3.2m，根据实测压力值计算得到外水压力折减系数为 0～0.25，这与洞段 PD01-2 所揭露的情况一致，表明在洞段 PD01-2 及该洞段以下岩体中裂隙不发育，地下水活动微弱，外水压力折减系数很小。

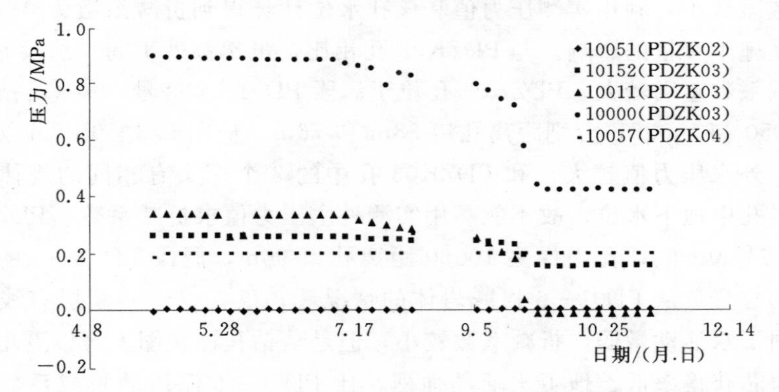

图 5.3-7　PDZK02、PDZK03 和 PDZK04 孔探头压力随时间变化曲线

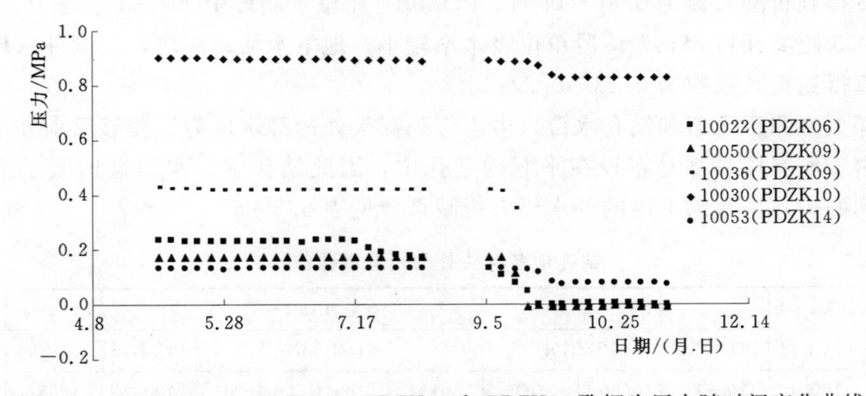

图 5.3-8　PDZK06、PDZK09、PDZK10 和 PDZK14 孔探头压力随时间变化曲线

PDZK03 孔位于洞段 PD01-3 桩号 0+209，该孔附近洞壁湿润，有线流水、滴水现象，地下水活动强烈，折减系数较大。在距孔口 31.7～36.7m 范围内，单位吸水率达到 30Lu，该孔的上部探头 10152 距离孔口 34m，正好位于这个区域，由钻孔水位和实测探

头压力值可以计算出水力折减系数为 0.46～0.77。PDZK03 孔中部探头 10011 距离孔口 48m，最大压力值为 0.34MPa，到 9 月 25 日后，压力开始变为负值，说明该处的地下水位有小幅度降低；PDZK03 孔下部探头 10000 距离孔口 79m，测得的压力值比上部和中部的都高，说明同一钻孔不同的高程水压变化很大，随着高程的降低外水压力增加。PDZK03 孔 3 个探头的压力都在降低，主要原因可能是厂房和其他洞室的施工开挖，改变了原来的渗流场，水大多从洞壁排出，使水压逐步降低，但并非按比例递减，其间的水力联系较为复杂。PDZK04 孔位于洞段 PD01－4 桩号 0＋420，探头 10057 距孔口 46m，该段的单位吸水率为 1～3Lu，属于微弱透水，折减系数较小，实测的压力数据表明，该探头处的外水压力变化比较平稳，在 0.2MPa 左右，说明厂房和其他洞室的施工对它的影响不大。但是从平洞 PD01－4 揭示的情况来看，该处有多条断层和裂隙有股状、线流水、滴水现象，地下水活动强烈，再次表明外水压力在不同的地方差别较大，根据该探头测得数据计算得到外水压力折减系数为 0.37～0.54。

PDZK06 孔位于洞段 PD01－3 桩号 0＋120，孔中探头 10022 距离孔口 66m，从钻孔揭露的资料看，该段岩石硅化严重，胶结好，呈弱-微风化状，岩芯获得率较高，根据规范外水压力折减系数小，利用实测压力值和该孔水位计算得到折减系数为 0～0.36，该孔外水压力值也受施工开挖的影响。与 PDZK03 孔相比，虽然都处于同一洞段 PD01－3，但计算得到的折减系数差别较大。PDZK09 孔位于洞段 PD01－2 桩号 0＋44，钻孔中共布设了两个探头 10050 和 10036，分别距离孔口 38m 和 76m。从图 5.3－9 中可以看出，距离孔口距离越远，外水压力值越大，和 PDZK03 孔中的 3 个探头有相同的规律，由于该孔堵塞，无法测得孔中地下水位，故不能利用实测外水压力值求折减系数。PDZK10 孔位于洞段 PD01－6 桩号 0＋60，孔中探头 10030 距离孔口 96m，洞段 PD01－6 的下部即为 B 厂高压、支管的位置，从 PD01－6 揭露岩体的情况看，仅在（f_{69}）断层有线流水，其余洞段干燥，表明下水活动微弱，折减系数较小，但是从钻孔柱状图上可以看出，探头处岩体裂隙发育，岩芯获得率低，地下水活动强烈，比 PD01－6 洞段的折减系数大，由实测压力值反算得到折减系数为 0.86～0.94。PDZK14 孔位于洞段 PD01－1 桩号 0＋372，孔中探头 10053 距离孔口 58m，该段单位吸水率较小，地下水活动叫弱，实测外水压力值也较小，反算得到折减系数为 0.13～0.23。

根据探头实测压力值和钻孔水位（可以得到探头处的静水压力）能够反求外水压力折减系数，由于所有探头都是布设在平洞的钻孔中，因此钻孔中的水位远远低于下层的位置，所得到的折减系数为下层的外水压力折减系数见表 5.3－5。

表 5.3－5　　钻孔中各探头处的折减系数值

探洞号	PD01－1	PD01－2			PD01－3				PD01－4	PD01－6
孔 号	PDZK14	PDZK02	PDZK09		PDZK03			PDZK06	PDZK04	PDZK10
探头	10053	10051	10050	10036	10152	10011	1000	10022	10057	10030
探头距孔口距离/m	58	88	38	76	34	48	79	66	46	96
折减系数	0.13～0.23	0～0.25	孔堵塞		0.46～0.77	0～0.71	0.54～1.0	0～0.36	0.37～0.54	0.86～0.94

综合分析可以得出以下几个结论：

(1) 空间各点外水压力都不相同，同一钻孔中的不同深度，同一高程不同钻孔所测的压力也不相同，随地质条件的改变而改变。

(2) 高程 246.00m 探洞开挖有一段时间，探洞以上的水流基本从探洞渗出，降低了地下水位，从而使所测得的外水压力值偏低。

(3) 由于地下厂房和其他洞室的开挖，渗流场发生变化以及补给、排泄条件的变化，外水压力也相应变化。

(4) 外水压力受断层特性的控制。

(5) 电站区不存在超静孔隙水压力。

5.3.2.3 数值分析取值

在水库运行期主要通过数值法模拟电站区三维渗流场，并综合考虑分层分区法确定的折减系数和实测法反算得到的折减系数，根据张有天的外水压力修正系数法，在有衬砌和排水时的外水压力折减系数已经在数值模拟中得到考虑，因此，这里主要确定输水管线、地下厂房以及高压岔、支管处天然条件下的折减系数，见表 5.3-6，同时计算这些部位的外水压力值。基于数值模拟的电站区三维渗流场和表 5.3-6 中的折减系数来计算输水管线、厂房和钢支管等部位的外水压力，计算结果见表 5.3-7，表中输水管线共考虑了 5 个部位，即上平洞、中斜井、中平洞、下斜井和下平洞，高程分别为 590.00m、458.00m、350.00m、200.00m 和 135.00m，厂房主要考虑拱顶高程 170.00m，钢支管高程为 135.00m。

表 5.3-6　　输水管线和地下厂房外水压力折减系数表

<table>
<tr><th rowspan="3">折减系数</th><th colspan="5">A、B 输水管线</th><th rowspan="3">A 厂房</th><th rowspan="3">A 钢支管</th><th rowspan="3">B 厂房</th><th rowspan="3">B 钢支管</th></tr>
<tr><th>引水隧洞</th><th colspan="4">高压隧洞</th></tr>
<tr><th>上平洞</th><th>中斜井</th><th>中平洞</th><th>下斜井</th><th>下平洞</th></tr>
<tr><td>β_1</td><td>1.0</td><td>0.8</td><td>0.8</td><td>0.8</td><td>0.8</td><td>0.9</td><td>0.9</td><td>0.9</td><td>0.9</td></tr>
<tr><td>β_2</td><td>0.4</td><td>0.6</td><td>0.6</td><td>0.8</td><td>0.8</td><td>0.8</td><td>0.8</td><td>0.7</td><td>0.7</td></tr>
</table>

从表 5.3-6 中可以看出，不考虑水道系统的内水外渗时（方案 F1 和 F5），方案 F5 所计算的输水管线、厂房和刚、支管的外水压力比方案 F1 计算的要小，主要是方案 F5 考虑了厂房的三层排水，因此设置排水廊道有利于降低地下建筑物的外水压力。

表 5.3-7　　部分方案输水管线和地下厂房外水压力估算值　　单位：MPa

<table>
<tr><th rowspan="3">外水压力方案</th><th colspan="6">A、B 输水管线</th><th rowspan="3">A 厂房</th><th rowspan="3">A 钢支管</th><th rowspan="3">B 厂房</th><th rowspan="3">B 钢支管</th></tr>
<tr><th>引水隧洞</th><th colspan="5">高压隧洞</th></tr>
<tr><th>上平洞</th><th>中斜井</th><th>中平洞</th><th>下斜井</th><th>A 下平洞</th><th>B 下平洞</th></tr>
<tr><td>F1</td><td>0.28</td><td>0.61</td><td>0.96</td><td>2.36</td><td>2.68</td><td>2.80</td><td>2.24</td><td>2.64</td><td>2.10</td><td>2.42</td></tr>
<tr><td>F5</td><td>0.24</td><td>0.43</td><td>0.67</td><td>1.92</td><td>2.20</td><td>2.36</td><td>1.68</td><td>2.04</td><td>1.64</td><td>1.96</td></tr>
<tr><td>F6</td><td>0.34</td><td>0.70</td><td>1.05</td><td>2.48</td><td>2.76</td><td>2.92</td><td>2.28</td><td>2.64</td><td>2.21</td><td>2.49</td></tr>
</table>

续表

外水压力方案	A、B输水管线						A厂房	A钢支管	B厂房	B钢支管
	引水隧洞	高压隧洞								
	上平洞	中斜井	中平洞	下斜井	A下平洞	B下平洞				
F7	0.28	0.52	0.75	2.04	2.32	2.48	1.84	2.20	1.79	2.07
F8	0.26	0.49	0.72	2.00	2.28	2.44	1.76	2.12	1.75	2.07
F9	0.24	0.47	0.70	1.80	2.26	2.42	1.72	2.08	1.72	2.06
F10	0.22	0.45	0.68	1.78	2.24	2.40	1.70	2.06	1.68	2.00
F11	0.22	0.45	0.68	1.78	2.24	2.40	1.70	2.06	1.68	2.00
F12	0.20	0.41	0.66	1.76	2.22	2.38	1.68	2.00	1.68	1.93
F13	0.20	0.40	0.66	1.78	2.24	2.40	1.68	2.04	1.68	2.00
F14	0.24	0.37	0.60	1.76	2.04	2.20	1.56	1.88	1.51	1.79
F15	0.22	0.35	0.58	1.74	2.00	2.16	1.52	1.80	1.47	1.75
F16	0.20	0.33	0.56	1.70	1.96	2.12	1.44	1.72	1.40	1.65
F17	0.20	0.33	0.56	1.70	1.96	2.12	1.44	1.72	1.40	1.65
F18	0.22	0.43	0.69	1.92	2.20	2.36	1.72	2.04	1.68	2.00
F19	0.38	0.73	0.95	2.16	2.36	2.58	1.80	2.20	1.82	2.14
F20	0.38	0.73	0.93	2.16	2.32	2.52	1.80	2.12	1.75	2.07
F21	0.69	1.45	1.62	2.96	2.92	3.24	2.24	2.68	2.31	2.70
F22	0.24	0.55	0.84	2.04	2.24	2.40	1.76	2.12	1.68	2.00
F23	0.24	0.37	0.57	1.72	2.00	2.18	1.48	1.76	1.47	1.75
F24	0.40	0.74	0.95	2.16	2.32	2.56	1.80	2.16	1.79	2.08
F25	0.12	0.22	0.39	1.48	1.80	1.88	1.32	1.68	1.30	1.61
F26	0.16	0.34	0.51	1.64	1.94	2.04	1.44	1.80	1.40	1.68
F27	0.12	0.22	0.39	2.16	1.80	1.88	1.32	1.68	1.37	1.61
F28	0.20	0.31	0.54	1.68	1.96	2.12	1.42	1.70	1.38	1.62
F29	0.30	0.49	0.72	1.92	2.12	2.28	1.60	1.96	1.61	1.93
F30	0.20	0.31	0.54	1.68	1.96	2.12	1.42	1.70	1.38	1.61
F31	0.20	0.31	0.54	1.68	1.96	2.12	1.42	1.70	1.38	1.62
F32	0.30	0.49	0.72	1.92	2.12	2.28	1.60	1.96	1.61	1.93
F33	0.20	0.31	0.54	1.68	1.96	2.12	1.42	1.70	1.38	1.62

在水库正常运行期间，厂房和高压岔、支管防渗、排水系统正常时（方案 F16），输水管线的外水压力为 0.2～2.12MPa，低于围岩和钢筋混凝土的抗压强度。厂房和钢支管的外水压力为 1.4～1.72MPa，其中钢支管的最大外水压力为 1.72MPa，小于钢支管设计的外水压力 1.80MPa，在水道系统放空时，不会对钢支管造成破坏。当钢筋混凝土衬砌开裂时（方案 F20），外水压力增幅达到 18.4%～121.2%，其中钢支管的外水压力都超过 2.0MPa，大于钢支管设计时所承受的外水压力，有可能对钢支管造成破坏。如果考虑

钢筋混凝土衬砌和注浆圈的渗透系数相同（方案 F21），则计算的地下建筑物各部位的外水压力更大。当 A 厂房正常运行，B 厂房施工时（方案 F25），所计算的外水压力比 A、B 厂房都正常运行时要小，这可能是由于 B 厂洞室群的开挖降低了电站区的地下水位，使得外水压力减小，因此 A 厂的正常运行能够保证 B 厂的安全施工。一厂运行，一厂放空（方案 F28 和 F31）所计算的外水压力比两厂同时运行计算的外水压力略低，放空的水道所受的外水压力低于水道系统本身的强度，因此被放空的水道不会受到外压破坏。

表 5.3-7 中计算的外水压力只考虑了输水管线、厂房和钢支管的某一部位，实际上由前面实测外水压力数据分析得知，空间每点的外水压力值都是不相同的，而且差别较大，因此，表中计算的外水压力值仅供参考。

数值法分析结果表明，在正常运行状态，输水管线的外水压力为 0.2～2.12MPa，引水钢支管的外水压力为 1.4～1.72MPa。

5.3.2.4 综合取值分析

根据岩体透水性特征，在埋深 50m 以内的浅埋隧洞以及断层破碎带等，处在相对含水层，水力联系密切，地下水位可以连成统一的地下水位线，内水压力也较小，因此，建议按地下水位进行折减，折减系数 0.8～1.0，对埋藏较深，内水压力较大洞段，根据广州抽水蓄能电站及国内有关工程的运行监测资料，钻孔埋设渗压计实测外水压力是随隧洞充水和放空时内水压力的升降而上升和消落，只是时间上稍有滞后，与勘探钻孔测量的地下水位没有明显联系，外水压力主要受内水外渗条件控制。除个别断层破碎带外，输水隧洞大部分深埋于地下水活动微弱的围岩里，由于采用限裂设计，水道充水后内水外渗必然在围岩中形成新的渗流场并逐渐趋于稳定；随着水道放空，外压随后消落，直至恢复到充水前的初始状态。从观测资料来看，由于渗流场的变化以及补、排条件的改变，外水压力也相应变化。因此，在慎重控制排水边界的渗流水力梯度前提下，外水压力取值建议：当内水压力大于地下水位与隧洞高差时采用内水压力进行折减，以水道放空时可能出现外压大于内压的压差作为外压设计值，放空过程中严格控制内水放空速度，当地下水位与隧洞高差大于内水压力时，采用地下水位折减计算外水压力。综合规程规范、计算分析结果及观测结果，结合输水发电系统沿线工程与水文地质条件，外水压力折减系数建议见表 5.3-8。其中北西、北北西向断层 f_{286}、f_{273}、(f_{65})、(f_{69})、(f_{33})、(f_{47})、(f_{36})、(f_{53})、(f_{71})、(f_{69})、(f_{36})、(f_{31})、(f_{101}) 基本上均与储水、导水的控制性断层 f_{304} 相连，断层多为张性，透水性好，外水压力折减系数较大，外水压力较大，对上述断层在隧洞位置需要加强灌浆处理，在厂房、主变需要做好排水措施。

5.3.2.5 渗压计布置及充水后观测成果

惠州抽水蓄能电站渗压计布置见图 5.3-9 和图 5.3-10。

(1) A 厂充水试验之后各渗压计观测成果如下。

1) 渗压计 PA2008。渗压计 PA2008 布置在 1 号灌浆廊道帷幕与 A 厂高压岔管 2 号岔支管之间，水平距离 1 号灌浆廊道边墙约 5.8m，距离 2 号岔支管衬砌约 2.7m，距离 2 号岔主管衬砌约 5.5m，埋设高程 150.00m，主要用于监测帷幕前 A 厂高压岔管周边的渗透水压力。第一次充水时，PA2008 是最早开始有反应的渗压计。2008 年 6 月 2 日，PA2008

表 5.3-8 惠州抽水蓄能电站输水发电系统外水压力综合建议值表

工程部位	桩号	地面高程/m	隧洞埋深/m	地下水位高程/m	地下水位与隧洞高差/m	内水压力静水头/m	工程地质条件简述	折减系数	外水压力取值建议	外水压力值/MPa
上平洞小平段及闸门井	AY0+000～0+106 (BY0+000～0+106)	770～785	35～50	750～755	20～25	28～37	隧洞主要处在弱风化岩体中，洞顶岩石薄，裂隙发育，隧洞渗滴水多，地下水活动强烈，均为Ⅲ～Ⅳ类围岩	0.8～1.0	按内水静水头	0.28～0.37
上斜井	A厂 AY0+106～0+265	785～800	50～170	755～765	20～130	28～138	隧洞主要处在微风化岩体中，岩石完整性较好，局部隧洞沿结构面渗滴水，地下水活动一般，主要为Ⅰ～Ⅱ类围岩，局部为Ⅲ～Ⅳ类围岩	0.25～0.4	按内水静水头	0.12～0.55
	B厂 BY0+106～0+265	785～800	50～170	755～770	20～130	28～138	隧洞主要处在微风化岩体中，岩石断层、裂隙较发育，完整性较差，多数隧洞沿结构面渗滴水，局部股状流水，地下水活动一般，主要为Ⅲ～Ⅳ类围岩，局部为Ⅱ类围岩	0.4～0.6	按内水静水头	0.17～0.82
上平洞	A厂 AY0+265～0+760 B厂 BY0+265～0+720	780～850	150～220	770～820	135～200	138～150	隧洞主要处在微风化岩体中，岩石完整性好，局部隧洞沿结构面渗滴水、潮湿，多数隧洞段干燥，地下水活动微弱，主要为Ⅰ～Ⅱ类围岩，局部为Ⅲ～Ⅳ类围岩	0.25～0.4	按地下水位	0.5～0.8
	A厂 AY0+760～1+270 B厂 BY0+720～1+275	670～800	80～190	670～775	80～165	150～165	隧洞位于水獭排冲沟附近，主要处在弱-微风化岩体中，岩石断层、裂隙较发育，完整性较差，多数隧洞沿结构面渗滴水，地下水活动较强烈，主要为Ⅲ～Ⅳ类围岩，局部为Ⅱ类围岩	0.6～0.8	按内水静水头	1.2～1.3
	A厂 AY1+270～1+792 B厂 BY1+275～1+695	680～770	90～175	680～760	80～165	165～175	隧洞主要处在微风化岩体中，岩石完整性较好，局部隧洞沿结构面渗滴水、潮湿，多数隧绥洞段干燥，地下水活动微弱，主要为Ⅰ～Ⅱ类围岩，局部为Ⅲ类围岩	0.25～0.4	按内水静水头	0.4～0.7

续表

工程部位	桩号	地面高程/m	隧洞埋深/m	地下水位高程/m	地下水位与隧洞高差/m	内水压力静水头/m	工程地质条件简述	折减系数	外水压力取值建议	外水压力值/MPa
高压隧洞中、下斜井及中平洞	A厂 AY1+792～2+706 B厂 BY1+695～2+439	525～740	115～410	470～695	80～375	165～627	隧洞主要处在微风化-新鲜岩体中，岩石完整性较好，局部隧洞沿结构面渗滴水、潮湿，多数隧绥洞段干燥，地下水活动多微弱，主要为Ⅰ～Ⅱ类围岩，局部为Ⅲ～Ⅳ类围岩。B厂下斜井地下水活动稍强，沿小断层有线流水，按大值取值	0.25～0.4	按内水静水头	0.4～2.5
高压隧洞下平洞、高压岔管	A厂 AY2+706～2+843 B厂 BY2+439～2+509	490～565	350～420	470～520	330～375	627	隧洞主要处在微风化一新鲜岩体中，岩石完整性好，多数隧洞段干燥，地下水活动多微弱，主要为Ⅰ～Ⅱ类围岩，局部为Ⅲ类围岩。个别断层如 f_{273}、f_{286}、(f_{65}) 股状流水或涌水，此3条断层另取值见下	0.1～0.25	按内水静水头	0.63～1.6
	断层 f_{273}、f_{286}、(f_{65})	600～440	200～420	580～440	180～400	100～627	沿断层 f_{273}、f_{286}、(f_{65}) 股状流水或涌水，断层带位置取值见右，A厂中平洞、下斜井、B厂尾水隧洞遇该断层取值也参照此执行	0.8～1.0	按内水静水头	0.8～6.27
高压隧洞引水钢支管		450～560	310～430	450～520	310～390	627	隧洞主要处在微风化-新鲜岩体中，岩石完整性好，多数隧洞段干燥，地下水活动多微弱，主要为Ⅰ～Ⅱ类围岩，局部为Ⅲ类围岩。个别断层如 (f_{69})、(f_{53})、(f_{77})、(f_{79})、(f_{36}) 有渗滴水	0.1～0.25	按内水静水头	0.63～1.6
地下厂房及主变室	Ⅰ～Ⅱ类围岩	420～560	250～390	420～520	250～340		隧洞主要处在微风化-新鲜岩体中，岩石完整性好，主要为Ⅰ～Ⅱ类围岩，局部为Ⅲ类围岩。A厂房区沿断层NW、NNW 向断层 (f_{33})、(f_{47})、(f_{31})、(f_{36})，B厂房区沿 (f_{69})、(f_{71}) 有渗滴水，A厂房沿 NE 向断层 f_{330} 有股状流水。A厂房渗水较严重，而A厂主变、B厂房、主变渗水较少	0.1～0.25	按地下水位	0.25～0.85
	Ⅲ类围岩							0.25～0.4	按地下水位	0.63～1.35

续表

工程部位	桩号	地面高程/m	隧洞埋深/m	地下水位高程/m	地下水位与隧洞高差/m	内水压力静水头/m	工程地质条件简述	折减系数	外水压力取值建议	外水压力值/MPa
尾水钢支管		400～550	270～420	400～510	270～380	100	隧洞主要处在微风化-新鲜岩体中，岩石完整性好，主要为Ⅰ～Ⅱ类围岩，局部为Ⅲ类围岩。个别断层如A厂的（f_{47}）、（f_{31}）、（f_{36}），B厂的（f_{101}）有渗滴水，大部分洞段干燥，地下水活动微弱。	0.1	按地下水位	0.27～0.38
尾水岔管		390～540	250～400	390～500	250～360	100	隧洞主要处在微风化一新鲜岩体中，岩石完整性好，主要为Ⅰ～Ⅱ类围岩，局部为Ⅲ类围岩。个别断层如A厂的（f_{47}）、（f_{31}）、（f_{33}）、（f_{101}）有渗滴水，大部分洞段干燥，地下水活动微弱	0.1～0.25	按地下水位	0.25～0.9
尾水隧洞	A厂 AW1＋169～0＋720 B厂 BW1＋479～0＋640	485～310	150～345	295～460	135～325	65～100	隧洞主要处在微风化岩体中，岩石完整性较好，局部隧洞沿结构面渗滴水、潮湿，多数隧洞段干燥，地下水活动微弱，主要为Ⅰ～Ⅱ类围岩，局部为Ⅲ～Ⅳ类围岩	0.25～0.4	按地下水位	0.35～0.13
	A厂 AW0＋720～0＋000 B厂 BW0＋640～0＋000	320～235	0～150	0～310	135～0	70～30	隧洞主要处在弱风化岩体中，断层、裂隙发育，隧洞渗滴水多，地下水活动强烈，主要为Ⅲ～Ⅳ类围岩，局部Ⅱ类围岩	0.6～1.0	按地下水位结合内水静水头	0.3～0.11
上游调压井	高程 740.00～762.00m	770	0～22	760	0～20	0～22	竖井主要处在强一弱风化岩体中，裂隙很发育，渗滴水多，地下水活动强烈，为Ⅴ～Ⅳ类围岩	0.8～1.0	按内水静水头	0～0.22
	高程 740.00～590.00m		22～172		20～170	22～172	竖井主要处在微风化岩体中，岩石完整性较好，局部沿结构面渗滴水、潮湿，多数井段干燥，地下水活动微弱，主要为Ⅰ～Ⅱ类围岩，局部为Ⅲ类围岩	0.25～0.4		0.1～0.7
尾水调压井	高程 130.00～244.00m	A厂 375 B厂 485	130～355	A厂 375 B厂 460	130～330	0～100	竖井主要处在微风化岩体中，岩石完整性较好，局部沿结构面渗滴水、潮湿，多数井段干燥，地下水活动微弱，主要为Ⅰ～Ⅱ类围岩，局部为Ⅲ类围岩	0.25～0.4	按地下水位	0.35～1.3

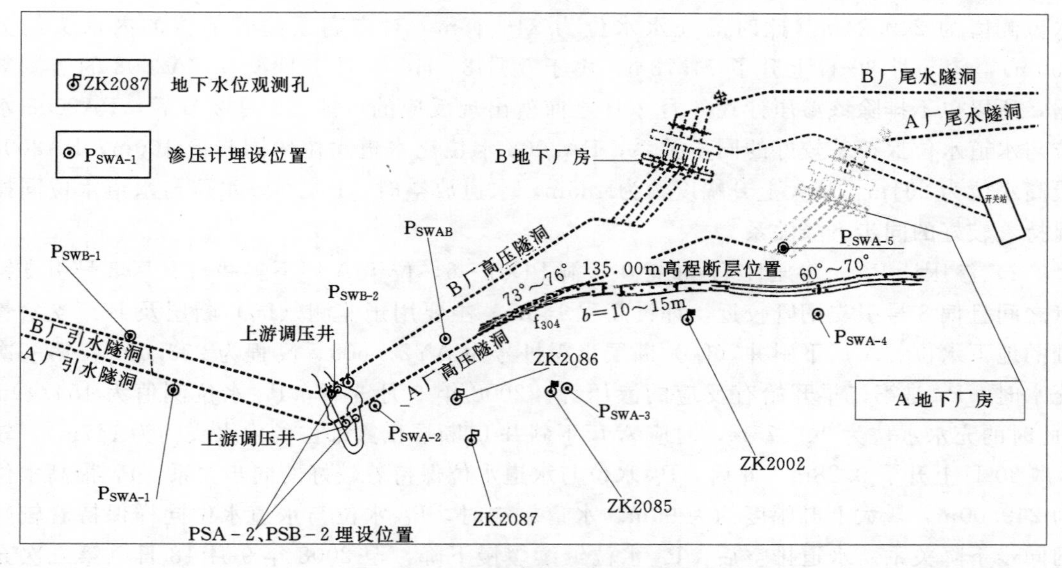

图 5.3-9 地面渗压测点平面布置图

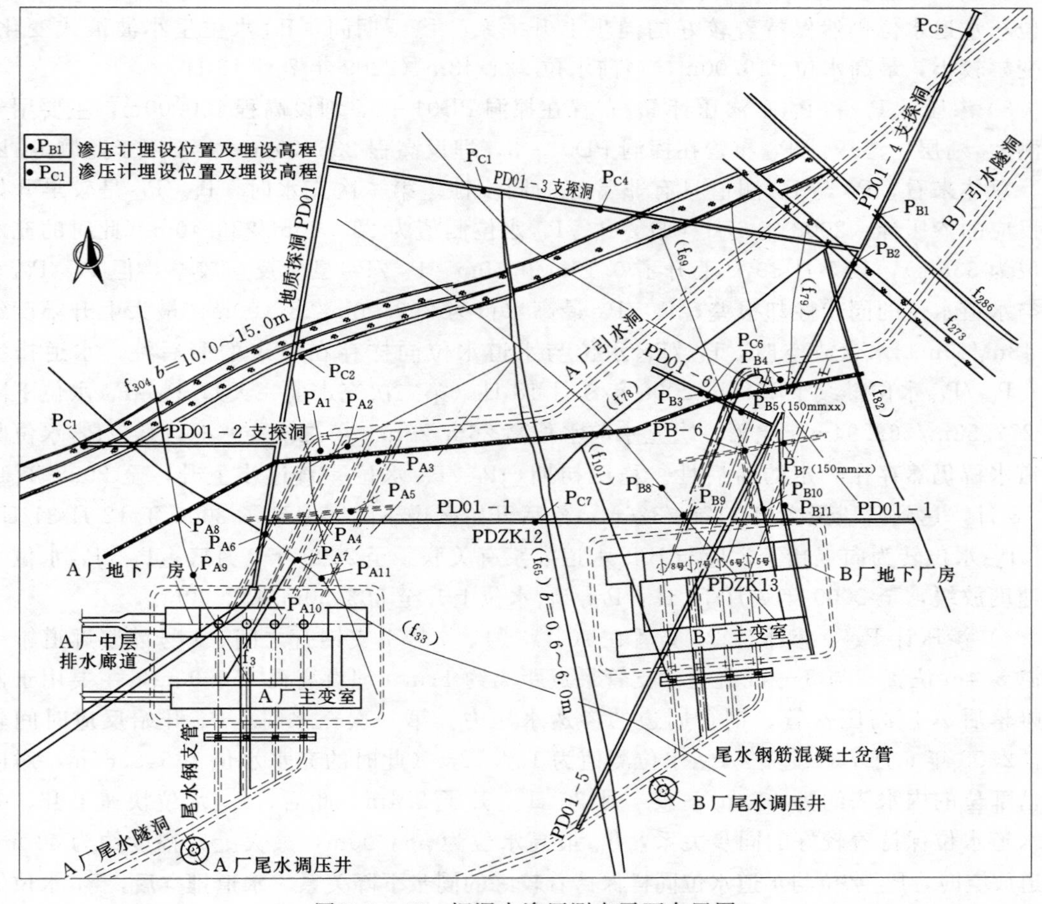

图 5.3-10 探洞中渗压测点平面布置图

水位测值为240.24m（此时的充水水位为346.18m，对应高压岔管部位的内水头约为250m），较5月30日上升了74.73m。由于5月31日、6月1日没有PA2008的监测数据，所以也不排除该渗压计在6月2日之前就出现反应的可能。6月2日后，PA2008水位与水道水位保持着较好的同步关系，PA2008水位比水道水位约同步低100m，PA2008最高水位为651m，最大上升幅度约为485m。水道放空时，PA2008水位与水道水位同样保持着较好的同步下降关系。

2）渗压计P_{C6}。渗压计P_{C6}布置在探洞PD01-6，位于A厂下斜井与B厂8号引支钢管之间且偏8号引支钢管较近，埋设高程148m，主要用于监测（f_{69}）断层及B厂支岔管处的地下水位。A厂下斜井（f_{69}）断层出露桩号为AY2+608、高程为203.00m。第一次充水时，P_{C6}是第二早开始有反应的渗压计。2008年6月3日，P_{C6}水位测值为154.49m（此时的充水水位为349.75m，对应A厂下斜井f_{69}断层出露部位的内水头约为147m），较5月30日上升了0.28m。此后，P_{C6}水位与水道水位保持着较好的同步关系，P_{C6}最高水位为249.00m，最大上升幅度约为95m。水道放空时，P_{C6}水位与水道水位同样保持着较好的同步下降关系。水道排空后，P_{C6}水位继续缓慢下降，至2008年9月18日（第二次充水前一天），P_{C6}水位下降为154.17m，基本降至第一次充水前水位。第二次充水时，P_{C6}水位与水道水位仍然保持着较好的同步上升关系。稳压期间，P_{C6}水位呈小波浪式变化，但变幅较小，最高水位246.00m，当前水位224.48m（2009年7月18日）。

3）渗压计P_{C5}和P_{C3}。渗压计P_{C5}布置在探洞PD01-4，埋设高程150.00m，主要用于监测f_{304}断层；渗压计P_{C3}布置在探洞PD01-3，埋设高程236.00m，主要用于监测f_{304}断层。总体来看，P_{C5}与P_{C3}测值具有非常好的同步性。第一次充水时，P_{C5}/P_{C3}是较早开始有反应的渗压计。2008年6月4日，P_{C5}/P_{C3}水位测值为251.80m/236.40m（此时的充水水位为355m），较5月30日上升了0.19m/0.60m。P_{C5}/P_{C3}虽然反应较早，但P_{C5}/P_{C3}水位与水道水位的同步性却很差，P_{C5}/P_{C3}最高水位为299.00m/285.00m，最大上升幅度约为48m/49m。水道放空时，P_{C5}/P_{C3}水位与水道水位同样存在一定的滞后性。水道排空后，P_{C5}/P_{C3}水位继续下降，至2008年9月18日（第二次充水前一天），P_{C5}/P_{C3}水位下降为277.53m/262.94m，比第一次充水前水位高26m/27m。第二次充水时，P_{C5}/P_{C3}水位与水道水位仍然存在一定的滞后性。稳压初期，P_{C5}/P_{C3}水位一直逐步上升，至2008年12月13日，达到阶段最大值312m/326m，然后开始缓慢下降，但到了2008年12月31日，P_{C5}/P_{C3}水位转为向上抬升，应与B厂水道灌浆有关联。至2009年3月底，P_{C5}/P_{C3}水位上升速度放缓，至2009年7月18日，P_{C5}/P_{C3}水位上升至503.50m/482.00m。

4）渗压计P_{A3}。渗压计P_{A3}布置在A厂3号、4号引支钢管之间、1号灌浆廊道帷幕下游5.4m位置，与3号混凝土岔支管最近距离约11m，埋设高程150.00m，主要用于监测帷幕后A厂高压岔管、钢管周边的渗透水压力。第一次充水时，P_{A3}开始反应时间较晚。2008年6月7日凌晨，P_{A3}水位测值为157.72m（此时的充水水位为543.65m，对应高岔部位的内水头约为400m），较5月30日上升了2.4m。此后，P_{A3}水位快速上升，并与水道水位保持着较好的同步关系，P_{A3}最高水位为566.00m，最大上升幅度约为410m。水道放空时，P_{A3}水位与水道水位同样保持着较好的同步下降关系。水道排空后，P_{A3}水位继续缓慢下降，至2008年9月18日（第二次充水前一天），P_{A3}水位下降为154.58m，基本降至第一次充水前水位。第二次充水时，P_{A3}水位与水道水位仍然保持着较好的同步上升关系，起始反应时间仍然较晚，但上升幅度大大减小。稳压期间，P_{A3}水位呈波浪式变化，最大变幅约90m，最高水位380.00m（2009年3月15日），当前水位284.00m（2009年7月18日）。

5）渗压计P_{A1}。渗压计P_{A1}布置在A厂1号、2号引支钢管之间、1号灌浆廊道帷幕上游5.2m位置，与2号混凝土岔支管最近距离约12m，埋设高程150.00m，主要用于监测帷幕前A厂高压岔管、钢管周边的渗透水压力。第一次充水时，P_{A1}开始反应时间很晚。2008年6月11日中午，P_{A1}水位测值为185.07m（此时的充水水位为684.07m，对应高岔部位的内水头约为550m），较5月30日上升了0.47m。此后，P_{A1}水位快速上升，并与水道水位保持着一定的同步关系，P_{A1}最高水位为304.00m，最大上升幅度约为118.00m。水道放空时，P_{A1}水位与水道水位同样保持着一定的同步下降关系。水道排空后，P_{A1}水位继续缓慢下降，至2008年9月18日（第二次充水前一天），P_{A1}水位下降为186.05m，基本降至第一次充水前水位。第二次充水时，P_{A1}水位与水道水位仍然保持着一定的同步上升关系，起始反应时间仍然很晚。稳压期间，P_{A1}水位呈波浪式变化，最大变幅约40m，最高水位305.00m（2009年3月15日），当前水位262.00m（2009年7月18日）。

6）渗压计P_{C4}与P_{C7}。渗压计P_{C4}布置在探洞PD01－3，埋设高程208.43m，主要用于监测f_{304}断层；渗压计P_{C7}布置在探洞PD01－1，位于2号施工支洞与5号施工支洞三岔口上方，埋设高程172m，主要用于监测f_{65}断层。总体来看，P_{C4}与P_{C7}测值具有非常好的同步性。第一次充水时，P_{C4}/P_{C7}开始反应时间很晚。2008年6月12日上午，P_{C4}/P_{C7}水位测值为209.49m/171.27m（此时的充水水位为697m），较5月30日上升了0.59m/0.59m。P_{C4}/P_{C7}水位与水道水位的同步性较差，P_{C4}/P_{C7}最高水位为275.00m/237.00m，最大上升幅度约为66m/66m。水道放空时，P_{C4}/P_{C7}水位与水道水位同样存在一定的滞后性。水道排空初期，P_{C4}/P_{C7}水位继续快速下降，约10天后，下降速度突然放缓，至2008年9月18日（第二次充水前一天），P_{C4}/P_{C7}水位下降为209.11m /171.43m，基本降至第一次充水前水位。第二次充水时，P_{C4}/P_{C7}水位与水道水位仍然存在一定的滞后性，起始反应时间仍然很晚。稳压期间，P_{C4}/P_{C7}水位呈波浪式变化，最大变幅约26m，最高水位266.00m/229.00m（2009年3月19日），当前水位205.09m/197.88m（2009年7月18日）。

7）渗压计P_{A4}～P_{A11}。在两次充水期间及现状下，2号排水廊道至A厂房上游边墙之间的渗压计P_{A4}～P_{A11}变化很小或基本无变化，其水位值均在140.00～170.00m。

8）渗压计P_{B4}、P_{B5}。B厂岔支管上方渗压计渗压计P_{B4}、P_{B5}，与A厂上游水道第二次充水相关性较小，与B厂岔支管灌浆（钻孔、灌浆）相关性较大，灌浆期间其水位值变化幅度分别为20m、70m，2009年6月11日水位值分别为242.50m、224.90m。

（2）第一次充水试验水道经进一步灌浆处理后，第二次充水试验渗压计观测结果如下。

1）渗压计P_{A1}。渗压计P_{A1}布置在A厂1号、2号引支钢管之间、1号灌浆廊道帷幕上游5.2m位置，与2号混凝土岔支管最近距离约12m，埋设高程150m，主要用于监测帷幕前 A 厂高压岔管、钢管周边的渗透水压力。渗压计 P_{A1} 在水道充水期间最大水位测值为 305.00m，现已趋于稳定，平均测值在 260.00m 左右。说明水道围岩渗流场已趋于稳定。

2）渗压计 P_{A3}。渗压计 P_{A3} 布置在 A 厂 3 号、4 号引支钢管之间、1 号灌浆廊道帷幕下游 5.4m 位置，与 3 号混凝土岔支管最近距离约 11m，埋设高程 150.00m，主要用于监测帷幕后 A 厂高压岔管、钢管周边的渗透水压力。渗压计 P_{A3} 在水道充水期间最大水位测值为 570.00m，现已趋于稳定，平均测值在 300.00m 左右。说明水道围岩渗流场已趋于稳定。

3）渗压计 P_{C3}。渗压计 P_{C3} 布置在探洞 PD01－3，埋设高程 236.00m，主要用于监测 f_{304} 断层。渗压计 P_{C3} 在水道充水期间最大水位测值为 284.00m，后由于探洞封堵，P_{C3} 水位测值逐步增大，现已稳定在 500m 左右。说明渗漏通道封堵后，由于水道内水外渗，f_{304} 断层处地下水位逐步抬高，现已趋于稳定。地下水位稳定在较高水平对于水道结构是有利的。

主要渗压计测点渗透压力变化值见表 5.3－9。

表 5.3－9　　A 厂上游水道两次充水厂区主要渗压计水位对比表

时间	第一次充水前 1 天	第一次充水结束稳压 16 天（最大值）	第二次充水前 1 天	第二次充水结束稳压 16 天	第二次充水结束稳压 95 天	第二次充水结束稳压约 300 天	第二次充水结束稳压期间最大值
	2008 年 5 月 30 日	2008 年 7 月 10 日	2008 年 9 月 18 日	2008 年 10 月 13 日	2008 年 12 月 31 日	2009 年 7 月 18 日	
上库水位/m		753.45		755.50	755.00	759.00	759.00
P_{C3}/m	235.65	284.71	262.94	280.11	310.98	481.98	481.98
P_{C4}/m	209.22	274.98	209.11	259.48	241.32	235.09	266.15
P_{C5}/m	251.56	299.26	277.53	294.37	325.17	503.52	503.52
P_{C6}/m	154.21	248.07	154.17	244.11	230.84	224.48	246.03
P_{C7}/m	170.99	237.49	171.43	221.94	203.76	197.88	228.71
P_{A1}/m	185.78	303.89	186.05	271.62	273.43	262.14	304.61
P_{A3}/m	154.81	565.35	154.58	297.92	307.74	283.84	379.16

5.3.3　清远抽水蓄能电站隧洞外水压力取值

清远抽水蓄能电站输水发电系统位于燕山期花岗岩体之中，工程地质条件与广州抽水蓄能电站、惠州抽水蓄能电站相类似，对埋藏较深，内水压力较大洞段，类比广州抽水蓄能电站勘测阶段在探洞内钻孔观测其折减系数为 0.1～0.4，钻孔埋设渗压计实测外水压力是随隧洞充水和放空时内水压力的升降而上升和消落，只是时间上稍有滞后，与勘探钻孔测量的地下水位没有明显联系。根据岩体透水性特征，在埋深 40m 以内的浅埋隧洞以及断层破碎带等，基本上处在相对含水层，水力联系密切，地下水位可以连成统一的地下水位线，内水压力也较小，因此，建议按地下水位进行折减，折减系数 0.6～0.8。广州抽水蓄能电站二期高压岔管及支管一带的渗压计水位在充水后最高达到 732.36m，比上水库水位只低 70 余 m。除个别断层破碎带外，输水隧洞大部分深埋于地下水活动微弱的围岩里，由于采用限裂设计，水道充水后内水外渗必然在围岩中形成新的渗流场并逐渐趋于稳定；随着水道放空，外压随后消落，直至恢复到充水前的初始状态。从观测资料来看，由于渗流场的变化以及补、排条件的改变，外水压力也相应变化。因此，在慎重控制排水边界的渗流水力梯度前提下，外水压力取值建议采用内水压力进行折减，以水道放空时可能出现外压大于内压的压差作为外压设计值；放空过程中严格控制内水放空速度。对于高压岔管和支管部位外水压力现阶段可按广州抽水蓄能电站工程经验进行设计计算，即在 PD01 探洞高程以上取 0.5 的折减系数，以下取全水头。

地下厂房区附近小冲沟较发育，地下水位较高，变幅小，渗流缓慢。地下厂房地质探洞揭露，深部岩体中沿断层裂隙渗滴水较普遍，局部呈股状流量较大，持续时间长，说明补给丰富，深部岩体中渗流受断裂性质控制，是一个非常复杂的课题。建议根据场区具体水文地质条件，尽早埋设部分渗压计进行外水压力监测并开展必要的专题研究，根据监测和研究成果，提出符合实际的围岩裂隙渗流条件下的外水压力取值。

5.4 小　　结

（1）广东几座抽水蓄能电站工程勘察阶段外水压力的预测均基于广州抽水蓄能电站外水压力研究的基础上，在地下厂房洞室群范围，探洞高程以上取 0.5 的折减系数，以下不折减，取全水头。

（2）考虑外水压力问题时，首先应从查清输水管线沿线的水文地质条件入手，如岩层分布规律、岩性特征、边界条件，补、径、排关系，地下水流态、水位以及断层裂隙发育特征等。并尽可能取得较为准确的水文地质参数，了解天然条件下的外水压力分布规律，为进一步研究施工和运行期的外水压力奠定良好的基础。

（3）电站区地下水补给主要来自大气降水，且沟谷较多，断层和裂隙发育，排泄条件较好，区内岩性比较单一，主要断层与输水管线和地下厂房大角度斜交，因此，电站区不存在超静水压力，岩体水文地质结构分区及探洞外水压力计算，野外现场外水压力实测成果也予以了验证。

（4）输水管线和地下厂房外水压力大小受风化程度与断层裂隙发育特征控制，在空间上表现为各向异性，数值变化很大，外水荷载通过各种因素折减后不会以全水头作用于地下建筑物上，折减系数大多小于 0.4，特殊地段如断层破碎带，近岸坡全风化带可达到 0.6～0.8。对于少数规模较大的断层，外水压力折减系数较大，应采取一些必要可行的工程措施，如对断层破碎带进行帷幕灌浆，以确保外水荷载不会危及建筑物的安全。

（5）惠州抽水蓄能电站地下渗流场在洞室群开挖后，场区渗流场发生了改变，地下厂房区地下水位大幅度下降。渗压计的渗透压力与水道内水有关，与地下水位关系不大，内水外渗量对其存在一定影响。惠州抽水蓄能电站经充水试验、放空检查考验，隧洞衬砌混凝土及引水直管、尾水支管钢管经外水压力考验而完好，说明外水压力设计取值基本合理。

第6章 站址选择关键技术研究

6.1 站址选择基本原则

抽水蓄能电站的站址规划是在负荷中心的周围地区寻找可能开发的站址，其可选面不像常规水电站那样只能沿着河流寻找合适的站址，它的可选面比较宽。一般要求上、下水库之间的落差越高越好。选址时首先要开展普查工作，调查区域内所有可开发的抽水蓄能电站站址的基本建设条件，弄清所在电网的负荷水平、负荷特性和电源结构，调峰电源的缺口，以及对调频、调相、事故备用等动态功能的需求。通过比较从中选出建设条件较好的站址，然后进行规划阶段勘测设计工作，通过理论论证和实际考察来确定一期开发工程的实施。

靠近用电负荷中心，符合分散布局，兼顾经济发展需要，与核电、火电建设协调发展，具有稳定、便捷的抽水电源的原则，结合地形地质条件进行站址普查，选择建设条件优秀的站址开展选点规划工作。

从总体来讲，抽水蓄能电站建设对自然环境的影响比一般常规水电站要小。但由于抽水蓄能电站的位置大多紧靠负荷中心，建在用电集中的大城市附近，有时靠近甚至位于风景名胜区，因此，选址建站时一定要注意对环境的保护。

优先推荐的站点应具有较大的库盆以及较高的上、下库水头差，距高比较小，水源水量水质满足要求，地形、地质条件好，工程布置及施工方便，环境影响及淹没损失小，工程建设不存在制约因素。

影响选点的工程地质条件主要包括地形、地层岩性、地质构造及地震背景等方面。地形条件主要包括上、下库具备成库的地形，有天然库盆最好，上库较难找，一般先找合适的上库，然后再配下库。选择下库除具备成库地形外，还要考虑上、下库距离适中，有一定高差，距高比4～6最优，过大则输水隧洞、附属洞过长，不经济；过小则附属洞、施工支洞等难以布置。地层岩性以非可溶岩为好，尽量避开可溶岩；抽水蓄能电站一般是高水头地下厂房，地下洞室围岩稳定性要求高，以块状、厚层状的硬质岩为好。要了解站点区域地质和地震背景，要选择区域稳定性好的站点，主要收集分析区域地质资料，调查有没有区域性大断裂从站点通过，断裂的活动性是重点，站点应避开活动性断裂。进行地震活动性调查，站点应避开地震带，选在抗震有利地段。

6.2 广东抽水蓄能电站站址选点概况

6.2.1 广州抽水蓄能电站选点

20世纪80年代初，国家批准建设深圳大亚湾核电站，加上西南天生桥、岩滩等大型水电站将投入运行，华南电网调峰问题日益突出，迫切需要在负荷中心广州附近适当地点建设抽水蓄能电站。由于年代较早，国内尚无大型抽水蓄能电站的勘测、设计、建设经验，广东省未开展抽水蓄能普查选点规划工作。

广东省水利电力勘测设计研究院于1984年在以广州为中心的150km范围内，对建设抽水蓄能电站的自然条件开展普查工作，经综合比较后认为从化镇安站点具有水头高、水量充沛、上下水库及输水系统具有良好的地形地质条件，距负荷中心广州近，交通便利等优点，适宜于近期开发。

6.2.2 深圳抽水蓄能电站选点

深圳抽水蓄能电站是广东省最早开展前期工作的抽水蓄能电站，从1979年已开始规划选点，通过对深圳附近100km范围内的站点普选，综合分析比较后选择了小三洲站点，站点位于深圳市盐田区和龙岗区之间站，距深圳市中心约20km，距离香港、大亚湾核电站、岭澳核电站约25km，处于广东的电力负荷中心。由于涉及选址、股权等问题，直至2002年1月项目才通过选址规划。

工程区位于莲花山断裂带西南端，深圳断裂从下水库库区通过。场址区地震基本烈度为Ⅶ度。

上水库库周山岭高程为520.00～595.00m，岸坡地形较缓，一般为20°～25°，稳定性较好。库区基岩为燕山期花岗岩。

下水库系利用已有的铜锣径水库经改扩建而成。库坝区地层主要为石炭系测水组长石、石英砂岩、泥质砂岩、砂页岩，南侧库岸为燕山期花岗岩，有利于电站进/出水口的布置。水库经过十多年的运行，库岸稳定性较好，未发现严重渗漏问题。

引水发电系统布置于燕山期花岗岩中，小断层和节理裂隙以北西向和近东西向为主，与隧洞轴线夹角较大，对围岩稳定有利。具有修建大型地下洞室群的工程地质条件。

工程区附近砂料储量不足，质量较差；混凝土粗骨料及堆石料储量丰富，质量可以满足要求；土料储量、质量也基本可以满足要求。

6.2.3 惠州抽水蓄能电站选点

根据广东省电力局1997年10月编制的《广东省电力需求预测和电源规划》（1997—2010年），2010年前除广州抽水蓄能电站一期、二期外，尚需新增抽水蓄能机组4200MW。

以广州为负荷中心，距广州200km以内，普查共有14个开发的自然条件和地质条件良好的站点，从中优选出新丰、博罗、七星墩3个站点进行选点规划阶段站点进行比选，最终选择了博罗站点作为推荐站点。

6.2.4 清远抽水蓄能电站选点

2005年4月，中国南方电网有限公司委托广东省水利电力勘测设计研究院和广东省电力设计研究院共同完成了《南方电网（广东）抽水蓄能电站规划研究报告》，根据2005

年 6 月评审会的专家意见，开展了以甘竹顶站址为重点的广东珠江三角洲西北部地区抽水蓄能电站补充选点规划工作。2006 年 7 月完成《广东珠江三角洲西北部地区抽水蓄能电站补充选点规划报告》。通过对甘竹顶、天堂、下坪 3 个站点的综合经济技术比较后认为：甘竹顶站址（清远站址）具有投资低、交通方便、移民征地少、地形地质条件好、建设风险小等优点，推荐甘竹顶站址作为广东珠江三角洲西北部地区抽水蓄能电站的首选站址。

6.2.5　阳江抽水蓄能电站选点

2003 年 4 月 14 日中广核能源开发有限责任公司（下称中广核）向广东省发展计划委员会提出《关于开展核电配套抽水蓄能电站规划选点工作的请示》，广东省以粤计基函〔2003〕168 号文同意开展前期工作。8 月 18 日在广东省水利电力勘测设计研究院召开了中广核、广东省电力设计研究院、广东省水利电力勘测设计研究院三方协调会，确定 2003 年 12 月底完成选点规划报告。

在规划站址选择过程中，首先选择规模能满足电力系统发展需要的站点，再综合考虑靠近负荷中心，与阳江核电站配套运行，距高比小，地形地质、工程布置、施工、环境及水库淹没等综合条件，分粤东、粤中、粤西三片分别选出代表站点，再开展规划设计工作。

粤东、粤中、粤西的代表站点分别为位于五华县的龙狮殿站址、位于新丰县的上河洞站址和位于阳春市（县级市）的九曲河站址。为了体现可比性，3 个代表站点的装机容量均定为 2400MW。

2004 年 3 月 23—25 日，由水电水利规划设计总院和广东省发展和改革委员会组织专家和有关部门对选点规划报告进行了审查，审查认为：从广东电网对调峰电源的需求、调峰电源合理布局、站点建设条件、环境影响、技术经济等方面综合分析，阳江站点可作为广东省第四抽水蓄能电站的首选站址。

6.3　广东抽水蓄能电站站址选择

抽水抽水蓄能电站要尽量远离区域性大断裂、活动性断裂，选择地震烈度低、稳定性好的地段，同时站址要选在电网负荷中心城市较近的范围，一般在网负荷中心城市几十至上百千米的范围内进行选择。

6.3.1　区域地质

抽水蓄能电站在进行地下工程总体位置选择时，首先要考虑区域稳定性，此项工作的进行主要是向有关部门收集当地的有关地震、区域地质构造史及现代构造运动等资料，进行综合地质分析和评价。特别是对于区域性深大断裂交会处，近期活动断层和现代构造运动较为强烈的地段，尤其要引起注意。

一般认为，具备以下条件是宜于电站建设的：

（1）基本地震烈度一般小于Ⅷ度，历史上地震烈度及震级不高，无毁灭性地震。

(2) 区域地质构造稳定，工程区无区域性断裂带通过，附近没有发震构造。

(3) 第四纪以来没有明显的构造活动。

6.3.2 地形地貌

为了使电站具有较好的调节性能，应选择有形成较大库容的上下水库的地形条件，上下水库之间有足够的高差和合适的距高比。地形成库条件好，水库库容大、装机容量大、调节性能好，工程量相对较小。地下厂房要选择地表地形相对较平整、上覆岩土层厚度较稳定的的地质单元，避开地表冲沟密布，地形零乱的地段。

从2006年最新普查报告中55个站点的水头为209～1000m，距高比为3.50～12.69。装机容量为300～6500MW。

6.3.3 地层岩性

站址尽可能选择在地层岩性均一，层位稳定，整体性强，风化轻微，岩体抗压与抗剪强度较大的地区。一般说来，但凡没有经受剧烈风化及构造运动影响的大多数岩层都适宜修建地下工程。广东地区燕山期花岗岩分布较多，站址最好选在花岗岩区，普查的55个站点，站址岩性为花岗岩的有36个，岩性为石英砂岩的有11个，凝灰岩及斑岩、玢岩的有6个，岩性为灰岩和白云岩的2个。

站址岩性优选花岗岩，其次为石英砂岩、凝灰岩及斑岩等，避免选择老沉积岩和变质岩，中硬岩、软岩、软硬互层的地层。

6.3.4 地质构造

站址应选择在构造简单，岩层厚且产状平缓，构造裂隙间距大、组数少，无影响整个山体稳定的断裂带的地区。枢纽尽量避开工程区内较大的断层，洞线与主要断层尽量成大的交角，围岩条件会较好。在修建地下工程时，岩层的产状及成层条件对洞室的稳定性有很大影响，尤其是岩层的层次多、层薄或夹有极薄层的易滑动的软弱岩层时，对修建地下工程很不利。当岩层无裂隙或极少裂隙的倾角平缓的地层中压力分布情况是：垂直压力大，侧压力小。相反，岩层倾角陡，则垂直压力小，而侧压力增大。

6.3.5 天然建筑材料

抽水蓄能电站对天然建筑材料依赖较大。天然建筑材料勘察是抽水蓄能电站工程建设中一项十分重要的基础工作。工程所需的各类天然建筑材料的储量、质量、开采和运输条件，直接影响到工程规划、设计和施工方案。

天然建筑材料料场选择一般应符合下列原则：①在考虑环境保护、征地可行、经济合理、保证储量及质量的前提下，宜由近至远，先集中后分散，并注意各种料源的比较；②应不影响建筑物布置及安全，避免或减少与工程施工相干扰；③不占或尽量少占耕田、耕地、林地，确需占用时宜保留还耕土层；④应充分利用工程开挖料。

表6.3-1～表6.3-5为广东省各抽水蓄能电站选点阶段各站点情况表。

表 6.3-1　清远抽水蓄能电站选点阶段各站点情况表

<table>
<tr><th rowspan="2">项　目</th><th colspan="5">站　址</th></tr>
<tr><th>甘竹顶站址</th><th>天堂站址</th><th colspan="3">下坪站址</th></tr>
<tr><td>距负荷中心距离</td><td>距广州市直线距离 75km</td><td>距广州市直线距离 98km</td><td>广州市西北约 110km</td><td colspan="2">广州市西北约 110km</td></tr>
<tr><td>水头</td><td>479</td><td>507</td><td>527</td><td colspan="2">528</td></tr>
<tr><td>装机容量/(台×MW)</td><td>4×300</td><td>4×300</td><td>4×300</td><td colspan="2">8×300</td></tr>
<tr><td>距高比</td><td>5.06</td><td>3.79</td><td>5.04（120 万）</td><td>5.03（A 厂）</td><td>4.81（B 厂）</td></tr>
<tr><td>区域地质构造地震基本烈度</td><td>本区处于区域性构造吴川-四会断裂带北东端的东部地区，未发现区域性断裂经过区内，地质构造以褶皱为主，断裂不太发育，以 NNE-NE 向为主，规模较小。地震基本烈度为Ⅵ度</td><td>本区处于华南褶皱系中部，位于粤北山字型构造带前弧与仁化-英德-三水构造带交汇处，主要发育 NE、NW 两组断裂。地震基本烈度为Ⅵ度</td><td colspan="3">本区处于华南褶皱系中部，吴川-四会褶断构造带北东端，地震基本烈度为Ⅵ度</td></tr>
<tr><td>站址地层岩性</td><td>由寒武系八村群第三亚群（$\in bc^c$）石英砂岩、粉砂岩，泥盆系下-中统桂头群（$D_{1-2}gt$）石英砂岩及泥质砂岩，以及燕山三期 $\gamma_5^{2(3)}$ 中粗粒黑云母花岗岩组成</td><td>工程区出露地层主要为震旦系大绀山组（PZ_1）石英砂岩夹页岩及泥盆系下-中统桂头群（$D_{1-2}gt$）石英砂岩夹页岩</td><td colspan="3">除上水库中部（F_6 断层）以南分布泥盆系老虎坳组（D_2L）石英砂岩外，其余均为三叠系上统小云雾山组（T_3xy）中厚层状粉砂岩、粉砂质泥岩、泥岩夹石英砂岩、灰黑色粉砂质页岩</td></tr>
<tr><td>站址地质构造</td><td>场区内断层以近东西向-北西向为主，次为近南北向。断层宽度一般 2.0～6.0m，f_{19} 和 f_{21} 宽度较大，为 10～12m。断层倾角较陡，一般在 65°～80°，多为正断层</td><td>F_1 下天堂顶断裂：N70°E/NW∠60°，宽 10～14m，延伸长度大于 4km，该断层贯穿上库库区，控制了上库沟谷的形成和展伸。F_2 汤屋断裂：N60°E/NW∠70°，宽 5～10m，延伸长度大于 4km，该断层贯穿下库库区，控制了下库沟谷的形成和展伸</td><td colspan="3">小褶皱较发育，岩层产状多变，断层北西组及北东组较为发育，无区域构造</td></tr>
</table>

续表

项　目	站　址		
	甘竹顶站址	天堂站址	下坪站址
上水库工程地质条件	上水库库盆表层多为坡积层和全风化土所覆盖，库区由石英砂岩、粉砂岩组成，基底为花岗岩，不需进行库盆底水平防渗。西南面分水岭相对低矮单薄且地下水位较低，有6座副坝	上水库为震旦系大绀山组（Pz_1）石英砂岩夹页岩及泥盆系下-中统桂头群（$D_{1-2}gt$）石英砂岩夹页岩，左右两岸山体雄厚，在主坝两岸和库尾分水岭单薄，存在低矮垭口，需做防渗处理，需建1座主坝4座副坝	上水库南西面出露泥盆系老虎坳组石英砂岩、粉砂岩，北东面出露三叠系粉砂岩、泥岩，上水库为山顶小盆地，形如手掌，西面冲沟是库区通向库外的唯一出口，为主坝址位置，库区北部有低矮垭口，需做1座副坝。上水库主、副坝部位是防渗重点。120万kW装机正常高750.2m，最大坝高50m；240万kW装机正常高762.3m，最大坝高61m
输水系统地质条件	输水发电系统沿线岩性以燕山三期$\gamma_5^{2(3)}$花岗岩为主，大部分地下洞室都深埋在弱风化-微风化岩和新鲜花岗岩中，岩性条件较好。上水库进/出水口岩性为寒武系八村群第三亚群（$\in bc^c$）石英砂岩；下水库进/出水口，进洞点位于［$\gamma_5^{2(3)}$］花岗岩中，明挖段为（$\in bc^c$）石英砂岩。厂房区地层岩性为燕山三期［$\gamma_5^{2(3)}$］中粗粒花岗岩，厂房位置地形较完整，地表高程410.00～450.00m，埋深约400m，地表覆盖层较薄，局部可见弱风化基岩出露	输水发电系统地层岩性主要为（$D_{1-2}gt$）中-厚层状石英砂岩夹粉砂岩、页岩、片岩，岩层产状主要为N60°～70°E/NW∠20°～35°，岩层产状平缓，对地下厂房洞室群围岩稳定不利，特别是顶拱围岩稳定不利。上库进出水口有F_1、f_{21}等断层在进出水口附近通过，围岩条件较差，工程地质条件较差。下库进出水口至尾水洞中部为震旦系大绀山组薄层-中厚层状粉砂岩夹石英砂岩，地表冲沟发育，地形较乱，隧洞埋深较浅，工程地质条件较差	上、下库进/出水口附近风化可能较深，进洞条件稍差。沿线植被发育，基岩出露点少，岩性主要为三叠系砂岩、粉砂岩，中-厚层状，局部夹泥页岩较破碎，岩层产状N20°～30°E/NW∠20°～45°，南、北面倾角缓，中间倾角陡，岩层走向与洞线交角小，中缓倾角，对洞室围岩稳定不利。总体上输水发电系统工程地质条件较复杂
下水库工程地质条件	下水库地层岩性主要为寒武系八村群第三亚群（$\in bc^c$）砂岩和泥盆系下-中统桂头群（$D_{1-2}gt$）石英砂岩，下水库两岸山体较高，分水岭雄厚，不存在低矮垭口或单薄分水岭	下水库主要为震旦系大绀山组（Pz_1）地层，为较开阔的冲沟型水库，库盆三面环山，山体较雄厚，无单薄分水岭和低矮垭口，全风化厚度大，天然状态下边坡稳定。坝址左右岸透水性较强，需进行防渗处理	下库成库条件较好。天然状态下边坡稳定，但在水位骤降和频繁波动条件，局部可能会发生浅层滑坍。坝址发育顺河向断层，需进行防渗处理。120万kW装机正常高223.3m，最大坝高55m；240万kW装机正常高234.2m，最大坝高67m

表 6.3-2 阳江抽水蓄能电站选点阶段各站点情况表

项 目	站 址		
	阳江站址	五华站址	新丰站址
距负荷中心距离	距广州市直线距离 220km，距阳春直线距离 50km，距阳江直线距离 60km，距广东阳江核电站直线距离约 90km	距广州市直线距离 210km，距深圳直线距离约 173km，距惠州直线距离约 115km，距梅州直线距离约 115km，距汕头直线距离约 120km，距离陆丰核电约 87km	距离广州约 120km
水头	675	398	381
装机容量	2400	2400	2400
距高比	4.5	4.6	8.5
区域地质构造地震基本烈度	位于八甲大山杂岩体西北部边缘，四会-吴川断裂带中部南东侧，高阳凹褶束中部，地震基本烈度为Ⅵ度	站址西北有华阳大断裂和五华大断裂经过，地震基本烈度为Ⅵ度	位于佛冈花岗岩体东部，处在恩平-新丰断裂带北段，地震基本烈度小于Ⅵ度
站址地层岩性	由（$\in bc$）混合岩和 $\gamma_5^{2(3)}$、$\gamma_5^{3(1)}$ 花岗岩组成	以 $\gamma_5^{2(3)}$ 花岗岩为主，局部有 J_1ln^a 长石砂岩和粉砂岩	以 $\gamma_5^{2(3)}$ 黑云母中粗粒花岗岩为主
站址地质构造	场区内地质构造复杂，北东、近南北向、北西和近东西向断裂构造发育，地质构造复杂	未发现大的构造通过站址场地，只有小断层和岩脉，地质构造较简单	F_1、F_4 断层分别从下水库库尾和上水库库盆通过，地质构造较简单
上水库工程地质条件	库盆呈狭长不规则不平整条带状，岩性为 $\gamma_5^{3(1)}$ 花岗岩，F_8 断裂贯穿坝址和库区，已有水库库岸是稳定的，未发现渗漏，北面分水岭单薄；坝址区山顶风化较深，中下部基岩裸露	库盆内地形平坦，分水岭高大雄厚，仅在西部有1个较低的坳口，成库条件优良，岩性以 J_1ln^a 砂岩为主。坝址峡谷为 $\gamma_5^{2(3)}$ 花岗岩，基岩裸露，风化较浅	库盆为条带状盆地，岩性为 $\gamma_5^{2(3)}$ 花岗岩，坡残积层薄，四周山体雄厚，山坡稳定，分水岭厚度在250m以上；坝址峡谷中基岩裸露，F_4 从坝址左侧通过，左岸坝肩山体风化较深
输水系统地质条件	输水系统上段、斜井及高压管段岩性为 $\gamma_5^{2(3)}$ 花岗岩，厂房在花岗岩和混合岩接触带附近，尾水洞段岩性为混合岩，上、下水库进出水口及进洞段风化较深	输水系统绝大部分隧洞深埋于 $\gamma_5^{2(3)}$ 花岗岩体中，山体雄厚稳定，上水库进口为 J_1ln^a 砂岩，输水线山坡稳定	沿线山体稳定，皆为 $\gamma_5^{2(3)}$ 花岗岩，F_1 和 F_4 从上、下水库进出水口附近通过，地下洞室深埋于花岗岩体中
下水库工程地质条件	库盆为喇叭形冲沟，库内被第四系洪冲积层覆盖，两岸山坡风化深，北部坝址左右分水岭单薄，库区可能存在渗漏；坝址河谷宽阔，坝线长	为长条形，库盆较平坦开阔，库岸雄厚，以 $\gamma_5^{2(3)}$ 花岗岩为主，局部有 J_1ln^a 砂岩，成库条件良好；坝址为 $\gamma_5^{2(3)}$ 花岗岩，河床基岩出露，右岸岩石风化较深，山体较低，有一副坝	由1个开阔的冲沟组成，库岸风化较深，西北部山体低矮单薄，分水岭厚度小于100m，坝址部位岩体风化较深，谷口较宽，蓄水后可能影响库岸稳定

表 6.3-3 惠州抽水蓄能电站选点阶段各站点情况表

项目	站址		
	新丰站址	博罗站址	七星墩站址
距负荷中心距离	距离广州约 120km	距离广州约 110km	距离广州约 70km
水头	390	532	562
装机容量/MW	3200	3200	1600
距高比	9.1	7.8	6.9
区域地质构造地震基本烈度	位于佛冈花岗岩体东部，处在恩平-新丰断裂带北段，地震基本烈度小于Ⅵ度	位于增城凸起东南部，站址处在罗浮山大断裂和博罗大断裂中间岩基上，地震基本烈度为Ⅵ度	位于佛冈复式岩体的南昆山岩体西南部，清远-安流纬向断裂带南缘，增城凸起之北，地震基本烈度为Ⅵ度
站址地层岩性	以 $\gamma_5^{2(3)}$ 黑云母中粗粒花岗岩为主	以 $\gamma_5^{3(1)}$ 花岗岩为主，局部有 $P\gamma_3$ 片麻岩和 Pz_1 片岩	由 J_3^3 流纹斑岩 $\gamma_5^{3(1)}$ 花岗岩 D_2l、D_3m 石英砂岩及 D_3t 灰岩组成
站址地质构造	F_1、F_4 断层分别从下水库库尾和上水库库盆通过，地质构造较简单	未发现大的构造通过站址场地，发育有北东向、北西向组小断层和岩脉，地质构造较简单	场区内北东、北西和近东西向断裂构造发育，地质构造复杂
上水库工程地质条件	库盆为条带状盆地，岩性为 $\gamma_5^{2(3)}$ 花岗岩，坡残积层薄，四周山体雄厚，山坡稳定，分水岭厚度在 250m 以上；坝址峡谷中基岩裸露，F_4 从坝址左侧通过，左岸坝肩山体风化较深	库盆由 3 个小盆地并列组成，分水岭不高，库岸以 $P\gamma_3$ 片麻岩为主，已有水库库岸稳定、未发现渗漏，存在 4 个较低的坳口中，坝址附近分水岭较单薄；坝址峡谷为 $\gamma_5^{3(1)}$ 花岗岩，基岩裸露，风化较浅	库盆呈狭长条带状，岩性为 J_3^3 流纹斑岩、$\gamma_5^{3(1)}$ 花岗岩，F_{10} 断裂贯穿库区，已有水库库岸稳定、未发现渗漏；坝址为 J_3^3 以流纹斑岩，基岩裸露，风化较浅
输水系统地质条件	沿线山体稳定，皆为 $\gamma_5^{2(3)}$ 花岗岩，F_1 和 F_4 从上、下水库进出水口附近通过，地下洞室深埋于花岗岩体中	引水隧洞上段位于 $P\gamma_3$ 片麻岩中，冲沟发育，厂房和绝大部分隧洞深埋于 $\gamma_5^{3(1)}$ 花岗岩体中，山体雄厚稳定，上、下水库进/出水口为 $P\gamma_3$ 片麻岩，山坡稳定	输水系统绝大部分岩性为 J_3^3 流纹斑岩，下库进/出水口和部分尾水隧洞 D_3m 石英砂岩及 D_3t 灰岩，下水库进/出水口风化较深，厂房和绝大部分隧洞深埋于 J_3^3 流纹斑岩中
下水库工程地质条件	由 1 个开阔的冲沟组成，库岸风化较深，西北部山体低矮单薄，分水岭厚度小于 100m，坝址部位岩体风化较深，谷口较宽，蓄水后可能影响库岸稳定	由 2 个山间盆地组成，库岸以 $P\gamma_3$ 片麻岩为主，未发现山坡变形失稳现	库盆为构造溶蚀盆地，岩性有 D_2l、D_3m 石英砂岩及 D_3t 灰岩，F_8 和 F_{21} 断裂贯穿库区，存在溶蚀现，库区可能存在渗漏；坝址峡谷基岩裸露，为 D_2l 石英砂岩

表 6.3-4　梅州抽水蓄能电站选点阶段各站点情况表

项目	站址		
	梅州（五华）	大洋	岑田
距负荷中心距离	距广州市直线距离 210km，距深圳直线距离约 173km，距惠州直线距离约 115km，距梅州直线距离约 115km，距汕头直线距离约 120km，距离陆丰核电约 87km	距广州市直线距离 275km，距离揭阳市 35km，距离汕头市 75km，距规划中的揭阳核电厂（乌屿厂址）约 80km，距离惠来电厂约 85km	广州直线距离 188km
水头/m	398	720	485
装机容量/MW	2400	2400	1200
距高比	4.5	6.7	8.4
区域地质构造地震基本烈度	站址位于华南褶皱系紫金-惠阳凹褶断束中的莲花山断裂构造带中部，地震基本烈度为Ⅵ度	站址位于华南褶皱系紫金-惠阳凹褶断束中的莲花山断裂构造带中部，地震基本烈度为Ⅶ度	站址位于新丰江岩体东部，地震基本烈度为Ⅵ度
站址地层岩性	以 $\gamma_5^{2(3)}$ 花岗岩为主，局部有 J_1ln^a 长石砂岩和粉砂岩	主要为官草湖群(K_1gn)凝灰质砾岩，上侏罗统兜岭群（J_3dl^a）流纹斑岩	$\gamma_5^{2(3)}$ 中粗粒花岗岩体
站址地质构造	未发现大的构造通过站址场地，只有小断层和岩脉，地质构造较简单	工程区断层主要发育在下库坝址区及库南东侧，以北东向的断层较为发育，但规模不大	工程区附近河源断裂和人字石断裂分别从下库南侧约 2km 及上库北侧约 4km 处通过
上水库工程地质条件	库盆内地形平坦，分水岭高大雄厚，仅在西部有1个较低的坳口，成库条件优良，岩性以 J_1ln^a 砂岩为主。坝址峡谷为 $\gamma_5^{2(3)}$ 花岗岩，基岩裸露，风化较浅	已建庵堂水库，南面、西北面均有较低垭口需建主坝1座、副坝5座。岩性为上侏罗统兜岭群（J_3dl^a）为流纹斑岩、流纹质凝灰熔岩、黑云母花岗岩。库岸稳定，库周地下水出露	水库四周库岸山体较雄厚，库岸稳定，南侧较低，需建1主坝2副坝，主坝址岩石风化不深，两副坝位置相对宽阔，岩体风化相对较深
输水系统地质条件	输水系统绝大部分隧洞深埋于 $\gamma_5^{2(3)}$ 花岗岩体中，山体雄厚稳定，上水库进口为 J_1ln^a 砂岩，输水线山坡稳定	输水线路从上库至下库分别穿过（J_3dl^a）流纹斑岩、燕三期黑云母花岗岩、官草湖群(K_1gn)凝灰质砾岩，岩性相对复杂，但地质构造简单，未发现大的断裂构造，沿线山体稳定。洞室以Ⅱ～Ⅲ类围岩为主，局部夹少量Ⅰ类、Ⅳ类围岩，工程地质条件较好	岩性为燕山三期中粗粒花岗岩，岩性单一，北西向洞线与附近主要的北东向断裂构造呈大角度相交，岩体稳定性好，洞室围岩岩体主要为Ⅰ～Ⅱ类，局部为Ⅲ～Ⅳ类
下水库工程地质条件	为长条形，库盆较平坦开阔，库岸雄厚，以 $\gamma_5^{2(3)}$ 花岗岩为主，局部有 J_1ln^a 砂岩，成库条件良好；坝址为 $\gamma_5^{2(3)}$ 花岗岩，河床基岩出露，右岸岩石风化较深，山体较低，有一副坝	下库已建有龙颈水库，已运行50多年，除局部山体因坡角较陡、表层坡积土较松散受浪蚀引起少量崩岸外，未发现大的边坡不稳定，库岸边坡总体上稳定性较好，没有发现库水向水库两岸外渗。需对现主坝进行加固、防渗处理	下水库库盆为北东-南西的长条形，水库四周山体较雄厚，地形条件好，库岸山坡未发现不稳定坡体；大坝位于南侧冲沟，两岸剖面上呈V字形，沟底基岩出露，地形条件较好，可考虑当地材料坝或混凝土坝

表 6.3-5 新会抽水蓄能电站选点阶段各站点情况表

项目	站址		
	新会	新丰	天堂
距负荷中心距离	距离江门市区直线距离45km，与广州市直线距离约110km	距离广州约124km	距广州市直线距离98km
水头/m	448	388	510
装机容量/MW	1200	1200	1200
距高比	9.75	9.22	3.79
区域地质构造地震基本烈度	地震基本烈度为Ⅶ度	位于佛冈花岗岩体东部，处在恩平-新丰断裂带北段，地震基本烈度小于Ⅵ度	本区处于华南褶皱系中部，位于粤北山字型构造带前弧与仁化-英德-三水构造带交汇处，主要发育NE、NW两组断裂。地震基本烈度为Ⅵ度
站址地层岩性	主要为 $\gamma_5^{3(1)}$ 中细粒斑状花岗岩，其次为 $\gamma_5^{2(3)}$ 中粒斑状花岗岩	以 $\gamma_5^{2(3)}$ 黑云母中粗粒花岗岩为主	工程区出露地层主要为震旦系大绀山组（Pz_1）石英砂岩夹页岩及泥盆系下-中统桂头群（$D_{1-2}gt$）石英砂岩夹页岩
站址地质构造	场区内地质构造主要以北东向为主，除 F_1 断层规模较大外，其余断层规模较小，地质构造较简单	F_1、F_4 断层分别从下水库库尾和上水库库盆通过，地质构造较简单	F_1 下天堂顶断裂贯穿上库库区，控制了上库沟谷的形成和展伸。F_2 汤屋断裂贯穿下库库区，控制了下库沟谷的形成和展伸
上水库工程地质条件	上水库已建有扫杆塘水库，由一条较大的北西向冲沟和一条较小的近南北向冲沟组成，岩性为 $\gamma_5^{3(1)}$ 花岗岩，已有水库库岸是稳定的，未发现渗漏；主址与副坝中间山丘风化较深	库盆为条带状盆地，岩性为 $\gamma_5^{2(3)}$ 花岗岩，坡残积层薄，四周山体雄厚，山坡稳定，分水岭厚度在250m以上；坝址峡谷中基岩裸露，F_4 从坝址左侧通过，左岸坝肩山体风化较深	上水库为震旦系大绀山组（Pz_1）石英砂岩夹页岩及泥盆系下-中统桂头群（$D_{1-2}gt$）石英砂岩夹页岩，左右两岸山体雄厚，在主坝两岸和库尾分水岭单薄，存在低矮垭口，需做防渗处理，需建1座主坝4座副坝
输水系统地质条件	输水系统上段、斜井及高压管段岩性为 $\gamma_5^{2(3)}$ 花岗岩岩，尾水洞段岩性为 $\gamma_5^{3(1)}$ 中细粒斑状花岗岩，地下洞室深埋于花岗岩体中，上、下水库进/出水口均在弱风化岩中进洞，沿线山体山坡稳定	沿线山体稳定，皆为 $\gamma_5^{2(3)}$ 花岗岩，F_1 和 F_4 从上、下水库进出水口附近通过，地下洞室深埋于花岗岩体中	地层岩性主要为 $D_{1-2}gt$ 石英砂岩夹粉砂岩、页岩，岩层产状平缓，对地下厂房洞室群围岩稳定不利。上库进出水口有 F_1、f_{21} 等断层在进出水口附近通过，围岩条件较差。下库进出水口至尾水洞中部为（Pz_1）粉砂岩夹石英砂岩，地表冲沟发育，工程地质条件较差
下水库工程地质条件	库盆由多条冲沟交汇而成山间盆地库盆平整，库内下伏基岩为花岗岩，水库封闭条件较好。已建水库已运行30多年，未发现库区渗漏和库岸失稳问题。需对现主、副坝进行加高、加固、防渗处理	由1个开阔的冲沟组成，库岸风化较深，西北部山体低矮单薄，分水岭厚度小于100m，坝址部位岩体风化较深，谷口较宽，蓄水后可能影响库岸稳定	下水库主要为震旦系大绀山组（Pz_1）地层，为较开阔的冲沟型水库，库盆三面环山，山体较雄厚，无单薄分水岭和低矮垭口，全风化厚度大，天然状态下边坡稳定。坝址左右岸透水性较强，需进行防渗处理

第7章 水库主要工程地质问题研究

水库一般具有五大工程地质问题：水库渗漏、库岸稳定、水库淤积、水库浸没和水库诱发地震。广东地区抽水蓄能电站均位于山区，植被发育，松散堆积体少，库内淤积物来源少，一般不存在水库淤积问题；山区附近居民区很少，加之工程区移民搬迁，故浸没问题不突出；抽水蓄能的上下库库容小，一般为中小型水库，并且坝不高，一般不存在水库诱发地震问题。抽水蓄能电站有效库容较小，故不允许有较大的渗漏量，并且渗漏还会对库岸山坡稳定带来危害。由于抽水蓄能水位骤降频繁，对库岸边坡稳定影响大，库岸稳定问题也是关键问题，故本章主要研究水库的渗漏问题和库岸稳定问题。

水库渗漏分为暂时性渗漏和永久性渗漏。暂时性渗漏是指水库蓄水初期，库水渗入到库水位以下未饱和的岩土体的空隙、裂隙和洞穴等中，使之饱和而发生的渗漏。这部分渗漏损失存在于所有水库中，仅对干旱地区有意义。永久性渗漏为库水沿地下某些渗漏通道流向库外的现象，这种渗漏对水库的效益影响较大。本书研究的是永久性渗漏。抽水蓄能电站的水库由上水库和下水库两个库盆组成，尤其是上水库，起着蓄能的重要作用。上水库的水极其宝贵，并且水库漏水对工程的经济效益和安全运行极为不利，故要求上水库具有良好的蓄水条件和防渗条件。抽水蓄能电站中，上水库一般地形较高，山体雄厚，库内冲沟水常年或季节性补给库内，一般只存在坝基渗漏和绕坝渗漏问题。

广东各大抽水蓄能的特点是上水库库盆降雨量充沛，天然来水量较大，地形封闭条件好，地质条件简单。仅采用垂直、局部防渗处理，可节省工程量及投资，取得良好的效果。下水库只需做好坝基防渗和防止绕坝渗漏，防止渗透变形和破坏即可满足要求。

水库建成后，对于抗冲刷能力较弱的疏松土石结构的岸坡，在库水频繁降落、抬升的作用下，库岸边坡经常以剥落、崩塌、滑塌等型式发生破坏。鉴于抽水蓄能电站运行的特殊性，水位变动频繁，水位消落深度大，库岸边坡稳定性显得尤为重要。库岸边坡的失稳，一方面会对库容和库岸地形有明显的影响；另一方面在近坝或进（出）水口附近库岸失稳还将造成涌浪或者堵塞引水系统，甚至影响坝体的稳定性。因此，库岸稳定问题是抽水蓄能电站重要的工程地质问题之一。抽水蓄能电站的库岸稳定性分析评价与常规水电站类似，只不过要多加考虑库水骤降因素。

7.1 水库渗漏勘测技术与处理方法研究

7.1.1 水库渗漏勘测技术

水库渗漏勘测应在尽可能使用常规的勘察手段、尽量节省勘察工作量的基础上，查明水库渗漏的各工程地质条件。从广州抽水蓄能电站、惠州抽水蓄能电站和清远抽水蓄能电站的勘察来看，主要勘察方法如下。

1. 地质测绘

上、下库区采用全面勘查法进行库区1：5000地质测绘。在覆盖或界线不明显地段，布置足够数量的人工露头点，以保证测绘精度和查明水库渗漏问题。地质点的定位用经纬仪结合GPS定位仪定位。

重点调查库区地层岩性组成、分布、厚度、成因、接触界线和接触关系等。库区地质构造类型、形态、分布、规模和力学性质等，重点调查断层、节理裂隙的发育情况，特别是与库外邻谷的关系。调查库区地形地貌，特别是分水岭形态、宽度、高程，冲沟发育情况，垭口形态，位置、宽度、厚度等，阶地形态、分布高程、地质结构和水文地质条件等，研究库区盆地成因等。调查库区地下水埋藏分布情况、水质、水量、补给、运移和排泄等条件，地表水及泉水分布、形态、流量及随季节变化情况，地表水与地下水的补排关系，含水层和隔水层分布等水文地质条件，重点调查库区可能渗漏的严重性。

2. 勘探

(1) 钻探。钻孔的布置是与坝址和料场等的勘察结合起来进行的。坝基、垭口和单薄分水岭是产生库水外渗的重点部位，查明这些部位的地质条件显得尤为重要。大坝帷幕线上的钻孔根据坝型的不同，钻孔间距也不同。土石坝的钻孔间距一般50～100m，孔深一般要求进入相对隔水层10m或不小于0.7倍坝高；混凝土坝的钻孔间距一般20～50m，孔深一般要求进入相对隔水层10m或不小于1倍坝高。垭口和单薄分水岭的山顶位置也要布置钻孔，孔深一般要求进入相对隔水层10m以上。此外可以根据地形地质情况，适当调整钻孔间距和孔深。这些钻孔均设为地下水位长期观测孔，形成一个库周水位地质观测网，观测时间不少于一个水文年。库内一般存在一些小山包，在考虑环保、库容和料源等多重因素的情况下，布置适当钻孔，查明其工程地质条件，因材施用。

(2) 坑槽探。坑槽探为钻探的辅助手段，试坑宜与钻孔相间布置，试坑深度应达到表部土层底板或稳定的地下水位以下0.5m。

3. 试验

试验分为现场试验和室内试验。

(1) 现场试验。

1) 现场试坑渗水试验。最常用的是试坑法。试坑法装置简单，易操作；受侧向渗透的影响较大，试验成果精度差。此法通常用于测定毛细压力影响不大的砂土的渗透系数，黏性土渗透系数的测定结果一般偏高。

2) 钻孔注水试验。钻孔注水试验是野外测定岩（土）层渗透性的一种比较简单的方法，其原理与抽水试验相似，仅以注水代替抽水。注水试验通常用于：地下水位埋藏较深，而不便于进行抽水试验；在干的透水岩（土）层中，常使用注水试验获得渗透资料。

在蓄能的地质勘察中，一般在坡积层、全风化带、强风化带和部分完整性较差的弱风化带中进行钻孔分段注水试验，段长一般为5m。

3) 钻孔压水试验。压水试验是抽水蓄能地质勘察中研究弱风化及弱风化以下岩体渗透性的最主要手段之一。钻孔压水试验的方法是用止水栓塞，把一定长度（一般为5m）的孔段隔开形成试验段，然后用一定的压力水头，向该试段压水，水从钻孔壁的岩体裂隙向四周渗透，最终渗透水量趋向一稳定值，得出稳定流量。一般采用的三点五段式低压压水试验。三级压力、五个阶段，即 $P_1—P_2—P_3—P_4(=P_2)—P_5(=P_1)$，$P_1<P_2<P_3$，$P_1$、$P_2$、$P_3$，三级压力宜分别为0.3MPa、0.6MPa、1.0MPa。当试段埋深较浅时，宜适当降低试段压力。采用最大压力阶段的压力值和稳定流量即可计算出透水率。

压水试验要注意的是：同一试验段不宜跨过透水性相差悬殊的两种岩性；当栓塞在预定位置止不住水时，应将栓塞上移，可适当重复，但不能漏段；压水前一定要认真洗孔；试验孔段应用清水钻进，严禁使用泥浆或浑水钻进。

(2) 室内试验。室内试验主要是了解土层的渗透性质，由于土的渗透系数变化范围很大 (10^{-1}～10^{-8})，不同的土采用的渗透系数测定方法也有所不同，一般粗粒土采用常水头渗透试验，细粒土采用变水头渗透试验。一般是室内实验成果与现场试验成果对比分析，选取适当的渗透参数。

4. 观测

长观孔的观测尤为重要，一定要安排责任感强的工作人员观测，资料的准确度直接影响对水库渗漏的判断。

长观孔一定要按照要求安装，验收合格则开始地下水位观测工作。观测设备采用电测水位计，观测时间不少于 1 个水文年。在观测的前 3 个月，每 3 天观测 1 次地下水位，3 个月后每 7 天观测 1 次，遇降雨天应加密观测频率，为 1～3 天 1 次，暴雨后应每天观测一次，延续时间 3～7 天。每次观测应重复两次，两次观测值之差不得大于 2cm。地下水位观测值以米为单位记录，测记精确值至小数点后第二位。每次观测完毕后保护好孔口，妥善保管原始数据资料。

7.1.2　渗漏主要诱因分析

库水向库外渗漏的工程地质条件有：①在地形地貌上，邻谷或洼地低于水库正常蓄水位，且地表分水岭比较单薄，往往容易形成渗漏路径短，渗流坡降较大的外渗现象；②岩性上，库底和库周存在透水性岩层，使得不能形成连续、稳定的、封闭的隔水层；③构造上，库区存在通向邻谷或洼地的透水带（如胶结差的断层破碎带和裂隙密集带）或岩溶通道，与透水性岩层连通起来形成库水外渗的渗漏通道；④水文地质条件上，地表分水岭地区无地下分水岭或地下分水岭低于正常蓄水位较多；或者存在低于正常蓄水位的泉水出漏，泉水的运移路径均处于水库正常蓄水位之下。

综上所述，下面对广州抽水蓄能电站、惠州抽水蓄能电站、清远抽水蓄能电站的水库渗漏问题进行综合评价。

1. 地形地貌特征

上水库一般位于中低山区，500～1000m 的夷平面上，经长期冲蚀、侵蚀而成，所有勘察过的库盆均为天然库盆，由库周山体、单薄分水岭、冲沟及垭口组成，在冲沟和较低垭口位置建坝围成上水库。

库内地形平坦开阔，地表多为第四系冲积层、坡积层或全风化带所覆盖，植被发育，基岩露头少。库岸边坡坡度一般 15°～25°，局部坡度 30°～40°，天然边坡基本稳定。

上水库一般都充分利用了地形条件，选择了最技术经济的水库库容和正常高蓄水位。

广东地区雨量充沛，尤其是相对较高的上水库，降雨更多，自然条件优越。

下水库一般由山间盆地或冲沟构成，盆地周围或冲沟两侧地形较高，山体雄厚。库内山坡植被发育，沟底一般可见基岩出露，自然边坡基本稳定。库周泉水向库内补给，出露水位一般高于正常高蓄水位。

从上述条件可知：在地形地貌上存在低于水库正常蓄水位的邻谷，且地表分水岭单薄，存在水库渗漏的地形条件。相对而言，下水库地形条件一般优于上水库。

2. 地层岩性特征

从表 7.1-1 可见，除了广州抽水蓄能电站下库外，其他几个库盆基底均为花岗岩或混合岩，均为非可溶性岩石，岩性上不存在库盆底垂直渗漏问题。而广州抽水蓄能电站下库，库底虽分布有石灰岩，但四周及底部绝大部分被花岗岩和极少量砂页岩的山体所包围，可认为形成了封闭的隔水层，灰岩溶蚀现象微弱，也不存在深部岩溶渗漏问题。

表 7.1-1　　广蓄、惠蓄和清蓄岩性特征表

水库	广　蓄	惠　蓄	清　蓄
上水库	主要为燕山三期 $\gamma_5^{2(3)}$ 中粗粒黑云母花岗岩，仅在库尾分布有少量的砂页岩，两者呈侵入接触	主要为加里东期的混合岩（$M\gamma_3$），其次为燕山四期花岗岩 $\gamma_5^{3(1)}$，少部分是下古生界（Pz_1）深变质石英岩	主要为寒武系八村群第三亚群（$\in bc^c$）石英砂岩、粉砂岩；在库区南东面分水岭外侧分布有燕山三期［$\gamma_5^{2(3)}$］中粗粒黑云母花岗岩，花岗岩与沉积岩呈侵入接触，熔融胶结
下水库	燕山三、四期花岗岩和泥盆系天子岭组泥灰岩夹灰岩、大理岩等，两者呈侵入接触。灰岩溶蚀现象微弱	主要为燕山四期花岗岩［$\gamma_5^{3(1)}$］，其次为加里东期的混合岩（$M\gamma_3$），少部分是下古生界（Pz_1）深变质石英岩	主要为泥盆系中-下统桂头群（$D_{1-2}gt$）石英砂岩及泥质砂岩、寒武系八村群第三亚群（$\in bc^c$）石英砂岩、粉砂岩、燕山三期 $\gamma_5^{2(3)}$ 中粗粒黑云母花岗岩，花岗岩与沉积岩呈侵入接触，熔融胶结

3. 水库的地质构造规律

从以上的地层时代可以看出，几个站址均经历了加里东期至燕山期多次构造运动，形成了一系列规模不等、方向不一、性质不同的断裂。广州抽水蓄能电站、惠州抽水蓄能电站和清远抽水蓄能电站三个站址均未有区域性大断裂经过。地质构造主要特点是：断层、裂隙发育，纵横交错；规模一般不大；大多以陡倾角为主。故在构造上不具备发生水库渗漏的地质条件。

4. 水文地质条件

（1）地下水类型与补排关系。地下水类型有第四系松散堆积层、全风化带中的孔隙型潜水和储藏于基岩断层裂隙的基岩裂隙水。孔隙型潜水具有自由水面，主要受大气降水补给，地下水位随季节变化。根据长观孔资料，大部分钻孔地下水位变幅不超过 10m。坡积土层、全风化带渗透系数一般 10^{-4} cm/s 左右，属弱-中等透水。洪冲积层渗透系数一般 $10^{-3}\sim10^{-2}$，属中等透水。

基岩裂隙水主要储存在岩石裂隙和断层破碎带中。根据岩石裂隙发育和风化状况，岩石透水性从地表向深部逐渐减弱。两者之间水力联系密切，能形成统一的地下水位。分水岭上地下水位一般分布在全风化带下部-弱风化带上部，年变幅一般在 10m 以内。

天然条件下，电站上水库库区地下水的补、径、排主要受地形地貌、地质构造和降雨、蒸发的影响。地下水动态主要反映的是局部地下水流状态，区域地下水流影响不显著。地下水补给来自降雨，由地表下渗，地下水径流方向与地形相关，由山脊顺坡向坡脚、沟谷运移，以泉水形式排泄，并逐渐汇集于库内。

（2）岩（土）层的渗透性。岩（土）层透水性强弱与风化程度和构造发育程度有关。以惠州抽水蓄能电站上水库为例，在库区、主、副坝的钻孔中，坡积土层取原状土样室内试验结果，可塑土层5组渗透系数 $K=4.01\times10^{-4}\sim3.91\times10^{-6}$cm/s，平均值为 1.42×10^{-4}cm/s，多具弱透水性，少量为中等透水性或微透水性，硬塑-坚硬土层12组渗透系数 $K=6.66\times10^{-4}\sim1.25\times10^{-7}$cm/s，平均值为 1.87×10^{-4}cm/s，多具弱-中等透水性，少量为微透水性，取加权平均值作为本层的渗透系数代表值为 $K=1.74\times10^{-4}$ cm/s。

全风化带混合岩钻孔注水试验136段，渗透系数 $K=1.4\times10^{-3}\sim9.99\times10^{-6}$cm/s，平均值为 2.02×10^{-4}cm/s，具弱-中等透水性；试坑渗水试验共19点渗透系数 $K=1.356\times10^{-3}\sim1.75\times10^{-5}$cm/s，平均值为 6.22×10^{-5}cm/s，其中施工图阶段试验8点渗透系数 $K=6.98\times10^{-4}\sim1.75\times10^{-5}$cm/s，平均值为 2.85×10^{-4}cm/s；取原状土样室内试验结果，可塑土层6组渗透系数 $K=5.33\times10^{-4}\sim1.73\times10^{-5}$cm/s，平均值为 1.60×10^{-4}cm/s，硬塑-坚硬土层11组渗透系数 $K=2.75\times10^{-4}\sim1.35\times10^{-5}$cm/s，平均值为 1.11×10^{-4}cm/s，多具弱-中等透水性，综合考虑选取施工图现场试坑渗水试验平均值为本层的渗透系数代表值 $K=2.85\times10^{-4}$cm/s。

强风化带进行了注水试验计有54段，渗透系数 $K=8.97\times10^{-3}\sim1.66\times10^{-5}$cm/s，平均值 8.44×10^{-4}cm/s；在强风化带进行17段钻孔压水试验，透水率为0.8～13.2Lu，平均值为4.4Lu，强风化带岩石具弱-中等透水性，选取注水试验结果平均值作为本层的渗透系数代表值 $K=8.44\times10^{-4}$cm/s。

弱风化带进行141段钻孔压水试验，岩石透水率为0.10～7.9Lu，平均值2.4Lu，属弱透水性，大于3Lu有45段，其平均值4.3Lu，小于3 Lu有96段，其平均值1.5Lu。

微风化带进行27段钻孔压水试验，岩石透水率为0.32～3.0Lu，平均值1.0Lu，属弱一微透水性。

在岩脉、断层破碎带共进行19段钻孔压水试验，岩石透水率为1.5～13Lu，平均值6.31Lu，属弱透水性，局部中等透水性。钻孔注水、压水试验成果见表7.1-2。

表7.1-2　　惠蓄上库水文地质试验成果汇总表

位置	钻孔注水 k /($\times10^{-4}$cm/s)		试坑渗水 k /($\times10^{-4}$cm/s)	压水透水率 q/Lu			
	全风化	强风化	全风化	强风化	弱风化	微风化	
主坝址	统计组数	10	15		6	50	21
	范围值	0.52～3.10	0.642～20.6		2.7～13.2	0.23～6.5	0.32～3.0
	平均值	1.79	7.63		6.9	2.6	1.1
副坝一	统计组数	12	12	2	3	4	
	范围值	0.324～8.09	0.166～11.9	9.08～13.56	2.2～3.8	1.7～4.8	
	平均值	2.08	4.64	11.32	3.1	3.4	

续表

位 置	钻孔注水 k /($\times10^{-4}$cm/s)		试坑渗水 k /($\times10^{-4}$cm/s)	压水透水率 q/Lu			
	全风化	强风化	全风化	强风化	弱风化	微风化	
副坝二	统计组数	30	1	6		13	
	范围值	0.196～14.0		0.209～10.84		1.1～7.2	
	平均值	2.07	1.9	7.10		3.14	
副坝三	统计组数	18	6	4	2	15	
	范围值	0.318～9.03	2.28～89.7	0.175～10.196	5.0～5.8	0.91～7.9	
	平均值	3.31	31.8	6.14	5.4	3.19	
副坝四	统计组数		3			11	
	范围值		4.32～10.3			0.73～3.9	
	平均值		8.26			1.6	
单薄分水岭	统计组数	17	12	2	3	23	6
	范围值	0.0999～2.66	0.791～5.74	2.79～3.49	1.9～3.5	0.1～4.2	0.5～1.3
	平均值	0.869	2.76	3.14	2.6	1.7	0.76
左岸垭口	统计组数	8	2			6	
	范围值	0.162～6.12	6.13～10.7			0.56～3.4	
	平均值	1.59	8.44			1.9	
右岸垭口一	统计组数	16	2	2	1	6	
	范围值	0.206～5.34	0.955～5.19	1.12～6.075	2.5	0.5～4.0	
	平均值	2.59	3.07	3.60	2.5	2.4	
右岸垭口二	统计组数	11	1	2		8	
	范围值	0.531～3.85	11.8	5.84～6.98		0.2～5	
	平均值	1.98	11.8	6.41		2.5	
右岸垭口三	统计组数	14		1	2	5	
	范围值	0.346～3.38		2.09	0.80～1.5	0.3～2.7	
	平均值	1.39		2.09	1.15	1.44	
上库全部汇总	统计组数	136	54	19	17	141	27
	范围值	0.0999～14	0.166～89.7	0.175～13.56	0.8～13.2	0.10～7.9	0.32～3.00
	平均值	2.02	8.44	6.22	4.4	2.4	1.00

分析水库渗漏的渗透性参数的选取分析尤为重要，要现场试验与室内试验相结合，针对现场情况，结合经验数据，对所有试验数据进行整理分析，适当取舍，一般选取大值或平均值进行计算。由此可见，岩（土）层透水性强弱与岩（土）层的风化程度和构造发育程度很大程度影响了岩土层的渗透性。

分析库区构造的产状、发育规模，库内地表出露的风化状态，及其在库外邻谷的出露形态等，对水库渗漏处理尤为重要。

惠蓄上水库区主要发育断层共52条，按产状可分为4组（北东、北西、近南北和近东西向），以北东、北西最为发育，其次为近南北向，少量近东西向。前3组组成了上水库区构造的基本骨架，控制上水库地形地貌的发育。断层倾角多为60°～85°陡倾角，宽度多小于2m，延伸长度多在0.5～4km。分组描述如下：

1）北东向组：N25°～70°E/SE∠60°～85°，N25°～70°E/NW∠50°～65°～∠70°～80°，共有17条，其中陡倾角13条，中倾角4条，倾向SE 9条，北西8条。断层带一般宽0.2～4.0m，地表为全-强风化构造角砾岩、硅化岩、碎裂岩，也有部分断层带有石英脉和煌斑岩脉侵入填充，硅质和铁锰质胶结，一般较好，部分较差，部分断层面有顺倾向擦痕。其中以f_1、f_3、f_{39}、f_{50}、f_{284}、f_{304}等断层规模稍大，延伸长，多数分布在库盆的南东侧三条冲沟的汇合处，与北西、近南北向断层相互切割，造成岩体破碎，控制冲沟汇合段小盆地的形成。f_{304}断层在副坝四库外侧约450m通过，对上库影响不大。f_1断层由库内经垭口一、垭口二及垭口三通向库外，需要加强防渗处理，f_3、f_{39}、f_{50}、f_{284}通过的冲沟，常年有泉水出露（Q_1、Q_2、Q_3、Q_6），泉水出露高程770～798m，高于正常蓄水位，并且分水岭雄厚，库水不会沿断层向库外渗漏。其余断层规模较小，延伸较短，零散分布。

2）北西向组：产状N35°～70°W/SW∠60°～80°，N35°～70°W/NE∠60°～85°，共有20条，其中f_{33}倾角40°，其余均为陡倾角，以f_4、f_{151}、f_{154}、f_{157}、f_{160}、f_{167}等断层规模稍大，主要沿北西向冲沟发育，地表大部分为全-强风化构造角砾岩、碎裂岩，部分断层带内有石英脉及闪长岩脉、闪长玢岩脉等充填，胶结较好-较差，部分断层面有顺倾向擦痕，还有近水平擦痕切割顺倾向擦痕。其中f_{151}、f_{160}、f_{167}控制了北西向大冲沟（西洞）的发育，f_{151}、f_{167}由库盆内经副坝四通往库外，受断层影响，副坝四冲沟风化深厚，冲沟底全风化带一般厚度20～30m，断层带全风化深度达50m，全风化土透水性较弱，是较好的天然铺盖，而且地形平缓，库水顺断层渗漏量小；断层f_4、f_{151}、f_{154}、f_{157}、f_{167}沿库区东南侧的副坝一至右岸垭口二通往库外，地形低矮，泉水出露高程低，库水存在顺断层外渗的可能，需要加强防渗处理。

3）近南北向组：N15°E～N15°W /NW（NE）∠65°～85°，共有9条，均为陡倾角，主要有f_6、f_7、f_8、f_{20}、f_{23}等，破碎带宽度1.0～3.0m，延伸长度1200～1950m，断层带由硅化角砾岩、糜棱岩、石英脉组成，胶结较好。其中f_6、f_7、f_8发育于东洞冲沟，f_{20}、f_{23}发育于北垭冲沟，对南北向冲沟发育起控制作用。本组断层除f_8、f_{20}延伸出库外，其余分布在库内。f_{20}规模较大，断层带由硅化角砾岩夹石英脉组成，在右岸垭口一通过，f_8在主坝河床通过，由硅化角砾岩、碎裂岩组成，胶结较好，对这两条断层需要做好灌浆防渗处理。

4）近EW向组：走向N75°E～N75°W，倾向E（W），倾角60°～85°，共有6条，断层带宽度一般为0.4～2.0m，个别为2.0～3.0m，为构造角砾岩、硅化岩、局部夹石英脉，硅质和铁锰质胶结，多数胶结较好，少部分较差。f_{43}分布在南侧库外，f_{22}从库尾通过，f_{152}、f_{162}在库内，f_9从垭口三通向库外，需要做好防渗灌浆处理。

根据地质测绘基岩露头统计，库区裂隙的发育与断层具有相似性，主要有以下4组：

北西向组：N35°～70°W/NE（SW）∠50°～60°、N35°～70°W/NE（SW）∠70°～80°，裂隙发育频率3～6条/m，裂隙面较平，多呈微张，铁质渲染，延伸长。与NE向组

为共轭裂隙，呈X状。

北东向组：N35°～60°E/NW（SE）∠70°～80°、N35°～60°E/NW（SE）∠30°～35°，裂隙以陡倾角为主，中缓倾角很少，发育频率3～6条/m，闭合-微张，裂面铁质渲染，延伸较长。

近东西向组：倾角75°～80°，发育频率3～5条/m，裂面较平，呈闭合-微张，铁质渲染，延伸较长。

近南北向组：SN/W∠40°～75°、N5°～8°E/NW∠50°～60°、N5°～8°E/NW∠70°～85°，裂隙发育频率3～4条/m，裂面较粗糙，呈闭合少，多属微张，填充泥质，延伸较长。

（3）地下水位。在惠蓄上水库的主坝、四座副坝、四个垭口及单薄分水岭共布置了26个地下水位长期观测孔，从2001年7月15日至2004年1月14日止，连续观测时间2.5个水文年，超过一个水文年。各孔地下水位埋深、高程、变化幅度见表7.1-3。

表7.1-3　惠蓄上库地下水位长期观测成果汇总表　单位：m

工程位置		孔号	孔口高程	水位高程	水位埋深	水位高程平均值	变化幅度
主坝	左坝头	ZK1001	772.48	736.33～739.58	36.15～32.90	738.33	3.25
	右坝头	ZK1004	772.60	737.35～738.91	35.25～33.69	738.24	1.56
副坝一	左坝头	ZK1015	768.88	739.88～739.58	29.00～29.30	739.81	0.30
	右坝头	ZK1017	768.68	740.58～734.42	28.10～34.26	737.21	6.16
副坝二	左坝头	ZK1020	760.80	739.90～734.64	20.90～26.16	736.75	5.26
	右坝头	ZK 1024	771.26	746.76～743.08	28.18～24.50	743.56	3.68
副坝三	左坝头	ZK1027	767.26	744.76～738.66	22.50～28.60	741.95	6.10
	右坝头	ZK1031	769.97	752.77～743.65	17.20～26.32	749.12	9.12
副坝四	左坝头	ZK1034	770.69	752.59～760.67	10.02～18.10	754.30	8.08
	右坝头	ZK1038	772.37	760.07～753.97	12.30～18.40	756.53	6.10
单薄分水岭	靠主坝左坝头山脊上	ZK1042	782.99	749.99～748.12	33.00～34.87	748.89	1.87
		ZK1044	785.60	760.02～756.00	25.58～29.60	756.55	4.02
	库内山坡	ZK1060	761.02	748.66～750.84	10.18～12.36	748.83	2.18
	库外山坡	ZK1061	762.54	753.94～755.92	6.62～8.60	754.69	1.98
	远离主坝左坝头山脊上	ZK1062	809.70	767.98～771.32	38.38～41.72	769.66	3.34
		ZK1073	793.99	760.13～761.45	32.54～33.86	760.71	1.32
左岸垭口	右岸	ZK1045	782.76	770.16～766.29	12.60～16.47	768.39	3.87
	鞍部	ZK1046	775.34	759.64～758.06	15.70～17.28	758.66	1.58
右岸垭口一	左岸	ZK1048	773.99	750.49～745.71	23.50～28.28	746.43	4.78
	鞍部	ZK1049	764.66	751.06～745.80	13.60～18.86	748.27	5.26
	左岸	ZK1069	807.58	768.32～768.53	39.05～39.26	768.36	0.21
右岸垭口二	左岸	ZK1051	774.52	749.82～745.61	24.70～28.91	747.67	4.21
	鞍部	ZK1052	762.45	753.85～748.96	8.60～13.49	751.41	4.89
	右岸	ZK1068	809.92	786.71～787.52	22.40～23.21	787.23	0.81
右岸垭口三	鞍部	ZK1064	762.97	753.54～757.83	5.14～9.43	755.70	4.29
	右岸	ZK1065	811.57	762.25～762.56	49.01～49.32	762.37	0.31

根据长期观测资料，上库主坝、副坝、垭口及单薄分水岭地下水位埋深在6.62～49.32m，一般在10～30m间，自山顶到山坡到鞍部（或冲沟），地下水位埋深由深逐渐变浅，水位高程由高至低，规律明显。水位变幅0.21～9.12m，26孔的水位平均变幅为3.63m，变幅较小，地下水位一般处在全风化的下部到弱风化的上部。4个垭口及单薄分水岭，全风化带相对较厚，全风化土的透水性较弱，山顶与垭口鞍部高差较小，地形起伏较平缓，地下水循环较弱，水位变幅较小，水位处在0.21～5.26m段；四座副坝及主坝的两岸山体，山顶全风化带较薄，山顶与垭口鞍部（或冲沟底）高差较大，地形较陡，地下水循环较强，水位变幅一般较大，多数在5.26～9.12m之间。26个长观孔中，地下水位高于正常蓄水位的钻孔有5孔，为主坝左岸单薄分水岭北端的ZK1062孔、左岸垭口的右岸ZK1045孔、右岸垭口一的左岸ZK1069孔、右岸垭口二的右岸ZK1068孔、右岸垭口三的右岸ZK1065孔。这些钻孔的孔口地面高程一般在800m以上（807.58～811.58m），仅主坝左岸垭口孔口高程782.76m。钻孔的地下水位为766.29～770.16m，主坝左岸地下水位高于正常蓄水位；在左坝头以北约260m处，右岸、副坝一、副坝二、副坝三地下水位低于正常蓄水位；在垭口三右岸ZK1065孔附近找到高于正常水位的接头位置，此处往西的垭口一左岸、垭口二右岸附近找到地下水位高于正常蓄水位的防渗接头位置。副坝四两岸地形高，地下水位埋藏浅，根据勘察结果外延，在地面高程约780.00～790.00m，地下水位高于正常蓄水位。

7.1.3　水库渗漏风险综合分析

结合上节地质条件的描述及探讨，本节对惠蓄上水库渗漏问题进行分析评价。

组成库岸的岩性主要为混合岩、花岗岩及库尾局部分布的石英片岩，均属非可溶岩。根据地质测绘、钻孔资料及主坝开挖揭露岩性状况，燕山四期花岗岩与混合岩呈侵入接触，接触带呈混合岩化过渡，胶结良好。虽然库区断层岩脉发育，在钻孔中揭露的呈强-弱风化状的断层破碎带压水试验透水率$q=0.36\sim4.8$Lu，7段平均2.9Lu，属弱透水性；岩脉接触带压水试验透水率$q=1.4\sim3.2$Lu，2段平均2.3Lu，也属弱透水性。根据进出水口、副坝二、副坝四勘探资料，库盆底部大部分覆盖有厚约10～25m的混合岩和花岗岩全风化土，渗透系数2.85×10^{-4}cm/s，可起到一定的天然铺盖作用。范家田水库和东洞水库建成运行至今分别达25年和15年，未发现库水通过库盆底或库岸向库外渗漏的现象。蓄能电站上水库正常蓄水位比原水库水位分别提高17.00m和7.00m，抬高幅度不大，鉴于范家田水库和东洞口水库运行良好，在此由于水位略高水库沿库盆底渗漏的可能性不大。

根据长观孔资料，库岸分水岭高程在800.00m以上的地段，地下水位高于正常蓄水位（正常蓄水位为762.00m），库区东北-北侧-西南侧分水岭一般在800～940m之间，地下水补给库水，库水在正常蓄水位下运行不会产生外渗。根据调查，库周有多条冲沟水汇入上库，除小金河外没有通向库外的沟谷。库区发现12处泉水，分布在库内北西、南西侧的有10个，出露高程处于764.00～790.00m，高于上水库正常蓄水位（正常蓄水位为762.00m），地下水补给水库，水库不会产生外渗；库区另外二处泉水在南侧垭口二附近的冲沟中，出露高程分别为724.00m、738.00m，与地下水位长观资料基本一致，低于正常蓄水位，存在库水外渗的可能。

在上水库区的南侧，主坝址至副坝一、副坝二、副坝三和西北库尾副坝四、左岸单薄分水岭一带，地形较低，山顶高程多为800.00m以下，地下水位埋深一般为20～35m，高程为740.00～760.00m，低于正常蓄水位为762.00m，库水存在外渗的可能，并且左岸单薄分水岭及主坝左右两个坝头库内一侧山坡覆盖土层很薄，库水入渗条件较好，库水外渗可能较大。

根据通过对试验结果统计分析，提出以下建议渗透系数参考值：坡积土层渗透系数$K=1.74\times10^{-4}$cm/s，全风化混合岩渗透系数$K=2.85\times10^{-4}$cm/s，强风化带渗透系数$K=8.44\times10^{-4}$cm/s，弱风化带透水率大于3Lu以上岩体透水率取其平均值4.3Lu，按钻孔压水试验规程的计算公式近似换算得渗透系数$K=3.1\times10^{-5}$cm/s，弱风化带透水率小于3Lu共96段其平均值1.5Lu，按钻孔压水试验规程的计算公式近似换算，渗透系数为$K=1.06\times10^{-5}$cm/s，微风化带27段钻孔压水试验，岩石透水率平均值1.0Lu，按钻孔压水试验规程的计算公式近似换算渗透系数$K=0.724\times10^{-5}$cm/s，渗漏估算时在1～3Lu线间岩石取透水率1.5Lu，渗透系数$K=1.06\times10^{-5}$cm/s为其代表值。

根据室内外各种渗透试验成果及岩土层分布情况，对库岸单薄分水岭及垭口渗漏量进行估算，渗漏量估算：$Q=BKiH$[❶]在未做防渗处理的情况下，库岸除主坝及副坝范围外，渗漏长度约1060m，渗漏量约为2505m³/d。其中渗漏量最大是强风化带，平均厚度6m，渗漏量约为1248m³/d，约占50%；全风化带厚度较厚，总渗漏量占其次，平均厚度为16.5m，渗漏量约为1150m³/d，约占46%；弱风化带大于3Lu以上岩层平均厚度为8.13m，渗漏量约为65m³/d，仅占2.6%；1～3Lu之间岩层平均厚度16m，渗漏量约为42m³/d，约占1.4%（表7.1-4）。由表7.1-4可见，库岸的单薄分水岭、右岸垭口一、垭口二及垭口三渗漏量较大，为主要的渗漏部位。

表7.1-4　惠蓄上水库库岸渗漏量估算表

工程位置		左岸单薄分水岭			右岸垭口一、垭口二	右岸垭口三	左岸垭口	合计
		距左坝头60m范围	距左坝头60～250m范围	距左坝头250～400m范围				
水力梯度i		0.58	0.32	0.12	0.36	0.21	0.086	
渗漏宽度B/m		60	190	150	320	310	30	1060
全风化带	渗透系数K/(m/d)	0.246	0.246	0.246	0.246	0.246	0.246	
	过水高度H/m	5	2	0	18	35	8	
	单宽渗漏量q/[m³/(d·m)]	0.71	0.16	0	1.60	1.81	0.17	
	渗漏量Q/(m³/d)	43	30	0	511	561	5	1150

❶ 按照《水利水电工程地质手册》水利电力出版社，P699页公式$Q=BKiH$。

续表

工程位置		左岸单薄分水岭			右岸垭口一、垭口二	右岸垭口三	左岸垭口	合计
		距左坝头60m范围	距左坝头60～250m范围	距左坝头250～400m范围				
强风化带	渗透系数 K/(m/d)	0.729	0.729	0.729	0.729	0.729	0.729	
	过水高度 H/m	10	6.1	2	4	9	8	
	单宽渗漏量 q /[m^3/(d·m)]	4.23	1.42	0.18	1.05	1.38	0.50	
	渗漏量 Q/(m^3/d)	254	271	27	336	345	15	1248
弱风化带	渗透系数 K/(m/d)	0.0268	0.0268	0.0268	0.0268	0.0268	0.027	
	过水高度 H/m	17	10	10	6	6	14	
	单宽渗漏量 q /[m^3/(d·m)]	0.26	0.09	0.03	0.06	0.03	0.03	
	渗漏量 Q/(m^3/d)	16	16	5	19	8	1	65
1～3Lu	渗透系数 K/(m/d)	0.0092	0.0092	0.0092	0.0092	0.0092	0.009	
	过水高度 H/m	18	22	28	12	10	20	
	单宽渗漏量 q /[m^3/(d·m)]	0.10	0.06	0.03	0.04	0.02	0.02	
	渗漏量 Q/(m^3/d)	6	12	5	13	5	1	42
合计渗漏量/(m^3/d)		318	329	37	878	919	22	2505

主坝、四条副坝的渗漏量估算，采用

$$Q=BKHqr$$ [1]

估算坝基渗漏量，采用

$$Q=\frac{0.366kh}{F(H_1+h_1)}\lg\frac{b}{r}$$ [2]

估算坝肩绕渗量，在未做防渗处理的情况下，渗漏量约为1569m^3/d（表7.1-5）。

表7.1-5　上水库主、副坝渗漏量估算表　单位：m^3/d

工程位置	主坝	副坝一	副坝二	副坝三	副坝四	各部位合计渗漏量 Q
坝基渗漏量 Q	107	85	347	463	241	1243
左坝肩渗漏量 Q	35	15	36	58	37	181
右坝肩渗漏量 Q	28	29	36	48	4	145
各坝合计渗漏量 Q	170	129	419	569	282	1569

注　未估算坝体渗漏量。

[1] 《水文地质手册》地质出版社，第二册P740公式。

[2] 《水文地质手册》地质出版社，第二册P742公式。

上述估算结果显示，在不进行防渗处理的天然情况下，库岸渗漏长度约 1060m，4 条副坝及主坝渗漏总长约 731m，上库库周总渗漏长度约 1791m，日总渗漏量约 $4074m^3/d$，上库总库容 3171 万 m^3，每昼夜渗漏总量占总库容的 0.128‰，小于《抽水蓄能电站设计导则》（DL/T 5208—2005）推荐的防渗控制标准 0.2‰～0.5‰的总库容。上库年总渗漏量为 148.7 万 m^3/a，小于多年平均年径流量约 977.5 万 m^3。

类比国内电站在花岗岩全风化土的渗透变形实验结果，全风化花岗岩中下部临界水力比降为 1～3.7，除以 2.5 的安全系数，则允许水力比降为 0.4～1.5，强风化花岗岩下部临界水力比降大于 19.7，除以 2.5 的安全系数，则允许水力比降大于 7.88，上库混合岩全风化土成分及物理力学指标与花岗岩风化土类似，参照花岗岩风化土判定渗透破坏可能性。库岸单薄分水岭南侧约 60m 范围（靠主坝左坝头段），最大水力坡降 $i=0.58$，大于允许水力比降小值 0.4，有可能产生渗透破坏，右岸垭口一、垭口二最大水力比降 $i=0.36$，接近允许水力比降，其余库岸最大水力坡降 $i=0.32$，比允许水力比降小，不会产生渗透破坏。而主坝左岸垭口以及单薄分水岭北侧（上游侧），距主坝左坝头 250～400m 范围，渗漏量仅 22 m^3/d、$37m^3/d$，水力比降 $i=0.086$～0.12，因此这两处可不考虑进行防渗处理，但需要进行地下水位、渗漏量的观测和监测。

7.1.4　防渗处理技术研究

综合考虑建议防渗处理措施采用上墙下幕垂直防渗方式：全风化带采用混凝土地下连续墙，深入强风化带一定深度，强风化带以下基岩采用灌浆帷幕，深入 $q=3$Lu 线一定深度。库岸、坝基设计防渗处理深度至 3Lu 以下约为 5m，主坝防渗处理深度一般为 20～35m，本范围是坝基的主要渗漏带，也是对坝基稳定影响较大的地带，防渗处理深度不大，因此防渗处理深度选取 3Lu 以下约 5m 是合适的。4 座副坝坝基全风化厚度一般为 20～35m，连续墙深度一般为 20～35m，此深度连续墙施工技术较成熟，施工质量能够保证。

按照上述防渗处理方法及深度，在主坝附近，左岸单薄分水岭、主坝、副坝一、副坝二、副坝三、右岸垭口三防渗体连成一体，垭口一、垭口二防渗体连成一体，副坝四独成一体。左岸垭口渗漏量仅为 $22m^3/d$，未做防渗处理。单薄分水岭南侧接主坝左坝头，北侧防渗处理至主坝头上游 232.638m，该处正常蓄水位为 762.00m，山体厚度约为 150m，往北逐渐变厚至 250m，地下水位为 760.00m，与地下水位线 762.00m 的水平距离约为 28m，正常蓄水位之下可能绕渗带为弱风化岩石，绕渗量估算约为 $1m^3/d$。垭口三右岸防渗处理至地面高程约为 788m，该处正常蓄水位为 762.00m，山体厚度约为 200m，该点地下水位为 758m，距离地下水位 762.00m 约 40m，正常蓄水位之下可能绕渗带为全风化、强风化及弱风化岩石，绕渗量估算约 $4m^3/d$。单薄分水岭至垭口三防渗体总长度为 1182.55m。垭口一右岸连接垭口二左岸，垭口一右岸防渗处理地面高程为 792.00m，该处正常蓄水位为 762.00m，山体厚度约为 180m，地下水位为 755.00m，距离地下水位 762.00m 约 30m，正常蓄水位之下可能绕渗带为全风化、强风化及弱风化岩石，绕渗量估算约为 $3m^3/d$。垭口二右岸防渗处理至地面高程约为 776.00m，该处正常蓄水位为 762.00m，山体厚度约为 125m，该点地下水位为 755.00m，距离地下水位 762.00m 约 35m，正常蓄水位之下可能绕渗带为全风化、强风化及弱风化岩石，绕渗量估算约为

$10m^3/d$。垭口一、垭口二防渗体长度为246.735m。副坝四右岸防渗处理地面高程为782.00m，该处正常蓄水位为762.00m山体厚度约为150m，地下水位为762.00m，已经封闭，左岸防渗处理至地面高程约为780.00m，该处正常蓄水位为762.00m山体厚度约为180m，该点地下水位为760.00m，正常蓄水位之下可能绕渗带为弱风化岩石，绕渗量估算约为$2m^3/d$，基本已经封闭，副坝四防渗体长度为196.5m。

上库库岸防渗处理总长度为1625m，约为库岸总长度（库岸总长16.8km）的9.7%，防渗处理已经基本封堵住可能产生较大渗漏地带，防渗处理后不存在可能发生渗透破坏的地段。

而在清远抽水蓄能电站中，上水库的集雨面积只有$1.001km^2$，库周除了两条较大冲沟外，还有14个垭口，岩性主要为寒武系的石英砂岩、粉砂岩，完整性较差，地下水埋藏深，从地形、地貌、地层岩性、水文地质条件上对比，均比惠蓄差。计算分析方法同惠蓄一样，这样，清蓄上库防渗总长约为2560m（其中主、副坝坝顶长约1215m），约占库周分水岭总长度的60%，也是采用防渗墙＋帷幕的形式进行处理，以3Lu线5m为防渗下限线，帷幕深度为15～65m，一般为30m左右。由于上库渗漏地段连续，坝基防渗和库岸防渗也就连成了整体。

7.1.5　工程实践与效果

从广州抽水蓄能电站和惠州抽水蓄能电站这些年的水库运行观测情况来看，这样的防渗处理是成功的。下文以惠州抽水蓄能电站为例。

惠州抽水蓄能电站上水库库周分水岭除南部稍低外，大部分较雄厚，地形封闭较好，地表水、地下水汇入库内，由主坝小金河流出。组成库岸的岩性主要为混合岩、花岗岩及库尾局部分布的石英片岩，均属非可溶岩。根据地质测绘、钻孔资料及主坝开挖揭露，燕山四期花岗岩与混合岩呈侵入接触，接触带呈混合岩化过渡，胶结良好。虽然库区断层岩脉发育，在钻孔中揭露的呈强-弱风化状的断层破碎带7段压水试验透水率$q=0.36\sim4.8Lu$，平均为2.9Lu，属弱透水性；岩脉接触带2段压水试验透水率$q=1.4\sim3.2Lu$，平均为2.3Lu，也属弱透水性。根据进出水口、副坝二、副坝四勘探资料，库盆底部大部分覆盖有厚约为10～25m的全风化混合岩和全风化花岗岩，平均渗透系数为2.85×10^{-4} cm/s，可起到一定的天然铺盖作用。其下以弱-微风化花岗岩或混合岩为主，属弱-微透水性。库盆下部没有渗漏通道，水库蓄水后不会沿库盆底渗漏。

根据长观孔资料，库岸分水岭高程在800.00m以上的地段，地下水位高于正常蓄水位762.00m，库区东北-北侧-西南侧分水岭一般为800～940m，地下水补给库水，库水不会产生外渗。根据调查，库周有多条冲沟水汇入上库，除小金河外没有通向库外的沟谷。库区发现12处泉水，分布在库内北西、南西侧的有10个，出露高程为764.00～790.00m，高于上水库正常高水位762.00m，地下水补给水库，水库不会产生外渗；另二处在南侧垭口二附近的冲沟中，出露高程为724.00m和738.00m，与地下水位长观资料基本一致，低于正常蓄水位，存在库水外渗可能。

上库库周大部分分水岭雄厚，地下水位高于正常蓄水位，仅在上水库区的南侧，主坝址至副坝一、副坝二、副坝三和西北库尾副坝四、主坝左岸单薄分水岭一带，地形较低，山顶高程多在 800.00m 以下，这些部位地下水位为 740.00～760.00m，埋深一般为 20～35m，低于正常蓄水位（762.00m），库水存在外渗的可能。并且左岸单薄分水岭及主坝左右两个坝头库内一侧山坡覆盖土层很薄，库水入渗条件较好，库水外渗可能较大。

根据地下水位长期观测、渗漏估算和渗透稳定等资料综合分析，上库主要防渗处理部位为：主坝左岸上游约 250m 单薄分水岭，主坝至副坝三、右岸垭口三，右岸垭口一、垭口二，副坝四。强风化和全风化是主要渗漏带，设计采用上墙下幕垂直防渗型式：全风化带采用混凝土地下连续墙，深入强风化带 0.5m，强风化带以下基岩采用防渗帷幕，深入 q=3Lu 线以下 5m。

按照上述防渗处理方法及深度，左岸单薄分水岭、主坝、副坝一、副坝二、副坝三、右岸垭口三防渗体连成一体，垭口一、垭口二防渗体连成一体，副坝四独成一体。单薄分水岭防渗处理至主坝头上游 232.638m，该处地下水位约为 760.00m，高程为 762.00m，山体厚度约为 150m，往北逐渐变厚，与天然地下水位 762.00m 的水平距离约为 28m，正常蓄水位之下可能绕渗带为弱风化岩石，绕渗量估算约 1m^3/d，渗漏量很小，在约 0+200 桩号防渗墙及帷幕下游，地面高程 780.00m 处布置的渗压计 UP11 从 2007 年 6 月始监测成果显示地下水位为 767.59～768.93m，一直高于正常蓄水位，表明处理后改变地下水动态，已经不会产生渗漏。垭口三右岸防渗处理至地面高程约为 788.00m，该处地下水位为 758.00m，距离天然地下水位 762.00m 约 40m，正常蓄水位对应山体厚度约为 200m，可能沿全风化、强风化及弱风化岩石绕渗，可研估算绕渗量约为 4m^3/d，蓄水后地下水位会壅高，不会产生大的渗漏，作为右侧防渗接头也是可行的。单薄分水岭至垭口三防渗体总长度为 1182.55m。垭口一右岸连接垭口二左岸，垭口一左岸防渗处理地面高程约为 800.00m，该处地下水位约为 755.00m，距离地下水位 762.00m 约 30m，正常蓄水位 762.00m 山体厚度约为 180m，可能绕渗带为全风化、强风化及弱风化岩石，绕渗量估算约为 3m^3/d；垭口二右岸防渗处理至地面高程约为 776.00m，该处地下水位约为 755.00m，距离地下水位 762.00m 约 35m，正常蓄水位 762.00m 山体厚度约 125m，可能绕渗带为全风化、强风化及弱风化岩石，绕渗量估算约为 10m^3/d。考虑蓄水后地下水位会壅高，渗漏量很小，垭口一至二两岸防渗接头也是可行的，垭口一至二防渗体长度为 246.74m。副坝四右岸防渗处理地面高程为 782.00m，该处地下水位为 762.00m，已经封闭，左岸防渗处理至地面高程约为 780.00m，该处地下水位为 760.00m，正常蓄水位 762.00m 山体厚度约 180m，可能绕渗带为弱风化岩石，绕渗量估算约为 2m^3/d，已基本封闭，副坝四防渗体长度为 196.5m，副坝四两岸可能绕渗带各布置一条渗压计观测剖面，每条观测剖面 4 个渗压计，观测成果与下闸蓄水水位上升无关、与水库运行库水位升降也无关，而是与雨季、旱季有关，表明库水水位抬高不会产生明显绕渗，分析是正确的。

上库库岸防渗处理总长度为 1625m，约占总库岸长度 16.8km 的 9.7%，防渗处理已封堵住可能产生较大渗漏地带。上水库于 2007 年 5 月 16 日下闸蓄水，至 2008 年 5 月 31 日 A 厂上游水道充水时，上水库库水位为 750.00m，库容约为 1198 万 m^3，与设计根据降雨量计算预测的库容一致。惠州抽水蓄能电站上水库运行至今，水库库外坡未见渗水点。说明渗漏分析结论正确，防渗处理措施得当。主副坝及库岸渗压计检测结果，靠水库侧帷幕前渗压计测值随库水位变化明显，但帷幕后（下游侧）渗压测值稳定，绕坝渗流渗压计与上库水位无明显相关性，渗压计过程线平缓，无突变，表明库水无明显渗漏，防渗处理是成功的。

7.2　库岸边坡稳定性及加固措施

7.2.1　影响库岸边坡稳定性的主要因素分析

边坡分为天然边坡和工程边坡。天然边坡按组成库岸岩土层组成及坡度特征，可分为岩质边坡、土质边坡和碎石土边坡；人工边坡主要包括人工填土边坡、人工开挖边坡（如进出水口和导流洞进口开挖边坡等）。

边坡的稳定性受多种因素的影响，可分为内部因素和外部因素。内部因素包括岩土性质，地质构造、岩土结构、水的作用、地震作用和地应力等；外部因素包括工程荷载条件、振动、斜坡形态以及风化作用、临空条件、气候条件和地表植被等。

（1）岩土的性质。包括岩土的坚硬（密实）程度，抗风化和抗软化能力，抗剪强度，颗粒大小、形状以及透水性能等。一个工程区的同一地层的岩土性质一般相差不大，分析试验资料时，一并结合电站区所有同层岩（土）的物理力学指标进行统计分析。

（2）岩层结构和构造。包括节理裂隙的发育程度及分布规律，结构面胶结情况以及软弱面，破碎带的分布与斜坡的相互关系，下伏岩土面的形态和坡向、坡度等。例如清蓄的下库为长条峡谷型，呈近南北走向，大坝建在水库的南面。岩层走向为北东，倾向南东；下库的几条主要断层，如 f_{16}、f_{19} 和 f_{21}，走向为北北东，倾向也是南东。库岸天然边坡的陡缓程度就与岩层和构造的产状相对应，故形成了左岸岩层较陡、右岸岩层较缓的地质现象。

（3）水文地质条件。包括地下水埋藏条件、水质、水量、补排和运移以及动态变化等。水库蓄水后，正常蓄水位以上边坡由于水库蓄水的影响，造成地下水位升高，使得岩土体内摩擦角变小（尤其是土质边坡），因此须判断山坡坡度和土的饱和快剪内摩擦角的关系；正常蓄水位以下边坡，是蓄能电站研究的重点，也是上下水库要研究的重要的工程地质问题，与常规电站的区别是，要考虑库水骤降的影响。

（4）其他因素。如地震作用、地貌因素和人为因素等。

7.2.2　库岸稳定性的工程地质勘察方法

针对影响库岸边坡稳定性的主要因素，需采用地质勘察的方法，查明库区工程地质条件和工程地质问题，为水库处理、设计提供地质依据。库岸稳定性的工程地质勘察是分不同阶段进行的，预可行性研究阶段的勘察是对上下水库库区进行初查，初步查明水库塌岸及近坝、进出水口、导流洞口等库岸高边坡可能失稳的规模及其严重程度，初步查明大坍塌体、大松散堆积体、岸边卸荷带和其他不稳定边坡的大致体积，对待建建筑物的影响程度及处理的可能性。预可研阶段，勘察工作以库区综合工程地质测绘为主，比例尺一般为1：5000～1：10000，对威胁水库、大坝、库周建筑物及下游安全的大坍塌体和不稳定边坡，应进行较大比例尺的工程地质测绘。通过对地层岩性、各种软弱结构面的研究，结合斜坡的形状、变形破坏情况，库岸水上、水下边坡冲刷、堆积及其稳定坡角、水库的水位骤降，初步判断可能发生滑动的地段。选出有代表性的地段做实测地质剖面，剖面方向应垂直于库岸。对大坍塌体，一般按其滑动方向布置纵、横勘探剖面，坑孔深度应穿过可能的滑动面深入到其下的稳定岩（土）体。塌岸预测剖面，一般垂直于库岸布置，坑孔深度根据预测的具体情况确定，控制性钻孔也要深入稳定岩体5～10m。坑、孔应分层取样做物理力学性质试验，对大坍塌体或不稳定边坡需要进行变形和地下水长期观测工作。

可行性研究阶段，要详细查明边坡的稳定性及其边界条件，进行稳定性和塌岸预测，并配合设计提出防治措施。本阶段的勘察是在预可研阶段勘察的基础上进行的，首先进行工程地质测绘，比例尺一般为1：500～1：2000，在分析水库蓄水后可能发生库岸失稳地段沿垂直边坡走向布置勘探剖面，剖面的长度要大于稳定分析的范围，每条勘探剖面上勘探点一般为3个或3个以上，钻孔深度应穿过可能的滑移面，进入稳定岩体不小于10m。详细查明不稳定边坡的形态特征、地质结构、水文地质条件等。同时还要补充必要的勘探和试验工作，如滑动面的抗剪试验、塌岸和滑坡的长期监测等。

布置勘察工作时，要紧密结合工程布置，如清蓄的下库，场内公路经过下库的左岸，在进行公路勘察和坝址勘察时，就要有针对性地进行布置，做到“一孔两用”。

7.2.3 库岸边坡稳定性分析方法

库岸边坡稳定性分析方法主要有极限平衡法和数值分析法。对广州抽水蓄能电站、惠州抽水蓄能电站和清远抽水蓄能电站等抽水蓄能电站的水库库岸稳定问题进行分析比较，清远抽水蓄能电站的下水库库岸稳定问题最为突出，本节以清远抽水蓄能电站下库为例进行详细分析。

7.2.3.1 清远抽水蓄能电站下库工程地质条件

下水库正常蓄水位137.70m，蓄水后回水线总长约11500m，死水位108.00m，水库蓄水运行后消落深度29.7m，消落带边坡以坡积层、全分化土质边坡为主，厚度一般3～19m。

1. 地形地貌

下水库库盆主要由一条狭长形南北向山间盆地组成，地形受断层f_{21}、f_{19}等控制，总体上呈北高南低。库盆主要由北东向、近南北向、北西向5条大冲沟汇合而成，冲沟水汇集形成小秦河，水流长年不断，沟中弱风化基岩裸露。下水库库周分水岭雄厚，正常蓄水位137.70m时对应分水岭厚度大于2000m，山顶高程一般为300.00～600.00m。在砂岩区岩层倾向南东，与左岸边坡倾向相反，而与右岸倾向一致。左岸边坡坡度为30°～45°，局部大于50°，少数为25°～30°；右岸边坡坡度相对较缓，中部、坝址部位一般为30°～40°，部分为25°左右，局部为40°～50°，少数大于50°；在花岗岩区的右岸库尾至进出水口附近山坡坡度为20°～30°。库区植被茂盛（图7.2-1）。

库周冲沟水呈树枝状汇入库盆，形成小秦河，由北向南流经坝址汇入大秦水库，经秦皇河汇入北江。下水库大坝坝址位于大秦水库库尾上游约850m峡谷处。下水库库盆封闭好，库周分水岭雄厚，自然山体边坡稳定。

2. 地层岩性

库区包括以下地层：

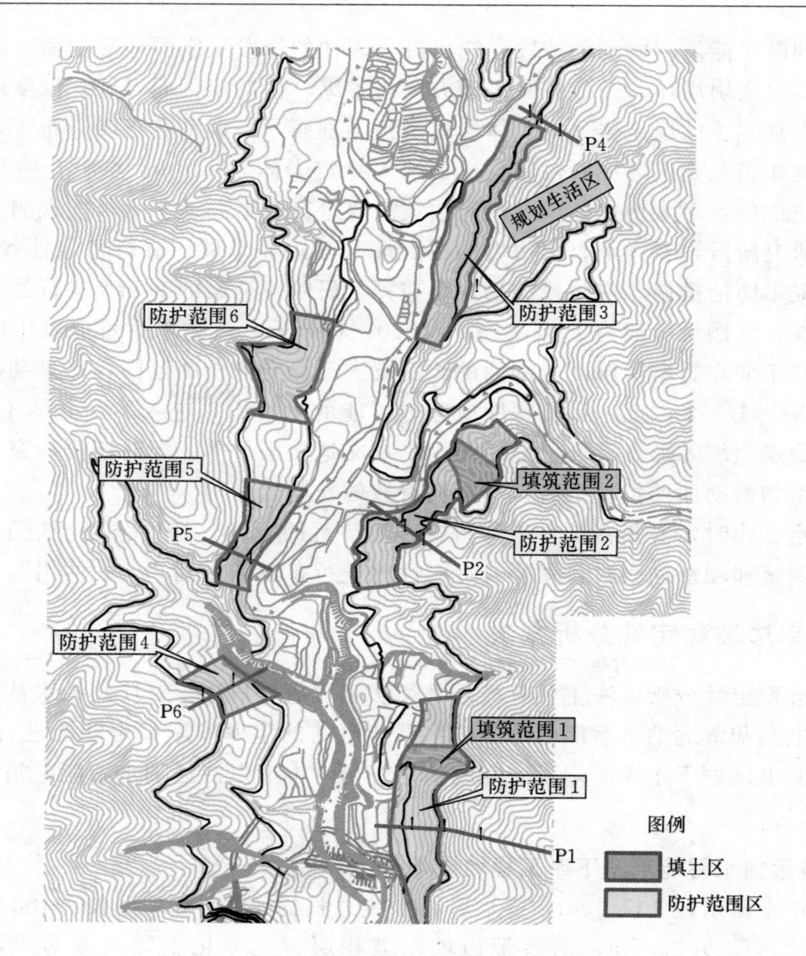

图 7.2-1　清远抽水蓄能电站下库简易平面图

（1）第四系坡积层（Q^{dl}）。主要分布于库岸山坡。表层为含碎石砂质粉土、含碎石砂质黏性土，下部为碎石质土、碎石土。厚度一般 0.5～13.5m。

（2）第四系洪冲积层（Q^{pal}）。主要分布于库盆、冲沟。为砂、砂卵砾石、漂石、块石等，厚度一般 2～8m。

燕山三期 $\gamma_5^{2(3)}$ 中粗粒黑云母花岗岩，局部夹细粒花岗岩，与寒武系八村群（$\in bc^c$）地层和泥盆系桂头群（$D_{1-2}gt$）地层侵入接触，熔融胶结。分布于库尾右岸下水库进出水口一带。

泥盆系中-下统桂头群（$D_{1-2}gt$）石英砂岩及泥质砂岩，岩层产状为 N40°～50°E/SE∠50°～60°，岩质较坚硬，中-厚层状，裂隙发育，岩体较破碎，与下伏寒武系八村群地层不整合接触。主要分布于下水库南部和坝址一带，地表出露多呈全风化状，在沟谷边坡有基岩出露。

寒武系八村群第三亚群（$\in bc^c$）石英砂岩、粉砂岩，岩层产状为 N40°～50°E/SE∠30°～40°，中-厚层状，裂隙发育，岩体较破碎。在下水库主要分布于中北部，地表出露多呈全风化状，局部弱风化基岩裸露。

3. 地质构造

北北东向断层规模较大，也较发育，是下水库主要断层，并影响和控制了库区范围的地貌轮廓。北北东向组断层有 3 条，走向为 N5°～15°E/SE∠50°～80°，贯穿整个库区，代表性断层如 f_{16}、f_{19}、f_{21}。

4. 水文地质条件

下水库库区地下水多为储存于岩体中的基岩裂隙水，少量储存于第四系松散堆积层中的孔隙型潜水。地下水受大气降水补给，库周冲沟水和泉水均流入库内，泉水出露高程一般为 250.00～500.00m，高于正常蓄水位 137.70m，地下水补给水库，泉水流量随季节而变化。洪冲积、坡积层中的孔隙水，随着坡积层分布位置及厚度的变化而变化，一般在分布厚度较大、位置较低地段才成为含水层。

5. 土层物理力学性质

下水库物理力学参数见表 7.2-1。

表 7.2-1　下水库物理力学参数建议值表

岩土分层及风化分带	直接剪切试验（饱和快剪）		三轴压缩试验（固结不排水）				渗透系数	
			总应力强度参数		有效应力强度参数			
	黏聚力 c/kPa	摩擦角 φ /(°)	黏聚力 C_{cu} /kPa	摩擦角 φ_{cu} /(°)	黏聚力 c' /kPa	摩擦角 φ' /(°)	K /(cm/s)	K_{20} /(cm/s)
坡积层	10～20	20～28	15	24	16	28	1×10^{-3}	
全风化带	8～15	25～30	23	30	22	32	8×10^{-4}	

7.2.3.2 库岸稳定性分析与计算

以下选择清远抽水蓄能电站下水库库岸作为库岸稳定性分析，计算断面图见图 7.2-2。考虑发电时库水位高程变化范围在 137.70～108.00m 之间，水位骤降时边坡最不稳定，采用瑞典条分法来计算，公式如下

$$F_s=\frac{\sum\limits_{1-x}(c_i l_i+w_i\cos\alpha_i\tan\varphi_i)+\sum\limits_{x-n}[c'l_i+(\gamma_i h_{i1}+\gamma'_i h_{i2}+\gamma'_i h_{i3})b_i\cos\alpha_i\tan\varphi']}{\sum\limits_{1-x}w_i\sin\alpha_i+\sum\limits_{x-n}(\gamma_i h_{i1}+\gamma_{sati}h_{i2}+\gamma'_i h_{i3})b_i\sin\alpha_i}$$

式中：F_s 为稳定系数；$(1-x)$ 为滑弧面在浸润线以上的土条；w_i 为第 i 土条的自重，$w_i=\gamma_i b_i h_i$；c_i、φ_i 为直接试验时的强度参数；c'、φ' 为固结不排水剪时的总应力强度参数；γ_i 为土的天然重度（湿重度）；γ'_i 为土的浮重度；γ_{sati} 为土的饱和重度；h_{i1}、h_{i2} 和 h_{i3} 分别为 i 土条在浸润线以上、浸润线与破外水位间和坡外水位以下的高度；α_i 为

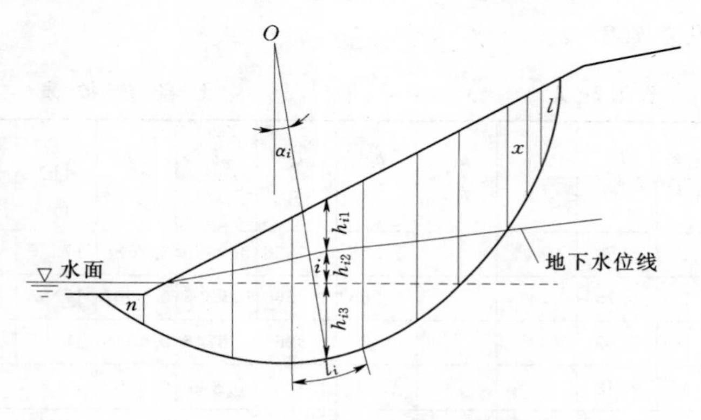

图 7.2-2　瑞典条分法计算示意图

i 土条自重力方向与其作用于滑弧面的力方向的夹角；l_i 为 i 土条的滑弧长度。

具体计算步骤如下：

(1) 确定可能的滑弧圆心范围。如图 7.2-3 所示，选取库岸断面最陡一段 AB 为易形成滑坡坡段，最危险滑弧的滑动圆心范围为 $CDNM$ 内，在此内选取圆心 O_1，取半径 $R_{1-1}=26.655$m 得滑弧 EF。

(2) 将此滑动土体分成若干土条（此处分为 $n=15$ 个土条），并编号。

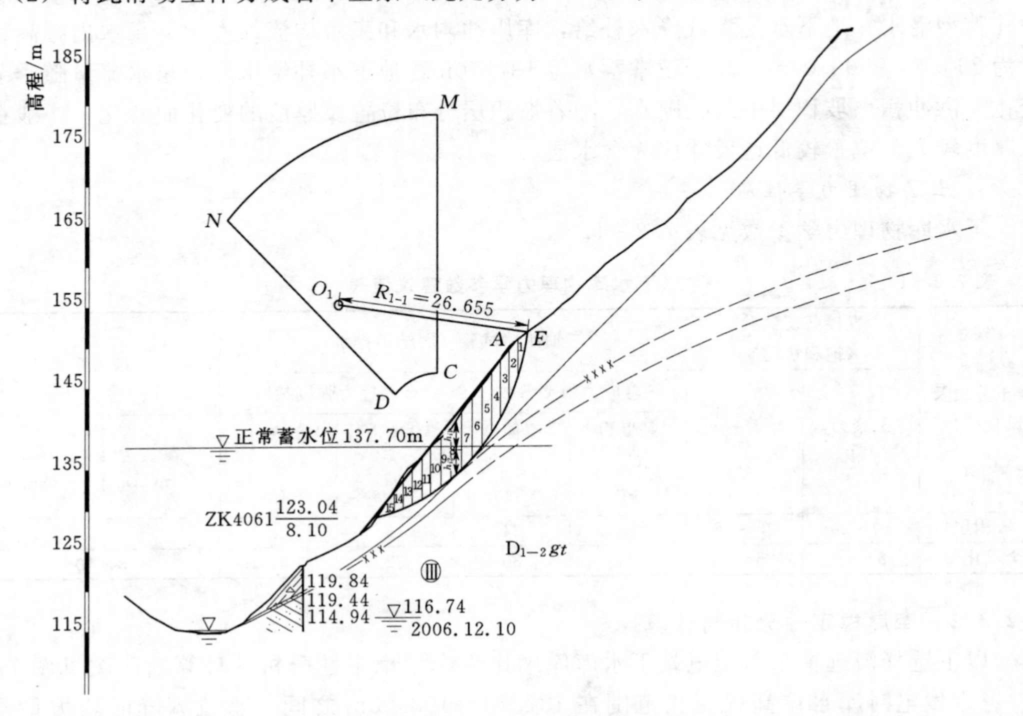

图 7.2-3　计算断面

(3) 量出滑弧面高于浸润线的各土条中心高度 h_i，滑弧面低于浸润线的各土条正常水位以上中心高度 h_{i1} 和正常水位以下中心高度 h_{i2}，宽度 b_i，各土条弧长 l_i，并列表计算 $\sin a_i$、$\cos a_i$，圆心 O_1，取半径 $R_{1-1}=26.655$m，计算与该圆心、半径对应的安全系数，见表 7.2-2。

表 7.2-2　　土条参数表

土条编号	h_i /m	h_{i1} /m	h_{i2} /m	b_i /m	l_i /m	$\sin\alpha_i$	$\cos\alpha_i$	γ /(kN/m³)	γ_{sat} /(kN/m³)	γ' /(kN/m³)	c /kPa	φ /(°)	c' /kPa	φ' /(°)
1	2.9			1.315	5.5826	0.9659	0.2588	17.55	18.7	8.7	15	24		
2	5.75			1.265	3.2565	0.9205	0.3907	17.55	18.7	8.7	15	24		
3	7.09			1.2	2.3261	0.8746	0.4848	17.55	18.7	8.7	15	24		
4	7.48			1.21	2.3261	0.829	0.5592	17.55	18.7	8.7	15	24		
5	7.46			1.33	2.3261	0.7771	0.6293	17.55	18.7	8.7	15	24		

续表

土条编号	h_i /m	h_{i1} /m	h_{i2} /m	b_i /m	l_i /m	$\sin a_i$	$\cos a_i$	γ /(kN/m³)	γ_{sat} /(kN/m³)	γ' /(kN/m³)	c /kPa	φ /(°)	c' /kPa	φ' /(°)
6		6.74	0.765	1.385	1.8609	0.7314	0.6812	17.55	18.7	8.7			15	24
7		5.25	2.165	1.45	1.8609	0.6691	0.7431	17.55	18.7	8.7			15	24
8		3.25	3.415	1.475	1.8609	0.6157	0.788	17.55	18.7	8.7			15	24
9		1.65	4.47	1.39	1.8609	0.5592	0.829	17.55	18.7	8.7			15	24
10		0.535	5.405	1.53	1.8609	0.515	0.8572	17.55	18.7	8.7			15	24
11		0	5.52	1.16	1.3957	0.454	0.891	17.55	18.7	8.7			15	24
12		0	4.945	1.38	1.3957	0.4067	0.9135	17.55	18.7	8.7			15	24
13		0	4.58	1.23	1.3957	0.3584	0.9336	17.55	18.7	8.7			15	24
14		0	3.44	1.245	1.3957	0.3256	0.9455	17.55	18.7	8.7			15	24
15		0	1.415	2.465	2.3261	0.2419	0.9703	17.55	18.7	8.7			15	24

通过以上公式计算得：$F_s=0.73$。

取同一圆心 O_1，取半径 $R_{1-2}=25.02$m，计算得：$F_s=0.83$。

在 $CDNM$ 范围内取不同圆心 O_2，取半径 $R_{2-1}=43.925$m 时，计算得：$F_s=0.75$。

手工计算只在最危险滑弧的滑动圆心范围为 $CDNM$ 内选取了两个圆心，共三个滑面就算，得最小稳定系数 $F_s=0.73$。

经计算，库岸自然边坡大于 26°，在骤降工况下，边坡稳定系数小于 1.1，不满足规范要求，需要进行处理。护坡处理范围主要是自然边坡坡度大于 26°，自河床至正常蓄水位以上 1m 之间的范围。

以下选择清蓄下库库岸作为库岸稳定性分析实例，计算断面和典型库岸加固断面图见图 7.2-4 和图 7.2-5，库岸稳定计算物理力学参数见表 7.2-5，计算软件取用北京理正软件设计研究院边坡稳定计算软件和中国水利水电科学研究院 STAB2008 土质边坡稳定计算程序，库岸稳定性分析计算在同一个库岸断面和同一和物理力学参数下，取两个边坡稳定计算软件按计算工况最不利骤降工况计算分析对比。

1. 理正软件计算

经过取用北京理正软件设计研究院边坡稳定计算软件计算，岸坡处理前稳定计算结果图见图 7.2-6，岸坡处理后稳定计算结果图见图 7.2-7。

2. 中国水利水电科学研究院软件计算

经过取用中国水利水电科学研究院（以下简称水科院）STAB2008 土质边坡稳定计算程序计算，岸坡处理前稳定计算结果图见图 7.2-8，岸坡处理后稳定计算结果图见图 7.2-9。

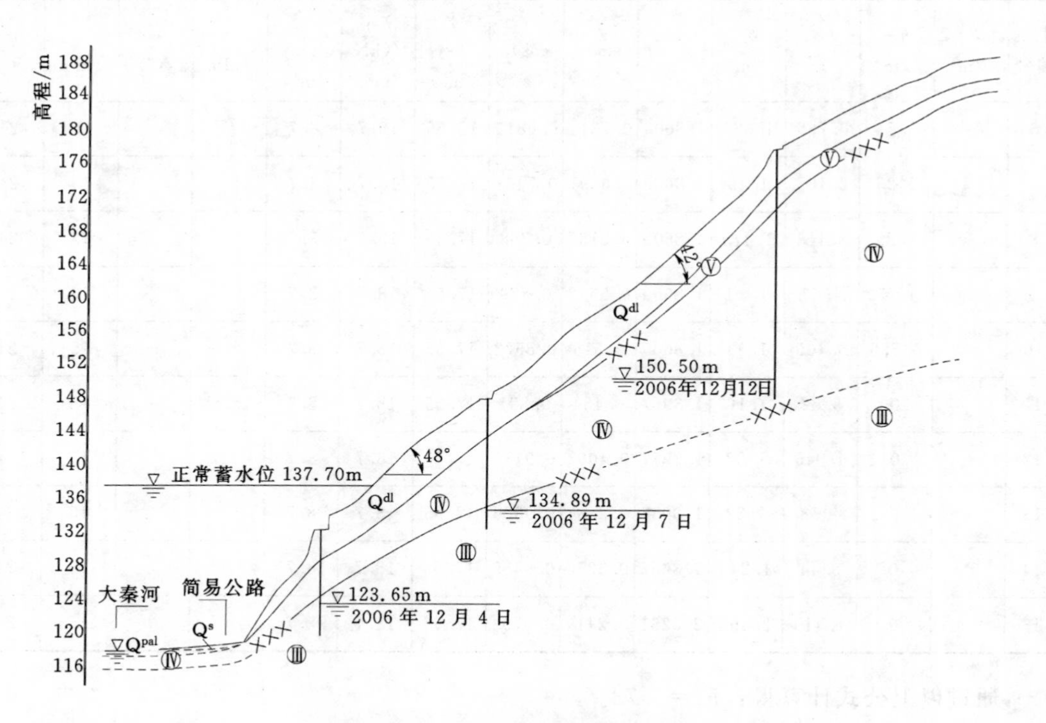

图 7.2-4 岸坡处理前计算断面图

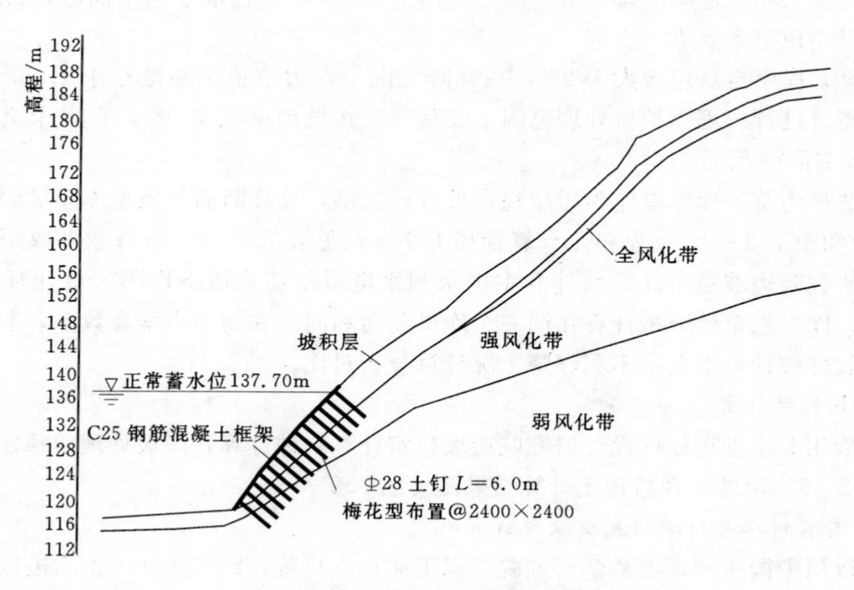

图 7.2-5 岸坡处理后计算断面图

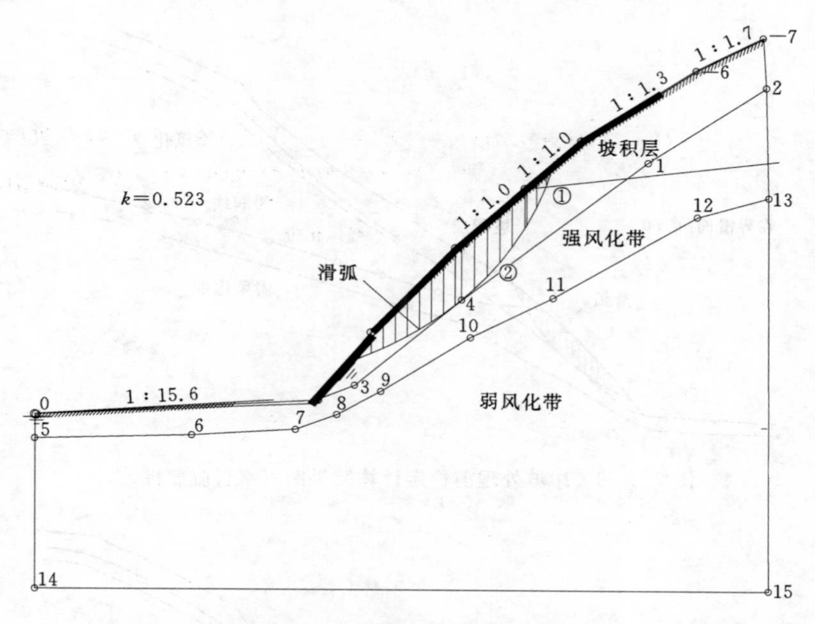

图 7.2-6　岸坡处理前稳定计算结果图（理正软件）

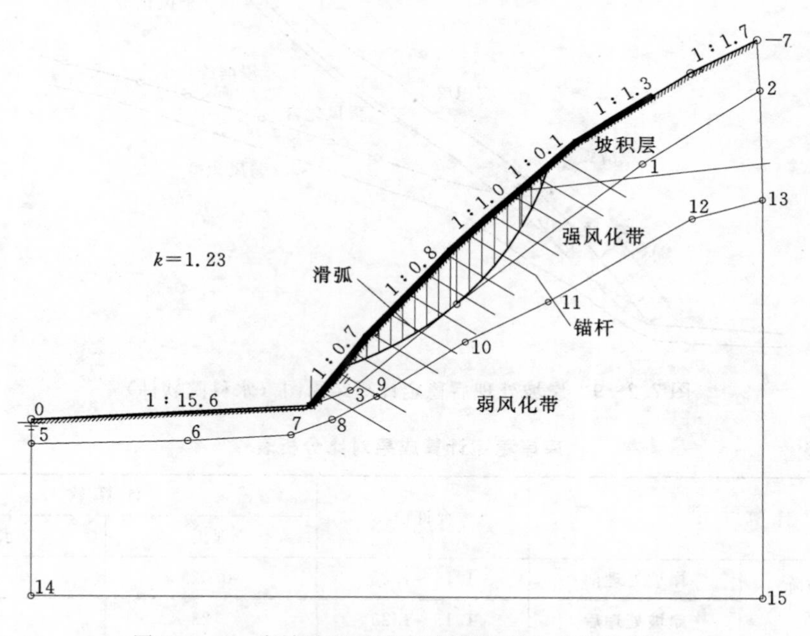

图 7.2-7　岸坡处理后稳定计算结果图（理正软件）

3. 两种程序计算成果对比分析

由表 7.2-3 可知，库岸稳定按最不利工况计算，即骤降工况计算，有些地段库岸边坡稳定性存在问题，而实际运行几乎不存在骤降工况，两种程序计算经对比分析后，表明计算稳定系数均满足规范要求，理正软件计算稳定系数值比水科院软件计算值偏大一点，但稳定系数计算值均是合理。

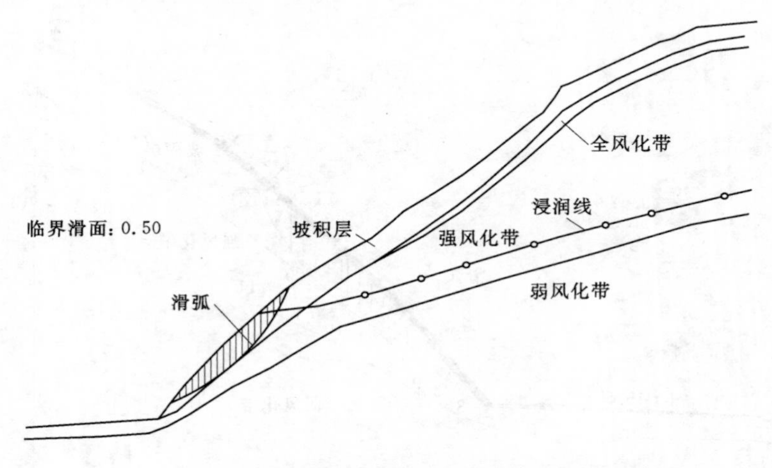

图 7.2-8 岸坡处理前稳定计算结果图（水科院软件）

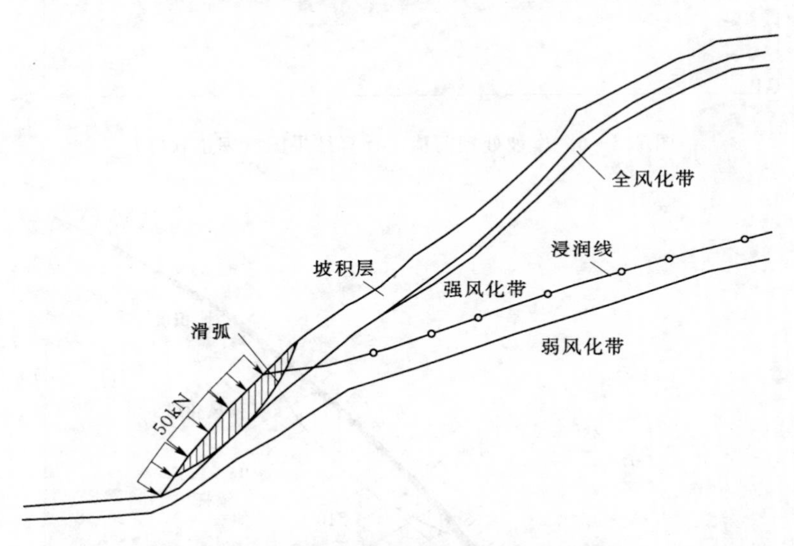

图 7.2-9 岸坡处理后稳定计算结果图（水科院软件）

表 7.2-3 库岸稳定计算成果对比分析表

计算工况		允许值	计算软件	
			理正	水科院
正常蓄水位降至死水位	岸坡处理前	1.15～1.25	0.52	0.5
	岸坡处理后	1.15～1.25	1.23	1.21

计算库岸稳定分析时，取用北京理正软件设计研究院边坡稳定计算软件计算时，计算时间比较长，一次性计算得出边坡最小滑弧，稳定系数计算值偏大；选用中国水科院STAB2008土质边坡稳定计算程序时，建模方便，计算时间更短，稳定系数计算值更保守，但边坡最小滑弧需人工用经验搜索。两种计算程序均能满足库岸稳定分析需要，计算结果合理。

7.2.4 库岸边坡加固措施研究

库岸处理主要考虑混凝土贴坡挡墙、堆石护坡、山体削坡卸载、压重护脚及锚杆支护等方案。清蓄下水库两岸山体雄厚，库岸山体较陡，若用混凝土贴坡挡墙或堆石护坡则工程量较大，且堆石护坡坡度较缓，从而导致有效库容减少。根据下水库不同处理部位地形地质条件，分别采用挖顶卸载、混凝土格梁结合锚杆护坡方案及坡脚压重＋混凝土格梁结合锚杆护坡等方案。

1. 挖顶卸载方案

挖顶卸载方案主要结合永久生活区范围开挖进行护坡处理，永久生活区开挖高程150.0m，该处强风化层埋深仅1m左右，蓄水运行期表层覆盖层容易坍塌，卸载后将覆盖层清除。

2. 混凝土格梁结合锚杆护坡方案

除永久生活区处理范围外，对于河床原地面线高于死水位的处理范围采用混凝土格梁结合锚杆护坡方案。混凝土格梁尺寸500mm×500mm，间距2.5m×4.5m，锚杆采用ϕ28，间距2.5m×2.25m，混凝土格梁之间填筑干砌石及碎石反滤层，干砌石厚度为300mm，反滤层厚度200mm。

3. 坡脚压重＋混凝土格梁结合锚杆护坡方案

除永久生活区处理范围外，对于河床原地面线低于死水位的处理范围采用坡脚压重＋混凝土格梁结合锚杆护坡方案。坡脚压重高程108.00m，与死水位相同，压重填筑材料利用开挖渣料压实；混凝土格梁尺寸500mm×500mm，间距2.5m×4.5m，锚杆采用ϕ28，间距2.5m×2.25m，混凝土格梁之间填筑干砌石及碎石反滤层，干砌石厚度为300mm，反滤层厚度200mm。

防护范围1：位于下水库坝址左岸上游侧，共分为三小块，强风化基岩埋深浅，放坡后，大部分坡面强风化基岩出露，中间间隔两块为进场公路路基回填区，已做浆砌石护坡。采用混凝土格梁结合土钉锚护坡方案进行支护处理。混凝土格梁尺寸400mm×500mm，锚杆采用ϕ28，间距2.4m×2.4m或2.0m×2.0m，混凝土格梁之间填筑干砌石及碎石反滤层，干砌石厚度为300mm，反滤层厚度100mm。

防护范围2：位于下水库左岸中部北东向冲沟处，部分边坡较陡，强风化和弱风化基岩埋深浅，采用削坡卸载后进行混凝土格梁结合土钉锚杆支护处理。混凝土格梁尺寸400mm×500mm，锚杆采用ϕ28，间距2.4m×2.4m或2.0m×2.0m，混凝土格梁之间填筑干砌石及碎石反滤层，干砌石厚度为300mm，反滤层厚度100mm。对不满足放坡条件地段，为了满足蓄水运行期正常运行，采用回填渣料压坡＋干砌石护坡方案进行处理，回填渣料碾压层厚600mm，碾压8遍，压实后控制干密度不小于1.80g/cm^3。

防护范围3：位于库尾左岸管理中心处，此处为建设管理中心，山体已开挖至高程145.00m左右，按三级边坡开挖放坡至高程108.00～112.00m，坡比分别为1∶1.2和1∶1.5，中间设两级马道，高程分别为123.00m和138.00m，对应宽度为2m和5m。开挖后坡面地质条件相对较差，考虑管理中心离坡顶较近，坡较高，约38m，按照设计要求，对此边坡进行了补充勘察工作。补充勘察揭露岩性为石英砂岩，岩层倾向南东，与坡面方向大致相反；全风化带厚度为1.6～5.2m，为红褐色粉土，粉质黏土，少量为碎石质黏性土；强风化带厚度为1.9～6.6m，多呈碎块状，裂隙极发育，岩质较坚硬，局部夹全风化土；弱风化带埋深为0.8～6.6m，裂隙发育，呈块状、短柱状、柱状，岩质坚硬，坡脚基本为弱风化石英砂岩。开挖及钻孔未揭露较大的断层构造和软弱夹层，未发现对岸坡稳定影响较大的结构面。该边坡处理：采用先喷混凝土100mm厚，坡脚为贴坡混凝土挡墙，上部为混凝土框架梁结合锚杆护坡方案。格梁尺寸400mm×500mm，锚杆采用ϕ28，间距1.6m×1.6m，混凝土格梁之间填筑干砌石及碎石反滤层，干砌石厚度为400mm，反滤层厚度100mm。高程138.7以上采用混凝土格梁植草护坡进行护坡处理。

防护范围4：下水库导流洞进口右岸边坡，离山顶塔架较近，边坡为平缓的自然边坡，为了保护下库放水底孔及塔架的安全，对该范围高程138.70至导流洞进口边坡，采用混凝土护坡结合土钉锚杆方案进行支护处理。混凝土护坡厚300mm，锚杆采用ϕ28，间距2.0m×2.0m。

防护范围5：位于下水库中部右岸，3个区域。1号区域边坡坡度较缓，全风化层较厚，高程138.70m以下至河床，采用混凝土护坡结合土钉锚杆方案进行支护处理，混凝土护坡厚300mm，锚杆采用ϕ28，间距2.0m×2.0m；2号区域边坡，坡面倾向南东，倾角50°～60°，大部分为强-弱风化基岩出露，局部为全风化土，坡脚均为弱风化，强风化带完整性差，弱风化带完整性较好，陡倾角裂隙发育，岩层产状为N30°E/SE∠50°～60°，断层f_{19}从2号区域边坡高程120.00m以上通过，离坡脚（高程95m）最近距离约21m，走向为N15°E/SE∠60°～80°，宽度b=12m，断层带为硅化砂岩，呈强风化构造片状岩，胶结差。根据现场揭露情况，该范围边坡坡度不高，坡面倾向与岩层倾向基本一致，倾角相差不大，均为中陡倾角，断层倾向与坡面倾向夹角约15°，倾角比边坡陡，不存在顺坡缓倾角的软弱结构面，判断该区域不会产生深层滑动，可能会产生顺坡向裂面及顺岩层倾向的浅层滑动。该范围采用台阶式混凝土护坡结合砂浆锚杆方案进行支护处理，台阶式混凝土护坡厚度从下到上分别为100cm、75cm、50cm、30cm，锚杆采用ϕ28，间距2.0m×2.0m；3号区域为2号塔架南侧冲沟内下边坡，该边坡较陡，强风化基岩出露，为加强对塔架的安全防护，对高程138.70m至冲沟沟底范围，采用喷混凝土结合砂浆锚杆方案进行支护处理，喷混凝土厚度为100mm，锚杆采用ϕ28，间距2.0m×2.0m。

防护范围6：位于库尾右岸进出水口处，全风化层较厚，开挖坡面除局部有强风化基岩出露外，其余均为全风化砂岩，高程138.70～125.00m边坡较陡，采用混凝土护坡结合土钉锚杆方案进行护坡处理；高程125.00～108.00m边坡较缓，采用混凝土护坡方案进行护坡处理。高程138.70～125.00m范围，混凝土护坡厚250mm，锚杆采用ϕ28，间距1.6m×1.6m；高程138.70m～125.00m范围，坡度陡于1：2.5的边坡，混凝土护坡厚500mm，坡度缓于1：2.5的边坡，混凝土护坡厚350mm。

7.2.5　库岸岸坡稳定情况

清远抽水蓄能电站下水库库岸边坡以坡积层、全风化土质边坡为主，局部为裂隙发育的强风化砂岩。水库蓄水运行消落深度29.7m，库岸边坡以中高边坡为主。下水库于

2014年8月蓄水，截至2016年5月已有两台机组投入运行，期间于2016年2月24日下水库库水位达到137.70m正常蓄水位，在此期间各边坡无坍塌、滑塌现象，各边坡监测仪器变化数值均在正常变化范围内，说明采用山体削坡卸载、混凝土格梁结合锚杆护坡、压坡+干砌石护坡、混凝土护坡结合锚杆护坡及喷混凝土结合锚杆护坡支护等措施处理后边坡是稳定的。

第8章 高压隧洞山体与围岩稳定性研究

从地质角度，高压隧洞布置主要考虑的因素有：断层、裂隙、优势结构面产状，地应力与隧洞的关系，山体边坡稳定，上抬理论（覆盖厚度），最小主应力准则（地应力），稳定评价，岩体渗透性与衬砌方案选择。

限裂混凝土设计的高压水道渗控方案涉及的主要内容有：高压压水试验、水力劈裂试验，岩体承受高压内水的抗疲劳试验，各类岩体的渗透系数，固结灌浆防渗处理，复杂水文地质条件下渗控方案。

抽水蓄能电站枢纽从上游调压井至地下厂房段为高压隧洞，包括上平洞、中斜洞、中平洞、下斜洞、下平洞、高压岔管和高压支管。广东各抽水蓄能电站最大静水头均在450m以上，考虑高水头电站安全运行，从区域构造稳定性、抗抬理论经验准则和最小主应力准则等对高压隧洞山体稳定及围岩稳定进行研究并作出评价。

8.1 区域构造稳定性分析

8.1.1 区域稳定性分级原则

考虑构造地质特征（地壳结构与深断裂、新构造期地壳运动和断裂活动性）、地震特征（震级和烈度）和地球物理特征（重力异常和地热活动等）等因素，在查清与其有关的各项区域性因素的基础上，结合各工程区内的具体地质条件，将区域构造稳定性划分为以下几个等级：

（1）次不稳定级：区内有活动断裂发育或有继承性活动盆地发育，附近地区可能发生震级大于4¾级的破坏性地震。影响烈度为Ⅶ～Ⅷ度，活断层相对位移速率达1～3mm/a，可能引起某些坡体失稳以及某些地段地面发生震陷、变形破坏，地壳稳定性较低，建筑物必须采取一定抗震措施。

（2）基本稳定级：区内活动断裂发育或有完成型盆地发育。附近地区有中等或较强烈地震活动，震级一般小于4¾级，即无破坏性地震发生，基本烈度为Ⅵ～Ⅶ度，地壳稳定性较好。除特殊重要建筑物外，一般建筑物可进行简易抗震设防。

（3）较稳定级：区内活动断裂较发育，地震活动较弱，震级一般小于3.0级，地震烈度基本为Ⅵ度。地震作用对岩土体的稳定影响不大，一般建筑物可以不设防抗震。

（4）稳定级：区内活动断裂不发育，现今构造活动微弱，无地震活动，地震基本烈度为Ⅵ度或小于Ⅵ度以下，地壳及其表面处于稳定状态，任何建筑物不需设防。

8.1.2 广东抽水蓄能电站区域构造稳定性分析

根据上述分级原则、区域地质构造条件与地震等有关资料，广东已建成的广州抽水蓄能电站、惠州抽水蓄能电站以及在建的深圳抽水蓄能电站、清远抽水蓄能电站工程构造稳定性等级划分简述如下：

广州抽水蓄能电站位于佛冈-丰良东西向构造带与广州-从化北东、北北东向褶断带复合部位的东南侧。区内燕山期花岗岩，为佛冈复式岩体的南缘部分。主体岩石为燕山三期中粗粒（斑状）黑云母花岗岩。构造以断裂为主，多次构造活动形成的断裂有6组，以北西、北北西及北北东向最为发育。其中北西组规模较大，延伸较长。根据国家地震局地质研究所对电站场区断层活动性研究，认为区内主要断层最后一次活动发生距今20万～17万年，证明区内不存在活动断层。新构造运动以大面积、多次间歇性的整体抬升为主，尤其在 Q_3 以来地壳升降幅度较小，区域稳定性较好。

惠州抽水蓄能电站枢纽区位于范家田稳定区，范家田稳定区夹于北东向河源深断裂和博罗大断裂之间，两大断裂构成该断块的南北构造界线，其东西构造界线分别是惠东-龙门断裂和龙溪断裂。断块区形态近似梯形，呈北东方向延伸。根据组成地层和褶皱特征来看，海岸山断块形成于海西印支期，形成的褶皱轴向前者为北东东向，后者为北东向。至燕山期强烈的断层活动，伴随岩浆侵入和火山喷发活动，区内褶皱构造遭到破坏。尤以海岸山断块形成明显的断块特征，控制区内地形和海岸线的基本轮廓，在经历了各时期的构造运动后，区内的断裂构造十分发育，按其延伸方向划分，可分为北东向、东西向和北西向三组构造，其中北东向组构造最为醒目，次为东西向和北西向三组构造，除此之外，在工程场区近南北向断裂也较发育，它们均在燕山期强烈活动。其中，北东向断裂构造形迹明显，常形成断层陡坎及三角面等微地貌标志，具压性特点；而北西向断裂常沿沟谷延伸，和北东向断裂一起均属新华夏构造体系。东西向和南北向断裂可能是燕山期继承性活动的古老构造，也可能是新华夏构造体系中新产生的两组扭性结构面沿古老构造再活动并对其改造的结果。这几组断裂在燕山期以后趋于稳定，活动性减弱，尤其在挽近期，属趋于稳定的老断裂，未切穿周边晚更新世以来的地层，多种资料显示，没有复活迹象，断块区内活动性断裂不发育。区内地震和火山活动非常微弱，历史上未发生过震级大于2.0级地震，基本上处于无震状态，受邻区地震影响很弱。新构造时期地壳活动主要表现为缓慢的整体抬升，抬升幅度300～400m；布格重力异常值线呈近东西向，线距较稀，曲线平缓，形态简单。总之，该断块区在晚近期构造活动微弱，无区域性深部断裂通过，构造稳定性好。

深圳抽水蓄能电站枢纽区位于三洲田-王母圩断块区（$Ⅱ_2$），夹持于北东向深圳大断裂和政和-海丰大断裂之间，构成该断块的南北构造界线，其中深圳大断裂在工程场区内通过；其东西构造界线分别是横岗-盐田断裂和惠州盆缘断裂。断块区形态近似方形，面积约为1300km^2。断块区内主要发育有北东、北西和东西向3组断裂，除此之外，在工程场区（尤其在上库区）近南北向断裂也有发育，它们均在燕山期强烈活动。其中，北东向断裂构造形迹明显，常形成断层陡坎及三角面等微地貌标志，具压性特点；而北西向断裂常沿沟谷延伸，和北东向断裂一起均属新华夏构造体系。东西向和南北向断裂可能是在燕山期继承性活动的古老构造，也可能是新华夏构造体系中新产生的两组扭性结构面沿古老构造再活动并对其改造的结果。这几组断裂在燕山期以后趋于稳定，活动性减弱，尤其在挽近期，属于趋于稳定的老断裂，未切穿周边晚期地层；在地貌形态上，都没有构成强烈差异地形，也没有构成断陷盆地，在库区附近沿断层追踪观察结果表明，未见明显的第四纪新活动特征。多种资料显示，没有复活迹象，该断块区内不发育活动性断裂。区内地震和火山活动非常微弱，新构造时期地壳活动主要表现为缓慢的整体抬升，抬升幅度一般小于 300m。总之，该断块区在挽近期构造活动较弱，地壳基本稳定。

清远抽水蓄能电站站址区位于古生代隆起区，区域地壳经历了加里东期至燕山期多次构造运动，形成了一系列规模不等、方向不一、性质不同的断裂，其中北东向断裂规模最大，呈近等间距分布，控制了区域地貌格局，构成该区域浅层的主体构造，多为压扭性质；区域内北西向断裂同样具有等间距排列的特点，虽然规模相对较小，但其最新活动性强烈，控制了第四纪大型盆地的发育和发展，并且往往切割北东向构造。区域构造应力场主压应力轴走向为北西西向。在区内以燕山期花岗岩侵入体为代表，对基底褶皱加以改造和归并，形成现在构造格架。站址在区域上位于吴川-四会断裂带东南侧，其主干断裂与站址相距较远，约 30km，影响微弱。次级断裂-石砍断裂带（F_2）从站址西北面通过，距站址最近距离在 10km 以上，构造岩热释光测年结果为（81.820 万±4.900 万）年，表明该断裂在早更新世曾有过活动。在站址南面约 18km 三坑镇分布温泉，根据有关资料，三坑温泉位于吴川-四会断裂带东南侧，三坑向斜西南部，为岩溶裂隙型温泉。研究认为，该温泉主要受北东向大坑口断层控制，该断层位于三坑至四会市罗源镇大坑口附近，长约 8km，中部被九牛洞断裂右旋错动而分成南北两段，在北段取构造岩热释光测年数据为（28.19 万±1.97 万）年（郭钦华等，2002 年），南段为（9.81 万±0.62 万）年。大坑口断裂（南段）距站址最近约 16km，附近小震活动较多，反映出该断裂自中更新世中期和晚更新世早期强烈活动以来至今处于不稳定状态，属于活动性断裂。场地内断裂构造尚未见其错动上覆的第四纪地层的现象，构造岩热释光测年数据全部为中更新世。如在上库 ZK1002 孔和 ZK1004 孔采集的构造岩分别为距今（16.24 万±0.96 万）年和（14.65 万±0.88 万）年；在下库 ZK2009 孔采集的构造岩距今（27.40 万±1.64 万）年；在厂房区 ZK3003 孔采集的构造岩热释光测年结果分别为距今（36.57 万±2.20 万）年和（34.80 万±2.10 万）年。探洞中近东西向断层 f_{235}（f_{26}）测龄结果为（56.92 万±3.41 万）年、f_{237}（f_{25}）测龄结果为（51.10 万±3.1 万）年。近场区历史上没发生过 $M_s \geqslant 4\frac{3}{4}$ 级破坏性地震，除清远盆地东西两侧边缘有少量 $M_L 2 \sim 3$ 级地震外，其他广大地区几乎无地震活动。大部分断裂现今活动性不明显，未发现有错动全新世地层的活动迹象。因此，可以认为近场区的地震构造环境是稳定的。总的来看：区域性深大断裂远离站址区，站址位于区域构造稳定区。

8.2 高压隧洞抗抬稳定分析

8.2.1 抗抬理论经验准则

高压隧洞围岩不产生水力劈裂现象首先必须满足洞身的垂直和侧向要有足够厚度岩体的要求，使高压隧洞沿线山体具有承受内水压力的能力，以便围岩在最大内水压力作用下不发生上抬。现今国际通用的准则有覆盖范围的垂直向准则、雪山准则和挪威准则，后两个准则反映了地形对覆盖厚度的影响，对有山谷、边坡影响时更适用，雪山准则是针对陡峭地形的侧向覆盖准则，计算结果与挪威准则吻合。我国《水工隧洞设计规范》（SL

279—2002）推荐采用挪威准则，其经验验判别式见式（8.2-1）。

$$\gamma_r D\cos\alpha > K\gamma_w H \tag{8.2-1}$$

式中：γ_r、γ_w 分别为岩体和水的重度，kN/m³；D 为最小覆盖厚度，m；H 为最大内水压力水头，m；K 为经验系数，一般取 1.1；α 为坡面倾角，$\alpha > 45°$时取 45°。

8.2.2 广东抽水蓄能电站隧洞抗抬稳定分析

广州抽水蓄能电站、惠州抽水蓄能电站、深圳抽水蓄能电站高压隧洞均位于坚硬的花岗岩体中，沿线山体雄厚，没有深大沟谷，地面较缓，侧向埋深远大于垂直埋深。因此，只需计算垂直向覆盖厚度，计算点主要选取在覆盖层较薄和内水压力水头较大的斜井与平洞连接段、高压岔管的起点和终点等关键部位，剖面图见图 8.2-1～图 8.2-5。关于覆盖厚度 D 的计算各国有不同的规定，挪威为典型的花岗岩地区，岩体表面风化层厚度不大，规定 D 为计算点至地表的最短距离；我国地形地质条件复杂，岩体风化差异较大，规范规定 D 为计算点至弱风化带顶面最短距离。这里分析计算的广东三个电站高压隧洞均位于花岗岩体中，与挪威地质条件类似，地表风化层较薄，分别计算了从计算点到地表和弱风化顶面两种覆盖厚度，两者视安全系数差别不大。计算评价指标有两个：①覆盖厚度比 D/H，即计算点的覆盖厚度（D）与计算点最大内水压力水头（H）之比，当围岩较完整无不利结构面、采用混凝土或钢筋混凝土衬砌时，SL 279—2002 规定有压隧洞洞身的垂直和侧向覆盖厚度（不包括覆盖层），可按不小于 0.4 倍内水压力水头控制；②视安全系数，即式（8.2-1）中经验系数 K，SL 279—2002 取 $K=1.1$，DL/T 5195—2004 规定 K 视围岩情况确定，一般取 $K=1.3$～1.5。在这 3 个蓄能电站中，从地表计覆盖厚度 D，并计算 $D/H=0.6$ 的洞线（图 8.2-1～图 8.2-5），来控制高压隧洞沿线埋深，要

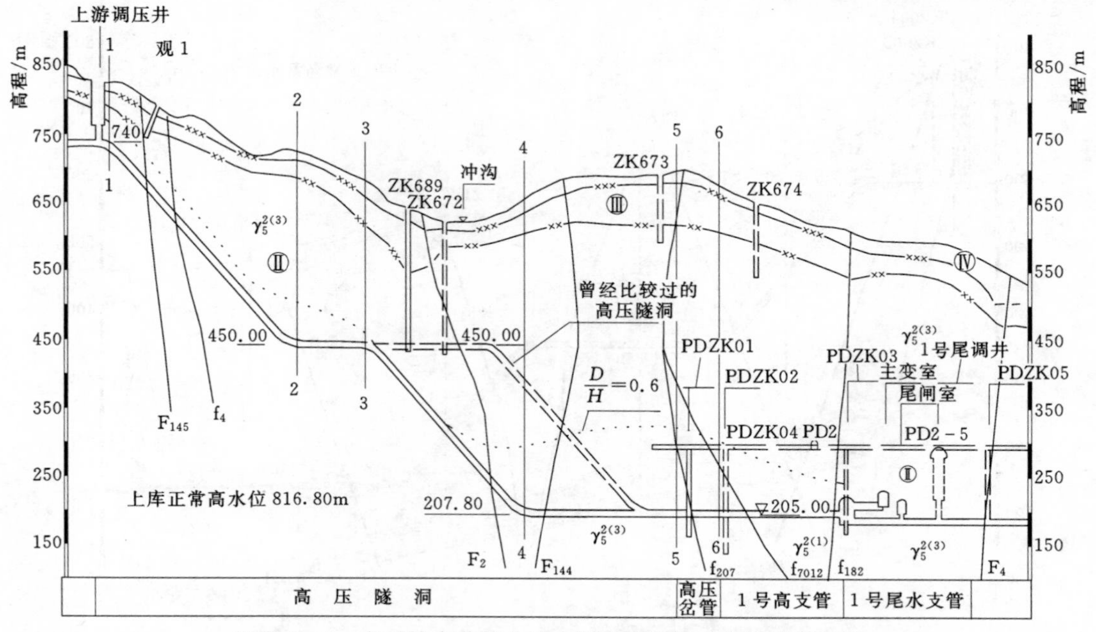

图 8.2-1 广州抽水蓄能电站一期高压隧洞工程地质剖面图

H—高压隧洞各点静水压力水头，m；D—高压隧洞各点上覆岩体厚度，m

求 $K>1.1$，高压隧洞控制点覆盖厚度比及视安全系数计算成果见表 8.2-1～表 8.2-3。

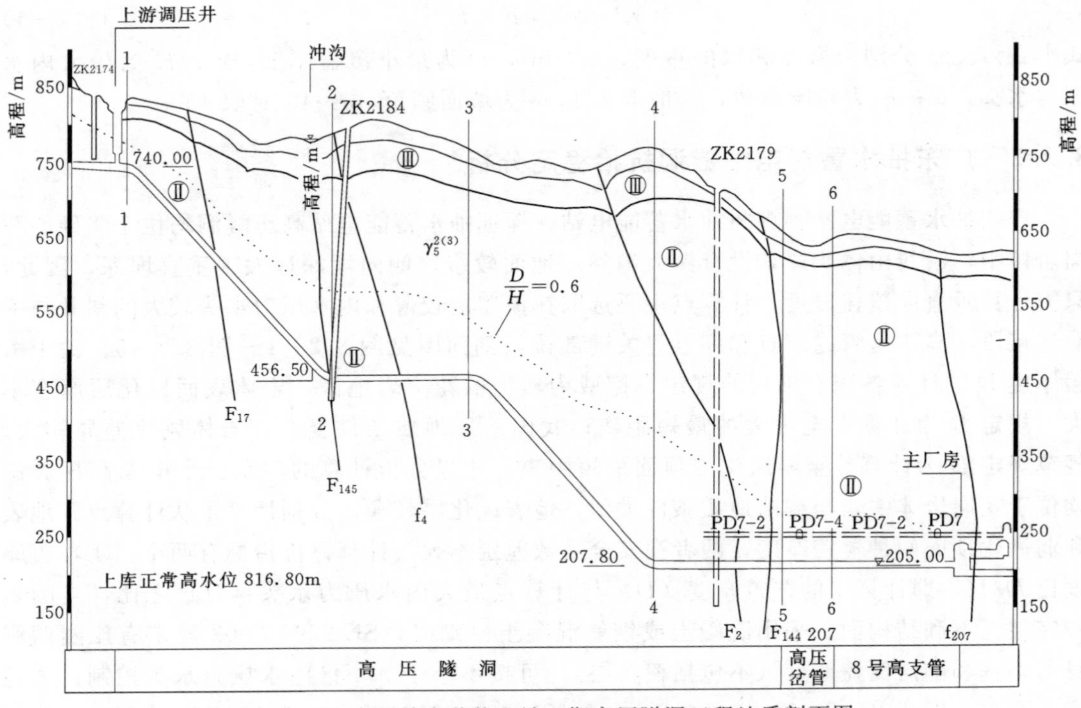

图 8.2-2　广州抽水蓄能电站二期高压隧洞工程地质剖面图

H—高压隧洞各点静水压力水头，m；*D*—高压隧洞各点上覆岩体厚度，m

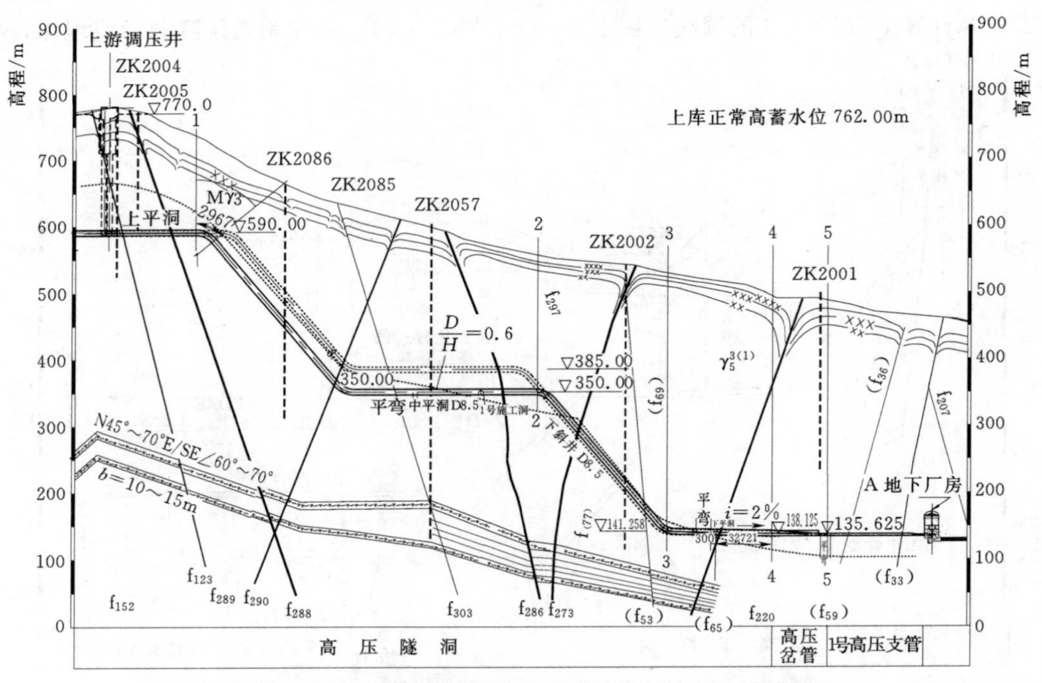

图 8.2-3　惠州抽水蓄能电站 A 厂高压隧洞工程地质剖面图

D—高压隧洞各点上覆岩体厚度，m；*H*—高压隧洞各点静水压力水头，m

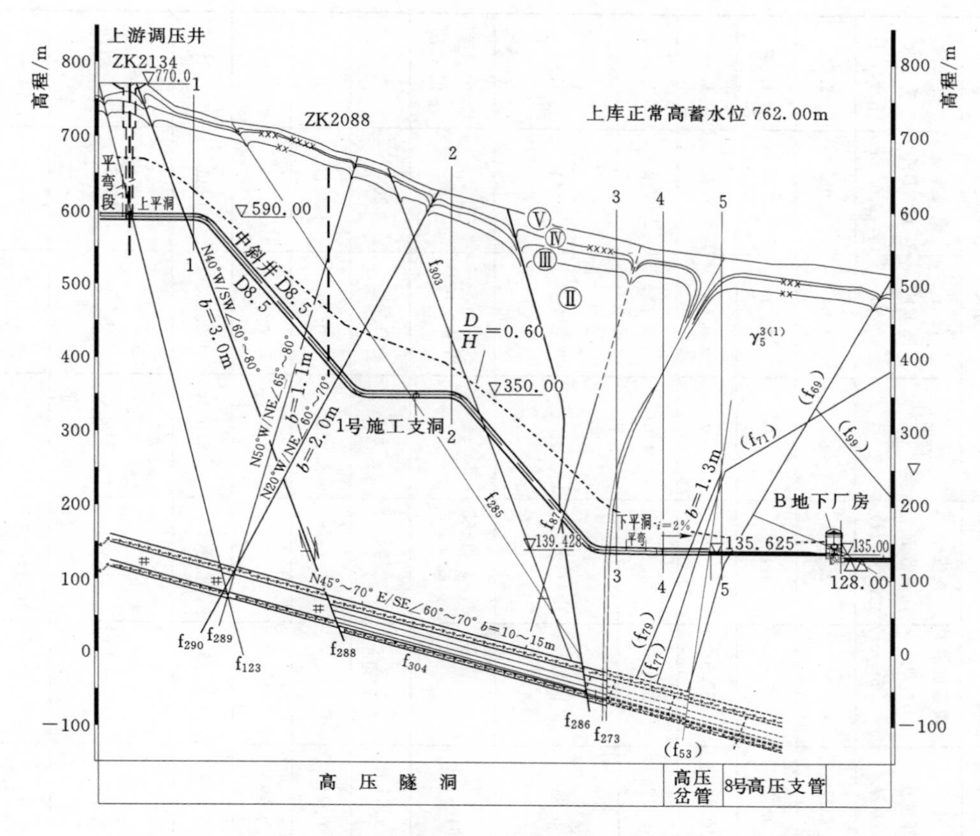

图 8.2-4 惠州抽水蓄能电站B厂高压隧洞工程地质剖面图

D—高压隧洞各点上覆岩体厚度，m；H—高压隧洞各点静水压力水头，m

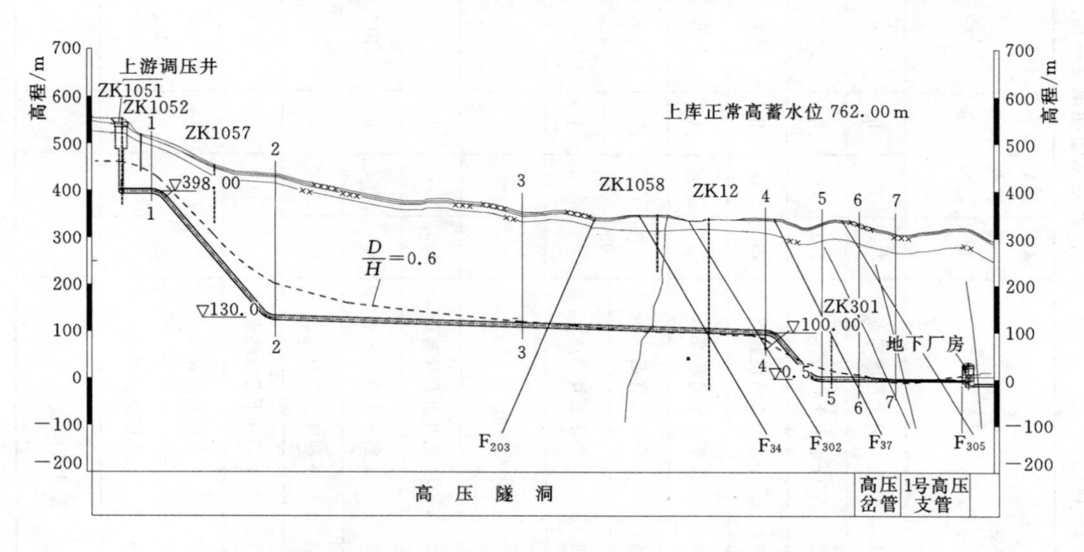

图 8.2-5 深圳抽水蓄能电站高压隧洞工程地质剖面图

D—高压隧洞各点上覆岩体厚度，m；H—高压隧洞各点静水压力水头，m

表 8.2-1　广州抽水蓄能电站一期、二期高压隧洞控制点覆盖厚度比及视安全系数表

工程名称	控制点号	控制点位置	洞中心高程/m	最大静水头 H/m	围岩类别	从地表起算				从弱风化带顶面起算			
						垂直埋深 D/m	覆盖厚度比 D/H	覆盖重量 $G=D\gamma$ ($\gamma=2.5t/m^3$)	视安全系数 K ($K=G/H$)	垂直埋深 D/m	覆盖厚度比 D/H	覆盖重量 $G=D\gamma$ ($\gamma=2.6t/m^3$)	视安全系数 K ($K=G/H$)
一期	1	上斜井上弯段起点	740	77	Ⅱ	90	1.17	225	2.92	80	1.04	208	2.70
	2	上斜井下弯段终点	450	367	Ⅱ	275	0.75	687.5	1.87	260	0.71	676	1.84
	3	下斜井上弯段起点	450	367	Ⅱ	235	0.64	587.5	1.60	220	0.60	572	1.56
	4	下斜井下弯段终点	207.8	609	Ⅰ	440	0.72	1100	1.80	430	0.71	1118	1.84
	5	高压岔管起点	205	612	Ⅱ	460	0.75	1150	1.88	440	0.72	1144	1.87
	6	高压岔管终点			Ⅰ								
变化范围值							0.64～1.17		1.60～1.88 个别 2.92		0.60～1.04		1.56～1.87 个别 2.70
二期	1	上斜井上弯段起点	740	77	Ⅰ	90	1.17	225	2.92	80	1.04	208	2.70
	2	上斜井下弯段终点	450	367	Ⅱ	310	0.84	775	2.11	285	0.78	741	2.02
	3	下斜井上弯段起点	450	367	Ⅱ	290	0.79	725	1.97	275	0.75	715	1.95
	4	下斜井下弯段终点	207.8	609	Ⅱ	535	0.88	1337.5	2.20	510	0.84	1326	2.18
	5	高压岔管起点	205	612	Ⅰ	425	0.69	1062.5	1.74	410	0.67	1066	1.74
	6	高压岔管终点			Ⅰ								
变化范围值							0.69～1.17		1.74～2.20 个别 2.92		0.60～1.04		1.74～2.18 个别 2.70

表 8.2-2 惠州抽水蓄能电站A厂、B厂高压隧洞控制点覆盖厚度比及视安全系数表

工程名称	控制点号	控制点位置	洞中心高程/m	最大静水头 H/m	围岩类别	从地表起算				从弱风化带顶面起算			
						垂直埋深 D/m	覆盖厚度比 D/H	覆盖重量 $G=D\gamma$ ($\gamma=2.55t/m^3$)	视安全系数 K ($K=G/H$)	垂直埋深 D/m	覆盖厚度比 D/H	覆盖重量 $G=D\gamma$ ($\gamma=2.65t/m^3$)	视安全系数 K ($K=G/H$)
A厂	1	中斜井上弯段起点	590	172	Ⅲ	135	0.78	344	2.0	90	0.52	238	1.39
	2	下斜井上弯段起点	350	412	Ⅰ～Ⅱ	205	0.50	523	1.27	190	0.46	504	1.22
	3	下斜井下弯段终点	138	624		375	0.6	956	1.53	350	0.56	928	1.49
	4	高压岔管起点	138	624		340	0.54	867	1.39	290	0.47	769	1.23
	5	高压岔管终点	135	627		340	0.54	867	1.38	305	0.49	809	1.29
变化范围值							0.50～0.78		1.27～2.00		0.46～0.56		1.22～1.49
B厂	1	中斜井上弯段起点	590	172	Ⅰ～Ⅱ	135	0.78	344	2.00	115	0.69	305	1.77
	2	下斜井上弯段起点	350	412		260	0.63	663	1.61	230	0.56	610	1.48
	3	下斜井下弯段终点	138	624	Ⅱ	420	0.67	1071	1.72	400	0.64	1060	1.70
	4	高压岔管起点	138	624		400	0.64	1020	1.63	380	0.61	1007	1.61
	5	高压岔管终点	135	627		395	0.63	1007	1.61	375	0.60	994	1.58
变化范围值							0.63～0.78		1.61～2.00		0.56～0.69		1.48～1.77

表 8.2-3　深圳抽水蓄能电站高压隧洞控制点覆盖厚度比及视安全系数表

工程名称	控制点号	控制点位置	洞中心高程/m	最大静水头 H /m	围岩类别	从地表起算				从弱风化带顶面起算			
						垂直埋深 D/m	覆盖厚度比 D/H	覆盖重量 $G=D\gamma$ ($\gamma=2.60t/m^3$)	视安全系数 K ($K=G/H$)	垂直埋深 D/m	覆盖厚度比 D/H	覆盖重量 $G=D\gamma$ ($\gamma=2.62t/m^3$)	视安全系数 K ($K=G/H$)
高压隧洞	1	上斜井上弯段起点	398	129	Ⅱ	116	0.90	301.6	2.34	111	0.86	290.8	2.25
	2	上斜井下弯段终点	130	397	Ⅰ	306	0.77	795.6	2.00	299	0.75	783.4	1.97
	3	中平洞中点	115	412	Ⅰ～Ⅱ	238	0.58	618.8	1.50	230	0.56	602.6	1.46
	4	下斜井上弯段起点	100	427		240	0.56	624.0	1.46	237	0.55	620.9	1.45
	5	下斜井下弯段终点	0.5	526.5		332	0.63	863.2	1.64	327	0.62	856.7	1.63
	6	高压岔管起点	0.5	526.5		330	0.63	858.0	1.63	326	0.62	854.1	1.62
	7	高压岔管终点	−2.25	529.3		313	0.59	813.8	1.54	308	0.58	806.9	1.52
变化范围值							0.56～0.90		1.46～2.34		0.55～0.86		1.45～2.25

8.3 高压隧洞围岩水力劈裂分析

8.3.1 最小主应力判别准则

最小主应力准则即为高压隧洞围岩初始地应力中最小主应力（σ_3）大于隧洞设计的最大内水压力（H），则认为围岩不会发生水力劈裂。国内外普遍采用这一准则对围岩进行评判。初始地应力一般采用应力解除法和水压致裂法测量，前者可直接求解空间应力的3个主应力，后者测得最大水平主应力和最小水平主应力，而要得到空间3个主应力需进行三维水压致裂（三孔交汇法）测量，然后通过计算求得。由于抽水蓄能电站高压隧洞埋藏较深，深孔应力解除测量成本高、成功率低、测量误差大，一般需同时配合水压致裂法测量，以便相互对照，提高准确性。两种测量方法均可获得地应力随深度变化的规律，可以看出在一定埋深后最小主应力（σ_3）与上覆岩体自重应力（σ_v）存在一定关系，门光永先生提出经验公式。

$$\sigma_v = A\sigma_3 \tag{8.3-1}$$

式中：A为差异系数。

关于A的取值，门先生提出分两类地区：第一类地区，属中等地应力地区（$\sigma_1<$15MPa），地形相对高差不大，地应力以自重应力为主，$A=1.1\sim1.7$；第二类地区，属高地应力区（$\sigma_1>$15MPa），高山峡谷区，地应力以构造应力为主，$A=0.4\sim0.94$。根据广东3个蓄能电站地应力实测资料，差异系数平均值分别为：$A_{广}=1.44$，$A_{惠}=1.47$，$A_{深}=1.38$，这三个电站均为中等地应力区，属第一类地区，A值与门先生的建议值吻合。根据地形地质条件和地应力场的情况，通过工程地质类比，选择合理的差异系数A，也是估算最小主应力（σ_3）的一种方法。在前期比选各布置方案时，勘察工作较少，可用此方法来初步确定σ_3。

8.3.2 广东抽水蓄能电站隧洞抗水力劈裂分析

地应力测量点有限，一般在重点部位布置（如高岔、厂房等），由于受各种因素影响，地应力测量成果有一定程度的离散性。因此，通常在地应力实测结果基础上，结合场地地质构造条件，通过建立数学模型，进行地应力场回归分析，以获得更为准确的和适用范围更大的三维地应力场。综合各种地应力成果进行高压隧洞围岩抗劈裂评价，评价围岩抗水力劈裂除最小主应力准则外，最直接的方法是水力劈裂试验（又称阶撑试验），在隧洞洞身附近进行水力劈裂试验，可以直接得到围岩承受水劈力的大小，与最大静水压力比较，可评价围岩稳定性、论证衬砌型式和防渗措施。广州抽水、惠州抽水、深圳抽水蓄能电站高压隧洞抗水力劈裂计算见表8.3-1～表8.3-3。

表 8.3-1　　广州抽水蓄能电站一期、二期高压隧洞控制点抗水力劈裂参数表

工程名称	控制点号	控制点位置	洞中心高程/m	最大静水压力 P/MPa	围岩类别	从弱风化顶计埋深 D/m	水压致裂		应力解除		水力劈裂	
							最小水平主应力 σ_h/MPa	抗水力劈裂参数 σ_h/P	最小主应力 σ_3/MPa	抗水力劈裂参数 σ_3/P	劈裂压力 P'/MPa	抗水力劈裂参数 P'/P
一期	1	上斜井上弯段起点	740	0.77	Ⅱ	80	4.0	5.2	1.4	1.82		
	2	上斜井下弯段终点	450	3.67	Ⅱ	260	5.9	1.6	4.7	1.28		
	3	下斜井上弯段起点	450	3.67	Ⅱ	220	5.6	1.5	4.0	1.09		
	4	下斜井下弯段终点	207.8	6.10	Ⅰ	430	7.8	1.3	7.8	1.28		
	5	高压岔管起点	205	6.12	Ⅱ	440	7.9	1.3	6.5～8.5	1.07～1.39		
	6	高压岔管终点			Ⅰ							
变化范围值								1.3～1.6 个别 5.2		1.07～1.39 个别 1.82		
二期	1	上斜井上弯段起点	740	0.77	Ⅰ	80	4.0	5.2	1.4	1.82		
	2	上斜井下弯段终点	450	3.67	Ⅱ	285	6.4	1.7	5.1	1.4		
	3	下斜井上弯段起点	450	3.67	Ⅱ	275	6.2	1.7	5.0	1.35		
	4	下斜井下弯段终点	207.8	6.10	Ⅱ	510	9.3	1.5	9.2	1.51		
	5	高压岔管起点	205	6.12	Ⅰ	410	7.6	1.2	6.8	1.11		
	6	高压岔管终点										
变化范围值								1.2～1.7 个别 5.2		1.11～1.51 个别 1.82		

表 8.3-2　　惠州抽水蓄能电站 A 厂、B 厂高压隧洞控制点抗水力劈裂参数表

工程名称	控制点号	控制点位置	洞中心高程/m	最大静水压力 P/MPa	围岩类别	从弱风化顶计埋深 D/m	水压致裂		应力解除		水力劈裂	
							最小水平主应力 σ_h/MPa	抗水力劈裂参数 σ_h/P	最小主应力 σ_3/MPa	抗水力劈裂参数 σ_3/P	劈裂压力 P'/MPa	抗水力劈裂参数 P'/P
A 厂	1	中斜井上弯段起点	590	1.72	Ⅲ	90	4.3	2.5	2.5	1.45		
	2	下斜井上弯段起点	350	4.12	Ⅰ～Ⅱ	190	5.4	1.31	4.5	1.09		
	3	下斜井下弯段终点	138	6.24		350	7.8	1.25	7.0	1.12		
	4	高压岔管起点	138	6.24		290	7.4	1.24	6.4	1.03	7.2	1.15
	5	高压岔管终点	135	6.27		305	7.4	1.18	6.4	1.02		
变化范围值								1.18～2.50		1.02～1.45		
B 厂	1	中斜井上弯段起点	590	1.72	Ⅰ～Ⅱ	115	4.3	2.50	2.5	1.45		
	2	下斜井上弯段起点	350	4.12		230	6.2	1.50	4.7	1.14		
	3	下斜井下弯段终点	138	6.24		400	8.3	1.33	7.8	1.25		
	4	高压岔管起点	138	6.24	Ⅱ	380	8.1	1.30	7.5	1.20	6.9	1.1
	5	高压岔管终点	135	6.27		375	8.0	1.28	7.4	1.18		
变化范围值								1.28～2.50		1.14～1.45		

表 8.3-3　　深圳抽水蓄能电站高压隧洞控制点抗水力劈裂参数表

工程名称	控制点号	控制点位置	洞中心高程/m	最大静水压力 P/MPa	围岩类别	从弱风化顶计埋深 D/m	水压致裂		应力解除		水力劈裂	
							最小水平主应力 σ_h/MPa	抗水力劈裂参数 σ_h/P	最小主应力 σ_3/MPa	抗水力劈裂参数 σ_3/P	劈裂压力 P'/MPa	抗水力劈裂参数 P'/P
高压隧洞	1	上斜井上弯段起点	398	1.29	Ⅱ	111	3.29	2.55				
	2	上斜井下弯段终点	130	3.97	Ⅰ	299	6.14	1.55	5.20	1.31		
	3	中平洞中点	115	4.12	Ⅰ～Ⅱ	230	5.12	1.24	4.60	1.12		
	4	下斜井上弯段起点	100	4.27		237	5.15	1.21	4.70	1.10		
	5	下斜井下弯段终点	0.5	5.27		327	6.53	1.24	5.40	1.03		
	6	高压岔管起点	0.5	5.27		326	6.50	1.23	5.40	1.03	5.7～6.4	1.08～1.21
	7	高压岔管终点	-2.25	5.29		308	6.25	1.18	5.30	1.00	7.6～8.7	1.44～1.64
变化范围值								1.18～2.55		1.00～1.31		1.08～1.64

8.4　围岩质量与渗透特性判别准则

8.4.1　隧洞围岩质量及其承载能力分析

围岩承担内水压力的能力，一是取决于围岩与衬砌结构的变形相容条件，变形相容条件越好围岩承担内水压力的能力越大；二是取决于围岩变形模量与衬砌结构的弹性模量之比，比值越大即围岩的变形模量越大，同时围岩承担内水压的能力越大，在变形相容条件一致及岩体完整坚硬的条件下，围岩可以承担全部内水压力。根据经验，钢筋混凝土衬砌高压隧洞应布置在硬质岩体中，70%～80%是Ⅰ、Ⅱ类围岩，局部有Ⅲ类围岩（断层裂隙密集带），极少Ⅳ类围岩（断层破碎带，一般不超过10%）；高岔部位应主要为Ⅰ、Ⅱ围岩，夹极少Ⅲ类围岩（小断层）。广州抽水蓄能电站、惠州抽水蓄能电站、深圳抽水蓄能电站三个工程高压隧洞均布置在坚硬较完整的花岗岩体中，围岩分类统计见表8.4-1。

表 8.4-1　　高压隧洞围岩分类统计表

工程项目	围岩类别	累计长度/m/段	比例/%	备　注
广蓄一期	Ⅰ	380.2/7	35.4	Ⅰ类、Ⅱ类合计71.6%，高岔为Ⅰ类、Ⅱ类夹少量Ⅲ类
	Ⅱ	388.0/12	36.2	
	Ⅲ	180.0/9	16.8	
	Ⅳ	125.0/6	11.6	受 F_{145} 断层影响
总计		1073.2/34	100	

续表

工程项目	围岩类别	累计长度/m/段	比例/%	备　注
广蓄二期	Ⅰ	383.6/11	34.9	Ⅰ类、Ⅱ类合计 83.2%，高岔全为Ⅰ类
	Ⅱ	530.4/14	48.3	
	Ⅲ	168.8/10	15.4	
	Ⅳ	15.0/1	1.4	
小计		1097.8/36	100	
惠蓄 A 厂	Ⅰ	392.3/5	37.1	Ⅰ类、Ⅱ类合计 72.9%，高岔为Ⅰ类、Ⅱ类
	Ⅱ	378.3/6	35.8	
	Ⅲ	273.4/10	25.9	
	Ⅳ	12.2/1	1.2	受 f_{65} 影响
小计		1056.2/22	100	
惠蓄 B 厂	Ⅰ	399.2/3	51.1	Ⅰ类、Ⅱ类合计 88.6%，高岔为Ⅰ类、Ⅱ类夹少量Ⅲ类
	Ⅱ	292.8/4	37.5	
	Ⅲ	74.3/6	9.5	
	Ⅳ	14.5/1	1.9	受 f_{273} 影响
小计		780.8/14	100	
深蓄	Ⅰ	820.5/4	50.8	Ⅰ类、Ⅱ类合计 90.5%，高岔为Ⅰ类、Ⅱ类夹少量Ⅲ类
	Ⅱ	640.7/5	39.7	
	Ⅲ	152.7/5	9.5	
	Ⅳ	—	—	勘察阶段未发现
小计		1619.9/14	100	

8.4.2　高压隧洞围岩抗渗性能研究

渗透准则就是在高压渗流水长期作用下，围岩不会产生渗透变形冲蚀破坏，满足渗透稳定要求。根据国内外有关准则结合广东工程经验，认为岩体及裂隙的渗透性能，主要有两个评判指标：岩体透水率（q）和水力梯度（i），其中透水率（q）由钻孔高压压水试验测得，且高压压水试验和高压灌浆最大压力不小于对应隧洞位置的最大内水压力的 1.2 倍。高压压水试验通常有两种方法：一种是按最大压力（1.2 倍最大内水压力）分级分阶段进行，求得透水率；另一种是在最大压力下长时间高压压水，测量渗流量随时间的变化，评价围岩在高压渗流长期作用下的抗渗稳定性。法国建立的有关围岩渗透性与衬砌型式的准则：当 $q<0.5$Lu，可以不用钢衬，采用钢筋混凝土衬砌，并做固结灌浆；当 $q>2$Lu，必须用钢衬；当 $0.5\text{Lu}<q<2\text{Lu}$，可采用钢筋混凝土衬砌和高压固结灌浆处理，若经过高压固结灌浆处理后渗流量仍不减小，则用钢衬。《水工隧洞设计规范》（DL/T 5195—2004）规定钢筋混凝土衬砌高压岔管部位应进行高压固结灌浆，高压灌浆处理后应

 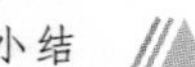

满足在设计压力作用下，围岩透水率 $q<1.0$Lu，广东设计的这三个蓄能电站的钢筋混凝土衬砌高压隧洞均采用这一标准，围岩大部分透水率小于 1.0Lu，断层破碎带透水率较大，进行高压灌浆处理（先水泥后化灌）。另一评判指标水力梯度（i），则没有相应规范准则，在蓄能电站高压隧洞围岩评价中，一般认为水力梯度 $i<10$，围岩不会产生水力劈裂和渗透失稳。

8.5 高压隧洞稳定性分析理论实践与推广

高水头大型抽水蓄能电站高压管道一般埋藏较深，高压管道尺寸大、岔管体型复杂，如采用钢衬，在外水压力作用下，需较厚钢板，而且钢板制作、安装困难。如采用钢筋混凝土衬砌，可减少衬砌厚度、缩短工期、节省投资。

广州抽水蓄能电站一期、二期高压隧洞及高压岔管，内水静设计水头 610m，考虑水头压力最大设计水头 725m，是一个高水头抽水蓄能电站。经过充分研究和论证，在国内外专家指导下，采用了 0.6m 厚的钢筋混凝土衬砌。它是按"上抬理论"和"最小主应力准则"确定隧洞布置和埋设深度，充分利用围岩的承载能力。设计采用"高压透水衬砌"的理论，限制裂缝张开宽度，根据平面有限元计算成果进行配筋，结构复杂的高压岔管则同时采用三维有限元模型计算。对断层蚀变带发育地段适当增加钢筋，施工中确保衬砌质量。整个高压隧洞进行高压固结灌浆，灌浆压力大于内水静水头，最大压力为 6.5MPa。同时做好高压隧洞下平洞和高压岔管与地下厂房之间的排水工作。在高压隧洞运行前经过充水试验及运行初期的观测，内水外渗量小，一期下平洞及高压岔管测到最终渗水量在 1L/s 左右。据埋设在管道附近渗压计充水前后观测资料，内水外渗引起外水压升高一般不超过内水静水头的 20%。岔管处的钢筋应力实测值不大。两次放空检查衬砌混凝土原有干缩缝未见扩张，也未见有新的裂缝。说明围岩承担了绝大部分内水压力，运行情况良好。

8.6 小　　结

广州抽水蓄能电站一期高压隧洞（含高压岔管），1995 年 5 月以潘家铮为主的专家做出了鉴定意见："广蓄是国内首次成功地采用钢筋混凝土结构，在高水压作用下岔管工作正常和渗水量微小，是高压输水工程的一项重大突破。""在岔管位置的选择，岔管分析计算及结构设计等方面经施工检验和两年多运行考验，都证明是成功的。达到国际领先水平。……对我国地下结构设计中充分利用和发挥围岩承载力方面有重大进展，为设计理论和方法的发展取得重要实践经验。在类似条件下有广泛推广应用前景，并已在广蓄二期工程和天荒坪蓄能电站得到推广，社会效益十分显著。"

惠州抽水蓄能电站、深圳抽水蓄能电站与广州抽水蓄能电站条件相类似，高压管道均深埋于较完整-完整的花岗岩体中，属于推广应用的范围。根据广东省水利电力勘测设计研究院在这几个工程的设计理论，高压管道钢筋混凝土衬砌是限裂结构，其作用除减糙、限制裂缝宽度外，最主要的作用是传递荷载，将高内水压力传递给围岩，由围岩承担荷载。在高压隧洞运行期围岩不发生水力劈裂是围岩承担内水压力的前提，也是采用钢筋混凝土衬砌的必要条件。在内水压力作用下围岩是否发生水力劈裂（或高压隧洞能否采用钢筋混凝土衬砌）完全取决于其工程地质条件，主要表现在围岩类别、上覆岩体厚度、最小主应力和围岩渗透性。《水工隧洞设计规范》（DL/T 5195—2004 和 SL 279—2002）规定高压钢筋混凝土衬砌岔管宜布置在Ⅰ类、Ⅱ类围岩段（Ⅲ类围岩地段需经论证后方可布置），围岩的最小初始地应力应大于洞内的静水压力，围岩透水率（或经高压灌浆后）$q \leqslant$ 1.0Lu。高岔是高压管道中内水压力最大的部位，对围岩的要求最高，而高压管道采用钢筋混凝土衬砌的其他部位的工程地质条件规范没有具体的规定。

抽水蓄能电站高压隧洞采用钢筋混凝土衬砌在我国已有 10 多年，对围岩工程地质条件评价主要是按上面原则进行。对这些原则或准则也是逐步认识和提高的，广州抽水蓄能电站是广东省水利电力勘测设计研究院设计的第一座、也是国内第一座钢筋混凝土衬砌高压隧洞（含高岔）高水头大型抽水蓄能电站，总装机（2400MW）当时在国际上也是最大的蓄能电站，没有什么经验可循，高压隧洞覆盖比取得较大，惠州抽水蓄能电站、深圳抽水蓄能电站在总结广州抽水蓄能电站经验的基础上，进行了优化，有所进步。本章结合 3 个蓄能电站 5 条高压隧洞进行了具体分析和研究，对以上原则必须统一考虑，其评价结论也应是一致的。因为原则或准则其核心是一致的，即为钢筋混凝土衬砌高压隧洞内水压力由围岩承担，在内水压力作用下围岩不应产生水力劈裂。各原则只是从不同的工程地质条件上分别进行评价，有些是根据工程经验总结出来的，还缺少理论体系，对一些评价指标还存在争论，一些测试方法和计算技术的局限性，加上岩体的复杂性，使得测量成果往往离散性较大，因此对测试成果的应用，除采用多方法互相验证外，还应结合具体地质条件进行分析，才能做出符合实际的工程地质评价和建议。

第9章　地下厂房洞室群位置选择研究

一般抽水蓄能电站地下厂房洞室群包括主厂房、副厂房、主变洞、尾水闸门室、高压岔管、高压支管、尾水岔管、尾水支管、尾水调压井等。此外还有交通洞、排风斜洞（竖井）、高压电缆洞、母线洞和排水廊道等附属洞室与主厂房和主变洞相连。由于地下工程施工难度大、建设费用高，地下厂房洞室群要求尽量紧凑合理布置，根据几个广东抽水蓄电站的设计成果，地下厂房洞室群布置一般在长为400～500m、宽为200～300m、高为50～70m的范围内。

厂房是电站的心脏，选择一个好的地下洞室群位置，是工程设计优劣的关键，可能决定工程的成败。因此，地下厂房洞室群的选择也成为蓄能电站勘察工作的重点。工程地质条件是影响地下厂房洞室群位置选择的主要因素，尤其是高压岔管及地下厂房位置的选择，工程地质条件是主要的控制因素。

9.1　地下厂房区的工程地质勘察方法

9.1.1　各阶段勘察方法和勘察工作布置

为了优选地下厂房洞室群位置，首选要查明地下厂房区的工程地质条件。由于地下厂房深埋于地面以下几百米，常规的勘察方法如地质测绘、钻探无法满足勘察要求，还要针对地下厂区埋藏较深的特点，利用新技术、新方法进行综合勘察研究。

广东省抽水蓄能电站的普查阶段：主要根据收集最新的区域地质资料（如广东省1：20万地质图），结合1：5万、1：2万、1：1万地形图，先进行室内分析，初步选取具备基本地形地质条件的站点，对室内初选的站点再进行实地查勘，了解站点厂房区的地形、岩性、上覆岩层厚度、围岩稳定条件。

选点规划阶段：从普查站点中根据电力系统需要，优选2个以上站点进行选点规划勘察，主要进行区域地质测绘和工程区1：1万地质测绘、航片解译，了解和分析站点厂房区的地形是否平整、岩性是否为非可溶坚硬岩、上覆岩层厚度是否足够、围岩稳定条件好坏。

预可研阶段：进行卫片解译、地质测绘、厂房区深孔钻探、物探、坑槽探、现场和室内试验等，同时开展地下水位长期观测、区域构造稳定性评价、场地地震安全性评价专题研究工作。

可研阶段：进行厂区1：2000地质测绘工作，布置钻孔、长探洞及支探洞。通过钻孔和探洞，从水平方向和垂直方向查明厂区工程地质条件。钻孔布置在主厂房、高压岔管等位置，深度至设计洞底以下10m以上，孔径满足现场试验的要求。主探洞一般沿输水管轴线布置，并沿厂房轴线、高压岔管等部位布置支探洞。探洞高程一般位于主厂房拱顶以上 50～100m，且至高压管道围岩承受的水力梯度不大于 10 为宜，长度超过洞室边线 50m 以上。一般纯探洞可采用城门洞型，尺寸 2.5m×3.0m（宽×高），洞底自流排水坡度 1%～5%，若探洞兼作通气洞、电缆洞等，则按其设计尺寸开挖。在钻孔及探洞内布置物探、岩体变形试验、地应力测试、水压劈裂和高压压水试验等工作。

9.1.2　勘察资料分析

9.1.2.1　地质测绘

地质测绘是最基本、最常用的勘测方法，每个阶段工作准备阶段主要收集已有资料，进行现场地质测绘工作。地下厂房洞室群地质测绘包括地表地质测绘及探洞地质素描，每一阶段的地质测绘工作都是对前一阶段成果的验证和提高。测绘数据分析整理后，最终形成厂房区平面地质图、探洞地质素描图、厂房区各高程地质平切图、断层及节理玫瑰图等。

9.1.2.2　钻探

厂房区钻探一般有地面深孔及探洞内钻孔。除对岩芯进行编录、形成钻孔柱状图之外，同时对钻孔内完成的物探、压水试验、地应力测试等原位测试结果进行分析，评价岩体地质条件。

9.1.2.3　现场试验

1. 物探

厂房区的岩体弹性波测试一般分 3 类：钻孔超声波测井；跨孔（风钻孔）超声波测试；探洞内地震波测试。

(1) 钻孔超声波测井。其测试原理是：超声波测井工作进行时钻孔内必须有水作耦合剂。发射换能器发出高频脉冲信号经耦合介质（水）传至孔壁岩体，产生沿孔壁传播的滑行波，而后回射至两接收换能器，并由地面仪器接收记录波形。在所接收到的两道波形记录上读取首波的初至时间 t_1 和 t_2，其时差 $\Delta t=t_2-t_1$，设两接收换能器的间距为 ΔL，则

$$V_p=\Delta L/\Delta t \qquad (9.1-1)$$

式中：V_p 为超声波在孔壁岩体中传播的纵波速度。

随着井下换能器的移动，遇到岩层情况改变，由于 V_p 的改变，即可测得 Δt 的相应变化从而了解孔壁岩体特性的变化。

超声波测井的具体测试方法是：以两接收换能器之中点为记录点，自孔底向上逐点观测，点距为 0.2m。测井资料整理步骤如下：

1) 波速计算及绘图：分别在所接收到的两道波形记录上读取首波的初至时间，利用式 (9.1-1) 计算出各测点的波速值；再以孔深为纵坐标，各测点速度值为横坐标，绘出孔深与岩体纵波速度的关系曲线图。

2) 岩体参数计算及选择：在只有纵波速度数据情况下，泊松比、动弹模量中的岩体密度计算可采用北京十三陵抽水蓄能电站经验公式，静弹模量根据中国科学院提出的经验式计算。

泊松比 μ 计算公式为

$$\mu=0.47-0.00004V_p \tag{9.1-2}$$

式中：V_p 为岩体实测纵波速度值，m/s。

动弹性模量 E_d 计算公式为

$$E_d=10^{-5}\times V_p^2\rho(1+\mu)(1-2\mu)/[g(1-\mu)] \tag{9.1-3}$$

其中

$$\rho=0.0002182V_p+1.7$$

式中：g 为重力加速度，取 $g=9.8\text{m/s}^2$；ρ 为密度，kg/m^3。

静弹性模量 E_s 计算公式为

$$E_s=DE_dE \tag{9.1-4}$$

式中：D、E 为换算系数。

当 $V_p<3500\text{m/s}$ 时，$D=0.025$，$E=1.7$；当 $V_p>4500\text{m/s}$ 时，$D=0.25$，$E=1.3$；当 $3500\text{m/s}\leqslant V_p\leqslant 4500\text{m/s}$ 时，$D=0.12$，$E=1.4$。

岩体完整性系数 K_v 计算公式为

$$K_v=V_p^2/V_{pr}^2 \tag{9.1-5}$$

式中：V_p 为实测岩体纵波速度；V_{pr} 为本工区岩块（石）（要求新鲜完整）的纵波速度。

3）资料分析。所测原始资料经过上述整理和计算后，即可为分析提供依据。根据完整性系数，以确定岩体的优劣。按《水力发电工程地质勘察规范》（GB 50287—2006），岩体完整性系数的分类见表 9.1-1。

表 9.1-1　岩体完整性系数的分类

完整程度	完整	较完整	完整性差	较破碎	破碎
K_v	$K_v>0.75$	$0.55<K_v\leqslant 0.75$	$0.35<K_v\leqslant 0.55$	$0.15<K_v\leqslant 0.35$	$K_v\leqslant 0.15$

4）结论。根据所测结果，对各钻孔岩体的纵波速度进行了统计，根据有关经验公式，计算出动弹模量、静弹模量和完整性系数等参数。

（2）地下厂房探硐跨孔（风钻孔）超声波测试。跨孔超声波测试的基本原理是：由超声脉冲发射源在岩体内激发高频弹性脉冲波，并用高精度的接收系统记录该脉冲波在岩体内传播过程中表现的波动特性。当岩体破碎时，破碎处将形成波阻抗界面，波到达该界面时，产生波的透射和反射，使接收到的透射波能量明显降低；如果岩体破碎严重，还将产生波的散射和绕射，使接收到的透射波能量进一步降低。根据波的初至到达时间和波的能量衰减特性、频率变化及波形畸变程度等特征，可以获得测区范围内岩体的密实度参数。

根据地质专业人员布置，在探洞内布置风钻孔，每对（平行）钻孔的孔口距离为 1.5m 左右（岩石较差时可为 1.0m 左右），孔深 1.5m，倾角约 20°～30°（以便灌水）。测试时每两个风钻孔为一组，通过水的耦合，超声脉冲信号从一个钻孔中的换能器中发射，在另一个钻孔中的换能器接收，超声仪测定有关参数并采集记录。换能器由孔底同一高程向上依次检测，点距为 0.1m，遍及各个截面。考虑到风钻造孔时不能保证两孔的倾角一致和倾向一致，因此不能以两孔孔口距离作为孔内波速计算依据，必须进行孔斜测试及校正孔内收发点间距，求得实际间距值。

1）资料整理。从波形记录上读取声波走时，使用校正后的收发间距计算出纵波速度。

岩体参数计算同钻孔超声波测井。

2）资料分析。由计算出的纵波速度可以看到，测点由深到浅，总体上波速成下降趋势，但不是很明显，只是在个别地方波速下降趋势较明显，这可能是由于开挖探洞时爆破影响所致。在有断层通过处波速较低。

3）结论。测试成果经统计，可得各类围岩的动弹性模量、静弹性模量、完整性系数。

（3）地震波测试。在探测的探洞内，沿洞壁用石膏粉把检波器粘于洞壁，用地震仪接收纵波和横波。

1）资料整理。对地震勘探数据记录进行分析，读取相邻两检波器的纵波初至时差和横波初至时差，计算纵、横波速、泊松比，并计算各类围岩动弹模量和岩体完整性系数的范围值和平均值等参数。

2）岩体参数计算。测得纵波速度值和横波速度值之后，可用如下理论公式计算岩体参数：

泊松比 μ

$$\mu=\frac{V_p^2-2V_s^2}{2(V_p^2-V_s^2)} \tag{9.1-6}$$

式中：V_p 为岩体实测纵波速度值，m/s；V_s 为岩体实测横波速度值，m/s。

动弹性模量 E_d

$$E_d=\frac{3V_p^2-4V_s^2}{g(V_p^2-V_s^2)}V_s^2\rho\times10^{-5} \tag{9.1-7}$$

式中：V_p 为岩体实测纵波速度值，m/s；V_s 为岩体实测横波速度值，m/s；g 为重力加速度，取 $g=9.8\text{m/s}^2$；ρ 为密度（kg/m^3），可按下式计算：$\rho=0.0002182V_p+1.7$。

静弹性模量 E_s：计算采用动、静弹性模量换算的经验公式，在参数的选取上稍有差别。

岩体完整性系数 K_v：计算式及分类同上节，在选取新鲜完整岩块（石）纵波速度时，考虑到地震波速和超声波速的差异，取实测的高值。

2. 岩体变形试验

对地下厂房区的Ⅰ类、Ⅱ类、Ⅲ类、Ⅳ类围岩进行变形试验，变形试验按《水利水电工程岩石试验规程》（SL 264—2001）的规定进行。试验采用刚性承压板法，承压板直径520mm，最大压力分5级、按逐级一次循环法进行试验。通过试验数据计算出各类围岩的弹性模量和变形模量。

3. 地应力测试、水压劈裂和高压压水试验

地应力测试采用应力解除法、水压致裂法进行。对裂隙岩体进行水压劈裂试验，对高压隧洞段围岩进行高压压水试验，最大试验压力应大于设计发电水头压力，一般取设计发电水头压力的1.2～1.5倍为宜。

9.2 地下厂房洞室群的位置及轴向选择原则

地下厂房的位置及轴向选择需遵循以下几点原则：

(1) 地下厂房布置应与枢纽总体布置相协调，与所在位置的地质、地形相适应，满足设备布置、生产运行和节能环保要求。

(2) 地形、地质条件：地下厂房主厂房、主变洞及高压岔管洞室应布置在地形、地质条件相对较好的岩体中，宜布置在岸坡稳定、上覆和侧覆岩层厚度足够、地质构造简单、岩体完整坚硬、地下水微弱、地应力正常的区段内，宜尽量避开较大地质构造带、软弱岩带、节理裂隙发育区等围岩条件差、地下水丰富、水文地质条件复杂的地段。

(3) 主要洞室的纵轴线方向选择应分析影响其布置的控制性因素，宜满足与围岩主要结构面及软弱岩带走向成较大夹角、与最大主应力方向成较小夹角的要求。

(4) 选择地下厂房位置时，应尽量保持输水系统水流平顺、通畅，减少水头损失，输水线路布置应尽量简单、尽可能短。

(5) 地下洞群的布置宜遵循永久与临时相结合和一洞多用的原则，尽量减少地下洞室数量，以利于洞室群围岩稳定。

(6) 地下厂房在输水系统中的位置，应使输水系统满足水力过渡过程控制性参数要求以及厂房上游高压岔管段岩石覆盖厚度的要求。尾水钢支管长度以满足布置尾水闸门室为原则。

(7) 高压岔管和厂房尽量布置在地质条件较好的地质块体中，厂房拱顶、端墙、边墙的布置应尽量避开和减小不利因素的影响，以免出现大的不稳定块体。

9.3 惠州抽水蓄能电站地下洞室群优化布置

惠州抽水蓄能电站场区发育的 f_{304} 断层是控制性断层，f_{304} 断层，产状 N40°～75°E/SE∠60°～65°，破碎带宽度达 10～15m，破碎带由构造角砾岩、碎裂岩、石英脉、方解石脉等组成。地表冲沟发现，f_{304} 断层胶结较好，呈硅化岩及裂隙密集带。但在地下厂房探洞 PD01（高程 246.00m）揭露胶结较差，沿断裂面存在空洞，揭露空洞宽最大达 70cm，探洞掘进时出现突发性涌水，初始流量 $1m^3/s$，3 天后涌水量基本稳定在 $0.02m^3/s$，前 3 天的涌水量达 7 万多 m^3。断层规模大，透水性强，储水构造，水文地质条件复杂，对输水发电系统的布置、安全影响重大。在查明工程地质条件及问题的基础上，根据地质条件特点优化输水发电系统地下厂房洞室群及高压隧洞位置，避开了重大工程地质问题，使建筑物工程地质条件显著改善，确保工程安全运行。

9.3.1 厂房轴线方向选择

根据地质测绘及探洞、钻孔揭露地下厂房区地层岩性主要以燕山四期花岗岩为主，岩体呈块状-整体结构，完整性较好。实测最大主应力量级在 12～14MPa，属中等应力水平，倾角较陡，方向为北西至近东西向，对本工程洞室围岩稳定影响较小。因此，从地质条件上影响厂房轴线方向的主要因素是地质构造。根据探洞资料统计结果显示，断层以北北西、北西和北东向为主，北北东次之，近东西向不发育。裂隙主要为北北东、北西组，其次为北北西。为了使厂房轴线与上述主要发育的断层、裂隙有较大的交角，有利于围岩稳定，并与水平向最大主应力方向平行或小角度相交，建议厂房轴线方向仍然采用可研报告推荐的近东西向。

9.3.2 设计初步布置厂房洞室群位置存在地质问题

根据地质勘察揭露的地下厂房区工程地质条件，工程地下厂房洞室群深埋在燕山四期花岗岩体中，对厂房洞室群影响最大的工程地质条件是 f_{304} 断层破碎带和其透水带，以及其他一些较小断层。

9.3.3 A地下厂房存在的地质问题

可研阶段布置的A厂地下厂房和高压岔管分别位于断层 f_{304} 上、下盘，f_{304} 断层在高压钢衬支管通过。

地层岩性为燕山四期中细粒花岗岩，间夹较多北北西向陡倾角的闪长玢岩脉，岩脉与围岩花岗岩接触一般较紧密，岩体坚硬，完整性好，主要为Ⅰ类围岩，仅于小断层位置局部存在Ⅱ类、Ⅲ类围岩，工程地质条件良好。A厂高压岔管地面高程为 510.00～530.00m，埋深约为 355～375m，高压岔管埋深与最大静水头 630m 之比为 0.56～0.60。高压岔管 PDZK05、PDZK06 两孔揭示，在高压岔管高程附近，除局部裂隙稍发育，岩体完整性一般，*RQD* 值为 50%～75%，大部分岩体完整性好，*RQD* 值多为 80%～100%。

存在的主要问题如下：

(1) 厂房西端墙距离 f_{304} 断层最近距离约为 5m，距离很近，除对端墙的稳定性影响外，还可能导致较严重的渗漏现象。

(2) 西端墙还发育断层（f_{31}）、（f_{48}），（f_{31}）产状 N35°W/NE∠80°～85°，宽为 0.2～0.3m，断层破碎带为弱风化的构造角砾岩夹石英脉，胶结较好；（f_{48}）产状 N5°E/SE∠60°，宽为 0.2～0.4m，断层破碎带为构造角砾岩和碎裂岩，呈弱风化夹强风化状，强度低，断层裂隙组合对厂房和主变洞西端墙围岩稳定有不利影响。

(3) 高压岔管位置有小断层（f_{43}）通过，产状 N10°～35°W/NE∠65°～85°，断层带宽度为 0.3～0.9m，由微风化状的硅化构造角砾岩组成，胶结好。高压岔管距离 f_{304} 及（f_{65}）断层最短距离约为 45～55m，距 f_{341} 断层 10～30m，高压岔管除距离二条规模较大断层稍近外，其他地质条件较好。

(4) f_{304} 断层除在高压钢衬引水支管通过外，在A厂的高压隧洞下斜井靠近中平洞的上弯段附近（高程 300.00～350.00m）通过。据钻孔揭示，f_{304} 断层破碎带部分为强风化状，胶结较差，钻孔地下水位长期观测结果，因受 f_{304} 断层影响，地下水位降幅达 111.05～290m 仍未稳定。由于断层与高压隧洞轴线夹角小或近于平行，在斜洞中出露很长，对围岩稳定和安全施工都会造成严重影响。

9.3.4 B地下厂房存在的地质问题

可研阶段布置的B厂地下厂房位于A厂房东侧约 150m，高压岔管采用“Y”形，布置在 PD01-4 支洞 0+090～0+140 段附近。

B厂房位置岩性为燕山四期中细粒花岗岩，间夹较多北北西向陡倾角的闪长玢岩脉，岩脉与围岩花岗岩接触一般较紧密，断层以 NNW、NNE 向为主，与厂房长轴交角大，

岩体坚硬，完整性好，主要为Ⅰ～Ⅱ类围岩，在断层位置局部存在Ⅲ类围岩，工程地质条件较好。B厂高压岔管地面高程为540.00～545.00m，埋深约为385～390m，高压岔管埋深与最大静水头630m之比为0.61～0.62。高压岔管附近两个钻孔PDZK10、PDZK11揭示，在高压岔管高程附近，岩体完整性好，*RQD*值多为80%～100%，5段高压压水试验有4段在6MPa压力下5m段长钻孔的流量为0，其中1段流量为1L/min，透水率q=0～0.03Lu，岩体透水率小，完整性好。

存在的主要工程地质问题如下：

(1) 厂房及主变洞西端墙遇 (f_{65}) 断层，探洞揭示断层产状N0～25°W/NE∠65°～80°，宽度0.6～6.0m，断层由北向南规模逐渐变大，断层带为构造角砾岩、糜棱岩，夹较多石英脉，呈弱风化夹强-全风化，断层面有顺倾向擦痕，两侧影响带呈裂隙密集展布各宽0.5～3.5m，裂隙多呈微张-张开，充填石英脉和硅质，断层带潮湿和滴水，对厂房和主变洞西端墙围岩稳定影响较大。

(2) 厂房东端墙遇 (f_{69}) 及 (f_{71}) 断层，探洞揭示 (f_{69}) 断层产状N10°～15°W/NE∠70°，宽度0.5～1.5m，断层带为弱风化夹强风化构造角砾岩、糜棱岩、碎裂岩及糜棱岩，其成分主要为花岗岩及闪长岩脉，胶结物为钙质、硅质，胶结一般较差、部分较好，下盘影响带不明显，上盘影响带宽0.5～2.0m，断层带及影响带较干燥，B厂高岔附近的钻孔PDZK10孔在孔深95.4～105.85m（高程153.38～142.93m）揭露到本断层，断层带中的碎裂状闪长岩脉造成掉块卡钻，较破碎，对厂房端墙稳定影响较大。(f_{71}) 断层产状N10°W/NE（SW）∠75°～80°，宽度0.5～2.0m，探洞揭示断层带为强风化夹全风化断层蚀变带，揭露后与空气接触产生膨胀，呈片状松散脱落，钻孔揭示断层带呈弱-微风化状碎裂岩、角砾岩，硅质胶结好，岩芯呈长柱、柱状。这两条断层对厂房边墙及顶拱的稳定有不利影响。

(3) B厂尾水调压井有断层 (f_{65})、(f_{33}) 斜切，尾水调压井的井身约有一半在规模较大的 (f_{65}) 断层带中，加上 (f_{33})、(f_{104}) 断层的组合切割，对尾水调压井的稳定影响很大。

(4) f_{304}断层在B厂的高压隧洞下平洞及下斜井下弯段通过，根据PDZK04钻孔揭露，该处f_{304}断层由上下两条主破碎带间夹3条小断层组成，且上下主破碎带透水性良好，对高压隧洞影响较大。

9.3.5 厂房位置选择地质意见

根据已查明的f_{304}断层空间产状，上游调压井是处在断层的上盘，并且由于地形条件的制约，上游调压井优化移动的余地有限。因此，如果高压岔管布置在f_{304}断层的下盘，就意味着除高压引水支管外，高压隧洞段必然与f_{304}断层斜交。钢衬支管洞径较小，与f_{304}夹角有40°以上，开挖处理相对容易；但f_{304}断层导水性好，钢衬支管需承担很大的外水压力。高压隧洞轴线与f_{304}交角只有5°～15°，部分洞段近于平行；f_{304}断层在钻孔中垂直视厚度达40～70m，高压隧洞相遇后，尤其是斜洞段出露长度将很长，施工开挖和处理都会遇到相当大的困难。因此，针对f_{304}断层并结合厂房探洞揭露的具体地质条件，地下厂房洞室群位置选择的地质意见如下：

(1) 为了尽可能避免不利地质条件，地下厂房洞室群和高压隧洞应尽可能布置在地质条件相对较好的 f_{304} 断层上盘并保持适当距离，可避免由于地下建筑物与 f_{304} 断层相交而带来的一系列不良影响。

(2) 根据探洞揭露，在 f_{304} 断层上盘，从尾调通气洞桩号 0＋690 起至 A 厂主探洞 PD01 桩号 1＋196，整个东支洞 PD01－1 和 B 厂 PD01－4 桩号 0＋000～0＋225、PD01－5 桩号 0＋000～0＋189，主要为Ⅰ～Ⅱ类围岩，累计总长 1336.7m，占 94.8%；仅有 10 段Ⅲ～Ⅳ类围岩，累计长 73.3m，占 5.2%；具备布置地下厂房洞室群的有利地质条件。尤其是 A 厂主探洞 PD01 桩号 0＋978～1＋191，连续总长 213m 全为Ⅰ类围岩，B 厂 PD01－5 桩号 0＋006～0＋225，连续总长 219m 均为Ⅰ～Ⅱ类围岩，地质条件优良。

(3) 控制边界建议北侧以 f_{304} 断层为界，距 f_{304} 最短距离应控制在不少于 3 倍断层宽度，既 50～60m；对应建筑物高程的 PD01 探洞桩号约为 1＋080；B 厂在 f_{273} 断层以南，对应建筑物高程 PD01－4 探洞桩号约为 0＋210；东侧边界以 PD01－1 东支洞控制范围，可至东支洞桩号 0＋490；南侧边界 A 厂以尾调通气洞桩号 0＋690 以北，B 厂以 PD01－5 桩号 0＋200（f_{65}）断层以北。

(4) 上述范围内的地表高程为 420.00～545.00m，地下厂房埋深为 270～375m，高压岔管埋深为 350～405m。地表冲沟切割深为 30～50m，坡度为 10°～25°，侧向埋深大于垂直埋深。因此，厂房和岔管都具备足够的垂直和侧向埋深。

(5) 根据厂房区断层、裂隙发育主要以北北西、北北东和北西向，为了使岔管轴向与上述主要构造有较大交角，建议 B 厂岔管型式采用"卜"形。

9.3.6 厂房位置选择优化后地质条件

根据已查明的地质条件，尤其是 f_{304} 断层的空间位置、场地地形条件，以及输水水道水力过度计算结果，对洞室群位置进行了优化调整，将 A、B 厂高压隧洞都向南东方向移动，下斜井南移缩短下平洞，厂房、岔管和高压隧洞都布置在 f_{304} 断层上盘，高压岔管距 f_{304} 断层最短距离约 60～70m（水力梯度控制在 10 左右），B 厂高压岔管由原来的"Y"形改为"卜"形。优化后在地质条件上，整体南移方案基本上避免了 f_{304} 和（f_{65}）断层的影响，总体地质条件明显改善。厂房位置选择专题研究推荐方案为整体南移方案。A 厂房整体南移 135m，地下厂房和高压岔管都位于 f_{304} 断层上盘，高压岔管距离 f_{304} 断层的最短距离约 60m，距离（f_{65}）断层约 80m；B 厂房在可研方案位置东移 30m，并南移 20m 后，轴线逆时针旋转 10°，厂房轴线为 N80°E。

(1) A 厂房：探洞及钻孔揭露，整体南移的 A 厂房位置，在 PD01 桩号 0＋810～0＋970 段，围岩具整体-块状结构，围岩主要为Ⅰ～Ⅱ类围岩，占 87.5%，仅沿小断层 f_{328}、f_{330} 破碎带附近有 1 段Ⅲ类围岩，占 12.5%，未见有Ⅳ类围岩。钻孔 PDZK15 揭露岩体完整，*RQD* 值多在 90%～100%，仅局部 70%～80%。厂房位置避开了 NW 向的（f_{33}）断层，而（f_{31}）、f_{328}、f_{330} 在厂房中部通过，断层规模小，胶结较好，与厂房长轴交角大，影响小，工程处理简单，近东西向的小断层 f_{332} 在厂房与主变洞中间通过，距离厂房顶拱约 8m，距离厂房底约 15m，距离主变洞 15m 以上。对应地表为近南北向山坡，地形较陡，地表水排泄顺畅。因此，整体南移后，地下厂房位置已经远离 f_{304} 断层，总体地质条

件良好。高压岔管位于 f_{304} 断层的上盘，与 f_{304} 断层的最短距离约为 60m，距离（f_{65}）断层约 80m。PD01 探洞揭露附近全部为Ⅰ类围岩，ZK2008 钻孔揭露，弱风化顶面高程 483.40m，在高程 400.00m 以下岩体完整性好，*RQD* 值多为 80%～100%，仅有小断层（f_{59}）在高压岔管通过，该断层产状 N45°～50°E/NW∠75°，宽度 0.2～0.3m，探洞揭露构造岩为构造片状岩，弱风化状。总体上南移后的高压岔管位置工程地质条件优良。高压隧洞全部布置在 f_{304} 断层的上盘，不与 f_{304} 断层相遇，在高压隧洞下平洞距离 f_{304} 断层最近，最近距离约 60m，约为 5～6 倍洞径，基本上避开了 f_{304} 断层的影响，高压隧洞工程地质条件得到明显改善。

（2）B 厂房：厂房位置选择推荐的 B 厂房位置，探洞揭露，发育断层主要有北北西向的断层（f_{65}）、（f_{69}）、（f_{71}）、（f_{101}）、（f_{102}），其次为北北东向的（f_{66}）、（f_{67}）、（f_{97}），及 NW 向的（f_{33}）、（f_{68}）。调整之后 B 厂房轴线与上述断层的走向夹角较大，是有利的。厂房、主变洞西端墙距离断层（f_{65}）最近距离约 30m，避开了断层（f_{65}）的影响；断层（f_{69}）、（f_{71}）在厂房的中部通过，与厂房轴线大角度相交，断层对厂房影响降低，工程处理简单；其他 NNW、NNE 向小断层（f_{101}）、（f_{102}）、（f_{67}）、（f_{68}）均在厂房中部通过，交角大，对厂房围岩稳定影响小。厂房位置调整后，对应地表为 NE 向山脊，地表较陡，地表水排泄顺畅。总体上，推荐方案厂房位置虽然位置调整小，但由于调整后主要的断层对厂房两端墙的影响已经避开，因此厂房的工程地质条件变好。B 厂高压岔管位置基本没有改变，只是由原来的“Y”形改用“卜”形岔管，与 NNW、NW、NNE 向断层夹角较大，岔管距离（f_{82}）约 18m，该断层破碎带硅质胶结好，呈微风化状，影响小，高岔调整后工程地质条件基本没有变化。高压岔管位置有 NW 向（f_{53}）、NNW 向（f_{69}）、NNE 向（f_{77}）、（f_{79}）通过，（f_{53}）、（f_{69}）、（f_{79}）胶结稍差，（f_{77}）胶结好，影响较小，工程处理简单。调整后 B 厂高压隧洞下平洞及下斜洞下弯段都已经避开了 f_{304} 断层破碎带，最短距离也有约 150m。输水发电系统总体工程地质条件得到改善。

推荐方案的 B 厂尾水调压井避开了规模大的断层（f_{65}），但（f_{33}）、（f_{101}）、（f_{102}）、（f_{104}）将会遇到，上述几条断层，规模比（f_{65}）小得多，胶结较好，因此 B 厂尾水调压井工程地质条件变好。

厂房选择专题推荐的 A、B 厂房方案，充分考虑了场区工程地质条件和存在的工程地质问题，避免了高压隧洞多次遭遇场区控制性断层 f_{304} 的不利影响，使高压隧洞的工程地质条件得到改善。

9.4 地下厂房洞室群布设综合评价与总结

广东各抽水蓄能电站地下厂房区各工程地质特点对比见表 9.4-1。从地形条件上，均选择了上下库山体完整性和稳定性较好地段，深圳抽水蓄能电站地下厂房洞室埋藏深度为 270～290m，其余均大于 300m，满足上抬准则。

厂房区均为燕山期微风化-新鲜花岗岩，岩石强度高。厂房区围岩主要以以Ⅰ～Ⅱ类为主，Ⅲ～Ⅳ类围岩主要分布在断层、节理、蚀变带，围岩地质条件好。受各个站点的区域构造影响，断层的发育情况各有不同。厂房区地下水总体上活动不强烈，地下水主要在

表 9.4-1　各地下厂房洞室群工程地质特点

电站	地形（埋深）	地层岩性	断层	地应力	地下水	围岩	轴线选择
广蓄	地下厂房位置在北西向山脊的北东坡上，山坡地表高程590～620m，地下厂房埋深350～380m。断层蚀变岩带发育不多，并且其走向于厂房轴向夹角都在45°以上，倾角较陡，有利于围岩稳定	微风化或新鲜的中粗粒黑云母花岗岩	断裂及蚀变岩带发育主要方向为北西及北北东向	最大主应力（σ_1）为12.1～13.2MPa，与自重应力相近，方位角为121°～189°，倾角82°～84°最小主应力（σ_3）在6.45～7.2MPa，倾角4°～5°，方位角57°和257°	深埋在微风化至新鲜的花岗岩体内地下厂房围岩，开挖后大部分呈干燥状态，岩石透水性微弱，含水极微	Ⅰ类占63.8%、Ⅱ类占36.2%，没有Ⅲ类和Ⅳ类围岩，围岩稳定性良好（二期）	厂房轴向为N80°E，使地下厂房和主变室轴线与上述两组主要结构面都有较大夹角，使倾角平缓的最小主应力与厂房轴向有很小夹角
惠蓄	地表山脊走向呈近南北向，地面高程425～530m，地形坡度5°～15°。地下厂房南侧150～180m发育北东东～近东西向的平塘大冲沟，沟底高程350～490m，切割深50～100m。厂房区位置地表还发育两条小冲沟，呈北东—南西向及北西—南东向，切割深度10～30m。埋深320～340m	位于微风化-新鲜的花岗岩体中	NW向组、NE向组（F304为N45°～70°E/SE60°～70°，厂房布置在上盘）	岩体最大主应力σ_1为12.70MPa，最大水平主应力σ_H为10.50MPa，方向约280°，最小主应力σ_3=6.71～9.71MPa	沿断层带多数有地下水呈渗滴状-线流状出露，f_{330}断层带透水性较好，沿断层带股状流水	地下厂房围岩以Ⅰ类、Ⅱ类为主，约占85%；Ⅲ类约占15%。无Ⅳ类围岩，围岩稳定性好	A厂轴线为东西向，B厂轴线为N85°E，场区构造以北西向组和北东向组最发育，最大水平主应力方向为近东西向，轴线与构造线大角度相交，且与最大水平主应力方向近平行
清蓄	在NW向分水岭的山体下，地面高程420～510m，冲沟不发育，切割浅，地形较完整。地下厂房和高岔埋深340～440m，侧向埋深大于垂直埋深	微风化-新鲜花岗岩	EW最为发育，其次为NE和NNW向	最大初始主应力σ_1介于11.80～16.10MPa，倾角在17°～77°，方位为N7°～21°E，最小主应力σ_3值介于7.3～10.4MPa之间，平均值8.79MPa	地下厂房地下水位在300m左右，岩体透水性微弱，在局部沿张裂隙有一定滴渗水。近东西向组构造、裂隙多为张性，胶结一般-较差，地下水活动较强烈	Ⅰ类围岩占51%；Ⅱ类围岩占41.3%；Ⅲ类围岩占7.7%，没有Ⅳ类围岩	地下厂房轴线为N10°E，厂房区断层、裂隙以近东西最为发育，其次为北东和北北西向，厂房轴线与上述主要发育的断层裂隙有较大交角
深蓄	厂房区为响水河的一牛轭形河弯内侧的山脊，地下厂房布置在山脊偏北西山坡下，地面高程310～330m，埋深270～290m	微风化-新鲜灰白色中粒黑云母花岗岩和肉红色中粗粒黑云母二长花岗岩	主要NW组41条，期次近EW组28条和NNW组20条	最大主应力σ_1值介于10.6～12.85MPa之间，最大水平主应力σ_H平均值为12.16MPa，方向近EW，最小主应力σ_3值介于5.05～7.7MPa之间，平均值5.8MPa	岩体透水性微弱，主要为断层裂隙潜水，局部存在裂隙承压水，断层普遍表现为弱渗水，地下水主要沿北西和东西向断裂渗透和储藏	Ⅱ类围岩约占64%，Ⅰ类围岩约占24.5%，Ⅲ类围岩，约占11.2%，个别断层破碎带为Ⅳ类围岩	厂房轴向N40°E，与三组主要断层走向夹角都大于50°，有利于大跨度地下厂房围岩稳定
阳蓄	地下厂房区布置在头门岗分水岭，地下厂房山体地面高程375～425m，埋深345～395m；侧向埋深约330m。总体上，山体比较雄厚完整，冲沟切割较浅，地下厂房具备足够的埋深	微风化-新鲜的中粗粒黑云母花岗岩为主，局部有细粒黑云母花岗岩	北西西向最发育，其次为南北向［f_{718} N20°～35°E/NW70°(SE80°)，厂房在其NW侧］	最大主应力σ_1值介于11.8～18.0MPa之间，平均值14.6MPa，最大水平主应力σ_H方位角平均值为N60°W，最小主应力σ_3范围值8.7～10.9MPa，平均值为9.8MPa	地下厂房主探洞PD01桩号0+470～1+026及6条支洞地下水总流量在4.9～12.2L/s之间变化，雨季流量大	高岔位置避开了附近主要断层f_{708}、f_{721}，该段Ⅰ～Ⅱ类围岩比例高达87%，Ⅲ围岩比例13%，围岩条件好	厂房轴线为N60°E，厂房轴线与厂房部位最发育的南北向断层有更大的交角；厂房轴线与最大水平主应力交角更小；高压岔管与岔管部位最发育的北西向断层有更大的交角，利于围岩稳定

断层和裂隙之间储存和流动。厂房区最大主地应力最大主应为中等地应力区，岩爆属轻微级别，同时压力隧洞能满足最小主应力准则要求。各电站最后选定的厂房轴线方向有利于洞室围岩稳定。

9.5 小 结

广东省几个抽水蓄能电站地下厂房地质勘察过程和实践表明，只要做好分析和策划，合理布置和实施勘察工作，对勘察资料综合分析，就能选择较优的地下厂房洞室群位置及轴向，为工程建设做出贡献。

(1) 通过地质测绘、物探、钻探、现场试验、室内试验等，查明拟建厂房区域内的工程地质条件和水文地质条件。

(2) 洞室群位置首先应在完整稳定的山体下，满足覆盖比的要求。

(3) 洞室群位置应避开勘察区域内规模大的断层，无法避开时应调整洞室长轴线方向，使之与主要断层及结构面成大角度相交。

(4) 对有高水头作用的洞室，通过高压压水、水压劈裂试验评价岩体的在高水压下的渗透性和抗劈裂能力，为洞室布置和衬砌型式的选择提供地质依据。

(5) 进行地应力测试，洞室群位置满足最小主应力法则的同时最大主应力不应太高。

(6) 高压岔管、厂房顶拱及边墙等重要部位要放在围岩条件最好的部位。

(7) 重视断层带、裂隙带和蚀变带的处理质量。

第10章 基于DSI的地质三维建模技术与应用

地质三维建模（3D geosciences modeling），通常指的是运用计算机技术，在三维环境下，将空间信息管理、地质解译、空间分析和预测、地学统计、实体内容分析以及图形可视化等工具结合起来，并用于地质分析的技术。它是随着地球空间信息技术的不断发展而发展起来的，由地质勘探、数学地质、地球物理、矿山测量、矿井地质、GIS、图形图像和科学计算可视化等学科交叉而形成的一门新兴学科。传统地质信息模拟与表达技术主要采用平面图和剖面图技术，其实质是将三维空间中的地层、构造、地貌及其他地质现象投影到某一平面上进行表达，存在的主要问题是空间信息损失与失真、制图过程繁杂及信息更新困难。三维地质建模技术正是针对传统地质信息模拟与表达方法的缺陷，结合计算机技术而发展起来的地质分析技术，已广泛应用于水利水电、道路交通、城市建设和采矿等工程。

三维地质信息平台与分析评价系统的设计目标是综合日常地质勘察工作相关专业的基础资料、针对行业性质创建三维地质模型，并在模型基础上开展相关分析和生成相关成果。其中的成果不仅仅包括日常性地质图形产品如地质剖面图，还包括针对特定工程需要的工程风险分析评价成果。三维地质建模功能直接从数据库调用地质调查和勘探等成果资料，重点是快速有效地构建出地质体空间形态，并可以及时更新和修正，以满足勘察结果乃至地质认识不断变化的需要。实现模型快速更新具有十分重要的现实价值，是三维地质建模功能模块必须强调的重要目标。

三维地质建模技术的难点主要为如何应用离散地质数据结构来正确表达复杂的地质结构体。随着中国工程建设的加快，带来了工程建设周期缩短、工程质量要求提高等变化。发展三维地质曲面建模技术被认为是提升岩土工程设计质量的重要途径，而提供准确的曲面插值拟合结果更是各种三维地质曲面模型从研究走向应用的基础和关键。三维地质曲面建模技术作为岩土工程建设信息的一个重要组成，不仅有利于观察分析工程区域的地质状态，还能辅助决策者对设计方案的比选和优化，是一项十分重要的工程技术手段。

10.1 三维地质建模技术的发展概况

技术手段进步、提高工作效率是适应水电工程勘测设计周期不断压缩的理想途径，在20世纪80—90年代，这也是全国水电勘测设计院一直在追求的目标。技术进步的一个重要环节就是提高勘测和设计的办公室内业工作效率，应该说，AutoCAD的全面应用，很大程度上提高了工程图形处理的标准化，但在工作习惯和流程以及工作效率上的改变并不突出。

自20世纪80年代开始，水利水电工程地质界一直在寻求一种计算机化技术从三维角度描述地质体空间形态，以提高对地质体三维特性的表达能力和相应的图形处理水平。用计算机技术来模拟地质体的三维行态开发遇到较多困难，如地质形态的不确定性和复杂性、地质体本身所具备的地质属性、各单位固有的习惯不统一等。此外，地质体的认识不是一蹴而就，而是随着勘察阶段和精度的加深不断修正、逐渐趋近的过程。这就要求模型能够随时修正更新。地质体还具有地质时代和相互之间的交切关系等特定地质属性，因此，地质三维软件要求不仅能处理复杂的空间形态，而且还能处理地质体所特有的这些属性，满足工程需要。

与中国水电工程建设提高勘测设计工作效率的要求一样，国际岩体工程建设也存在这种需求，特别是在人力资源相对匮乏的一些发达国家，这种要求更加突出。但与中国的发展状况不同的是，国外的岩石工程主要集中在石油和矿山两个行业。

从20世纪80年代开始，一些发达国家的矿山行业已经开始应用三维计算机仿真方法进行矿山设计和生产管理工作，其中DATAMINE就是应用最普遍的计算机软件之一。但这类方法普遍存在对地质体空间形态的模拟精度不高的问题，另外，机械制造和建筑结构行业三维辅助设计软件如Catia和MiscroStation等商业应用，客观上加速了地质三维的研发。即便如此，由于地质体和地质工作固有的特性，当时条件下世界上任何已有的技术都无法满足地质体工程三维工作方式的需要。与建筑结构等行业相比，地质体三维建模的差别体现如下：

(1) 对象的不确定性。建筑结构三维建模是把人为设计的形态表达出来，该对象事先并不存在；地质建模则不同，是通过稀疏的几个已知点信息把事先已经存在、缺乏数学规律可言的空间形态描述出来。

(2) 对象的地质属性。虽然地质体可能没有任何数学规律，但严格遵循地质规模，比如沉积地层可以任意起伏但彼此不会穿插。这要求在用某种数学理论构建地质体空间形态特征，必须有能力体现地质规模的约束，即建模过程需要体现地质约束而不是单纯的数学过程。

(3) 地质体的数据属性。地质体形态既可以通过地表调查和勘探获得局部控制点坐标进行推测判断，也可以是大量物探数据结果的解释，后者成为属性建模。即地质体建模技术不仅只是几何问题，而且需要具备地质数据处理和数据建模的能力。此外，针对地质体的分析评价（如稳定性）不仅依赖地质几何边界，还依赖地质体介质的某些属性（如同参数值描述的力学特性），数据属性成为地质建模不可或缺的要素。

正是这几个方面的特殊性，决定了地质三维建模与一般三维设计的本质差别，为此，从20世纪80年代中后期开始，国际上开始了针对地质体建模和数据分析的数学方法的研究和计算机实现技术开发工作。其中的核心就是如何快速和准确地建立地质体三维模型和进行相关的信息处理，这不是一个简单的计算机技术问题，更主要是一个数学问题，体现了地质知识、数学方法和计算机技术的统一。目前国际上已经完成这项核心技术即DSI的开发，共投入了数千万美元，组织了40余所大学和研究机构的技术力量，花费了整整10年的时间。

中国水利水电行业地质三维建模和信息处理的研发工作采用了两种技术路线，即自主开发和引进后的改造。自主开发的最大优势是针对性强，最大风险在于关键技术能否达到现实工作所需要的高度（如掌握或等同于 DSI）；国际上现有的产品如 GoCAD 具有技术优势，但行业针对性不足的缺陷也非常突出，难以发挥作用。

到目前为止，我国水电行业先后有天津大学、中国地质大学、华东勘测设计研究院、Itasca 武汉公司等多家单位都采用了自主开发和联合开发的方式，除 Itasca 公司开发的 ItasCAD 采用了 DSI 技术和具备属性处理能力以外，其余所有都采用了传统的数学理论方法如克里金插值，底层技术直接决定了产品可以达到的高度和针对现实复杂条件时的实用程度。

10.2　DSI 原理与技术

DSI，即离散光滑插值（discrete smooth interpolation），在 20 世纪 80 年代法国由 Nancy 大学 J. L. Mallet 教授提出一个迭代算法并进一步总结形成了一套专门针对地质体建模及分析的理论，以适应描述地质体不确定性、固有的地质属性和数据属性的需要。从应用的角度，与传统理论基础上的建模算法相比，DSI 技术的优势在于它可以在数学拟合过程中、通过添加约束条件的方式遵循地质规模，避免单纯数学拟合导致的地质不合理性。这在拟合构建形态复杂（褶皱、透镜体）、非连续性（断层、覆盖层）的地质体时具有明显优势，并且能进行局部修改而不必由于地质勘探资料的变化而重新建模。

如果将地质界面视为离散化的不连续界面，地质点及地质勘探揭示的钻孔平洞数据等作为约束条件，DSI 实际上就是通过在这些约束条件下求解目标函数-全局粗糙度函数的最优解来得到符合约束条件的最优化地质界面。

定义三维地质离散模型 $Mn(\Omega, N, \varphi, C)$，其中，$\Omega$ 是构成模型的所有节点，N 是每个节点的领域点集，φ 是每个节点的 n 阶矢量属性函数，C 为每个节点的约束。

定义全局粗糙度函数

$$R^*(\varphi)=R(\varphi)+\phi\cdot\overline{\omega}\cdot\rho(\varphi) \tag{10.2-1}$$

式中：$R(\varphi)$ 为全局粗糙度函数；$\rho(\varphi)$ 为全局约束违反度函数；ϕ 为约束因子；$\overline{\omega}$ 为平衡因子。

DSI 求解 φ 实际就是使函数 $R^*(\varphi)$ 为最小，即 $\dfrac{\partial R^*(\varphi)}{\partial\varphi}=0$。因此得

$$\varphi^v(\alpha)=-\frac{G^v(\alpha|\varphi)+(\phi,\overline{\omega})\Gamma^v(\alpha|\varphi)}{g^v(\alpha)+(\phi,\overline{\omega})\gamma^v(\alpha)} \tag{10.2-2}$$

其中

$$G^v(\alpha\mid\varphi)=\sum_{k\in N(\alpha)}\mu(k)v^v(k,\alpha)\sum_{\substack{\alpha\in N(k)\\ \beta\neq\alpha}}v^v(k,\beta)\varphi^v(\beta)$$

$$g^v(\alpha)=\sum_{k\in N(\alpha)}\mu(k)\left[v^v(k,\alpha)\right]^2$$

$$\Gamma^{v}(\alpha \mid \varphi) = \sum_{c \in C} \overline{\omega}_{c} \Gamma_{c}^{v}(\alpha \mid \varphi)$$

$$\gamma^{v}(\alpha) = [A_{c}^{v}(\alpha)]^{2}$$

$$\Gamma_{c}^{v}(\alpha \mid \varphi) = A_{c}^{v}(\alpha)\left\{\sum_{\beta \neq \alpha} A_{c}^{v}(\beta)\varphi^{v}(\beta) - b_{c} + x_{c}^{v}(\alpha \mid \varphi)\right\}$$

$$x_{c}^{v}(\alpha \mid \varphi) = \sum_{\eta \neq v} \sum_{\beta} A_{c}^{\eta}(\beta)\varphi^{\eta}(\beta)$$

式中：$A_{c}^{v}(\alpha)$为约束系数。

根据实际约束条件可以得到不同条件下的约束系数，进而通过式（10.2-2）迭代求解最优化的 φ 值。实际的约束条件包括钻孔或物探揭示的界面位置、产状、断层断距及错动方向等。其中的约束可以分为硬约束和软约束，硬约束是指必须100%精确拟合的，比如钻孔揭示的层面位置，有些是软约束，比如断层错动方向以及推测的断距，以及一些物探解译得到的界面位置等，这些可以根据具体勘探或物探的可信度赋予权重因子来进行拟合。图10.2-1左边是根据钻孔揭示的地质界面位置（作为硬约束）拟合的层面，右边则是根据界面位置（硬约束）与界面产状（软约束）拟合得到的层面，注意左边和右边模型在中间局部部分由于考虑不同约束条件产生的局部起伏程度差异。

(a) 不考虑产状影响

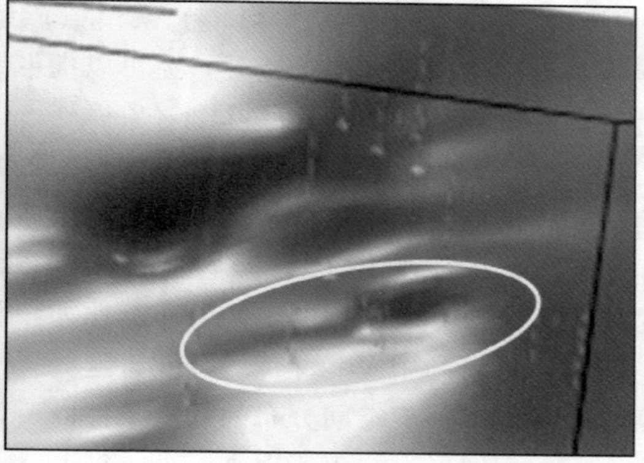

(b) 考虑产状影响

图10.2-1 DSI插值结果对比

以上原理还可以从应用角度进一步描述和解释，所谓离散，指离散数学的思想处理问题，如点、线段、三角形作为基本单元来模拟曲线或曲面，这就与用连续的数学函数的描述方式形成显著差别。由于这些单元之间中不遵循任何事先预定的数学规律，DSI技术可以对曲线或曲面中的任意基本单元进行撕分加密、删除、调整等操作，而这些操作是否对临近单元发生影响是可以选择的，这体现了离散性的特点。

光滑平顺技术就如同用手工制作地质图件，即采用已有的勘探点按趋势光滑平顺地连接起来，光滑平顺技术虽然保证了形成的地质对象完全通过已知的勘探点，但勘探点之间则为推测结果，这反映了地质体的不确定性。

采用离散光滑平顺技术模拟地质界面的空间形态时所依据的是已知的少数信息，建模过程中把这些信息作为约束使用。当工程中增加勘探工作获得新的已知信息以后，在建模时只需要增加相应的约束再进行局部光滑平顺处理即可，从而实现随认识加深对模型的更新。

10.3　基于 DSI 原理的三维地质建模系统

10.3.1　GoCAD 建模系统

GoCAD 是采用 DSI 技术的首款软件，决定了其功能和实现方法的独特性。

GoCAD（geological object computer aid design）意思是地质对象计算机辅助设计，面向石油行业、兼顾地质体工程一般需求，设计定位是创建含属性三维地质模型和在该模型基础上辅助地质分析与工程设计。其中的建模具有通用性特征，但分析设计功能具有典型的石油行业特色。因此，GoCAD 在引入到水电行业时，针对一般地质体（地层、构造等）的建模能力非常强大，且兼容物探建模、数据处理和工程分析的能力，但遇到行业需求，如卸荷带建模、符合行业标准的二维出图时，其便捷程度乃至实用性受到严重影响。

GoCAD 采用对象操作方式，所谓对象，是指建立三维模型过程需要的元素，比如点、线、面是最基本的对象。其中的面可以连续也可以不连续，连续部分全部用可编辑（如撕分、合并等）的三角形单元来模拟，为三角性网格面。在 GoCAD 中，这些对象除表现为某种空间几何形态以外，还可以携带一些信息，比如对应部位的应力状态和地质特性等。除了点、线、面这些基本对象以外，GoCAD 还包括以下相关对象：

实体（Solid）：简单地说，它是把空间封闭曲面充填而成，就处理地质体问题本身而言，实体的应用远不如面普遍，面是地质体模型中最重要的对象。

Voxet 和 SGrid：二者的基本用途上没有本质差别，前者为规则网格、后者不规则，主要用来分析对象属性的空间分布。比如，利用钻孔获得了岩体的 RQD 等表征岩体质量的参数，可以利用 Voxet 或 SGrid 将这些属性从钻孔转换到对应部位的空间网格中，在确定这些参数指标的空间分布的约束条件以后，采用数学差值的方法推测出这些参数的空间分布，并用图形方式表达出来；

钻孔（Well）：钻孔是 GoCAD 中的一个重要对象，其主要作用是建立地质勘探和地质模型之间的联系。通过钻探获得的地质单元和地质参数指标值带入到 GoCAD 中，作为建立地质模型和进行相关分析的资料录入窗口。

剖面（XSection）：在建立三维地质模型以后，该对象用来生成任意的剖面图形，并可以通过 dxf 格式与 AutoCAD 通信，最终工程图形可以用 AutoCAD 发布。

其他一些对象如 Frame、Structure model 等主要满足构造地质分析的需要，这里不一一叙述。

GoCAD 对象之间具有非常密切的联系渠道，这就使得按不同方式获得的信息能够在系统之间共享。比如，建立空间曲面可以直接通过业已存在的点信息、线信息、面信息、网格信息、钻孔信息等完成，具体采取什么样的方式取决于具体问题的条件和要求，这也使得 GoCAD 的应用可以非常灵活。

如何保证精度和如何进行有效的模型更新是应用者经常关心的两个问题，保证 GoCAD 建模精度的措施一方面取决于原始资料的类型和精度，另一方面还取决于建模方式，这里就地形和地质界面两种不同数据源方式的问题来说明模型精度的控制方法。

一般来说，工程区域地形的数据特点是数据量大，但由于如植被或解译过程中的误差等因素的影响，地形测量数据中可能存在少数不正确的地形数据资料，根据这些特点和不同的工程考虑，至少可以采取两种方式可以进行地形建模。

第一种方式是以已知的地形测量数据点为逼近对象，用一个平面不断逼近这些对象，逼近过程中可以不断增加三角形网格密度，直至满足精度要求为主。这种建模方式的好处是逼近过程中局部明显的地形误差点可以及时被发现和更正，局部误差对所生成地形精度的影响可以自然得到控制。

第二种方式是用一个三角性网格密度满足地形精度要求的曲面完全通过地形测量点，这样模拟的特点是所模拟的地形精度取决于地形测量精度，同时地形测量误差也被带到生成的地形模型中。图 10.3-1 表示了采用不断撕分平面和同时逼近地形测量点的方式进行地形模拟的几个中间过程，这一过程突出了一个平均和趋势的概念，即所产生的地形单元网格的位置可能受到周边几个地形测量点的影响，如果某一个测量点存在严重误差时，这种误差的影响相对地被弱化，同时也相对比较容易地发现明显的地形错误并进行修正。

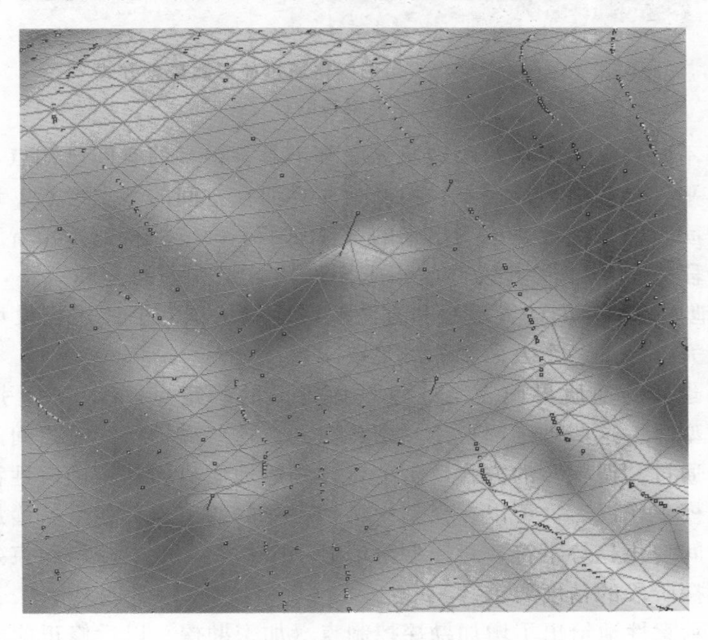

图 10.3-1　采用不断撕分平面和同时逼近地形测量点方式进行地形模拟的过程

图 10.3-2 表示了采用强制三角形网格通过地形测量点方式进行地形模拟的结果，采取这种方式建立的地形模型的特点是地形三角网格通过地形测量点，但误差同时被保留。

上述两种建模方式反映了 GoCAD 建模的一个特点：建立一个模型具有多种选择方式，采取哪种方式取决于用户的考虑和要求。如果地形测量中存在一定的误差甚至错误时，第一种建模方式显然更合适一些；相反地，如果地形测量结果可靠，第二种方式显得更简单一些。

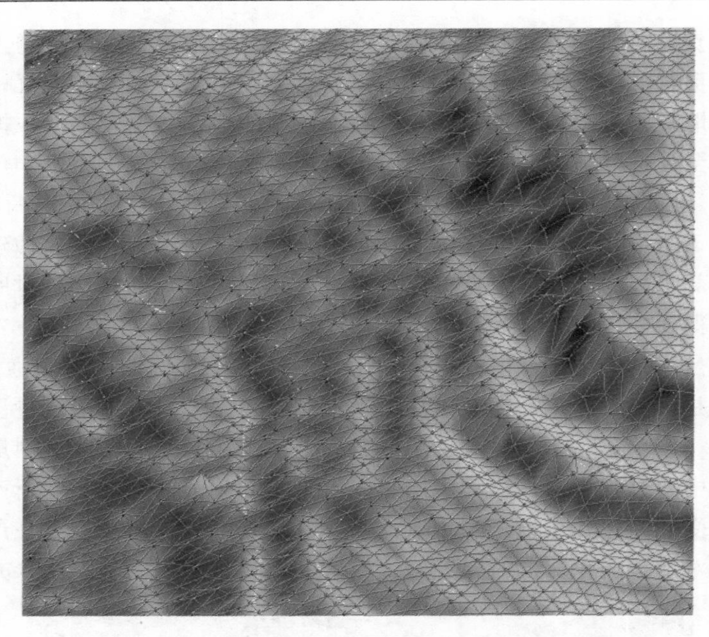

图 10.3-2　采用三角形网格通过地形测量点方式
进行地形模拟的过程

与地形建模不同的是，大多数的地质界面都不具备很多的空间已知点，一般仅有少数勘探点（钻孔、平洞、或地表勘探点）控制地质界面在空间的基本形态，地质界面在这些控制点之间的空间状态实际上是推测出来的，体现了不确定性特征。随着工程勘测工作的不断深入，后阶段获得的控制点数目也相应增加，需要推测的范围减小，精度也随之增加。GoCAD 的地质界面空间建模思想和方法按照地质认识的上述过程设计，从而在保证建模精度和修正完善模型两个方面都能满足要求。

为了保证所建立的地质界面完全通过勘探揭露的确定点，GoCAD 引入了约束的概念，即在建立模型时，这些确定部位是“锁死”的。这些“锁死”点之间的间隔部位则按照空间变化趋势通过“调整”的方式发生变化，描述地质界面的不确定性特征。在完成一个地质界面的建模工作以后，可以在模型中增加锁死的约束点，如果新增加的约束点与此前地质界面的空间变化趋势不符，对模型可以进一步调整，反映新增约束条件下的变化趋势，反映不同勘探阶段的精度要求。

图 10.3-3 示意性地给出了增加勘探控制点（加密勘探）以后修正前面已经完成的地质界面、随勘探阶段深入不断修正模型的结果，左图代表了前一阶段获得的地质界面空间

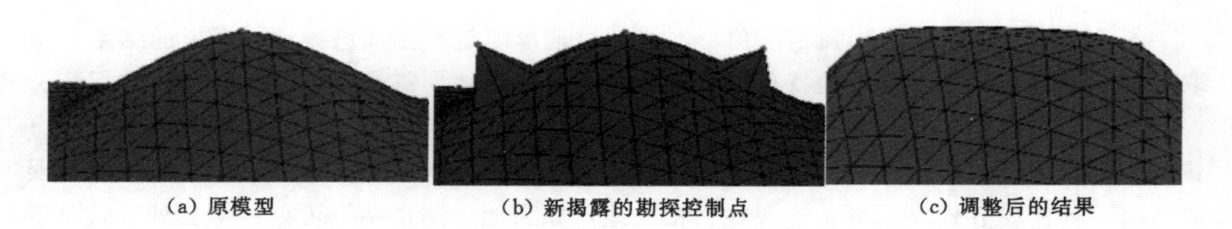

(a) 原模型　　(b) 新揭露的勘探控制点　　(c) 调整后的结果

图 10.3-3　增加新的勘探约束点前后地质界面空间形态比较

形态的认识，后一阶段的补充勘探证实先前的推测存在误差，在GoCAD中消除这种误差的方式是在将新揭露的勘探控制点作为约束点，强行要求地质界面通过这些点［图10.3-3（b）］，然后进行进一步的光滑调整，反映新增加控制点以后对整体变化趋势的影响［图10.3-3（c）］。

10.3.2　ItasCAD建模系统

ItasCAD为地质三维建模和分析系统，与GoCAD相同的是，三维建模采用DSI技术，而分析的含义则差别悬殊，指工程地质分析和岩土力学分析，二者是岩土体工程设计的核心和基础。ItasCAD开发起源于2004年，系旅居加拿大华人专家主持开发，开发团队和开发工作于2009年转移到国内。随后的开发面向中国水利水电行业需求，目前已经拓宽到电力、国土资源等行业。

1. 基本组成

图10.3-4表示了ItasCAD的基本组成和主要功能模块，各模块的设计目标和已有功能概述如下：

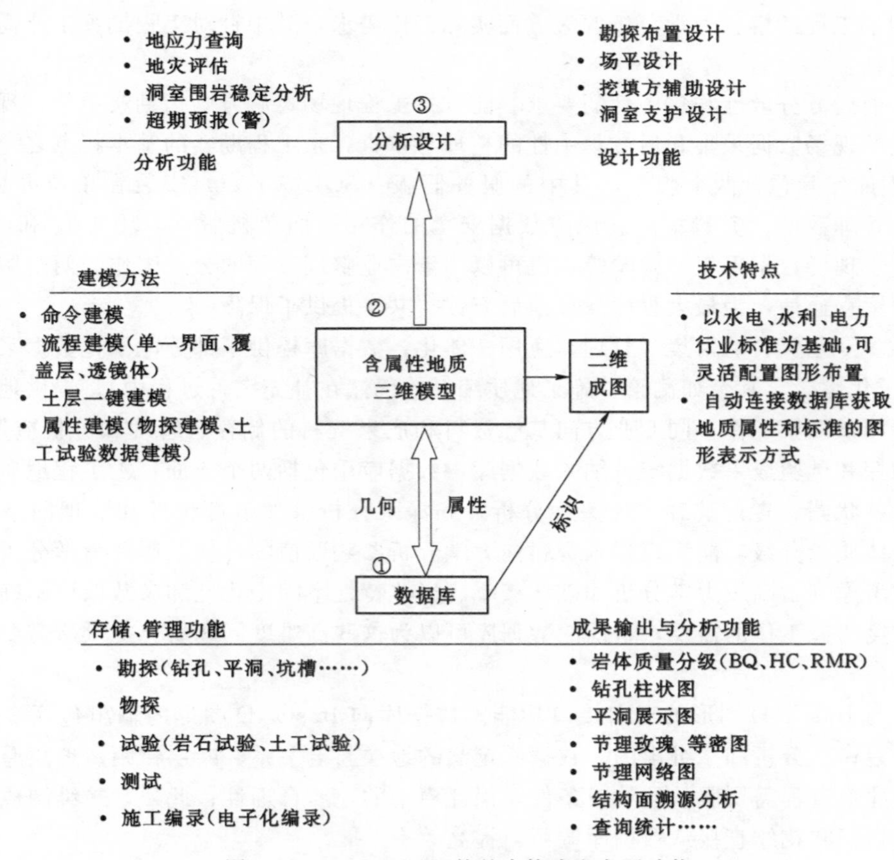

图10.3-4　ItasCAD的基本构成和主要功能

（1）数据库。它是ItasCAD的基础，起到建模分析所依赖基础数据管理、工程地质分析等方面的作用。

(2) 三维建模。这是核心内容之一，其目标是构建含属性地质三维模型，其中的属性指岩（土）体工程特性，是力学分析的基础之一。三维模型的几何形态起到两个方面的作用，一是生成二维地质图形，二是作为力学分析的边界条件。

(3) 二维出图。三维模型几何形态的应用，生成符合行业制图标准和生成要求的多种二维内业图件。

(4) 工程应用。三维模型综合（主要是属性）的应用，体现具体工程问题的分析评价，如地应力查询、地灾评估、隧道稳定和支护等，是本项目研发工作的主要内容，体现了现有平台的应用。

除此之外，ItasCAD与AutoCAD、Catia、MicroStation建立了数据接口，ItasCAD所构建模型几何形态可以采用外部文件的形式输出给这些结构设计三维系统，但由于这些非地学产品设计目标的差异，ItasCAD模型包含的大量信息，尤其是地质关联关系、属性信息等会完全丢失。

2. 主要功能

由于系统的数据库为建模和分析提供绝大多数的基础资料，因此，数据库设计和开发时考虑到了工程勘察、力学分析两大方面实际工作需求，其中针对工程勘察工作需要的主要功能包括：

(1) 前后方分散性与集中性的要求。前方指工程现场，后方则指勘察单位，现实工作中分散性的现场数据采集和后方集中性的整理与审查，是工程勘察的基本特点之一。ItasCAD数据库实际包含两个版本，其中的服务器版（SQL Server）安装在单位办公室内，承担集中管理数据、资料审查、保障数据安全的作用；而单机版（SQL Lite和Access）主要服务于现场数据采集、检验等，也可以用于内业整理过程的分工工作。两个版本数据库之间的远程通信，为最大程度保证前后方数据共享提供了保障。

(2) 多专业资料的采集、管理、应用一体化。数据库提供了部分电子化数据采集功能（平洞电子化编录，其余如测绘、施工地质编录等仍然在补充完善过程中），提供地质、物探、试验测试勘察工作不同专业方向基础资料和成果资料的储存、管理和分析应用功能，其中的物探和试验成果数据统一纳入数据库，数据应用包括两个方面：①工程地质业内整理（钻孔柱状图、查询统计、相关性分析）和深入分析（如节理统计和节理网络模拟）；②通过岩体质量分级功能实现基础资料向力学分析参数取值的转换，服务力学分析。数据库设计时考虑到了高级力学分析如破坏概率、岩体特性空间变化性和参数取值不确定性影响等高难度研究工作的需要，目前的数据库可以为这些高难度问题研究提供所需要的基础资料。

(3) 与ItasCAD图形的双向接口功能。数据库向ItasCAD图形的输出包括3个方面的用途：建模、分析和二维出图。数据库定义的地层新老关系、断层错距、地层厚度等都可以成为建模过程需要服从的约束条件，保证模型的地质合理性；此外，二维图成图中相当一部分标识和花纹直接从数据库调用，提高效率。

3. 核心技术

综合数据库设计和开发更多依赖专业需求的整体把握，对岩土体工程勘察设计流程的专业宽度和深度要求相对较高。相比较而言，ItasCAD建模和数据处理功能的研发工作还

涉及数学、计算机专业的高难度问题，核心技术包括：

(1) DSI插值技术。如前所述，从收集到的资料情况看，ItasCAD是继GoCAD以后第二个采用这一专门针对地质体建模开发的数学方法和相应的计算机技术。

(2) 三维网格技术。几乎所有地质三维产品的三维网格技术针对数据插值运算开发，目的是把少数部位已知数据推广到三维空间，可称之为插值网格。ItasCAD除保留这种网格技术以外，还专门针对FLAC3D、3DEC数值计算需要开发一种三维网格技术，同时满足方量快速计算、美观等多方面的需要，这是ItasCAD三维网格的一大特色。特别地，很多三维软件三维网格操作（如分区等）都建立在面模型起到完整封闭边界的前提下，甚至要求这些面和面之间在交线上节点完全重合，这种严格要求大大降低三维网格的实际应用价值。在ItasCAD三维网格研发过程中，特别针对这一现实问题采取了新的算法，允许界面之间不完全重合、甚至存在一定宽度的间隙。

4. 集成化建模工具

与同样采用DSI技术建模的GoCAD相比，ItasCAD的特点是集成和简化。相比较而言，GoCAD强调了对地质体的通用性和相对地忽略了岩体工程行业性需求，ItasCAD则特别突出了后者，针对水电、矿山、土建等行业地质体特点和地质工作要求，专门开发了若干流程，帮助快速完成建模工作。ItasCAD包含的集成化建模工具包括：

(1) 单一界面建模流程。针对连续分布的绝大多数地质分界面，如地层（含土层）、断层、侵入界面、风化和卸荷分界面等，当这些地质分界面被断层切割时，可以先忽略切割错动，通过专门的断层错动过程模拟体现这种错动部位的复杂特征。

(2) 覆盖层建模流程。针对地表和近地表工程经常涉及的物理地质现象，如滑坡堆积、残坡积等，基本特点是准确的勘探资料少，大量依赖其和地形的基本关系推测获得。

(3) 透镜体建模流程。专门针对透镜体等封闭形态的地质体设计。

(4) 物探综合解释和地质建模。针对一些条件下主要依赖多种物探手段获得的资料推测深部地质体形态的工作方式，在石油、矿山行业前期阶段资源普查阶段非常常见。

(5) 断层错动模拟。主要是针对第（1）种情形的补充。

(6) 土层一键建模。专门针对垂直钻孔获得土层分层资料的情形，可以通过一键操作方式实现所选定多种土层的建模，自动考虑尖灭关系。

5. 数据导入方式

地质三维建模过程采取的技术路线和实际操作方式主要受到两个方面因素的影响，即对象几何形态特征和地质属性（类型）、已知资料的类型和数量。ItasCAD建模功能设计建立在10余年三维建模应用经验的基础上，在对建模资料要求方面降低到最低程度，同时最大程度实现建模的简捷性。简单地讲，ItasCAD建模实际依赖的是同一对象任意零散点空间位置信息，其位置可以是勘探揭示，也可以是通过产状、厚度推测，还可以是依据人工判断的判断。其中的一些推测工作嵌入在建模过程中，无需专门的数据准备，从而提高建模效率。针对现实中的数据存在方式，ItasCAD提供了如下一些建模数据导入方式：

(1) 数据库。绝大部分的数据可以录入到数据库、然后导入到图形建模。建立与数据库的关联是推荐的工作方式，这样可以充分利用数据关联性，对新工程使用数据库可以大大减少人工耗时、提高效率和成果准确性。

(2) 外部图形文件。最常见的是.dwg和.dxf，对于已经获得校审图件的老工程而言，ItasCAD可以快速读入平面图、切面图和剖面图，且导入剖面图时自动体现方向变化、实现统一坐标系下的三维空间“归位”。

(3) ASCII文件。指按列排列的文本文件，包含X、Y、Z坐标和测值，往往用于导入无规律的数据，如重力场物探结果等。

(4) 图片。ItasCAD提供了导入平面图片和剖面图片，然后进行矢量化的数据导入模式，针对以纸质方式保存的基本资料。

(5) 勾画。特别适合于地质推测结果的图形实现，ItasCAD中的任何一个空间曲面都是二维工作面，勾画的线条保证位于曲面上，因此可以轻松勾画出所推测对象和该曲面之间交线的形态，获得建模的人为推测依据。

10.4 惠州抽水蓄能电站地下厂房三维建模

早在2005年，GoCAD被引进和应用于惠州抽水蓄能电站，当时的应用目标是创建地下厂房区三维地质和洞群模型，更多是了解国际先进技术及其在国内水电行业的适用程度。系该技术在国内水电行业首次应用，即便是考虑其他行业，也是当时条件下为数极少的应用案例。本节将介绍GoCAD在惠蓄抽水蓄能电站的应用，当时条件下水电行业地质三维的基本目标是实现二维成图，本次应用已经实现了地质三维技术的工程分析。

建模范围以地下厂房区为主，并向上游延伸涵盖引水隧洞。建模内容包括地形、地下工程围岩范围内的构造（新鲜花岗岩，无岩性分层和风化分带），同时构建勘探钻孔和平洞以及揭露的主要构造。

惠蓄地质三维模型所依据的原始资料包括：

(1) 地下厂房区地形平面图和工程布置图，包括地下厂房各建筑物结构布置设计图（AutoCAD文件）。

(2) 地下厂房主要钻孔柱状图（AutoCAD文件）。

(3) 地下厂房区平洞勘探编录资料（即平洞展示图，AutoCAD文件）。

(4) 地下厂房各建筑物结构布置设计图（AutoCAD文件）。

建模依赖的是独立保存的电子化图形文件，虽然这些图形中包含的信息共同揭示了建模范围内地质体空间形态，但这些图形均为手工制作，彼此之间的空间关系通过标注、而不是共享一个共同的坐标系统体现。而构建三维模型最基本的依据是各对象在统一三维坐标系下的位置关系。为此，建模的第一步工作是数据整理，基本要求是把所有这些图形代表的位置归位到统一的三维坐标系下。

除大量的坐标转换工作以外，建模过程遇到的另一个普遍性问题是人工制图过程中格式不统一和信息缺失。前者的典型表现是地质图中相同地质性质的线条采用了不同的图形属性，如设置了不同的线型（样条、多段性）和厚度等，在导入到GoCAD后出现一些问题。后者常见的是缺少Z坐标，如平面地质图中露头线乃至部分等高线的高程不正确。

建模过程显示，清理这些数据达到满足建模要求所消耗的时间比建模要多很多，一般在2倍以上。从这个角度看，传统、单一手工方式的基础资料处理方式和成果和地质三维建模需求之间存在较大差异，成为影响地质三维建模效率的最大障碍。因此，如果需要在实际工作中使用地质三维技术，首先需要解决的是基础资料标准化和接口环节的问题。

在完成基本资料整理、导入 GoCAD 以后，建模过程相对简单和快捷。相比较而言，建筑物建模效率要低一些，主要原因是 GoCAD 针对地质体设计、方便创建不规则的空间曲面乃至错动，但对位置精确要求的洞室轮廓，反而缺乏灵活性。

地质面建模和建筑物建模采用了不同的技术路线，地质面建模是把剖面图、钻孔平洞揭露的信息全部转为空间点，依次为依据创建一个大致的斜面（平面，仅 2 个三角形组成）。这个初始面具有平均面，不通过任何空间点。建模过程是不断加密这个初始面，每次加密以后都要求以这些空间点为目标对象进行一次逼近运算，每一次运算以后初始面的形态改变一次，与目标点的误差更小。当二者之间充分接近时，停止逼近拟合运算，对勘探点部位执行一次移动处理，即将创建的面局部修改，要求通过指定的目标点。

上述过程充分利用了 GoCAD 的 DSI 技术，由于任何已知资料都可以转换为对象空间已知点坐标，因此，任何资料都可以用于建模。特别地，这一建模过程执行了“从点到面”的技术路线，其中的点对应于现实工作中的地质点、勘探露头等，即直接采用勘探资料创建地质界面，无需通过剖面转换。

建筑物建模则采用了从线到面的形式，先创建关键部位断面形态轮廓线，然后线-线相连成面，无需进行逼近拟合，即不使用 DSI 技术，体现了建筑物建模和地质建模对建模技术要求的差别。

图 10.4-1 和图 10.4-2 分别以俯视和三维透视的方式表示了创建的模型，其中图 10.4-1 主要展示了模型范围，其内容包括地形模型，A、B 两个厂房洞群和引水洞建筑物模型，以及厂房区的断层。除这些内容以外，图 10.4-2 增加显示了模型范围内钻孔和平洞，同时增加显示了引水洞沿线断层空间分布。

图 10.4-1　惠蓄地下厂房区模型俯视图

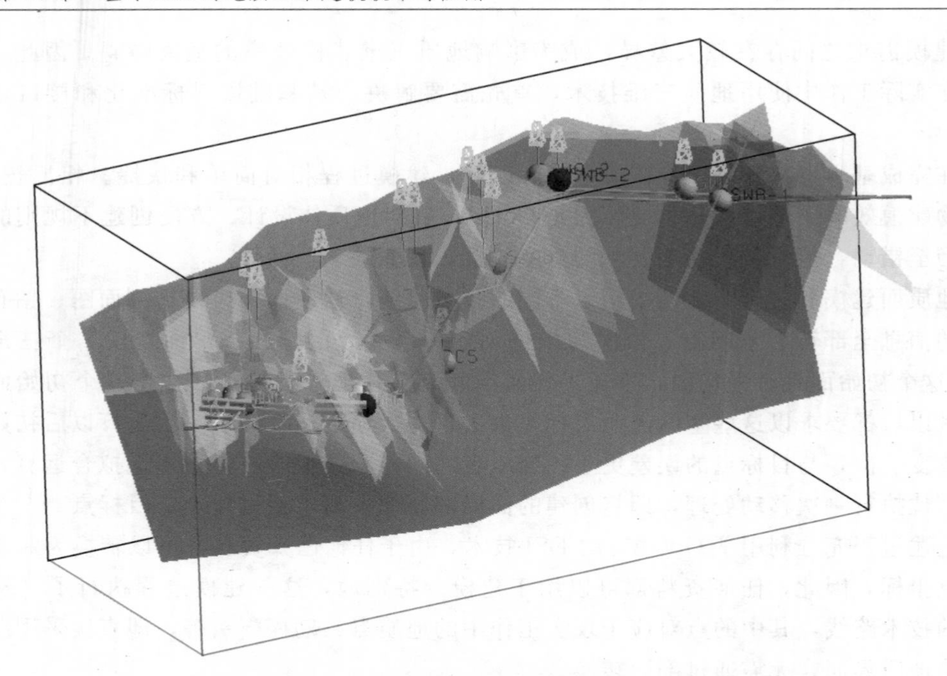

图 10.4-2　惠蓄地下厂房区完整模型三维透视图

图 10.4-3 表示了厂房区所有断层三维空间形态以及彼此之间的交切关系，即以断层为基本内容的地质体三维模型。GoCAD 提供了在该模型基础上图切剖面的功能，获得的

图 10.4-3　惠蓄地下厂房区的断层和岩脉模型

平切面图和厂房纵轴线图分别见图 10.4－4 和图 10.4－5，出图过程非常快捷且消除了“对交点”问题。

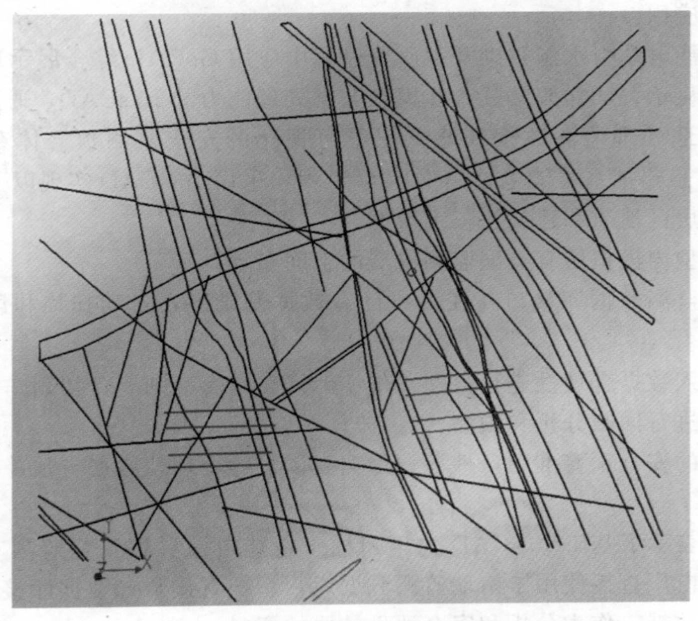

图 10.4－4 利用三维模型沿 160m 高程切割形成的平切面草图

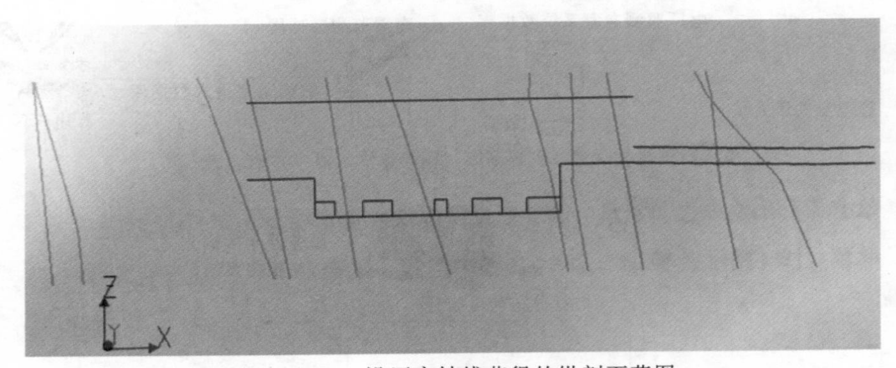

图 10.4－5 沿厂房轴线获得的纵剖面草图

以上工作揭示，利用水电站常规地质成果可以构建出地质三维模型，并能够自动生成二维图，即 GoCAD 具备从基本资料构建三维模型、从三维模型生成二维图的能力，但是，从实践应用的角度而言也存在突出问题：

(1) 数据处理工作量过大，是地质三维工程应用必须解决的基础性问题。

(2) 生成的二维图严重偏离水电出图标准，缺乏线性、图例、花纹、标注等，且对于折线图无法展开拉直。

10.5 惠州抽水蓄能电站三维可视化安全监测预警系统研究

相比较而言，以水电行业为依托的 ItasCAD 开发后发优势对水电行业具有更便捷和更宽广的应用，不仅解决了前述 GoCAD 早期应用时的问题，而且还可以拓展到运行期安全预警、数值分析交互等，本节将分别以惠州抽水蓄能电站和深圳抽水蓄能电站为例，介绍这两个方面的应用。

惠州抽水蓄能电站引水洞衬砌开裂研究过程中应用 GoCAD 综合展示现场条件和处理监测数据的案例显示，同样兼具三维建模和数据处理能力的 ItasCAD，通过适当地完善开发，可以更有效地处理监测数据和建立三维可视化的安全监测预警体系。这一设想在 2010 年落实到了惠州抽水蓄能电站 A 厂实际工程，采用 ItasCAD 实现以下功能：

（1）构建厂房区地质和建筑物三维模型。

（2）在该模型内模拟所有类型监测仪器的空间布置。

（3）与现场监测数据库接口，在读入已有数据基础上，自动扫描和读入新入库监测数据。

（4）对新读入数据合理性进行自动评价，允许在给定准则下自动剔除异常监测值，而对正常监测结果进行回归分析和预测。

（5）在给定的安全预警准则条件下，根据新读入的合理性数据与预警标准之间的关系实现自动预警。

图 10.5－1 表示了基于 ItasCAD 的惠州抽水蓄能电站厂房安全监测专家系统构成流程框图，现实中电厂直接使用了南瑞监测数据库，系统直接与该数据库接口，24h 不间断地扫描新读入的数据，作为分析和安全评价的原始资料。

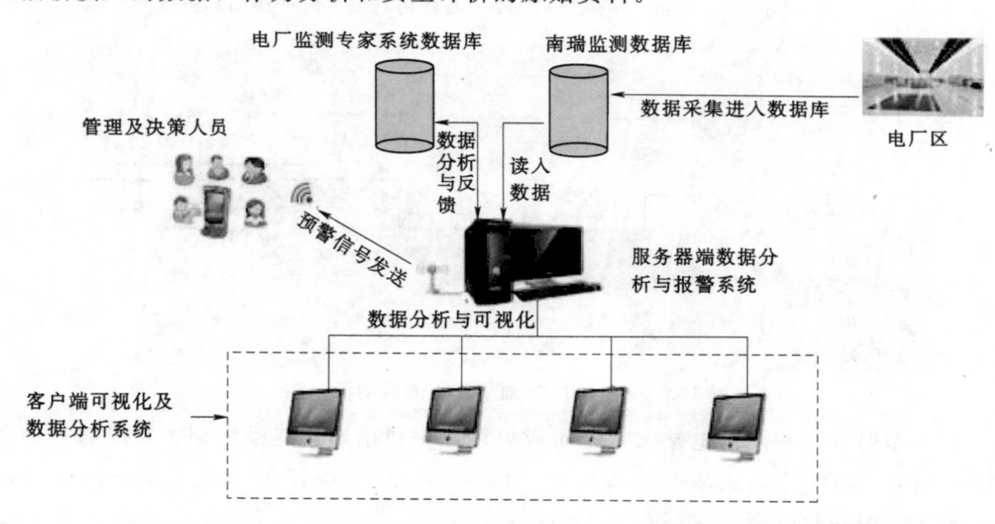

图 10.5－1　基于 ItasCAD 的惠州抽水蓄能电站厂房安全监测专家系统结构流程框图

在不需要对设置进行更改时，系统工作与常规监控系统非常相似，计算机屏幕显示厂房地质三维和建筑区结构、监测点部位等基本背景信息。系统对读入的新数据进行处理，并在三维视窗中采用图形形式显示监测值变化，当变幅超出预设的预警值时，系统给出相应等级的预警信息。

图 10.5－2 表示了数据处理通过执行在三维视窗，默认情况下建筑物和断层三维模型被设置为相对单调的背景，而突出显示监测仪器布置和监测值的位置。图 10.5－2 左侧对

象树罗列了惠州抽水蓄能电站 A 厂所有的监测仪器，可以根据需要查询、修正基本信息（如标定参数等），也可以对指定的监测仪器进行数据处理，如回归分析、预测、和异常检测与剔除等（图 10.5－3）。

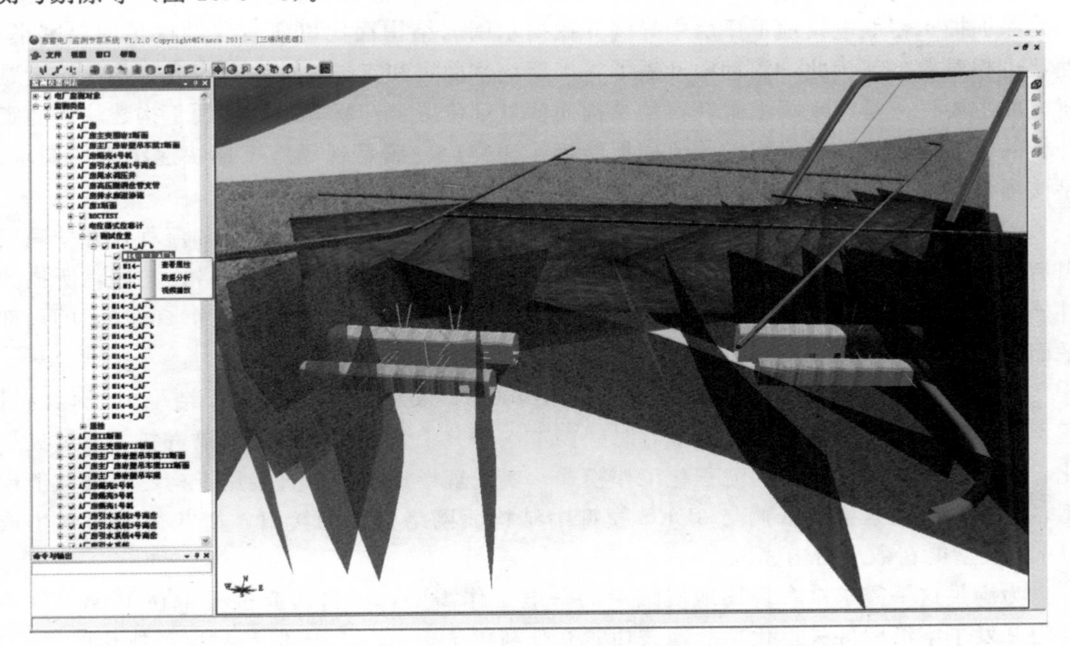

图 10.5－2　惠州抽水蓄能电站厂房安全监测预警系统三维视窗

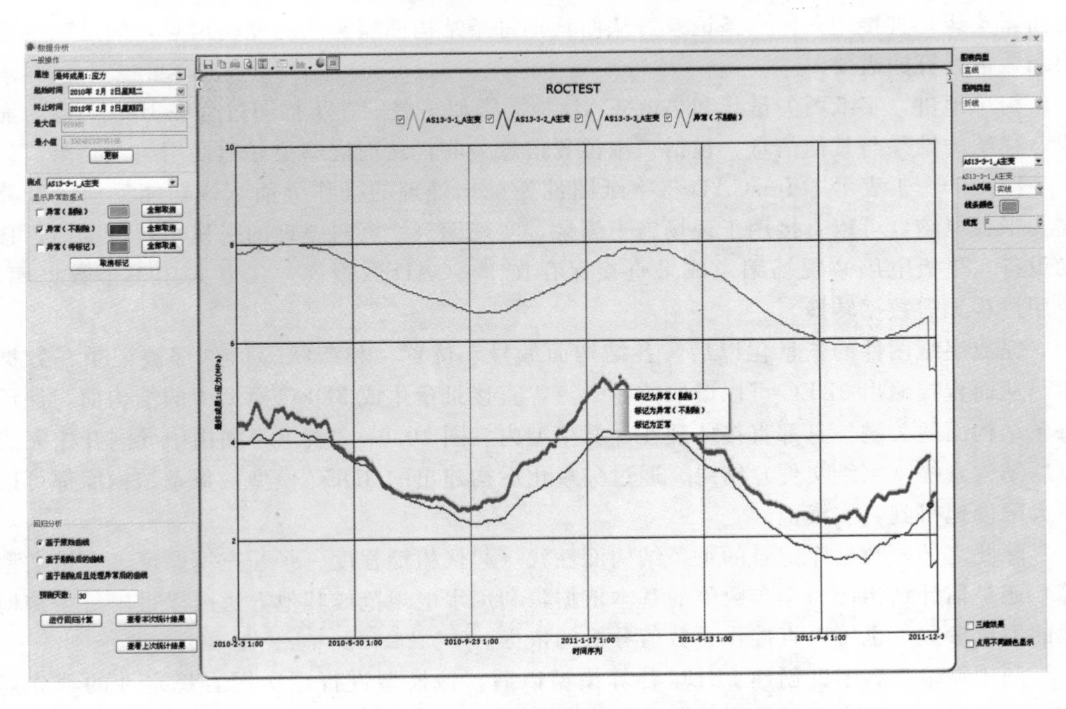

图 10.5－3　惠州抽水蓄能电站厂房安全监测预警中监测数据分析界面

10.6　三维地质建模技术与数值分析方法交互应用研究

深圳抽水蓄能电站地下厂房中导洞开挖揭示围岩结构面比可研阶段勘探预期要密集，性状也相对较差，为此，工程中开展了施工期块体稳定和支护设计跟踪研究工作，该专题研究的主要任务是将现场编录获得的结构面信息（位置、产状等）直接用于构建块体稳定分析的 3DEC 数值计算模型。数值模拟能否快速完成、满足现场施工期快速决策的要求，是该项研究工作需要解决的现实问题之一。

深圳抽水蓄能电站地下厂房施工过程地质编录采用了传统工作方式和流程，开挖完成以后地质人员先将基本信息勾画在坐标纸上，然后在描画到 AutoCAD 格式文件，所描图件坐标系不要求和其他资料（如平面地质图）保持一致，往往为起始点为（0，0）的局部平面坐标系。

从文件格式角度看，把字纸文件描成 AutoCAD 文件是把地质素描结果电子化的过程，并不改变地质素描信息。为节省时间，本次研究中直接使用字纸素描资料，通过矢量化、入库、与 3DEC 接口的流程化工作模式，实现现场素描结果直接用于构建三维数值模型，即建立现场素描字纸搞与 3DEC 模型中结构面网络模拟的接口，使获得数据到生成 3DEC 模型能在数小时内完成。

为满足这一需求结合现场地质编录的一般工作需要，项目研究过程中在 ItasCAD 中专门开发了字纸图件矢量化功能，该功能充分利用了 ItasCAD 图形和数据一体化的优势，将基本信息（如结构面编号、产状、性状等）记录在数据库，将对应的复杂几何信息（结构面露头线）直接用几何线条记录，从而获得每条结构面露头线的完整信息，满足三维建模和数值计算的需要。

简单地讲，字纸图矢量化和 AutoCAD 描图类似，差别在于描图过程在 ItasCAD 内完成，描绘的结果与其他信息、包括三维位置信息关联，从而能够更好地使用编录结果。

图 10.6-1 表示了 ItasCAD 将字纸图件矢量化处理的操作界面，该功能目前已经移植到平板电脑，可以直接用于现场施工编录，实现编录、资料整理的一体化。特别地，移动设备（平板电脑）现场编录成果直接保存在 ItasCAD 数据库，二者共用一个数据库，使用过程无需数据转换。

完成字纸图件的矢量化以后，各结构面编号、位置、和产状等信息都被记录在数据库，从而直接输出 3DEC 可以读取的命令流，直接批量生成 3DEC 模型中的结构面，保证每条结构面的关键信息都直接体现在计算模型内。图 10.6-2 表示了利用中导洞开挖完成以后结构素描（字纸文件）结果、通过矢量化后构建出的 3DEC 模型，每条结构面都可以最大限度地得到真实模拟。

除此之外，数据库记录的每条结构面性状（起伏粗糙程度、张开充填厚度、充填类型等）还是估计结构面力学参数值的基本依据，利用水电规范或其他方法可以得出每条结构面的力学参数，也可以直接作为数值分析的依据。

利用编录资料辅助创建 3DEC 计算模型以后，该模型进行厂房围岩稳定性的独立运算。注意数值计算本身的作用是服务工程判断和决策，计算成果需要返回到现实当中，结

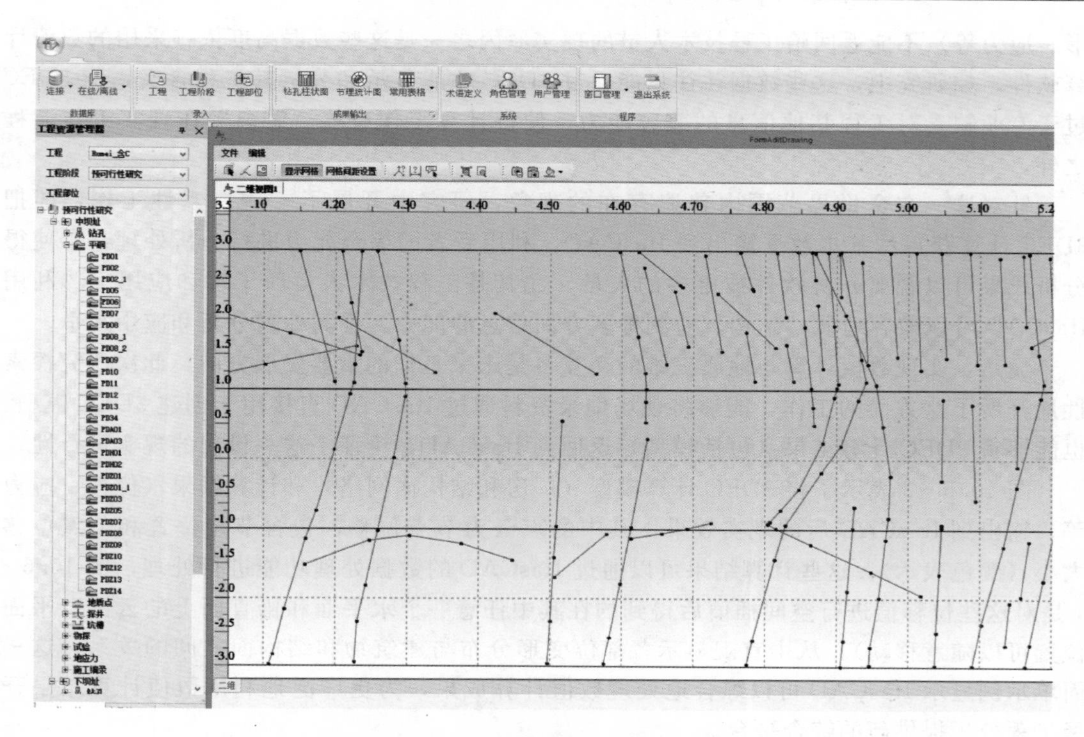

图 10.6-1 基于 ItasCAD 数据库的字纸图件矢量化操作界面

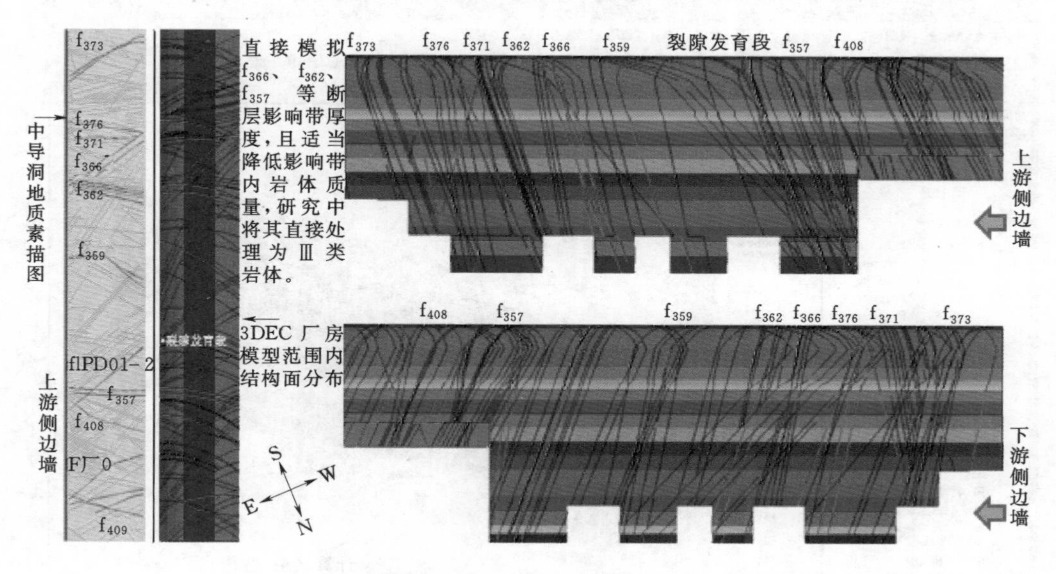

图 10.6-2 结构面编录成果转换成 3DEC 模型中的结构面

合现场具体条件深化分析和应用，这与监测数据分析没有本质差别。但是，相比较而言，监测分析更侧重回到现实，接受程度更高。数值计算获得的基本数据结果则往往由计算人员保存，现场人员无法直接使用数值计算得到的数据。

在工程技术人员为数值计算提供必要的基础资料以后，数值计算获得的基本数据（变形、应力等）不能返回给工程技术人员的现实原因之一是这些数据高度依赖采用的数值计算软件，如研究中，这些数据往往只能通过 3DEC 才能显示和分析其工程含义，而 3DEC 过于专业缺乏对工程其他信息的兼容能力，使得计算工作有些“游离”在现实工作流程之外。

针对这一在全世界范围内普遍存在的现象，研究中开展了一些探索性工作，即把 3DEC 计算获得的基本数据输出到 ItasCAD，利用后者的综合能力进行分析处理：①使得分析成果可以脱离分析软件被更多的人员、尤其是工程技术人员所了解和应用；②利用 ItasCAD 可以兼容地质、结构、监测等多方面信息的能力，提高综合分析和应用水平。

显然，实现数值计算与地质三维的交互将是未来工作的重要发展方向，此次研究探索性地开展了这方面的工作，能够将现场编录资料通过 ItasCAD 直接用于创建 3DEC 模型、也能够将 3DEC 计算结果（包括模型）返回到 ItasCAD，论证了这一设想的现实可行性。

图 10.6-3 表示了将 3DEC 计算模型（厂房和结构面网络）和计算结果（位移、应力等）输出到 ItasCAD 后的现实效果，其中的点云为节点位移，包含节点位置和节点位移大小（颜色表示）。这些计算结果可以通过 ItasCAD 的数据处理功能进行处理，图 10.6-4 是对这些位移值进行空间插值后得到的在其中任意一个水平面和铅直面上的云图（平面位置可以随意移动），从中直观显示各部位变形分布与建筑物和结构面之间的关系，这一简单示例显示 ItasCAD 可以综合地处理数值计算成果，为更广泛地利用数值计算结果开展工程分析提供新的综合平台。

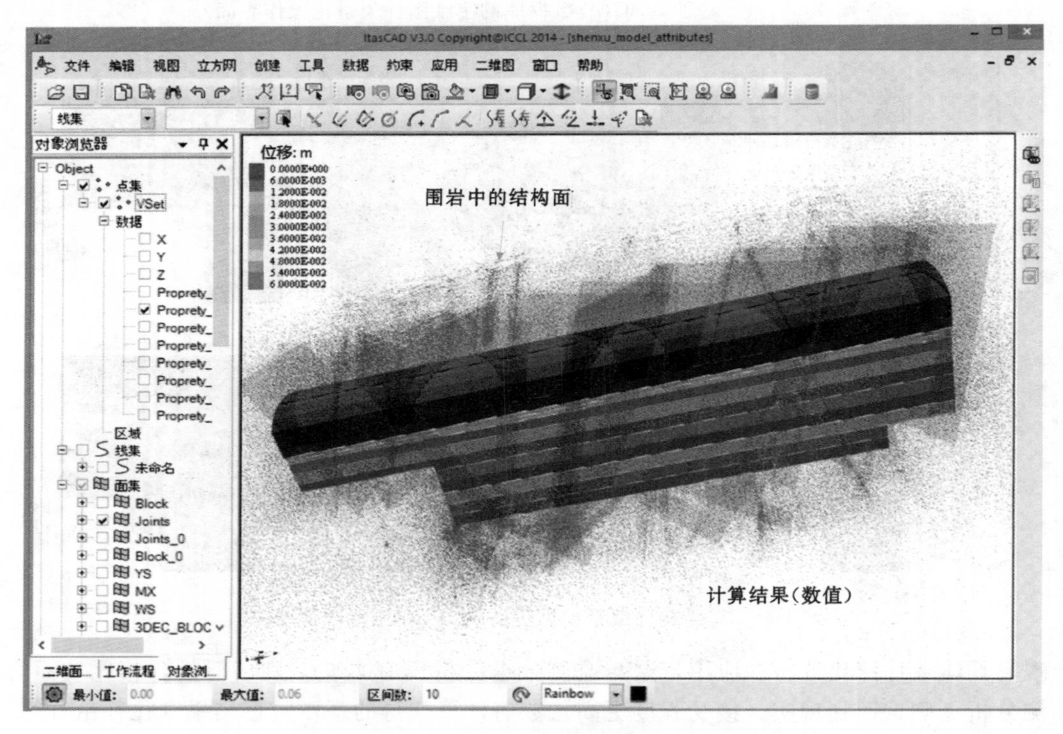

图 10.6-3 将 3DEC 模型（厂房、结构面）和计算结果导入 ItasCAD 的效果

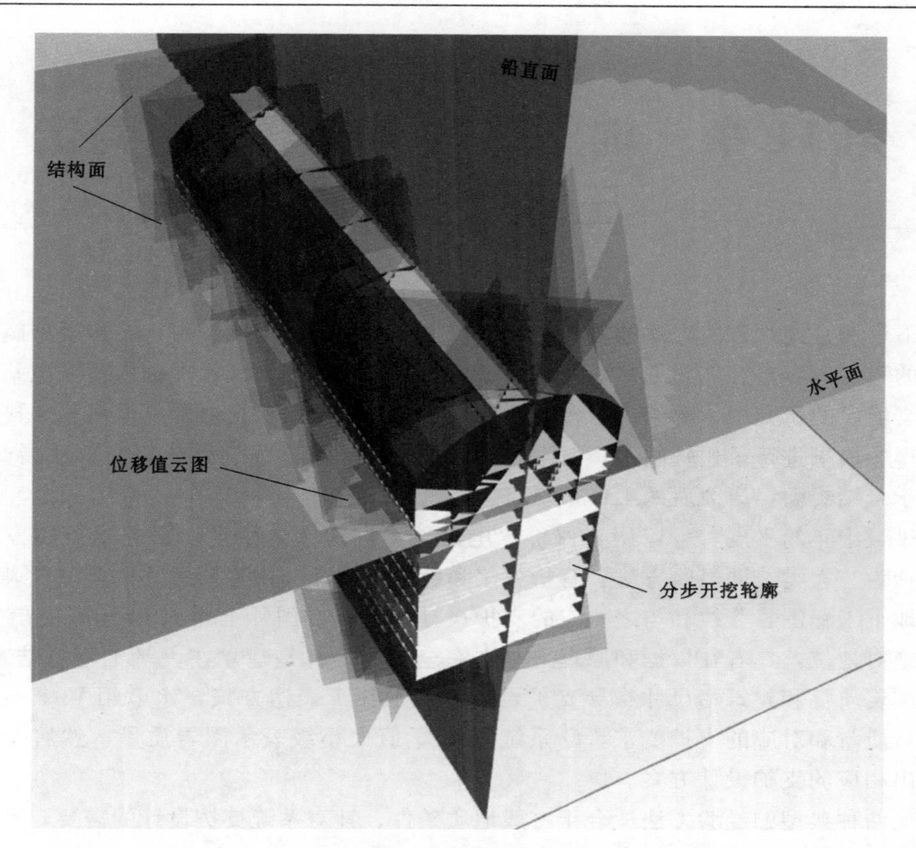

图 10.6-4 利用 ItasCAD 强大的数据处理和显示能力对计算结果的后处理

10.7 小 结

本章概要给出了三维地质建模技术的历史发展过程，介绍了离散光滑插值（DSI）技术的原理及适用性，并叙述了以 DSI 技术为核心的两款软件的特点和相关的应用案例。

（1）在三维地质建模的实际应用过程中，以惠州抽水蓄能工程为例，该项目开展的时间较早，采用国际上较为通用的 GoCAD 软件进行三维地质建模，建模方式主要是通过导入 AutoCAD 文件，然后根据平剖面图中揭示的结构面线来构建基本模型，主要用于辅助场区选址、厂房布设，并在某种程度上服务于设计工作。

（2）在深圳抽水蓄能工程三维地质建模的应用中，将 ItasCAD 建模引擎与数据库相结合，用户不必改变现有的作业习惯，如平洞编录、岩芯编录、物探数据、现场和室内试验数据（如强度试验、水文地质试验等），这些不同工种获得的相关资料都可以统一录入到 ItasCAD 数据库中。在深圳抽水蓄能项目中快速建立施工编录揭示的地质结构面这一功能是 ItasCAD 平台优势的局部体现。

（3）三维地质建模过程中，探索性地将现场编录资料通过 ItasCAD 直接用于创建 3DEC 模型，然后将 3DEC 计算结果（包括模型）返回到 ItasCAD，实现了数值计算与地质三维的交互应用技术。

第 11 章　地下厂房洞室群围岩稳定三维数值分析

地下厂房是抽水蓄能电站的首要建筑物，也是工程地质勘测、设计、科研和施工建设等环节的重点内容，在广州抽水蓄能电站、惠州抽水蓄能电站和深圳抽水蓄能电站等地下厂房围岩稳定的研究中。都采用了多种途径和方法。本章简要地对地下厂房相关科研和施工中获得的成果进行了比较归纳，对围岩稳定分析和工程地质工作内容与方法展开探讨，目的在于总结经验，为今后的工作带来启迪。

经过数十年的发展，可以用来评价水电站地下厂房围岩稳定、服务支护的方法非常多，概括为三大类，即经验方法、解析方法和数值方法。其中经验方法的典型代表是我国的水电地下工程围岩分级和与之相应的支护设计规范，在国际上则以 Barton 提出的 Q 系统占据绝对地位，二者在依据和原理上基本完全相同，都是建立在大量工程总结基础上，都依据围岩质量和建筑物尺寸指导支护设计。差别在于表达方式，水电用 V 个不同等级描述围岩质量和对应的支护要求，Q 系统则用 Q 值大小级表示围岩质量，然后分若干种情形给出相应的支护设计方案。

以上两种典型的经验方法适合于一般地质条件、针对系统支护设计的需要，不能评价特定不利地质条件可能导致的潜在问题类型、机制和对支护的要求等。这些相对更具体一些问题的分析则依赖解析法和数值方法，前者与地下工程块体稳定性的极限平衡分析，后者又根据采用的力学理论分 3 类。

一般而言，水电站地下厂房的典型特征之一是高、跨比大，属于高边墙结构。厂房开挖以后边墙应力松弛严重，结构面切割块体基本受自重影响，相对符合刚体极限平衡方法的适用条件。顶拱往往受到切向应力集中影响，围岩受力状态与刚体极限平衡理论的自重假设差别较大，严重影响其可靠性。一般而言，极限平衡分析会严重低估陡倾结构面切割块体稳定性，当以缓倾结构面切割为主时，分析结果可能严重高估实际稳定程度。极限平衡方法的另一个不足是不能反映开挖过程围岩受力条件变化对块体稳定的影响，因此不能满足施工期跟踪分析的需要。

从技术层面上讲，目前的数值方法不仅可以取代经验方法和解析方法，还可以帮助解决一些特殊和复杂问题。不过，成果的可信度是现实中普遍存在的问题，导致这一状况的主要原因并非方法本身的问题，而在于如何根据现场条件合理选择和应用这些方法。从应用的角度，这涉及以下两个至关重要的环节：

(1) 根据工程基本条件（勘察结果和设计图）判断潜在问题的类型，从而选择最具有针对性的数值方法和程序。

(2) 在选定合理的数值方法和程序以后，需要将现场地质条件转化为分析工作的合理依据，对于硬岩条件下的地下厂房而言，关键是如何最大限度地保证结构面分布特征得到合理体现，其次是力学参数取值的合理性。

本章将以惠州抽水蓄能电站和深圳抽水蓄能电站为例介绍不同数值方法的应用，在解决当时条件的相关问题的同时，进一步剖析数值方法服务工程实际对应用环节的要求，介绍这方面的经验。

11.1 数值分析方法

11.1.1 数值方法发展历程

纵观数值计算技术发展历史，数值方法总是以多样化的理论成果及其数值分析软件表征这一技术领域的前进步伐。到目前为止，在数值计算领域内被广泛应用的求解技术基本可归结为两大类，即为众所周知的有限差分法和有限单元法，从应用领域及其广泛程度来讲，前者多用于求解流体动力、碰撞、摩擦等非线性问题，而后者侧重于固体材料静力分析。尽管有限差分法起源较之有限单元法稍早，但缘于人类对于固体材料力学特征理论认知相对于算法特点的滞后性，在数值分析发展前期，有限差分法在固体力学领域并没有得到如有限单元法那样的广泛重视和应用。特别地，20世纪60年代美国学者Ed Wilson将前期数值分析工作者们的理论成果代码化，并推出了他的第一款有限元程序后，有限元方法被广泛应用于结构分析。伴随着新兴固体工程材料，如橡胶类超弹材料、混凝土等脆性材料的推广应用，使得力学工作者发现原有的弹性理论远远不足于描述特殊工程材料的应力-应变特征，特别地，处于材料屈服阶段，塑性材料表现出的延性特征及其脆性材料表现出的脆性特征，原有力学理论对此在描述上尚有不足和缺陷，因此，后期迅速发展起来的非线性、塑性和断裂力学理论进一步补充和完善了固体力学理论。

然而，人们对固体材料力学特征理论认识上的可喜进步却对有限元求解算法形成了挑战。有限元方法的基础就是变分原理和加权余量法，其基本求解思想是将求解域划分为有限个互不重叠的单元，在每个单元内选择一些合适的节点如单元节点或高斯点作为求解控制性方程的插值点，随之借助于变分原理或加权余量法将控制性变量如求解域位移改写成由节点所表达的线性表达式，得到单元的有限元方程，再将求解域内所有单元的有限元方程按照刚度贡献进行叠加形成总体刚度矩阵，最后集合成求解域全局有限元控制性方程组。特别地，对于非线性问题求解，就要求算法必须能够满足在求解过程中，刚度矩阵按照非线性增量或者全量理论进行修正。不可否认的事实是，尽管已有的有限元方法研究成果已经在一定程度上解决了这一问题，但基于隐式算法的有限元理论并不能从根本上解决非线性问题求解的痼疾，一些学者甚至认为已经走入死胡同。

通常地，对于固体材料的力学特征，人们无非关注两个方面的问题，首先就是结构物既有的承载能力，其次是在外荷作用下承载力不足时结构物的潜在破坏过程和机理。针对于材料屈服过程这一非静定问题，众所周知，根据典型固体非线性材料应力-应变特征中的峰值强度后期的塑性、脆性特征，这一后期效应在矩阵代数算法上对应着超静定且解不唯一，如在应力-应变本构关系中，同一应力水平下至少有两个应变状态与此匹配，因此，基于隐式、代数矩阵算法的有限元理论通常无法针对结构物屈服破坏这一物理不稳定问题给出满意解答。尽管在过去的几十年内，理论研究者基于有限元法针对物理不稳定问题所表现出的算法上的不稳定缺陷付出了艰辛，但始终没有获得实质性的突破，一部分数值分析研究者不得不将目光转移到针对大变形、破坏、流动等物理不稳定问题拥有更为强健算法的求解技术，显然地，有限差分法必然成为解决此类问题的首选方案。特别地，在固体动力分析领域被广为应用的、基于有限差分技术的大型程序 Ls - Dyna 即为最好的例证。

有限差分法的理论核心也是首先将求解域划分为差分网格，用有限个网格节点代替连续的网格域，再以泰勒级数展开网格节点处控制性方程，并用一定的差分方法对控制性方程中的导数项进行离散，从而每个节点均获得一个基于网格点未知量的代数方程。该算法的显著特点是不需要在求解域范围内针对控制性变量组集大型刚度矩阵，并且在求解过程中每个迭代步中使用的单个单元节点控制性方程求解，数值分析中的一个重点，即解的完备性通过计算过程，每迭代一段时间后，在求解域网格点间完成一次信息传递来得以保证。自有限差分技术发展之初，针对不同的问题有限差分方法理论也出现了分支，即显示有限差分和隐式有限差分，二者的本质区别即是在求解过程中未知量的获得方法，从当前的应用现状来看，显式差分方法应用更为普及。

自 R. W. Clough 于 1965 年首次将有限元方法引入土石坝稳定性分析以来，数值分析以其直观、高效、经济性等特点有效地延伸和扩展了工程技术人员的认知范围，为工程人员洞悉岩土体变形、破坏机理提供了强有力的岩石力学佐证和可视化手段，并成功地解决了一系列重大工程问题。近年来，以众多大型工程设计施工过程中暴露出的岩体力学工程问题为契机，在国内一批杰出数值分析工作者的带动和倡导下，数值分析技术在中国范围内逐渐得到岩土工程领域工程技术人员的关注和认可，在既往研究获得成果的激励下，有理由相信数值分析技术已成为或必然成为岩土工程研究甚至是设计的主流方法之一。

与国际数值分析方法发展轨迹相一致，国际岩土工程领域早期借鉴固体力学方法首先将有限元技术引入到岩土工程力学分析这一交叉性学科，但由于岩土工程领域某些与岩土体工程材料密切相关的，如边坡工程、地下工程等重要专业分支，具有强烈的专业色彩，导致目前岩土工程数值分析领域大致呈现以下两个局面：

（1）连续力学方法。数值分析技术并不是起源于岩土工程专业，因此将早期的、针对于其他专业（多为制造业）的连续力学有限元软件引入到岩土工程领域时，必然或多或少会出现“水土不服”的现象。首先体现在软件的适用性方面就大打折扣，尽管后期各有限元软件开发厂商将岩土体相关理论成果植入程序以满足岩土工程数值分析的特殊行业需要，这些工作多体现为在既有的多适合于一般性材料（如钢材、混凝土材料）本构库的基础上增加了描述岩土体材料的专业本构模型；另外就是在软件的前处理及其后处理环节上尽量符合岩土工程行业习惯。但由于软件开发人员一方面不具备岩土工程专业背景，另一方面缺乏对该行业理论技术动态的及时跟进等因素，最终导致出现这些分析软件成为应用者的“鸡肋”的尴尬局面。伴随着计算机技术的发展与普及，一些杰出岩土工程工作者开始着力于连续力学有限元技术在岩土工程数值分析领域的“本土化”工作。其中作为 RocScicence 系列软件的开创者 Hoek 博士对岩土工程数值计算技术做出了突出贡献。另外，国际上岩土工程相关机构也陆续推出了一系列数值软件，例如荷兰 Delft 岩土工程研究所的 Plaxis 系列软件、加拿大 GeoStudio 公司、德国 Fides、GGU - Software 等知名软件系列均对岩土工程数值分析技术发展与推广做出了不可磨灭的贡献。尽管岩土工程数值分析基于有限元方法获得了一系列重要成果，但终究因为岩土体工程材料具有强烈的非线性特征，对物理不稳定等关键技术问题，有限单元法仍然没有有效的解决手段。针对这一问题，Peter Cundall 院士在 1971 年采用有限差分、而非有限元的大型方程组求解方式，有效解决了求解环节的一些难题。

（2）非连续力学方法。随着岩石力学研究和岩体工程实践的发展，人们不断加深了结构面对岩体变形和破坏的作用，即岩体非连续力学性质可以起决定性作用。这就是说，单独采用连续力学方法解决岩体的一些问题时可能存在根本性的缺陷，在这种背景下，很多研究人员开始着手开发新的数值方法，以描述岩体的非连续力学特性。其中，有代表性的计算理论和方法包括离散单元法（distinct element method，DEM）、无限元法（infinite element method，IEM）、界面单元法（rigid - body - spring model，RBSM）、非连续变形分析（discontinuous deformation analysis，DDA）、流形元法（manifold method，MM）、无单元法（element free method，EFM）等。Peter Cundall 开创的离散元单元法无疑是非连续力学领域最为成熟的数值方法，并且自 20 世纪 80 年代即被商业化后广泛应用于岩石工程领域，发挥着不可替代的作用。

11.1.2 离散元理论与方法

离散元的概念最早由 Peter Cundall 院士在 1971 年提出，它是一种非连续力学方法，提出离散元方法的最初意图是在二维空间描述节理岩体的力学行为，Cundall 等人在 1980 年开始又把这一方法思想延伸到研究颗粒状物质的微破裂、破裂发展和颗粒流动问题。

与连续力学方法相比，离散元同时描述连续体的连续力学行为和接触的非连续力学行为，以岩体为例，它是把岩体处理成岩块（连续体）和结构面（接触）两个基本对象，其中的接触（结构面）是连续体（岩块）的边界，这样在对每个连续体在力学求解过程中可以被处理成独立对象，即离散的概念，而连续体之间的力学关系通过边界（接触）的非力学行为实现。从这个角度讲，离散元并不是理论上的创新，可以引用现成的连续介质和非连续介质理论，离散元主要体现在方法上的创新，即采用什么方式描述由接触和连续体构成的系统。

一些连续力学方法中也可以处理一些非连续面，比如有限元中的节理单元和 FLAC 中的 Interface（界面），后者实际采用了离散元求解方法，但包含了节理单元和界面单元的这些连续介质力学方法仍然与离散元存在质的差别，离散元的定义中体现了这种差别。

中文翻译的离散元实际包含两层意义，分别对应于英文中的“Discrete”和“Distinct”，二者之间存在一定的差别。具备同时采用连续和非连续力学行为的很多方法都可以成为“Discrete”方法，而 Distinct 被定义成一种计算机程序，只有当这种程序具备允许离散块体发生有限位移和转动、包括完全脱离，以及计算过程中可以自动识别接触时，才称为 Distinct 方法。

后者是区分 Distinct 和 Discrete 的重要标志，它包括了离散块体之间接触关系的变化及其带来的力学关系的差别，比如，当一个块体脱离某个块体与另一个块体发生接触时，程序能正确描述这一过程该块体受力条件的变化。

利用离散元方法实现数值计算时需要解决的一个重要问题是接触、即岩体中的结构面，离散元中把这些接触处理成块体的边界，这就是说，在计算过程中每个块体都是独立的，块体内部单元的力学响应取决于这些边界所受的荷载条件。与离散元的这一特点相比，传统有限元主要是对离散元内部块体进行连续力学计算，由于如地下洞室群围岩等工程岩体变形过程中块体的接触关系和受力状态不断发生变化，而离散元的提出主要是针对了岩体内部块体边界（结构面）力学条件（接触方式和受力状态）的变化，因此对这类问题更具有适应性。

鉴于离散元的上述基本特点和开发意图，Peter Cundall 在 1971 年提出离散元概念时的主要工作集中在如何描述离散体的几何形态、判断和描述接触状态及其变化等方面，并有效地解决了其中的一些问题，使得离散元方法实现了计算机程序化，成为解决实际工程问题的有效手段。从某个角度讲，离散元的力学理论并不复杂，甚至缺乏任何基础理论上的创新，这表现在块体沿用了传统连续力学介质理论，接触也直接引用了直观的非连续力学理论如牛顿第二定律、运动方程等，Peter Cundall 的突出贡献在于把这些成熟理论方法化，解决了计算机程序化过程中的很多问题。这些问题概括在接触形态描述、计算中的接触判断、数据存储技术等若干环节。

平面离散元程序 UDEC 中采用了角点圆弧化了的凸多变形来描述结构面，即块体形态由这些封闭的凸多变形来表示，角点圆弧化的目的是避免计算过程中在尖端出现数值上的应力异常影响计算结果。块体的凹形边界则由与之相接触的另一接触块体的凸形边来定义，这决定了建模过程中需要使用凸形来定义凹形。

显然，平面离散元中边界的接触方式有：边-边接触、边-点接触和点-点接触。接触方法的不同决定了块体边界上受力状态和传递方式的差别，因此也要求计算过程中不断地判断和更新块体接触状态，并根据这些接触状态判断块体之间的荷载传递方式为接触选择对应的本构关系和强度准则。这一特点和要求更体现了 UDEC 与任何有限元程序的差别，即 UDEC 中多出了一整套为接触设计的内容，与有限元计算相似的块体连续力学计算成为确定接触关系和接触受力状态以后的延续，成为解决问题时一个相对简单的部分。

复杂模型内部的接触非常多，如果按传统的搜索方法在计算过程中先分析接触关系并进行相应的力学计算确定接触荷载状态，然后再把这种荷载作为块体的边界条件进行块体的连续力学计算，整个计算过程可能会非常冗长而缺乏现实可行性。为此，Peter Cundall 基于数学网格和拓扑理论为 UDEC 程序设计了接触搜索和接触方式状态判别方法，考虑了不同类型问题的求解需要。同时对块体的连续力学计算舍弃了传统有限元的解大型线性方程组的矩阵求解方式，采用有限差分方法逼近算法，并解决了其中若干环节的问题（该解法于 20 世纪 90 年代被开发成针对连续体问题的 FLAC 和 $FLAC^{3D}$ 程序），极大程度地提高了计算效率和稳定性。

在确定了接触方式以后即可以选用现成的界面力学关系式来描述接触的力学行为，其中最基本的描述式包括切向和法向荷载-位移关系和强度关系，接触上的法向荷载等于法向刚度和法向位移之积，法向应力超过了抗拉强度时即发生张拉破坏，块体可能处于力学上的不平衡状态。对于这种情形，UDEC 和 3DEC 中通过牛顿第二定律转化成运动方程进行求解，因此可以模拟结构面的张开和块体的完全脱离及脱离以后的运动。当无厚度的结构面受压时，UDEC 和 3DEC 程序允许块体发生重叠进行法向位移计算和法向荷载计算，同时使得有厚度结构面的张开和压缩行为能够不通过模拟结构面厚度实现，解决了很多程序中在这种情况下可能遇到的单元奇异问题。接触的切向方向上的力学行为也可以通过类似的方式实现，且 UDEC 和 3DEC 中提供了大量的结构面强度准则，可以反映结构面起伏、剪切过程中强度变化等复杂状况下的力学行为。

三维离散元程序 3DEC 中块体为任意多边形封闭组成的凸形块体，与 UDEC 类似，具有凹边的块体由与之接触的凸边实现。三维离散元程序 3DEC 中块体之间的接触方式更多，包括面-面、面-边、面-点、边-边、边-点和点-点等 6 种方式，接触方式的多样化使得计算过程中的判断更加耗费时间，接触的力学关系即块体边界荷载作用方式也更复杂，如果计算过程中按传统的思路一个块体一个块体地进行搜索，则消耗的时间肯定地难以接受，要求程序设计中采用更有效的搜索方式。Peter Cundall 也因此为 3DEC 专门设计了一些行之有效的接触关系搜索和判断方法，比如为模型设置数学网格进行分区搜索，以及在接触之间设置一个中间面，根据两个相互接触的块体落在中间面上角点数目来判断接触关系，极大程度地节省了计算时间。

上面的叙述非常简单地介绍了离散元和离散元程序 UDEC 及 3DEC 程序的基本特点，但阐述了国内很多机构和研究人员对 UDEC 和 3DEC 程序及其使用的离散元方法认识上的误区，以上叙述明确了：

(1) 从力学理论上讲，离散元并没有创新和突出之处，与有限元一样，离散元只是传统力学理论基础上的一种计算机求解方法，因此不存在力学理论完善性和成熟性方面的问题。

(2) 可以认为离散元中的块体完全等同于有限元中的连续介质，但块体的边界条件由接触决定，因此离散元程序中需要有效地解决对接触的描述和计算求解等一系列方法学上的问题。

现实中的主要问题是如何把离散元方法的基本原理转化成有效的计算机程序，正因为如此，现实中对离散元的异议和疑虑主要是来自程序和开发程度过程中的方法，而并非离散元理论。所以，不同的研究人在采用不同的具体方法进行程序开发、或者用户在接触不同的离散元程序以后可以得出不同的认识，从应用的角度看，讨论离散元是否合适的意义远不如讨论具体程序具有现实异议。事实上，有限元领域也是如此，就连续体问题而言，现实中讨论的并不是有限元的好坏，而是有限元程序的优劣。

11.2 数值方法应用原则

11.2.1 基本原则

随着数值计算技术日益广泛地用于工程、特别是超常规大型工程实践，一定程度上形成了对数值计算技术的依赖，甚至希望数值计算获得问题的答案，越是超出经验认识范畴的复杂问题，这种期待似乎更强烈。现实中这种期望与现实之间的差距普遍存在，尤其是问题复杂、希望数值计算给出有价值的启示时，预期和现实之间的落差更大。导致这一问题的原因往往在数值计算方法应用过程中，与方法本身基本没有关系。

正确使用数值计算技术的方法是把计算融入到实践过程中，用来验证某种认识的合理性。数值计算是一种辅助性手段，可以帮助验证和深化某种设想，但不能取代人的思考。也就是说，数值计算之前必须有人的思考和判断，数值计算起到验证和评价的作用。

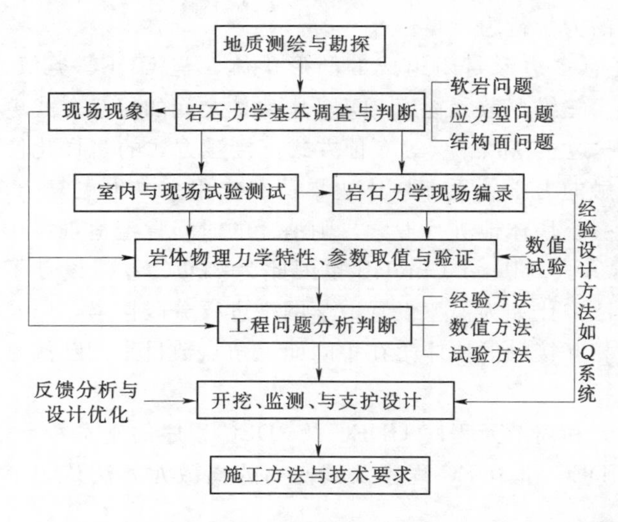

图 11.2-1　岩石力学工作流程框图

图 11.2-1 给出了岩体工程技术工作流程和数值计算在这一流程中的位置，数值计算是岩体工程勘察设计过程的一个环节，建立在对现场条件理解和把握的基础上、针对设计过程的某个特定问题，这两点非常重要。数值模型不同于地质模型，试图把地质模型直接转化为数值计算模型的思想可能是行不通的，至少在针对复杂问题是这样。或者需要反过来看待这个问题，即建立数值计算模型的目的是什么，是解决设计环节中的某个问题，此时模型中只需要考虑对这个问题存在明显影响的地质条件。比如，对于节理岩体中的地下厂房，如果设计中关心的是地下工程围岩的整体稳定性，此时的数值计算可以不直接模拟结构面，而是通过岩体质量编录手段将结构面密度和性状的影响通过某个岩体质量指标（如 GSI）体现在岩体宏观力学特性上，通过建立连续力学数值模型回答这个问题。在明确岩体具备良好整体稳定性条件下，结构面切割形成的块体稳定性或者说潜在不稳定块体的分布特征则成为设计关心的问题，也是数值计算需要针对的对象。针对这一设计要求，数值计算需要关注结构面网络及结构面力学特性的模拟，因此与此前的模型可以几乎完全不同。

在地下工程开挖过程中，地应力是工程荷载的基本来源，甚至是唯一的来源，因此在地下工程数值分析中备受重视，但事实上并不是所有情况下都需要特别关注地应力问题。水电站地下厂房、石油地下储存库等就是典型案例，这些工程往往选择在硬质岩石地区建造，埋深不大，地应力水平相对岩体承载力不高，其作用并非导致围岩的应力型破坏，而是影响结构面的变形和稳定，但可能不是主导因素，起主导作用的因素是结构面组合条件和临空状态。因此，在围岩稳定数值计算中，即便对地应力取值存在一定的误差，对计算结果不会导致严重影响。在数值计算过程中处理某个因素固然是计算工作的一部分，但关键性的从专业角度的判断。

（1）概括地，数值计算需要遵循以下几个方面的原则：

1）问题驱动原则。建立数值计算模型的原始动力是解决问题，而不是模拟现实存在的各种地质条件，因此计算者首先必须清楚自己要什么，然后再决定采用什么样的手段（方法和程序选择）和模拟方式来实现预期目的，后者包括建模、本构选择等若干环节。在这一点上，数值计算和室内试验、特别是现场试验并没有不同，现场问题数值计算的规

划和准备与现场试验的前期工作几乎完全相同，必须理解工作目的并因此确定实现预期目标的手段和过程。

2）简化原则。最简单的数值模型是最好的模型，用一个模型解决一个问题，这是数值计算需要遵循的另一个基本原则。虽然数值计算模型建立在地质模型基础上，但数值计算模型不是地质模型，其核心是力学过程。因此，与所论证工作问题无关或关系不大的地质条件需要简化。这种简化不但不会影响到研究深度，反而会帮助有效地抓住问题的内在本质和主要方面。现实中的工程问题可能会非常复杂，有众多的影响因素，这种条件下需要从简到繁，将复杂问题简单化分解成若干不同方面的问题，然后采用一个模型解决一个问题，在明确控制性因素以后再建立包含这些因素的综合性模型，切忌试图采用一个数值计算模型包含所有的内容和解决所有的问题。

（2）与任何复杂手段一样，工程问题数值计算分析需要遵循一系列的原则，数值计算结果能否具备工程针对性和有效地帮助解决工程实际问题还取决于以下几个方面的因素：

1）计算者必要的理论知识素养和对所使用软件理论方法的理解程度。

2）计算过程的合理性，包括方法与程序选择、本构和参数合理性、计算过程的控制和成果的解释应用等。

3）不可缺少的工程实践经验以及将现场条件转化为计算分析依据的能力。

以上 3 个方面并不相互独立，而是相互影响，体现了解决问题在 3 个环节的不同要求。数值计算方法建立在一定的数学和力学理论技术上，其中大部分理论一般都相对成熟和完善，比如有限元采用的大型稀疏方程组的求解方法、有限差分的叠代计算方法等，也包括大多数岩石力学计算方法采用的经典弹塑性力学理论。这些理论和方法自身的成熟程度不容置疑，但是当工程中采用了不同的方法时，会对计算策略和计算结果产生影响，这就要求用户能够充分理解这些理论方法的特点和对计算结果的影响方式，并有意识地利用其优势帮助解决问题。

11.2.2 方法选择

数值计算应用过程的一个基本要求是根据问题的特点和研究目的选择合适的方法和构建与之相匹配的模型，这要求在数值计算之前对研究对象潜在问题的性质有一个基本判断。作为方法选择的依据。

众所周知，岩性、结构面、地应力是决定洞室围岩稳定的 3 个基本地质要素，当地下工程大型布置在硬质岩体中时，岩性的影响较小甚至可以忽略，结构面发育程度和地应力水平成为两个控制性因素。在大量研究和工程实践基础上，一些研究人员总结了这两个因素不同典型组合条件下洞室围岩潜在破坏特征，图 11.2-2 表示了相关结果。

图 11.2-2 所示横轴表示了岩体结构面发育程度的差异，以岩体质量分级结果 *RMR* 表示，最左侧一列对应于 $RMR>75$ 的情形，相当于水电Ⅱ类偏好和Ⅰ类围岩。注意此时岩石强度良好，因此，影响围岩质量的主要因素是结构面发育程度，对应于完整岩体。图 11.2-2 中沿横轴从左到右表示了岩体完整程度降低，最右侧表示 $RMR<50$ 的情形，相当于Ⅲ2 类及以下围岩。

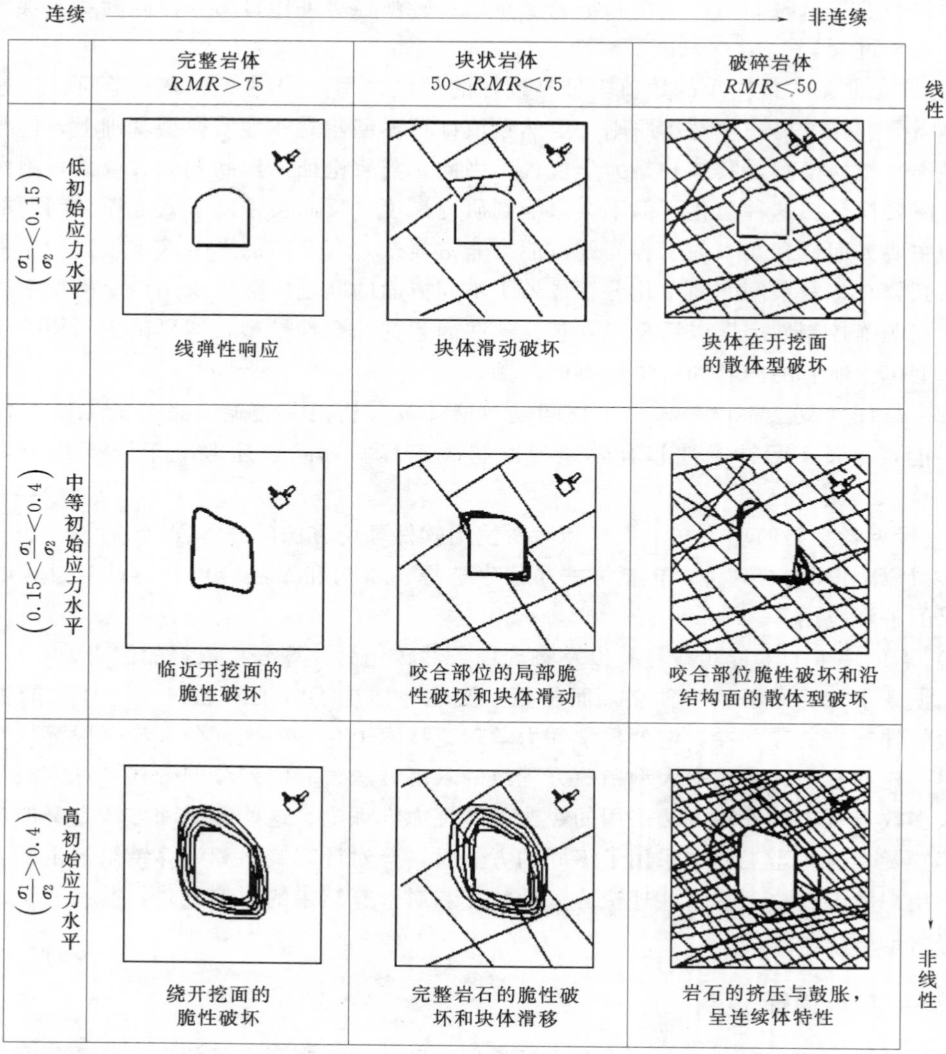

连续 → 非连续

	完整岩体 $RMR>75$	块状岩体 $50<RMR<75$	破碎岩体 $RMR<50$
低初始应力水平 $\left(\frac{\sigma_1}{\sigma_2}<0.15\right)$	线弹性响应	块体滑动破坏	块体在开挖面的散体型破坏
中等初始应力水平 $\left(0.15<\frac{\sigma_1}{\sigma_2}<0.4\right)$	临近开挖面的脆性破坏	咬合部位的局部脆性破坏和块体滑动	咬合部位脆性破坏和沿结构面的散体型破坏
高初始应力水平 $\left(\frac{\sigma_1}{\sigma_2}>0.4\right)$	绕开挖面的脆性破坏	完整岩石的脆性破坏和块体滑移	岩石的挤压与鼓胀，呈连续体特性

线性 → 非线性

图 11.2－2　硬岩条件下围岩潜在破坏特征经验判断

图 11.2－2 所示纵轴从上到下表示了埋深变化，即埋深不断增大，这一变化采用了，最大主应力和岩石单轴抗压强度的比值表示，采用 0.15、0.4 两个阈值分浅埋、中等埋深和深埋 3 种情形。

按照岩体完整程度（横轴）和埋深条件（纵轴）的组合，图 11.2－2 划分出 9 种代表性情形，每种情形围岩潜在破坏性质存在一定差别。由此可见，在获得岩体完整程度和埋深条件以后，依据图 11.2－2 可以帮助判断给定组合条件在围岩潜在破坏类型和基本表现形式。

从力学角度，图 11.2－2 横轴从左到右表示了岩体非连续特征不断增强，沿纵轴从上到下则表示应力水平不断接近乃至超过围岩强度，岩体非线性特征不断得到体现，并可以控制围岩开挖后的破坏特征。

当从力学角度看待岩体完整性和埋深的变化时，图11.2-2所示结果可以作为数值分析方法、本构关系选择的依据：随着岩体完整性降低结构面相对发育时，岩体非线性特征增强，数值分析时需要选择建立在非连续介质力学基础上的相关分析方法，如DDA、离散元等。对同等完整程度的岩体而言，随着埋深增大到中等特别是埋深时，其非线性特征开始起到更重要的作用，分析工作需要特别注意岩体的非线性特征，即采用考虑围岩屈服后强度降低的本构关系。

总体而言，水电站地下厂房多位于Ⅲ$_2$～Ⅱ类围岩条件，埋深一般不大，大多数属于图11.2-2中第1行第2列的情形，少数对应于第2行第2列，其共同特征是结构面起到控制性作用，少数情况下可能出现岩块破损、即表现出非线性特征。

由此可见，概括地讲，由于水电站地下厂房岩石条件良好，埋深一般都相对较浅（应力强度比多低于0.25）。这种条件下岩体结构面对围岩变形和稳定起到控制性左右，数值分析拟选择非连续力学方法如离散元，以便正确体现岩体结构面的控制性作用。

11.3 基于FLAC的惠州抽水蓄能电站地下厂房围岩稳定分析

11.3.1 研究目的与条件

地下厂房是惠州抽水蓄能电站的关键性建筑物，为此，前期阶段对围岩稳定特征进行了系统性分析研究。为对比起见，研究过程中采取了两种方法手段，即行业内普遍接受的FLAC^{3D}和当时条件下鲜有应用报道的3DEC。这两款软件都是Itasca集团公司研发的产品，鉴于后者在国内缺乏足够的应用经验，3DEC模拟分析委托Itasca公司完成。

FLAC^{3D}是基于连续介质力学理论的数值分析软件，该软件对结构面模拟能力较强（相对于一般有限元程序）。但是，3DEC建立在非连续介质力学基础上，专门针对结构面切割、岩体非连续力学特性开发，可以模拟大量结构面的各种复杂交切关系（FLAC^{3D}仅能模拟不交切或少数结构面简单交切的情形）。因此，采用两种方法对比分析，不仅是从工程角度相互复核的考虑，更重要的是，希望对比两种不同理论体系下的计算成果差别和方法适用性。

两种方法研究依赖的基本条件存在相同之处，也存在一些差别，主要列举如下：

（1）模型范围。对比分析均针对A厂房，包括3个建筑物、母线洞和一定长度的引水和尾水洞段，3DEC分析还同时模拟了A、B两个厂房，分析潜在的群洞效应。

（2）结构面。FLAC^{3D}模型模拟了A厂5条规模较大的断层，3DEC不仅模拟了所有断层，还模拟了一定数量的优势节理；

（3）地应力条件。两种方法采用基本相同的地应力场，均以实测值为依据，计算时采用的初始应力场为：铅直向按自重应力施加；水平向应力的侧压系数取为0.9、1.1。

（4）本构关系。两种方法对岩体和结构面均理想弹塑定本构和莫尔-库仑强度准则。

（5）岩体和结构面力学参数取值：两种方法取值相同，常规参数取值结果列于表11.3-1。

表 11.3-1　　计算采用的岩体力学及材料参数

材　料	重度 /(kN/m³)	变形模量 E/GPa	泊松比 μ	抗剪断强度		抗拉强度 R_t/MPa
				c/MPa	f	
断层 f_{304}	25.8	3	0.25	0.2	0.6	0.5
断层 f_{65}	25.8	3	0.25	0.2	0.5	0.5
f_{33}、f_{31}、f_{332}	25.8	3	0.25	0.1	0.6	0.5
Ⅱ类围岩	26.1	17	0.20	2.3	1.0	2
喷混凝土	24.5	28	0.167	1.8	1.8	1.7
系统锚杆		210				358（屈服强度）

11.3.2　FLAC^{3D}数值模拟

为了分析和探讨地下洞室群在开挖及加固后的围岩稳定性、支护的有效性，本章对以下 2 种计算方案进行对比分析：方案 1 考虑毛洞分期开挖计算，不考虑支护；方案 2 同时考虑洞室分期开挖和支护。

地下洞室开挖后，两个计算方案的地下厂房洞室群的围岩变形规律基本相同，见图 11.3-1。主厂房洞周的围岩朝洞内变形，顶拱下沉，底板回弹，上、下游边墙向厂房中心线方向变形，随着厂房下层开挖步的完成，边墙向洞内变形的位移量逐渐增大，拱顶的下沉趋势则在开挖后期变缓。主变室洞周的围岩变形则受主厂房开挖的影响，主变室下游侧墙朝洞内的水平向变形大于上游侧墙。尾水闸门室洞周的围岩位移形态及变化规律类似于主变室，其变形受到主厂房和主变室开挖的影响，下游侧墙朝洞内的变形一般大于上游侧墙。

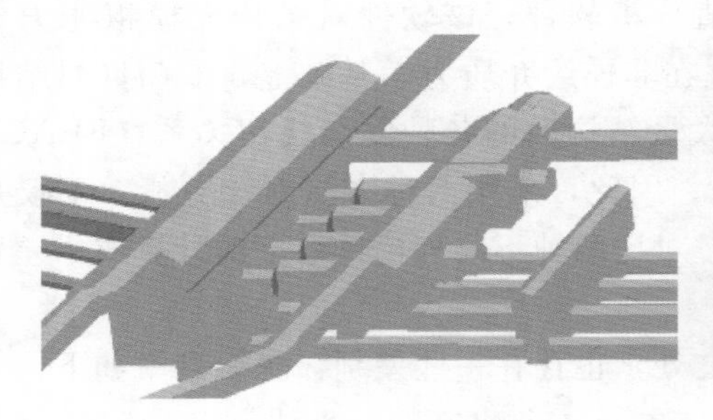

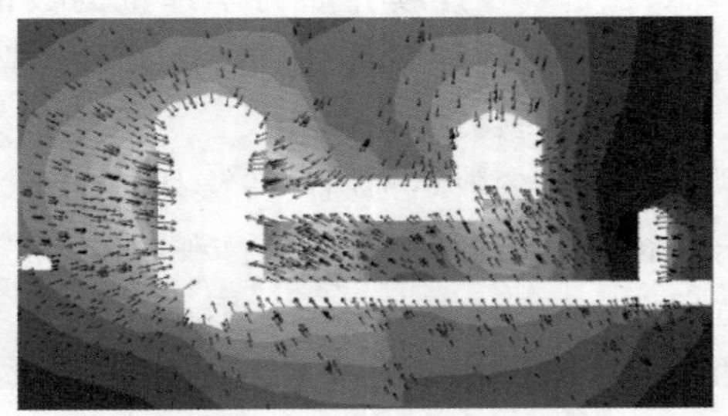

图 11.3-1　地下洞室群布置图 2 洞室开挖后的围岩变形规律

两个计算方案的主厂房、主变室和尾水闸门室关键部位的最大位移值见表 11.3-2。比较方案 1 和方案 2 的位移值可知，考虑支护的方案 2 的围岩位移较不考虑支护的方案 1 有一定的减少，其中主厂房上、下游侧墙处的最大位移分别减少 3.42mm 和 3.24mm，副厂房端墙和安装场端墙处的最大位移分别减少 0.37mm 和 0.3mm，主厂房围岩位移的减小幅度为 3.8%～28.6%。主变室和尾水闸门室的位移值也有不同程度的降低，分别减少了 0.17～3.07mm、0.19～0.57mm，减小幅度分别为 3.8%～41.3%、1.6%～14.8%。可见，采取支护措施后，地下洞室围岩大多数区域的变形量有较明显的减小。

表 11.3-2　　主要洞室关键部位最大位移值　　单位：mm

洞室名称	方案	拱顶	上游边墙	下游边墙	东端墙	西端墙	底板
地下厂房	1	12.47	15.36	15.06	7.08	8.36	10.39
	2	12.01	11.94	11.82	6.71	8.06	10.22
主变室	1	14.01	10.51	15.05	4.70	6.24	16.79
	2	11.18	7.44	14.39	4.53	5.88	15.80
尾水闸门室	1	4.41	4.41	11.80	3.43	4.21	5.58
	2	3.92	3.84	11.61	3.18	3.93	5.29

两个计算方案的洞室群围岩的应力分布规律基本相同。图 11.3-2 和图 11.3-3 分别是计算方案 2 围岩的第一主应力 σ_1 和第三主应力 σ_3 沿 3 号机组中心横剖面的等色图，图中的应力以拉为正，压为负。

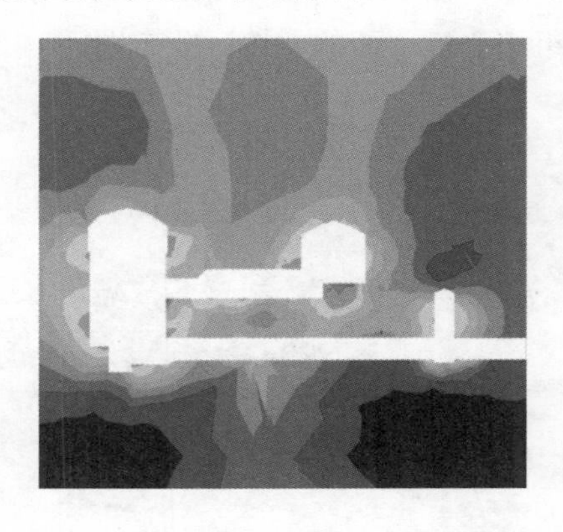

图 11.3-2　沿 3 号机组中心横剖面的第一主应力 σ_1 等色图（方案 2）

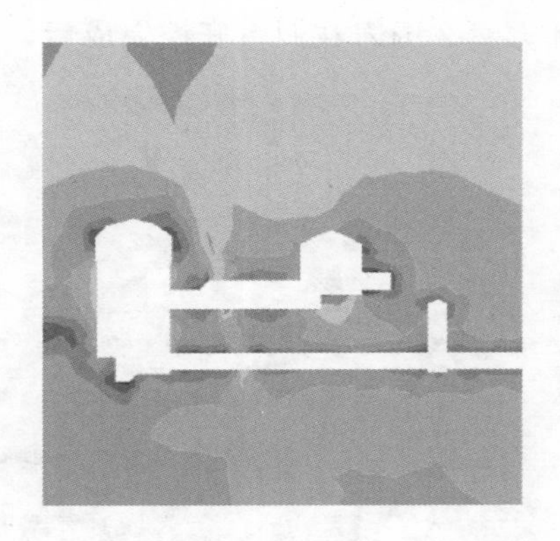

图 11.3-3　沿 3 号机组中心横剖面的第三主应力 σ_3 等色图（方案 2）

全断面开挖完成后，主厂房顶拱及底板基本处于受压状态，上、下游拱座尤其是上游拱座部位出现切向压应力集中现象，最大压应力出现在 3 号机组的上游拱座。开挖过程中，主厂房边墙应力变化规律为：在无断层穿过的部位，岩体切向应力随开挖增大，径向应力释放；在断层穿过的部位，岩体应力受断层影响较大，应力的变化规律不均匀。各计算方案的主厂房洞周围岩以受压为主，但在主厂房上、下游边墙中分布有小范围的拉应力区。

主变室和尾水闸门室洞周的围岩应力变化规律与主厂房类似，由于洞室尺寸较小，应力状况均优于主厂房。开挖完成后，只在方案 1 的主变室上游边墙出现少量的拉应力区。

各方案开挖完成后，3 号机组段关键部位第一主应力 σ_1 和第三主应力 σ_3 的最大值见表 11.3-3。而对比方案 1 与方案 2 的计算成果可知，施加喷锚支护后，主厂房围岩应力状态与应力量值变化不大，但在洞室交叉部位应力集中程度有所缓解，主厂房上、下游侧墙部位的拉应力区分布范围减少较为明显，仅在 1 号机组附近还有少量的分布。可见锚喷支护使主厂房上、下游侧墙的应力得到了较大的改善。

表 11.3-3　　各方案开挖完成后 3 号机组段关键部位的最大应力值　　单位：MPa

洞室名称	方案	拱顶中部		上游边墙中部		下游边墙中部	
		σ_1	σ_3	σ_1	σ_3	σ_1	σ_3
地下厂房	1	−14.73	−1.51	−6.74	0.22	−7.29	0.41
	2	−13.45	−1.45	−8.40	−1.84	−9.12	−0.54
主变室	1	−9.07	−1.95	−7.71	0.11	−12.87	−0.59
	2	−9.73	−2.07	−7.80	−0.70	−13.49	−1.96
尾水闸门室	1	−15.72	−5.77	−8.39	−0.70	−4.56	−1.46
	2	−15.35	−5.92	−8.37	−1.02	−4.62	−1.66

地下洞室群开挖完成后，两个计算方案的塑性区分布规律相似：在主厂房和主变室的上、下游侧墙以及各洞室交叉部位、机组母线洞间岩柱等部位均产生了一定范围的塑性区，岩体塑性破坏以剪切屈服为主，局部有拉裂破坏。图 11.3-4 和图 11.3-5 分别为方案 1 和方案 2 围岩在洞室开挖完成后，沿 3 号机组中心横剖面的塑性区分布图。

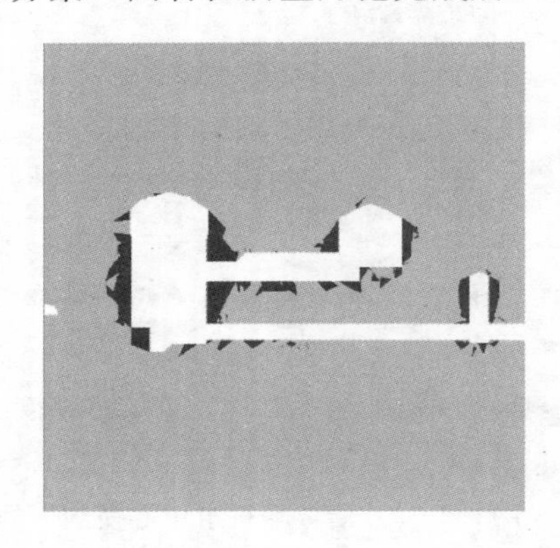

图 11.3-4　沿 3 号机组中心横剖面的塑性区分布图（方案 1）

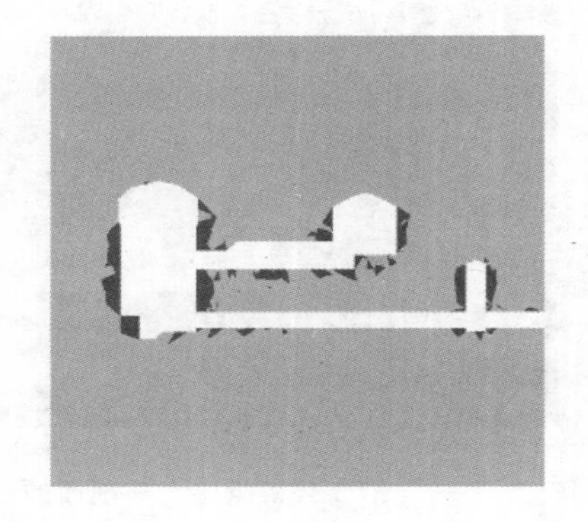

图 11.3-5　沿 3 号机组中心横剖面的塑性区分布图（方案 2）

对于方案 1，主厂房上游侧墙塑性区的最大延伸深度达 6m；下游侧墙在母线洞以上延伸范围在 3～6m 之间，在母线洞以下延伸范围在 3～5m 之间；顶拱部位的塑性区呈零星分布，延伸范围不超过 3m 且分布范围较小；厂房机组之间的隔墩基本上都处于塑性状态。主变室顶拱部位除在断层 f_{31} 相交部位出现零星塑性区外，其余部位均未进入塑性状态；其上游侧墙塑性区的最大延伸深度达 3.5m；下游侧墙除与高压电缆洞交叉部位外，塑性区延伸范围均在 2.5m 之内。尾水闸门室的顶拱部位未进入塑性状态；上游侧墙塑性区的最大延伸深度约为 4m；下游侧墙塑性区呈不连续分布，延伸范围不超过 3.5m。母线洞上部岩体除与主厂房和主变室交叉部位外，大部分区域仅出现零星塑性区，塑性区延伸范围在 3m 以内。

方案 2 与方案 1 相比，主厂房顶拱、上下游侧墙、主厂房与母线洞交叉部位的塑性区均有一定程度的减小，上游侧墙塑性区的最大延伸深度约为 4m，下游侧墙塑性区的最大延伸范围在 3.5m 以内，而主厂房的系统锚杆平均长度为 4.5m，因此塑性区基本都处在锚杆控制范围之内。其余部位如主变室、尾水闸门室、母线洞的塑性区也均在锚固区内。

地下洞室开挖完成后，考虑支护的方案2的围岩塑性区体积较不考虑支护的方案1减小了28.1%。可见，采取喷锚支护措施对于提高洞室的整体稳定性作用较为明显。

随着洞室下层开挖步的完成，洞周系统锚杆的应力值基本上随开挖而不断增大。洞室开挖完成后，主厂房顶拱部位锚杆应力一般为30～95MPa，上、下游侧墙锚杆最大应力为166MPa。主变室顶拱锚杆应力在88MPa之内，上、下游侧墙锚杆应力不超过84MPa。尾水闸门室顶拱锚杆应力均小于33MPa，上、下游侧墙锚杆应力不超过77MPa。母线洞洞周锚杆应力在53MPa之内。

11.3.3 监测成果分析

惠州抽水蓄能电站A厂在施工开挖过程中，埋设了2个断面的多点位移计和锚杆应力计，分别对主厂房和主变室的围岩位移和锚杆应力进行实时监控。利用这些实际监测资料，与上述数值计算的结果进行对比分析，对评价围岩的稳定性和支护的有效性具有重要的意义。

(1) 主副厂房围岩实测变形。监测资料表明：地下厂房的上下游边墙围岩向厂房中心变形，随着厂房的分层开挖呈台阶式增长，随着开挖的逐渐结束，各测点岩体变形增长十分缓慢，变形呈收敛趋势；厂房拱顶围岩的变形在开挖初期呈下沉趋势，随着开挖的继续，受上、下游侧高边墙向厂房中心变形挤压的作用，拱顶位移停止下沉并向上回弹。

地下厂房边墙测得的最大位移为5.81mm，出现在厂房A厂横0+51.01的下游，边墙高程142.50m。拱顶测得的最大位移为0.44mm。

(2) 主变室围岩变形。主变岩体位移变化不大，历时变形值在0～1.58mm之间，各测点围岩变形历时曲线平缓无突变，表明现阶段监测断面内围岩变形基本稳定。

(3) 主副厂房锚杆应力。锚杆应力随厂房分层开挖而呈台阶式增加，随着开挖的逐渐结束，各测点锚杆应力增长十分缓慢，呈现明显的收敛趋势；厂房锚杆测点应力主要为拉应力，大多数测点应力相对较小，应力值在100MPa以内。在地质条件相对较差地段，锚杆应力相对较大。

(4) 主变室锚杆应力。主变室锚杆应力不大，一般在-0.28～29.82MPa之间，各测点锚杆应力历时曲线平缓，无突变，主变室开挖完毕后，基本收敛。

数值计算的结果与监测数据的对比详见表11.3-4。

表11.3-4　　数值计算结果与监测数据的对比

类别			最大值	出现部位
主厂房	位移/mm	监测数据	5.81	A厂横0+51.01，下游边墙高程142.50m
		计算数据	11.82	下游边墙
	锚杆应力/MPa	监测数据	224.04	A厂横0+94.97，上游拱脚高程149.00m
		计算数据	166.00	上游边墙拱脚下部
主变洞	位移/mm	监测数据	1.58	主变横0+47.25，上游边墙高程160.57m
		计算数据	7.44	上游边墙
	锚杆应力/MPa	监测数据	39.48	主变横0+89.65，上游边墙高程160.57m
		计算数据	84.00	上游边墙

注　为方便与监测资料对比，数值计算数据的选取部位与最大的监测数据相同或位于附近。

A厂的实际监测资料表明，数值计算的围岩位移和锚杆应力在分布和变化规律上与监测资料是基本一致。从表11.3-4可见，计算得到的围岩位移值普遍比实测到的要大，其中一个重要的原因是多点位移计的埋设，是在位移计所在开挖层完成开挖以后才能实施，因此位移计只能测量后续开挖层开挖引起的围岩位移，并不能测得该处围岩的绝对位移，而数值计算得到的是所有开挖层开挖引起的围岩绝对位移值。对锚杆应力，实测值与计算值相比，没有明显的规律，某些部位实测值大，某些部位计算值大。

造成数值计算值与实测值差异的另一个重要的原因是，计算中存在地质条件复杂，初始地应力场、地下渗流场和断层构造难以精确模拟，材料参数的选取与实际地质参数存在一定的误差，以及实际开挖过程中的爆破影响难以考虑等种种因素的影响。

监测数据和计算结果表明，两者的位移及应力的量级并无太大差别，且变化规律基本一致，A厂洞室开挖完毕后，围岩位移和锚杆应力均呈收敛状态，锚杆应力均小于其屈服值，说明A厂围岩稳定，支护措施起到很好的支护作用。

11.4　基于3DEC的深蓄地下厂房围岩稳定分析

11.4.1　技术路线与方法

以前期阶段厂房区地质成果为基础，采用ItasCAD构建厂房区断层网络三维地质模型。与此同时，将建筑物AutoCAD格式设计二维图形导入ItasCAD内，采用相应的确定性对象建模技术构建厂房洞室群形态。

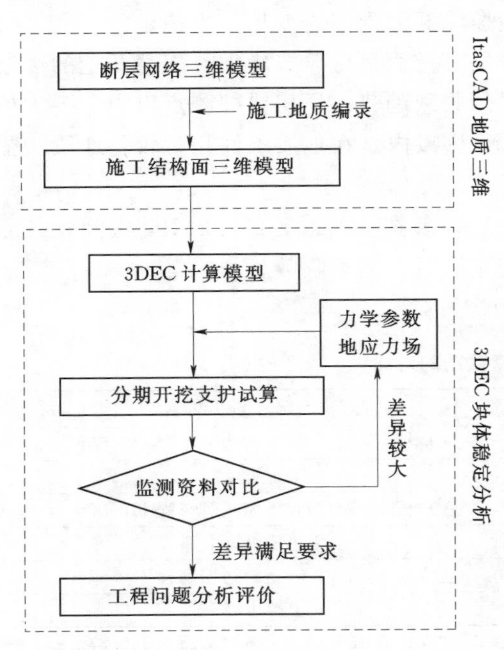

图11.4-1　深圳抽水蓄能电站3DEC稳定分析技术路线

在此基础上，将洞室群施工期获得的相关地质编录资料（主要是可研阶段断层新增控制点和开挖揭露的节理裂隙素描结果）通过一定手段导入到ItasCAD，然后对断层模型进行局部修正，体现施工期成果，并构建节理裂隙三维模型。

将地质三维模型中的电子化成果资料转化为3DEC建模所需要的输入数据，将地质模型转化为计算模型中的地质结构面（断层和节理）网络，注意此时的节理被处理为确定性结构面。因此，计算模型中这些结构面切割形成的块体也为确定性块体，与现场充分接近。

计算模型输入地应力场和相关力学参数，模拟现场施工开挖和支护过程，根据计算结果评价块体潜在失稳风险和提供相应的工程方案建议意见。在具备可靠监测资料以后，将计算结果与现场现象和监测成果进行对比，视二者差别性质和程度调整地应力场和力学参数中的不确定性因素，直到满足要求。用满足要求的计算模型分析评价围岩块体稳定和支护安全性（图11.4-1）。

需要指出的是地质模型和计算模型之间的差异，地质模型追求的目标是真实再现现场地质条件，而计算模型的关键在于揭示主要因素可能导致的工程问题，其中的主要因素包括关键性地质条件，如结构面分布和力学特性，也包含工程条件如开挖与支护过程等。因此，计算模型往往只要求体现与研究目标相关的地质因素，而不是全部地质条件。具体到本次研究，主要是从力学效果的角度简化地质模型中不必要的结构面，其中情形和处理方式包括：

(1) 忽略长度过短不与其他结构面交切形成块体，即忽略不是块体边界的孤立结构面。

(2) 以密集带出现、相互平行间距很小时，选取其中数条代表性结构面，基本要求是导致的块体变形和破坏可以通过这几条结构面所反映。

11.4.2 计算模型与假设条件

深圳抽水蓄能电站地下厂房布置在坚硬花岗岩中，岩性条件与广东省境内的其他几座抽水蓄能电站地下厂房相似。不过，在厂房中导洞开挖后揭示围岩结构面发育程度较高，而顶拱围岩支护采用普通喷锚系统，具体参数如下：

(1) 锚杆。采用普通砂浆锚杆，间隔布置，直径 $D=25$mm，间排距1.5m，长度 L 由拱顶至下依次为5m、6m、7m，入岩4.9m、5.9m和6.9m，出露0.1m；在岩锚梁位置采用9m长锚杆，直径 $D=25$mm；

(2) 喷层。素喷，厚度150mm。

该支护方案能否有效维持顶拱围岩安全性，是当时条件下工程中比较关心、需要迅速决策的主要问题。与可研阶段相比，虽然厂房进入施工阶段，但现场并没有可资利用的监测资料帮助分析评价顶拱围岩变形和支护安全特征，为此，相关分析仍然采用了数值模拟为主的方式。与可研阶段所不同的是，中导洞开挖完成以后的施工编录获得了沿厂房轴线所有可能构成潜在不稳定块体的结构面分布特征，包括小断层和长度达到数米以上的节理，获得了众多结构面的位置、产状、和性状等。相比较前期勘探平洞结构面统计结果而言，这些资料的可靠性得到大幅提高。如果能够按照中导洞编录的结构面资料开展顶拱块体稳定分析，分析成果应具备良好的可靠性。特别地，当围岩存在潜在不稳定块体时，计算结果可以可靠揭示这些块体的具体位置，这是因为此时的结构面分布不再是随机假设的统计结果，而具有实实在在的确定性。简单地说，此时所编录的节理在计算模型中被处理为“确定性”结构面。

为此，针对深圳抽水蓄能电站地下厂房施工期围岩块体稳定跟踪分析工作分为两个阶段：第1阶段采用施工编录揭露的结构面位置进行分析评价，重点是潜在不稳定块体位置、是否需要加强支护以及加强支护的范围及深度。这一阶段定义为中导、第1层、第2层开挖完成3个具体阶段，利用更新的结构面分布特征编录资料更新计算模型，可靠判断不稳定块体分布特征。第2阶段是在获得有效的监测资料以后，具体是对应于第4层开挖、和厂房开挖完成，分别采用对应施工阶段更新后的结构面编录资料建模，并用监测资料反算结构面参数取值，重点是评价支护安全性。

为节省篇幅，本章仅叙述对应于中导洞开挖完成的分析结果，作为第 1 阶段成果的代表。第 2 阶段研究成果则对应于第 4 层开挖和开挖完成后的情形，在下节介绍。

图 11.4-2 为深蓄厂房模型范围和洞群开挖分步。图 11.4-3 左侧表示了中导洞开挖完成以后结构面地质编录结果，其中最左侧为编录图，与之相邻的是这些结构面在 3DEC 模型中主厂房顶拱的分布。右侧上下布置的两幅图则分别是这些结构面在主厂房上、下游边墙的分布（3DEC 模型），这一阶段的计算中假设所有结构面都贯通到厂房底板，这一假设偏向于高估结构面连通性和结构面组合不利程度，随着开挖继续，结构面延伸情况会得到正确揭露，采用更新后的编录成果可以消除这一误差。

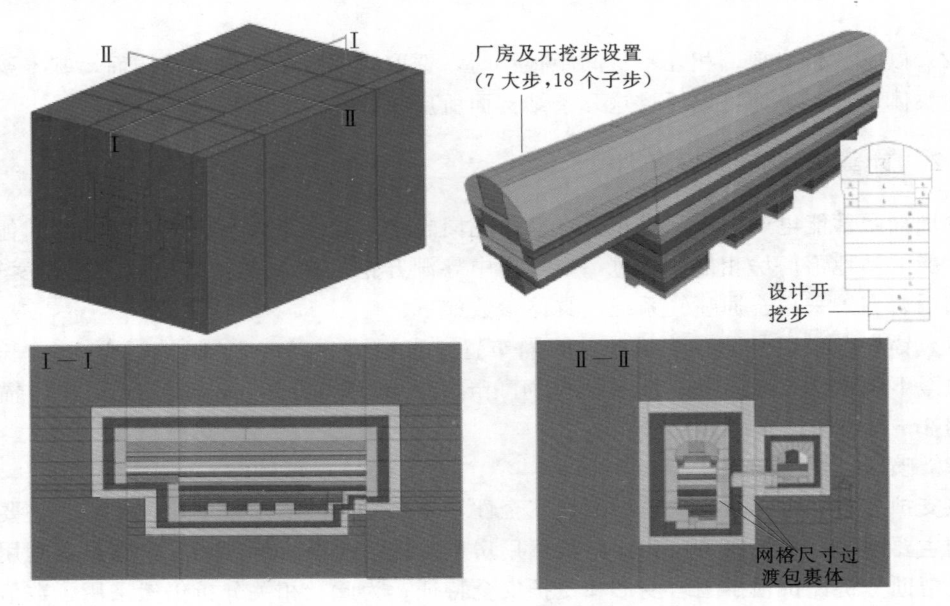

图 11.4-2　深蓄厂房模型范围和洞群开挖分步

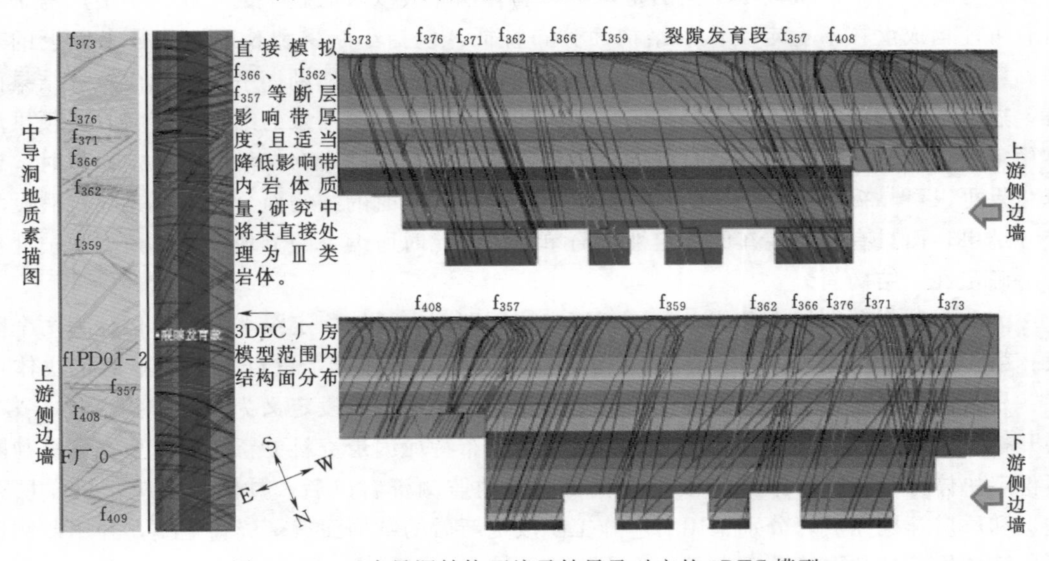

图 11.4-3　中导洞结构面编录结果及对应的 3DEC 模型

这一阶段的分析中将结构面划分为两种类型，即小断层和节理，对应的参数取值列于表11.4-1。其中的刚度采用了经验取值，主要参照了白鹤滩水电站前期阶段的工作成果，取值结果并不影响块体稳定计算，但影响结构面变形大小并因此可以突出地影响到支护受力计算结果的合理性，是下一节叙述的重点之一。

表11.4-1　结构面刚度参数和强度参数

结构面类型	刚度参数		强度参数	
	法向 K_n/MPa	切向 K_s/MPa	c/MPa	φ/(°)
断层	2	1.5	0.06	27
节理	5	3	0.1	30

11.4.3　计算成果与分析

利用中导洞结构面编录成果的计算分析侧重于考察两个方面的问题：一是顶拱围岩稳定特征及其决定的上述支护参数合理性，帮助快速评价顶拱加强支护的必要性；二是给定结构面分布条件下厂房块体稳定特征，重点是潜在不利块体位置和局部加强锚固的必要性。

图11.4-4表示了主厂房分布开挖过程中顶底中轴线上变形大小分布，在开挖不支护条件下，计算获得的顶拱最大累计变形量为25mm。与地下厂房实践中的监测结果相比，这一变形量值属于正常范围。注意到监测结果往往是仪器安装以后的变形增量，小于计算结果中的绝对量值，且监测结果一般都包含了支护的作用。从这个角度看，计算结果显示的变形大小揭示，即便在不支护条件下，顶拱围岩具有良好稳定性，支护主要其提高安全储备的作用。

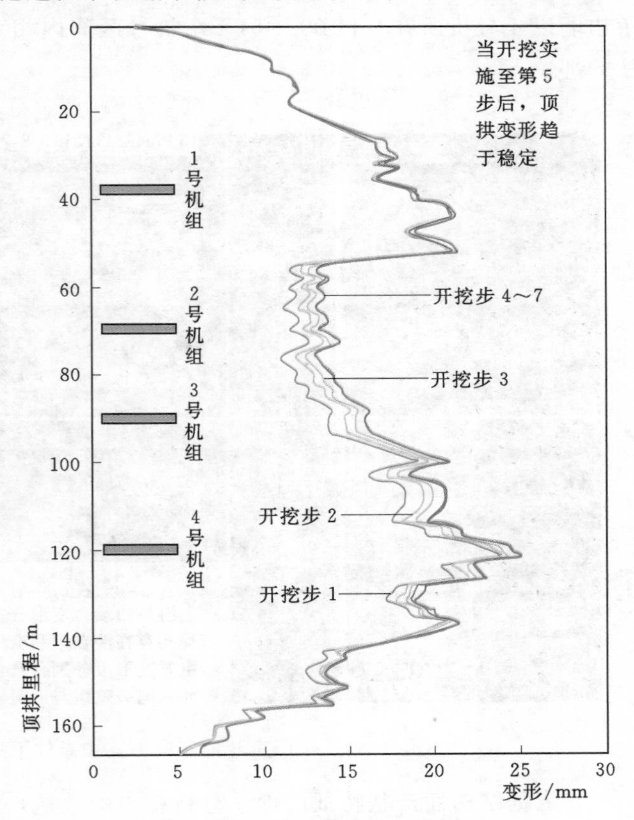

图11.4-4　顶拱随开挖的变形曲线

计算结果还揭示顶拱开挖完成以后变形即趋于稳定，后续开挖对顶拱变形影响很小。计算结果显示，在不支护条件下，顶拱变形主要出现在第1层开挖过程中，占据总变形量的90%，揭示弹性释放占据主导性地位，也意味着顶拱围岩处于良好的稳定条件。

计算结果揭示4号机（桩号0+120左右）所在断面前后一定范围顶

拱围岩变形量相对最大，其次是1号机（桩号0+45左右）所在部位附件。中导洞开挖以后现场巡视和施工地质编录结果显示，计算变形量相对较大部位，结构面也相对最发育。

对计算模型岩体和结构面峰值强度折减1.5倍的计算结果显示，此时顶拱围岩仍然处于稳定状态，没有揭示失稳的特征。这一计算结果有着内在合理性，这是因为围岩结构面均以陡倾为主，且顶拱围岩维持一定的水平应力集中，开挖以后总体增大了陡倾结构面法向应力，具有机制结构面变形和块体破坏的作用。

综合现场条件和分析成果，实际工作中在第1层开挖结束之前即明确不需要对顶拱围岩加强支护，现场施工也按照原设计方案进行。后期监测结果揭示顶拱围岩变形和锚杆应力都相对很低，证明了顶拱围岩安全性。

不过，虽然厂房顶拱围岩保持良好的稳定条件，但是，以中导洞地质编录资料为基础的计算结果显示，在厂房开挖完成以后，厂房边墙、尤其是一些洞段（如4号机一带）上游边墙块体稳定条件相对较差，是工程实践中需要关注的重点。

厂房开挖完成后边墙块体稳定条件和潜在不稳定块体分布特征见图11.4-5和图11.4-6。计算结果表明，上游边墙0+100～0+127桩号范围、0+60～0+70桩号范围内出现比较突出的块体变形。相比较而言，虽然图11.4-6所示下游边墙也存在比较明显的块体变形现象，但集中程度不如上游边墙明显。总体上，根据中导洞开挖以后结构面分布地质编录成果的数值模拟，上游边墙块体变形和潜在失稳风险程度高于下游边墙，而上游边墙以4号机所在0+100～0+127桩号区间内相对最突出，是后续工作中需要重点关注的部位。

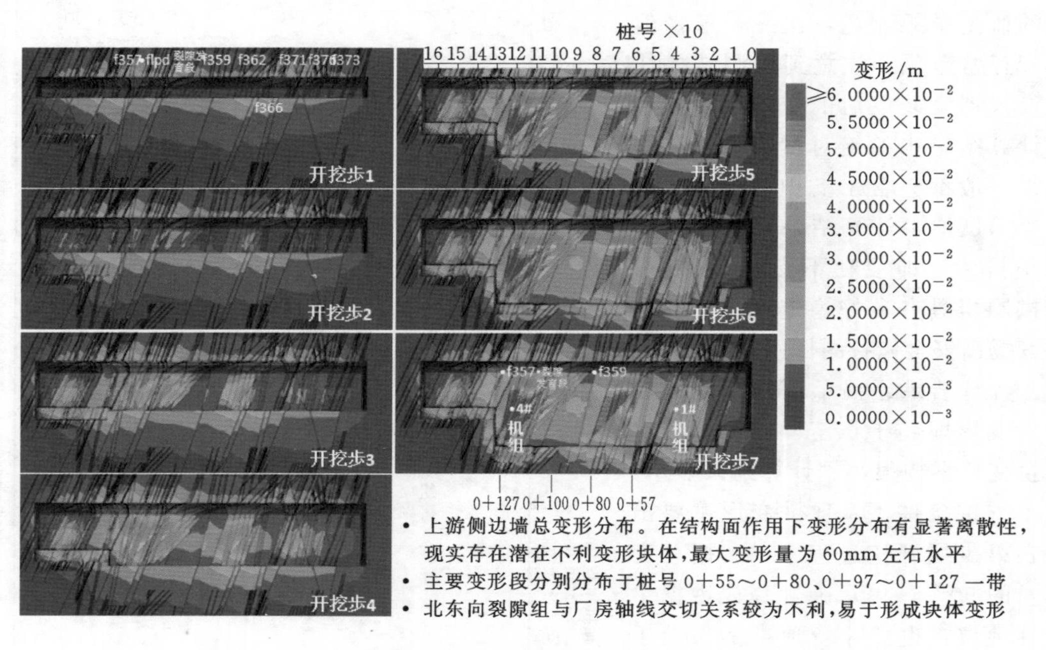

图11.4-5　厂房开挖完成不支护条件下上游边墙围岩块体变形

与依据结构面产状特征的地质分析结果一致地，计算结果揭示了厂房边墙潜在不稳定块体成尖棱状，特别地，这些块体呈上大下小的“倒锥形”，意味着主要风险在厂房边墙

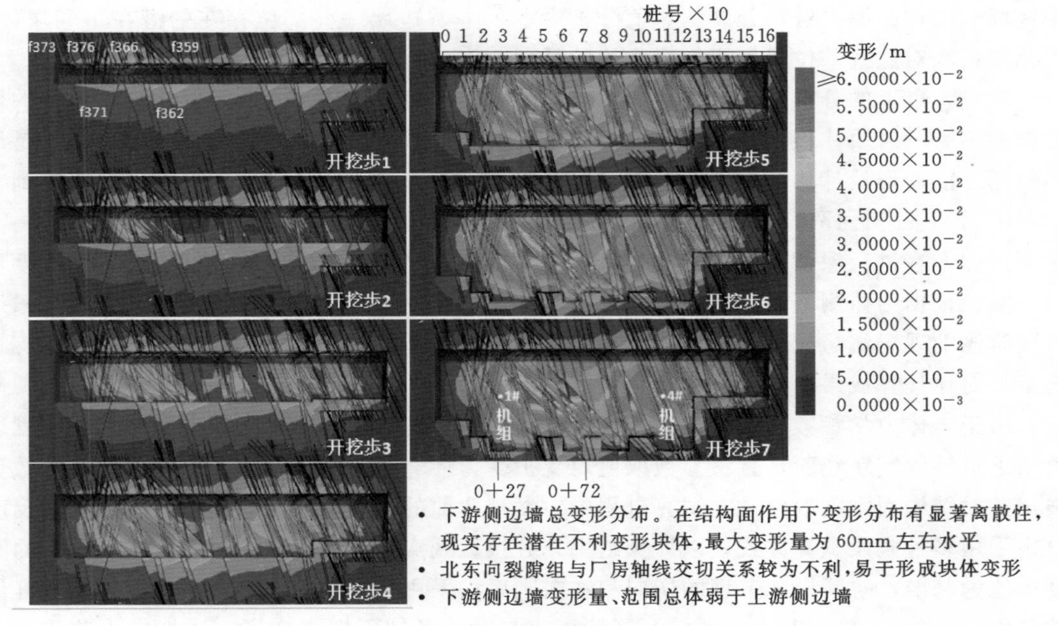

图 11.4-6 厂房开挖完成不支护条件下下游边墙围岩块体变形

上部区域。

图 11.4-5 的计算结果同时显示，虽然倒锥形的上游边墙潜在不稳定块体的变形出现在边墙上部区域，主要对应于第 2、第 3 步开挖区域。但是，在这些区域（如第 3 层及其以上）开挖完成以后，块体变形并不明显。而第 5 层开挖突然导致了这些块体变形增大，其原因是此时倒锥形块体临空条件的突然变化，块体基本完全临空。这一计算结果显示：

（1）边墙厂房潜在不稳定块体主要影响边坡上部区域，但在上部开挖过程中并没有体现出来，而是在完成潜在不稳定区域施工以后的后续开挖过程中得到体现。这要求在厂房早期阶段开挖过程中预先甄别潜在不稳定块体的分布位置和边界，视需要在早期阶段开挖揭露以后即采取必要措施，避免后期开挖导致上部已完成施工区域产生安全风险和对工程施工带来的不利影响。

（2）初步计算成果揭示潜在不稳定块体可以影响到岩锚吊车梁的安全工作条件，工程实践中需要考虑这一潜在不利因素的影响，并通过必要的优化设计消除这一隐患。

采用第 2 层开挖后结构面编录结果开展的计算揭示了相同的规模，即顶拱围岩保持良好稳定但厂房上游边墙一些特定部位存在不利块体相对集中分布。这些部位块体潜在不利变形具有滞后性特点，在下部开挖时导致上部已完成施工部位围岩块体变形的显著增大，需要在早期开挖阶段及时处理。

11.5 刚度取值反演与围岩安全性评价

11.5.1 结构面刚度反演

如上所述，深圳抽水蓄能电站地下厂房施工开挖早期阶段的相关分析过程中，直接采用现场的结构面编录资料开展的数值分析揭示了上游边墙一些部位存在的潜在不利块体，为此，现场对这些部位采取了加强支护的处理方案。

不过，以上的分析在参数取值、尤其是结构面刚度取值方面缺乏足够依据，潜在的取值误差不影响对块体稳定的评价，但由于结构面刚度取值直接影响结构面变形、尤其是滑动破坏之前变形量计算结果的合理性，因此可以直接影响到支护计算的合理性，影响到支护和围岩的安全性评价。

因此，在进行深蓄厂房围岩支护系统安全性评价之前，需要复核和修正结构面刚度取值，复核依据为监测资料。复核工作采用了第 4 层开挖结束以后的监测资料，具体是采用对应阶段的现场编录成果修改计算模型，在模型分步开挖的同时增加模拟现场的分步支护施工，对比计算成果和监测值的吻合程度。

由于岩体力学参数和结构面强度参数取值相对合理，现实中水电行业对结构面刚度取值缺乏足够的实践经验，且该参数取值对支护受力计算结果影响非常突出，为此，参数反演仅针对结构面刚度取值。在试算过程中，发现此前的刚度取值相对偏低，刚度取值反演分析采用多种假设试算方式，以计算结果充分接近现实者为准。试算时以表 11.4－1 的刚度取值为基准，对断层和节理的切向和法向刚度均采用同样的放大系数，即分别按基准值的 2 倍、4 倍、6 倍、8 倍、10 倍开展计算，与对应条件下围岩变形、锚杆应力监测成果对比，选择其中相对最合理的刚度作为支护安全评价时的计算参数。

图 11.5－1 表示了第 4 层开挖以后的地质素描图（上）和对应的计算模型（下），与第 2 层开挖后的模型相比，二者之间存在 7 处变化，最主要的差别在于揭示了一些小断层的尖灭，相比较而言，以 4 号机组附近的断层和裂隙变化最突出，边墙两端、1 号、2 号机组附近也均出现了一些变化。

如前所述，结构面刚度取值反演考虑了 6 组取值，对比这 6 组取值对应的计算结果，综合围岩变形和锚杆应力两个方面的指标，以 10 倍取值时计算结果和现场吻合程度最好。图 11.5－2～图 11.5－4 表示了 7—7 断面各监测点变形历时曲线的对比结果（曲线为计算值，图内嵌图为监测结果），图中计算结果对应的工程条件与监测结果相同，采用了监测时段对应的增量。

如图 11.5－2 所示，虽然上游边墙各测点绝对变形量仍然高于监测结果，但二者已经趋于同一个量级水平，并且，二者在开挖过程中都经历了两次较大的变化，变化对应的开挖步也相同。具体是在第 5 步开挖过程中，对应于现场大概从 2014 年 11 月 22 日起，计算结果的曲线形态更陡。当然，二者之间还存在一些差异，但差异程度已不会影响相关结论和工程决策。

图 11.5－3 显示 7—7 断面下游边墙围岩各监测点变形量的计算值和监测值相对接近，虽然开挖过程中变形变化时机和程度存在一些差异，这种差异也在工程可以接受的范围内。

图 11.5－4 揭示了顶拱变形量远低于上下游边墙，且开挖过程中跳跃变化现象明显，这些都和现实吻合。鉴于二者量值过小，缺乏工程评价意义，不深入讨论。

表 11.5－1 汇总了 7—7 断面上各监测点的计算值和监测值对比结果，具体地，从变形量值上看，上游边墙测点的最终计算变形量分别为 7.69、7.36、7.42、4.30（监测值

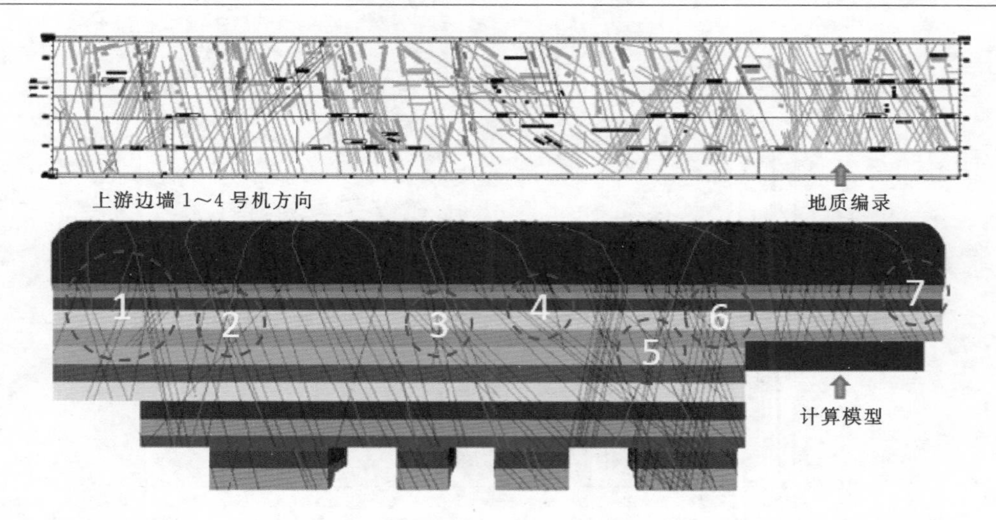

图 11.5-1 采用第4层编录资料（下）构建的3DEC计算模型（上）

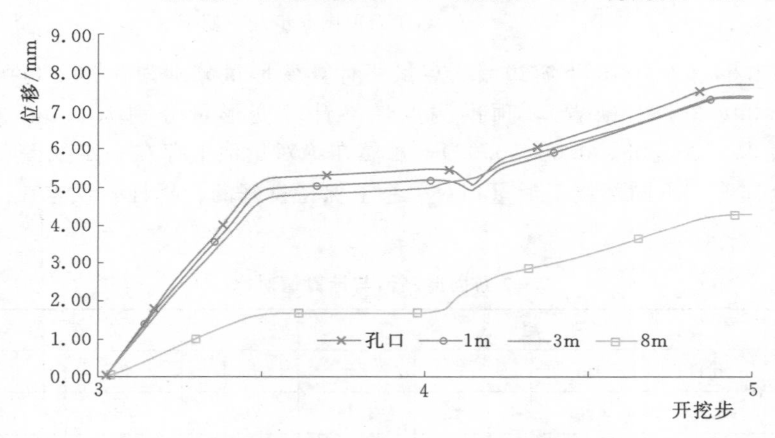

图 11.5-2 7—7断面上游侧边墙高程11.8m测点在第4～5步开挖变形

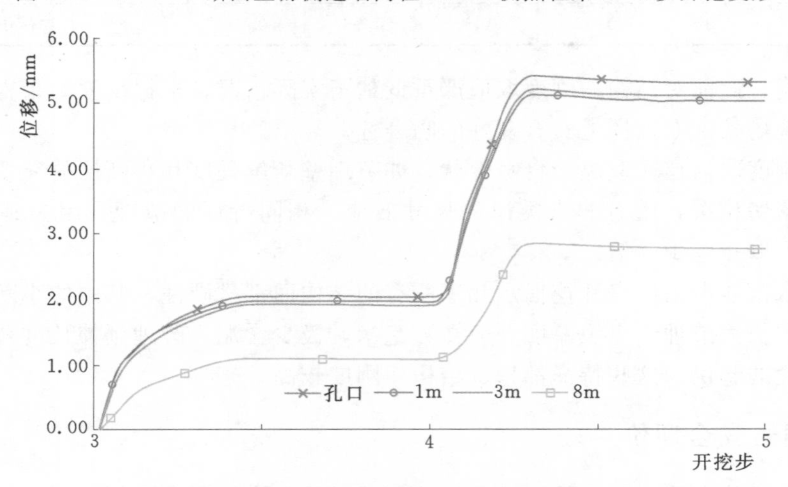

图 11.5-3 7—7断面下游侧边墙高程11.8m测点在第4～5步开挖变形

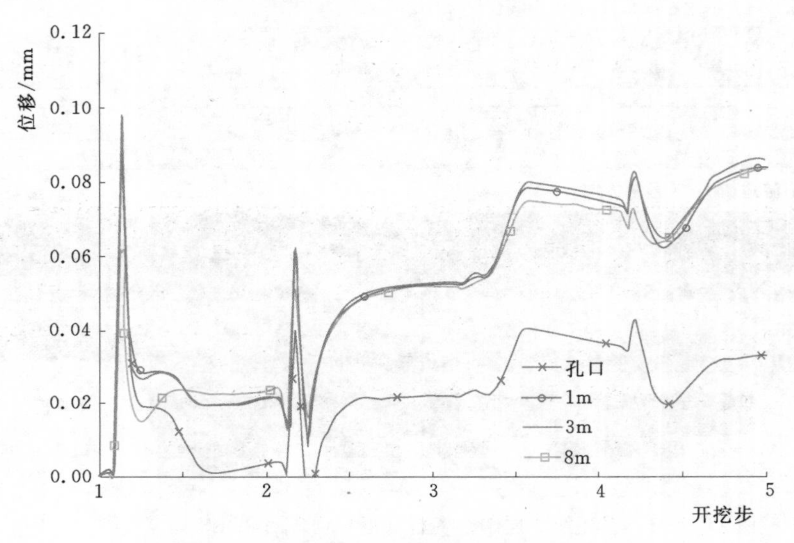

图 11.5-4　7—7 断面顶拱 5 步开挖变形

3.87、3.96、3.54、2.44)，下游边墙测点最终计算变形量分别为 5.30、5.00、4.90（监测值 4.45、4.39、3.78、缺省)，顶拱测点最终计算变形量分别为 0.04、0.08、0.09、0.08（监测值 0.15、0.03、0.00、0.03)。虽然在绝对量值上存在一定偏差，但在量值水平指示的安全程度、不同部位变形量相对关系上保持良好的合理性，误差在工程可以接受的范围内。

表 11.5-1　　7—7 断面监测值与计算值对比

位置	监测值				计算值			
	孔口	1m	3m	8m	孔口	1m	3m	8m
上游边墙	3.87	3.96	3.54	2.44	7.69	7.36	7.42	4.30
下游边墙	4.45	4.39	3.78	—	5.30	5.00	4.90	—
顶拱	0.15	0.03	0	0.03	0.04	0.08	0.09	0.08

也就是说，此前对结构面刚度取值严重低估了实际情况。根据反演结果得到的这一认识与深蓄的现场条件在定性上具有良好的吻合性。

结构面刚度取值首先取决于自身性状，如节理壁新鲜程度和小断层的充填特征，此外与延伸长度密切相关，就有非常突出的尺寸效应。相同特征的节理，因为延伸长度的差别，其刚度可以相差 100 倍。

深圳抽水蓄能电站厂房开挖揭示几乎所有的结构面都呈硬性，其中的小断层实际为具有一定充填的长大节理，充填厚度一般在数毫米，极少含泥。节理延伸长度普遍较小，多具有不同程度的起伏，这些特征都指示结构面刚度较高。

11.5.2　围岩安全评价

围岩安全评价以第 6 层开挖完成后的地质编录成果为依据，更新此前的模型进行施工过程模拟，以围岩变形、支护受力条件作为评价依据。计算时结构面刚度采用上述的反演结果，即为初始值的10倍。

图11.5-5给出了评价采用的现场地质编录资料和对应的计算模型，与第4层开挖完成以后的模型相比，二者的差别主要体现在相当一部分节理终止于高程-45.40m，即低高程围岩条件相对更好一些。

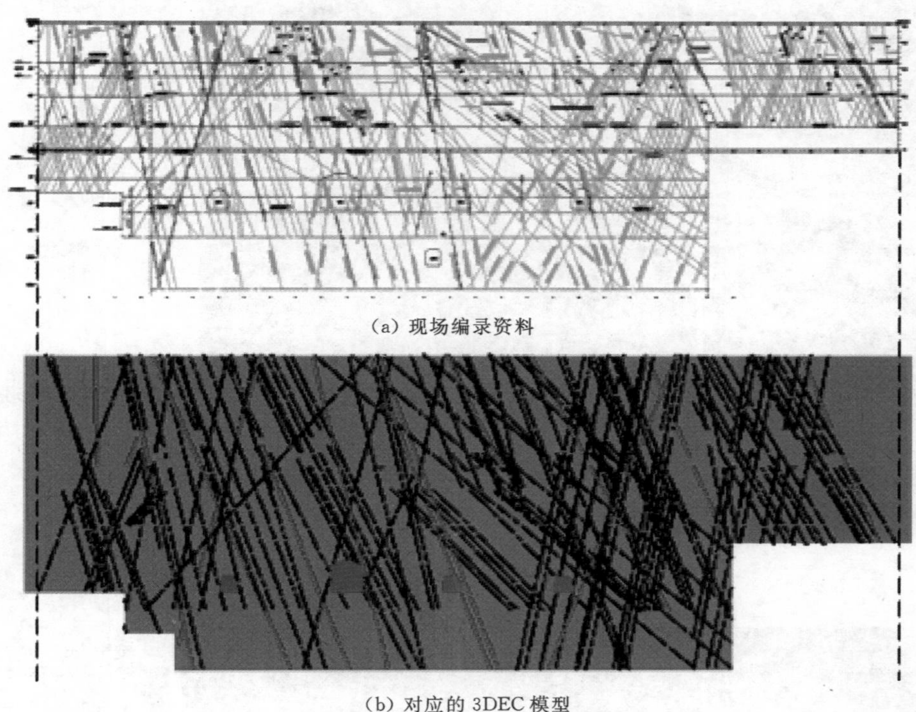

(a) 现场编录资料

(b) 对应的3DEC模型

图11.5-5　现场编录资料和对应的3DEC模型

图11.5-6和图11.5-7分别表示考虑系统支护时厂房上游和下游边墙变形场分布，计算结果清晰显示，此时累计变形量基本都在25mm乃至20mm以下的水平，下游边墙相对更小一些，最大一般不超过20mm，与经验认识相符，也符合现场实际情况。

显然，这种变形条件揭示厂房处于良好的稳定状态，特别是与我国西部地区厂房100mm量级变形的监测结果相比，可以充分肯定深蓄厂房处于良好的稳定状态。

图11.5-8表示了锚杆应力计算成果，基于变形监测的分析显示，此时的计算成果仍然高估围岩变形程度，但差别已经较小，可以被工程所接受。因此，从原理上讲，图11.5-8所示的锚杆应力计算结果应充分接近现实情形，可以作为工程评价的依据之一。

计算结果显示，此时下游边墙除极少数部位（如沿f_{376}断层）存在锚杆应力超限的情况外，绝大部分范围内锚杆应力均在72MPa以内，少数较高部位达到140MPa左右，这一量值水平总体高于监测结果，但彼此之间仍然存在可比性（监测值历时相对较短一些）和总体上的吻合性。

与此同时，上游边墙锚杆应力监测结果也普遍减低，但仍然以4号机一带偏高，相对部分部位超过140MPa、甚至出现超限现象，也证明该部位加强支护的必要性。

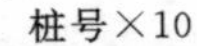

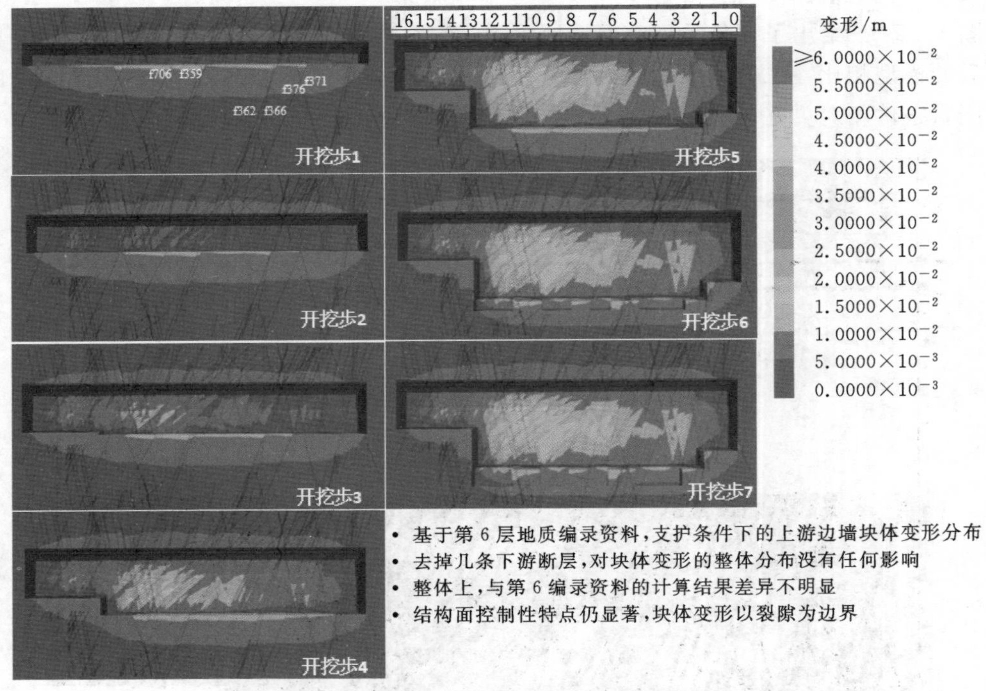

图 11.5-6　上游边墙块体变形分布（考虑支护）

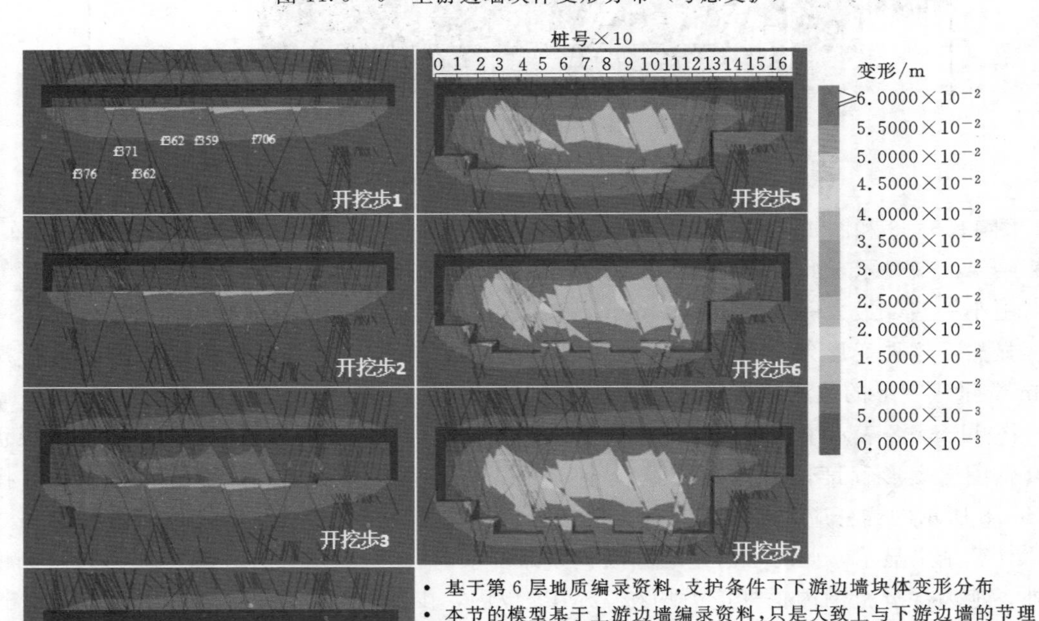

图 11.5-7　下游边墙块体变形分布（考虑支护）

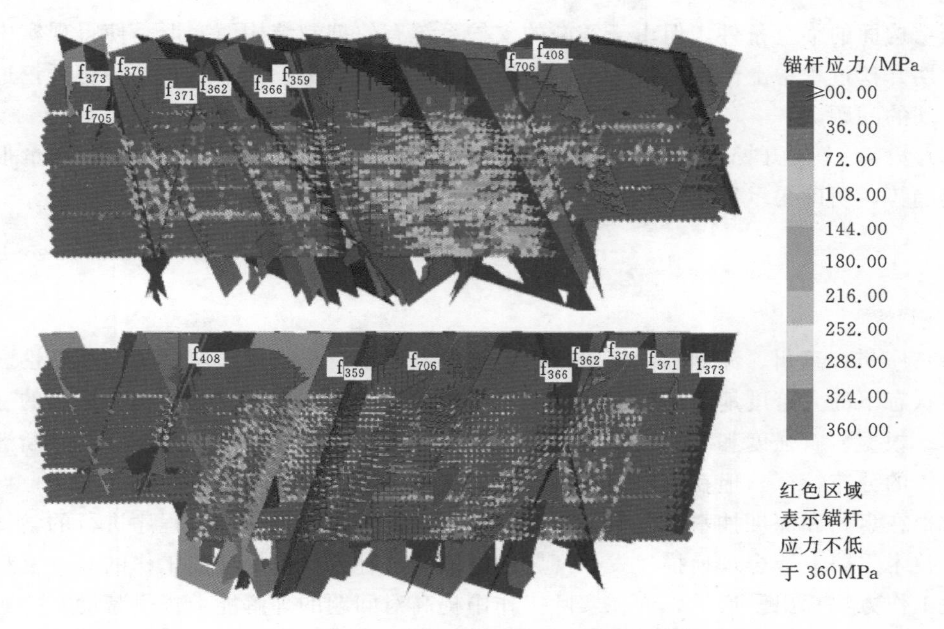

图 11.5-8 锚杆应力分布计算结果（未考虑局部加强支护）

上面计算成果揭示深圳抽水蓄能电站厂房围岩锚杆应力总体不高和系统支护具有良好安全性，局部、尤其是上游4号机一带偏高对应的风险可以通过现场实施的局部加强支护得到控制。总体而言，锚杆安全性可以得到保障，这一基本认识可以从后期监测结果得到验证。

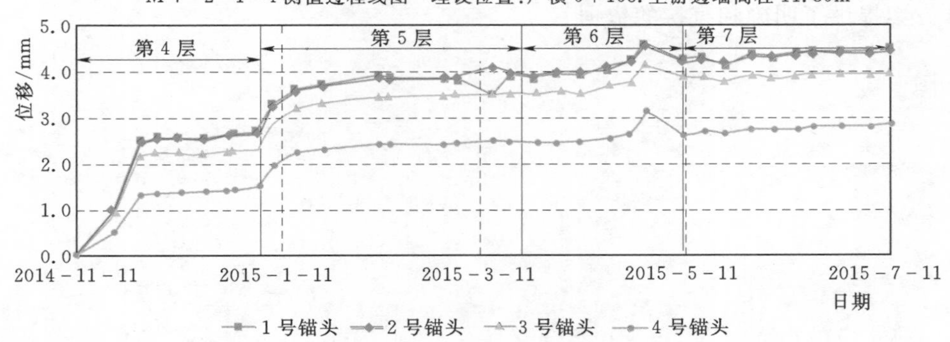

图 11.5-9 7—7断面上游监测结果（截至2015年7月11日）

图11.5-9表示了数据相对完整的7—7该断面上游边墙多点位移计各锚头监测结果，其中监测点数据完整，各锚头位置在开挖过程中的变形特征基本一致，最大变形出现在第Ⅳ层开挖期间，第Ⅴ层开挖次之，第Ⅵ和第Ⅶ层开挖的影响很小，说明边墙区域稳定。并且，每层开挖以后变形可以在相对较短的时间内趋于稳定。变形监测结果的这些特征明确说明：

(1) 现场施加的支护系统有效抑制了块体变形，虽然第5、第6层开挖会恶化上游边墙陡倾结构面的临空条件，但由于实施的支护系统有效抑制结构面变形，使得现实中没有出现后期开挖过程中上部围岩变形量不断增大的现象，避免了西部水电站厂房开挖过程中多次出现的问题。

（2）第 4～7 层开挖导致的累积变形增量不足 5mm，每层开挖以后，变形增量很小且呈递减趋势，明确揭示厂房围岩位于良好的稳定状态，支护具备良好的安全储备。

11.6　小　　结

（1）广州、惠州、深圳和阳江等抽水蓄能电站地下厂房均属于典型的坚硬脆性岩体中等应力状态下的大跨度地下工程，影响围岩稳定的岩体的破坏模式为结构面控制的三维块体破坏。根据岩石强度和结构面发育条件的宏观分析可以从几何学的角度帮助判断潜在不稳定块体的分布特征，但在确定性和精度方面还不能满足工程要求。

（2）在惠州和深圳抽水蓄能电站中，利用宏观离散元方法 3DEC 程序进行的尝试性研究，在技术思路上能合理地描述发生问题的原因，这种分析也为地质工作的基础资料收集和相关工作方法提出了启示，为在实际工作中提高对问题的理解能力提供帮助。

（3）通过总结勘测设计的几个抽水蓄能电站地下厂房围岩稳定分析的实践经验，工程地质调查应加强两个方面的工作：一是节理几何特征如间距现场统计和室内分析；二是节理面特征的现场描述及其与节理强度参数之间关系的分析。

（4）基于深圳抽水蓄能电站厂房区基本地质条件，对围岩潜在失稳方式进行分析判断，认为结构面切割块体破坏占据绝对优势地位，然后依据数值模拟和现场开挖以后的实际条件验证结果，分析了关键块体高精度仿真模拟过程和成果的可靠性，为论证和优化支护设计方案提供了明确和直接的依据。

第12章 特殊工程地质问题研究

广东抽水蓄能电站早在20世纪80年代初就开始兴建，目前建成的有广州抽水蓄能电站、惠州抽水蓄能电站；在建的有清远抽水蓄能电站、深圳抽水蓄能电站、阳江抽水蓄能电站；正在进行规划选点有新会抽水蓄能电站和广西抽水蓄能电站等。各个抽水蓄能电站均具有其特殊的工程地质问题，这些问题不具有普遍性，但对该电站的设计和施工产生较大影响。本章主要针对广州抽水蓄能电站花岗岩黏土化蚀变问题、惠州抽水蓄能电站场区控制性断层勘察问题和惠州抽水蓄能电站复杂水文地质条件下高压隧洞灌浆处理问题进行了研究。

12.1 广州抽水蓄能电站花岗岩黏土化蚀变问题研究

12.1.1 概述

在广东境内建成和在建的抽水蓄能电站主体工程地下厂房洞室群均埋设在花岗岩体内。广泛发育的燕山期花岗岩体中，各类变质及蚀变现象均较普遍，特别在燕山三期花岗岩体中的岩浆期后热液蚀变显得更加突出，致使花岗岩体内的岩石都发生了不同程度的黏土岩化蚀变作用。广州抽水蓄能电站就是一个典型的例子，其他工程只是局部见到，没有对工程造成影响。广州抽水蓄能电站的花岗岩体内的黏土化蚀变作用非常发育，下面就针对广州抽水蓄能电站的黏土化蚀变花岗岩进行讨论研究。

广州抽水蓄能电站早在勘察初期，发现从孔内取出的岩芯刚取出来时是呈圆柱状的，隔两三天后就会崩解，呈松散成砂砾状。在地质探洞内，顺着裂隙面或断层面两侧岩石会发生掉块、崩解脱落，脱落的岩石也很快松散成砂砾状。

根据对大量资料的统计分析，黏土化蚀变岩具有明显的分带性，主要分布在断层及其旁侧次级裂隙中，水平和垂直方向分布不均匀。从地质探洞统计资料显示：有的地段水平方向14～59m出现一条，垂直方向近百米未发现蚀变岩带，而有些地段蚀变岩带则多于24条/100m，断层蚀变岩带出露宽度占探洞长18.4%～34.7%，在规模较大的断层带附近及断裂发育地段达70%。

由于黏土岩化蚀变花岗岩揭露后发生崩解和掉落，对围岩的稳定性影响很大，是构成了本电站的主要工程地质问题。

12.1.2 蚀变岩的形成机理

广州抽水蓄能电站主体工程的岩石为燕山三期中粗粒（斑状）黑云母花岗岩。分布在花岗岩体边缘或残留在顶部的沉积岩，主要有晚古生代泥盆纪及石炭纪石灰岩和砂页岩。

构造以断裂为主，多次构造活动形成的断裂有6组，以北北西、北西及北北东等3组最为发育。岩石发生蚀变作用种类繁多，根据气液性质，蚀变作用形成方式，交代作用过程和蚀变岩分布所依附的外部条件分析，广州抽水蓄能电站区内的黏土化蚀变作用主要有两种不同的形成机理。

1. 由岩浆结晶分异晚期形成的气液自变质蚀变交代

电站所处的位置，位于佛岗-丰良东西向构造带与广州-从化北东-北北东向褶断带复合部位的南东侧的佛岗岩体上。佛岗岩体岩浆主体晶出晚期，局部聚集了硼、碱金属硅流体沿原生裂隙充填或顺原生流线成串珠状气泡或液囊出现。当岩浆主体冷却以后，在缓慢冷却结晶成电英岩脉，电气石钾长石囊体。同时对已固结花岗岩进行交代，使花岗岩产生弱钠长石化、电气石化、白云母化、石英化，形成钾钠质交代花岗岩。交代过程中一方面是射气作用，另一方面也有粒间薄膜溶液参与交代，多数是在较高温度下的前进变质，其形成的蚀变不破坏岩石的坚硬性。

2. 地下热水叠加期后岩浆气液对已固结的岩体进行热液蚀变

地下热水叠加燕山三期［$\gamma_5^{2(3)}$］以后各岩浆期后气液，对已完全固结的佛岗花岗岩［$\gamma_5^{2(3)}$］进行热液蚀变，这是广州抽水蓄能电站区内花岗岩体发生的黏土化最主要的蚀变类型。所形成的蚀变包括萤石化、硅化、水白云母化、绢云母化、高岭石化、淡斜绿泥石化、碳酸盐化和蒙托石化。这一期蚀变对工程造成的影响巨大，特别是蒙托石化成了本工程最主要工程地质问题。

一般在花岗岩地区出现这样明显的碳酸盐化、淡斜绿泥石化、蒙脱石化是少见的，唯有在十分特殊的物化条件下才有可能。

从区域地质背景分析，形成地下热液和岩浆热液两种热液都可能存在，首先在佛岗岩体形成以后，发生多次晚期岩浆活动，并且其分异作用比主岩体更彻底，形成细粒花岗岩、花岗斑岩、甚至二分岩-拉辉煌斑岩。前两者形成的岩浆可以带来富氟的硅流体，后者为蒙托石化、淡斜绿泥石化提供了部分Mg元素。但形成区内蚀变岩的黏土化、碳酸盐化、淡斜绿泥石化的主要气液，应来自地下热水，根据"热水环流"理论，大气降水和地下水通过断层下渗被地热和岩浆加温而成地下热水，在加热过程中淋滤了所流经岩石中的元素，然后上升对已固结花岗岩发生蚀变交代作用。电站所在区正处于广从深大断裂和佛岗-丰良东西构造带复合处，后者恰好沿接触带分布，地表水溶解了区内碳酸盐岩地层中大量Ca、Mg等物质沿深大断裂向下渗透。通过断裂加温后的富Ca、Mg等元素的热液与各岩浆期后岩浆热液混合，周期性或间歇性沿构造裂隙上升对燕山三期［$\gamma_5^{2(3)}$］花岗岩产生交代蚀变作用。

在花岗岩地区由热液蚀变作用形成的萤石化、硅化、水白云母化、绢云母化高岭石化这是比较常见的。但对发生碳酸盐化、淡斜绿泥石化、蒙脱石化的蚀变作用形成机理就比较罕见的。

蒙脱石化和淡斜绿泥石化都是含水的硅铝酸盐矿物，其绝大部分是热液交代斜长石转变为蒙脱石、淡斜绿泥石。区内花岗岩体中斜长石属更长石（Na·Ca），Al_2SiO_4，要转变为蒙脱石 $(Na\cdot Ca)_{0.3}(Mg\cdot Al)_2(Si_4O_{10})_2nH_2O$ 从地球化学上讲实现这一转变需要满足以下条件。

(1) 需要增加 Si · Mg · H_2O：花岗质岩浆水可以提供 Si · H_2O。而在带入的成分中关键是 Mg，因此 Mg 的来源只能是主要从地下水吸取。电站区附近分布了一套泥盆-石碳纪碳酸盐岩，它们在降水和地下水淋滤下不断溶解，使本区的地表水和地下水均属重碳酸钙镁水和重碳酸钠钙镁水，其内 Mg 的含量为 83.37～124.68mg/L。另外拉辉煌斑岩的侵入无疑说明此处岩浆分异最后存在高 Mg 浆液，拉辉煌斑岩的 MgO 含量 7%～9%，也是一个供镁的热气液源补充。

(2) 斜长石是硅氧四面体组成的铝硅酸盐矿物，要改造成为蒙脱石的二层硅氧四面体夹一氢氧八面体组成 2 : 1 型层状铝硅酸盐。从地下热水中 Ca_2+H_2O 分解出 H 和 HCO，在蒙脱石化过程中起着分解原铝硅酸盐架格的作用。根据德沃尔研究提出：长石构造的分解是从（100）和（010）面上先释放出具一定稳定度，并保存 Si—Al 四面体有序度的键，即聚合的（AlSi）O 四面体层将八面体层阳离子结合形成蒙脱石。如果释放的键破坏成单独的硅氧四面体时将聚成高岭石。所以蒙脱石是在蚀变程度尚较弱，岩石结构未被破坏时，才能形成。本区蒙脱石交代斜长石也是热液沿斜长石（100）、（010）解理进行渗透交代，而保留斜长石板状不变。

(3) 根据人工合成蒙脱石及自然界中膨润土矿床成因研究表明：蒙脱石要求在碱性含 Mg^{2+} 介质中形成。因为在碱性介质中 Mg^{2+} 趋向于水解而成为水镁石层（即八面体阳离子层）这是蒙脱石必不可少的。蒙脱石形成和保存都要求介质 pH 值高，而又只有在排水不充分的弱淋滤循环系统里，才能保存介质的碱性和适量 MgO，当 pH 值下降时，黏土矿物将转变为低 Si 的高岭土石。因为介质 pH 值与溶液中 SiO_2 含量成正比。

工程区地表水和地下水其 pH 值为 6.3～7.6，而在钻孔中取水样 pH 值达到 7.9。这都是有利于蒙脱石形成和保存的有利环境，加上花岗岩体内压组结构带提供了很窄的微裂隙，它有利于热液的渗透。但却不是很开放，属于弱循环系统，有利于蒙脱石的保存。

(4) 从人工合成和自然界蒙脱石产出条件分析，蒙脱石形成温度小于 350℃，压力在低-中等，类似于表土和中低温热液环境。当温度和压力升高时，蒙脱石转变为伊利石、绿泥石或无水、少水铝硅酸盐矿物。

本区与蒙脱石共生的方解石温度均为 210～240℃，也就是说明这种类型蚀变是中低温蚀变的产物。

在中低温碳酸热液渗透下，碱、碱土质发生出溶，斜长石吸收了 Mg、Si 而转变为蒙脱石，同时析出方解石。

$$(Ca\ Na)Al_2Si_3O_8+2MgCO_3+H_2SiO_3+(n-1)H_2O \longrightarrow$$

更长石

$$(Na\ Ca)_{0.33}(AlMg)2(Si_4O_{10})(OH)_2 \cdot nH_2O+CaCO_3+2CO_2\uparrow$$

蒙脱石　　　　　　　　　　方解石

(5) 在热液渗透下长石分解，析出碱和碱土，而黑云母分解尚析出 Fe，当在弱循环系统内，Mg 尚保存时，将形成淡斜绿泥石 $(Mg,Fe,Al)_3(OH)_6\{(Mg,Fe,Al)_3 \cdot [(SiAl)_4O_{10}](OH)_2\}$ 而在流通条件比较好的裂隙带中将有利于高岭石、水白云母晶出。

本区内各种热液蚀变是相辅相成的，前一种蚀变的带出物，为后一种蚀变提供了物质来源；不同的岩石组构行动轨迹给热液活动提供了不同的场所，多种蚀变产物在其各自有利的环境中被保存下来。地下水渗透、淋滤、加温和岩浆水叠加，为本区热液蚀变提供了物资来源，而区内发育的次一级构造控制了蚀变岩（带）空间分布特征，压组性剪切裂隙多以渗透交代为主，适宜于蒙脱石、淡斜绿泥石的形成；张组性裂隙内热液以充填方式较显著，常发育着硅化、碳酸盐化、水云母化。

12.1.3　蚀变岩的蚀变作用期次

本区燕山三期［$\gamma_5^{2(3)}$］中粗粒（斑状）黑云母花岗岩中的交代蚀变作用可分为两期：第一期为岩浆晚期气液自变质交代蚀变作用，第二期为地下热水循流叠加岩浆期后中低温交代蚀变作用，后者是形成本区花岗岩脉（带）状蚀变岩（黏土化花岗岩）最主要的交代蚀变作用。

1. 第一期：岩浆晚期气液自变质交代蚀变作用

本期蚀变交代作用形成钠长石化或钠钾质交代花岗岩、电气石钾长石、电英岩、白云母化花岗岩，局部有微弱斜黝帘石化花岗岩。

（1）钠长石化和钠钾质交代嵌晶，有时发育有反条纹构造，在岩体边部尚出现从斜长石中心开始交代形成更长环斑状结构；在岩浆水参与下钾质交代形成白云母化，白云母呈他形网状交代钾长石、斜长石和黑云母，并见钾硅质交代使黑云母具石英指纹状后成合晶。

钠质交代使钾长石除有固溶体分离条纹外，尚大量发育钠质交代条纹在钾长石内其钠长石条纹嵌晶占钾长石面积 10%～35%；局部钠质粒间薄膜溶液较发育，岩石出现弱钠长石化，钠长石柱体成排笔状对钾长石进行镶边交代，或呈小柱状集合体充填于原生长英矿物颗粒间隙中。

（2）电气石化、石英化：新生电气石、石英、多数为残余流体相晶出物，形成石英脉、电英岩脉、电气石钾长石囊体。在 PD2 地质探洞里桩号 0＋1035～0＋1054 处，电气石钾长岩囊体大小 1～10cm 呈串珠状排列，串珠走向 NWW290°～300°属原生流线方向。电气石属黑电气石，呈小柱体，针状体，在囊体内做放射状排列。

2. 第二期地下热水叠加主岩浆期后中低温热液蚀变作用

这一期蚀变作用可分为早、晚两个阶段。早阶段：以含氟的硅质热液交代为主，形成硅化、萤石化、浅色云母化花岗岩；晚阶段：以合钙、钾、铝、镁及少量铁的热液，交代花岗岩的长石形成蒙托石化高岭石化，水白云母化，淡斜绿泥化，碳酸盐化等。

（1）早阶段：以含氟的硅质热液交代为主，形成硅化、萤石化、浅色云母化花岗岩。

1）萤石化、浅色云母化即浅色云母-萤石相的云萤岩化。萤石多数呈浅紫色，部分暗紫色，少数绿色，为自形半自形多边形粒状多数交代黑云母，同时使黑云母转变为浅色云母（浅绿色、无色）和白云母（折出形成锐钛矿、榍石）或呈他形粒状充填于长英矿物颗粒之间和沿岩石裂开呈脉状充填，在本工程区内萤石不但出现在花岗岩中，同时也出现在拉辉煌斑岩里，而自形萤石本身又被方解石、水云母交代。

2）绿泥石化，在佛岗体内接触带附近，受气液影响黑云母转变为绿泥石，白云母，折出钛形成白钛石、次生据石。

3）硅化：从形成时间上分析，硅化作用延续很长，从早阶段开始至晚阶段才结束，和第一期石英化不同，此处硅质仅形成微-隐粒石英，少数呈细小柱体出现，硅化常与绢云母化、水云母化共生，部分应属绢云岩化，交代方式有两种：一种为面的渗透交代，石英在长石中呈穿孔交代嵌晶出现，当此一交代发育时，石英取代微斜微纹长石中的钠长石条纹嵌晶，而形成次生石英交代条纹嵌晶，石英交代黑云母使其出现指纹状“后成合晶”；另一种形式的硅质为沿毛裂断裂面呈脉状充填，常与碳酸盐脉伴生。产出于蚀变带中央，构成其“轴心”。

(2) 晚阶段：以合钙、钾、铝、镁及少量铁的热液，交代花岗岩的长石形成蒙托石化高岭石化，水白云母化，淡斜绿泥化，碳酸盐化等，这是本工程区花岗岩体内的主要蚀变，从强度来说最大是碳酸盐岩化，而从对工程地质产生不良影响，而蒙脱石是关键。

1) 蒙脱石化高岭石化。蒙脱石化主要是蒙脱石交代花岗岩中斜长石而形成。蒙脱石 $(Na\ Ca)_{0.33}(Al,Mg)_2 \cdot (Si_4O_{10})(OH)_2 nH_2O$ 是一种含水的铝硅酸盐矿物。属单斜晶系，单位晶胞由两个硅氧四面体层夹一个氢氧八面体层组成的 2∶1 型层状硅酸盐，八面体中的位置被阳离子占据，层间有在大量层间水。本区蒙石脱属钙基蒙脱石。

差热分析有 3 个吸热效应，第一个吸热效应在 129～238℃，是由层间水和吸附水脱水引起，并出现复谷，说明在层间尚吸附有 Mg^{2+}、Ca^{2+}、Al^{3+} 等阳离子，是钙基型特征；第二个吸热效应在 583～742℃，是由于矿物结晶水（OH）放出所致；第三个吸热效应在 975～1005℃，是无水蒙脱石晶格破坏形成。

蒙脱石在偏光镜下观察为无色或淡黄色，呈极细鳞片状，隐晶状，负突起干涉色一级区。蒙脱石化交代方式表现有几种：①从边缘开始交代斜长石板体，使板体边部为蒙脱石，内部为水白云母，高岭石，淡斜绿泥石。②蒙脱石沿斜长石的解理面和双晶面呈纹线状充填交代，一般在（010）面上蒙脱石与水白云母纹线相间出现，而在（001）面上蒙脱石仅发育蒙脱石纹层。③蒙脱石呈折线状沿岩石微细破霹理折霹理充填交代，常切割水白云母化斜长石。④蒙脱石和高岭石、淡斜绿泥石一起取代微斜微纹长石中的钠长石条纹嵌晶。⑤蒙脱石与其他黏土矿物一起充填于长英矿物间隙中，各种黏土矿物分带聚集一般近钾长石一侧和孔隙外以水白云母为主，近石英一侧及孔隙中心为蒙托石，二者之间为高岭石构成环状构造。⑥黏土矿物对不同粒级斜长石进行选择交代，一般细粒斜长石以纯蒙脱石或蒙脱石、高岭石交代为主，而中粗粒斜长石常同时被水白云母、淡斜绿泥石、蒙脱石、高岭石所充填交代。

高岭石化：高岭石呈细鳞片状或蠕虫状，多数交代微斜长石内的钠长石条纹嵌晶，在 PD2 探洞深部高岭石有所增加，其高岭石呈蠕虫状集合体取代细粒斜长石。

蒙脱石化、高岭石化、水白云母化花岗岩简称黏土化花岗岩（即蚀变岩），根据薄片鉴定和将松散黏土化花岗岩（即蚀变岩）砂土进行筛分离，对小于 0.25mm 各级黏土矿物用 X 射线进行定量测定，计算出各类黏土矿物含量（表 12.1-1）。

表 12.1-1　　黏土化花岗岩（即蚀变岩）中各类黏土矿物含量　　%

取样位置（PD 探洞深度）	蒙脱石	水白云母	高岭石
814m	6.45	0.4	0.76
1106m	7.11	0.43	2.32

薄片观察黏土化花岗岩中蒙脱石含量约 3.5%～8%，多数 4%～6%。

2）水白云母化、绢云母化。水白云母（KH_3O）（$AlMgFe$）$_2$（$AlSi_4$）O_{10}[（OH）$_2H_2O$]，属单斜晶系呈细鳞片状，其折光率大于石英，而干涉色一级黄-二级黄之间。水白云母多数与绢云母一起交代花岗岩，本区所见以水白云母发育、绢云母一般与水云母一起组成集合体。其交代形式为：①水白云母与绢云母呈细鳞片状集合体取代斜长石形成板状假象。交代常从板体中心开始，有时水白云母呈疙瘩状集合体，不均匀的交代斜长石。②水白云母呈微脉状顺岩石微裂隙充填，切割斜长石。根据裂隙的性质，可以是平直的微脉组，也可以是宽窄多变的似肠状脉。③水白云母与微-隐晶状石英一起，充填于北西组张扭性断裂中，此时水白云母可能属长石粉碎蚀变重结晶物。总的来说，水白云母形成于相对较开放的环境中。

3）浅斜绿泥石化。浅斜绿泥石 {（Mg,Fe,Al）$_3$[（Si,Al）$_4O_{10}$]（OH）$_2$} 单斜晶系，是一种含铁极少的斜绿泥石变种。浅斜绿泥石 Mg、Al 含量高，一般属中基性岩蚀变物，在花岗岩中也只有特定的环境下才出现。

薄片下呈淡绿色，有弱多色性，正中凸起，N=1.585～1.5878。干涉色一级灰，呈细鳞片状-隐晶状。

浅斜绿泥石主要是交代花岗岩中斜长石和微斜微纹长石中的钠长石条纹嵌晶，少数沿黑云母的解理进行交代。

浅斜绿泥石的交代，使花岗岩中出现暗绿色蚀变长石板状假象以及黑暗绿色环壳的蚀变长石环斑。这一现象在 PD2 探洞 119m 附近常见。

在近似的环境下介质稍富 Al、Mg 而含铁时，浅绿泥石将取代蒙脱石，使岩石避免了吸水松散，因浅绿泥石吸水不发生膨胀，所以在 PD2 探洞内，NNE 组断裂发育地段的黏土化花岗岩带内，常见一些不松散较坚硬的浅绿泥石化花岗岩块体、透镜体。

淡斜绿泥石常与水白云母共生，形成淡绿泥石化、水白云母化花岗岩。

4）碳酸盐化。碳酸盐化在本区其蚀变作用强度最大，而蚀变作用时间最长，在整个中低温热液蚀变交代作用阶段都不断在发生。碳酸盐化有 3 种表现形式：①呈不规则斑块状交代斜长石、钾长石、黑云母、萤石，并常出现于蒙脱石化，淡斜绿泥石化细鳞片状集合体边旁。②呈微脉状充填于石英矿物和黑云母的粒内裂隙或矿物解理缝、双晶缝中。③呈脉状带状充填于北西组张扭性断裂带内。在断裂面内常与硅化岩呈条带相间出现，条带顺断裂面分布。

12.1.4　蚀变岩的分布特征

1. 蚀变岩形态、产状、规模及分布

本区蚀变岩产出的重要特点是严格受主断裂及其侧次级断裂隙控制，故形成沿一定方向延伸产出的蚀变岩脉（带）。按其产状可主要分为 3 组（图 12.1-1）：

（1）北西组：走向 N305°～335°W，倾向 NE 或 SW，倾角 30°～85°。

（2）北北西组：走向 N340°～355°W，倾向 NE 或 SW，倾角 20°～85°，其中倾角 70°占主要。

（3）北北东组：走向 N15°～20°E，倾向 SE 或 NW，倾角 50°～85°。

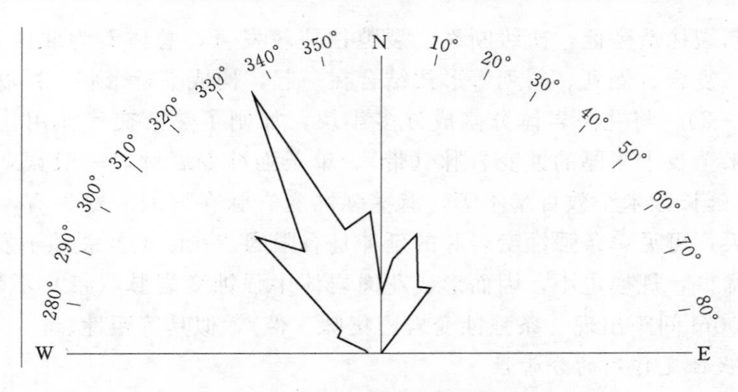

图 12.1-1　蚀变带玫瑰图

材料选取自 PD2 探洞 0+20～0+1323 地段，图中 1cn 代表 10 条

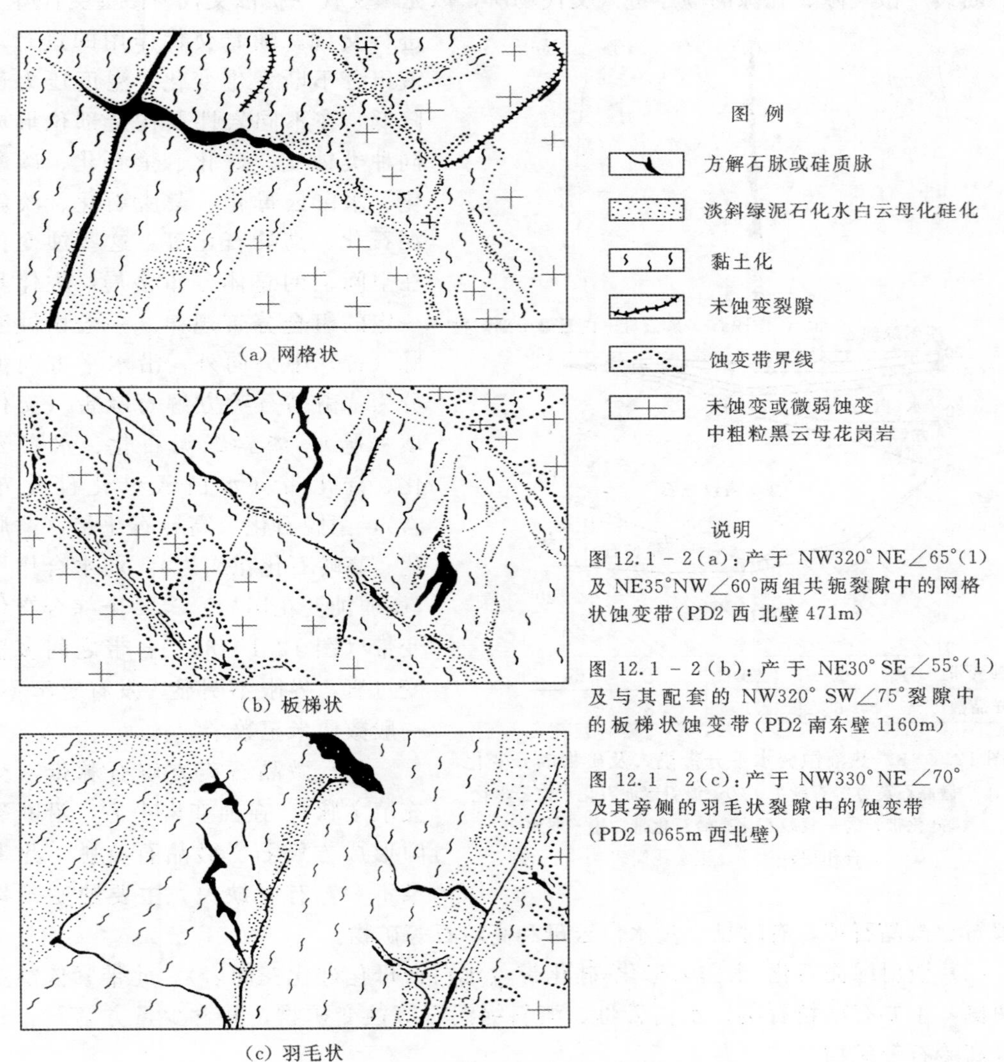

图 12.1-2　裂隙、蚀变带产出形式

在 3 组主断裂构造旁侧，次级断裂、裂隙往往较发育，总体看为北西及北北东两组。它们常以交叉、复合、侧列、斜列等形式结合在一起，构成平行带状、网状、阶梯状、羽毛状（图 12.1-2），将花岗岩体分割成许多小块，加剧了热液交代作用，形成沿一定方向延伸的宽数米至数十米厚的蚀变岩脉（带）。单条强蚀变岩脉，一般宽 0.2～1m，很少超过 2m，连续延长数米至数百米不等。有些强蚀变岩脉在探洞一壁见有，而在另一壁就明显变小或尖灭，可见单条强蚀变岩脉的延伸是有限的。在断裂及裂隙不发育地段，强蚀变岩脉（带）稀少，规模也小，因而形成花岗岩体中强蚀变岩脉（带）不均的分布状况。大致以 200～300m 间距出现一条强蚀变岩密集脉（带），似具等距性。

2. 热液交代蚀变作用的分带性

由于热液严格受断裂构造控制，并从下向上，从内向外活动，大致按主断裂→次级断裂、断裂→微裂隙、孔隙的顺序进入交代场所，以充填交代→扩散交代→渗透交代等方式进行交代。随着交代作用的进行，热液组分不断发生变化，温度压力逐渐降低，在不同岩性及构造部位形成不同种类蚀变。硅化、萤石化、碳酸盐化、水白云母化、蒙脱石化、淡斜绿泥石化、高岭石化等。这些蚀变作用在空间上的总体分布格局，大体具有一定的组合分带规律。一般由蚀变岩脉（带）中央向外，沿水平方向大致分为：微晶石英方解石脉带（交代充填主脉），淡斜绿泥石化、水白云母化、硅化带（水白云母化硅化花岗岩），蒙脱石化、高岭石化带（蒙脱石化、高岭石化花岗岩），弱水合作用带（微弱蚀变花岗岩）等 4 个综合交代蚀变带（图 12.1-3）。各带之间多呈渐变过渡，界限不明显，发育宽窄不等，一般数厘米至数米。

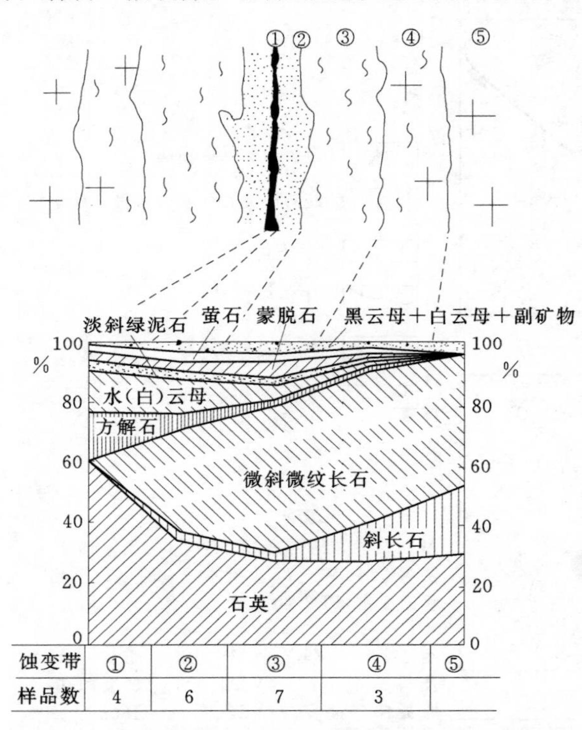

图 12.1-3　热液蚀变水平分带模式及矿物成分变化

①—微晶石英方解石脉带；②—淡斜绿泥石化水白云母化硅化带；③—蒙脱石化高岭石化带；④—弱水合作用带；⑤—正常花岗岩

（1）微晶石英方解石脉带（交代充填主脉）。在蚀变岩中心，沿断裂裂隙形成方解石、微晶石英脉。此带宽窄不一，有时缺失。主要蚀变矿物为方解石、微晶石英，有时见少量水白云母和高岭石等矿物。

（2）淡斜绿泥石化-水白云母化-硅化带（水白云母化硅化花岗岩）。此带紧依蚀变主脉两侧，主要有微粒石英、水白云母、淡斜绿泥石等蚀变矿物，并含少量方解石、蒙脱石、高岭石等矿物。

（3）蒙脱石化-高岭石化带（蒙脱石化高岭石化花岗岩）。此带与前者呈渐变过渡关系，主要蚀变矿物有蒙脱石，次为高岭石、水白云母、淡斜绿泥石及少量方解石、萤石等矿物。

（4）弱水合作用带（蚀变微弱的花岗岩）。从宏观上看与正常花岗岩没什么差别，但镜下观察却发现有微弱的碳酸盐化、水白云母化。它是由于硅化、碳酸盐化、水白云母化、蒙脱石化后，热液中剩余的（CO_2）、（OH）、H 等组分与花岗岩中黑云母、长石等矿物作用的结果。

上述各带矿物成分及其含量综合列于表 12.1-2。

表 12.1-2　　各带矿物成分及其含量综合列表

蚀　变　带		微晶石英-方解石脉带	水白云母化带	蒙脱石化带	弱水化合作用带
样数		4	6	7	3
矿物及其含量/%	钾长石		37	50.1	52.0
	斜长石		1.7	1.0	11.7
	石英	61.0	34.8	29.6	29.0
	方解石	18.7	4.5	2.6	0.5
	水云母绢云母	14.0	11.5	4.1	2
	淡斜绿泥石	3.2	3.1	1.0	0.5
	蒙脱石高岭石	2.0	3.3	7.4	
	萤石	0.25	0.8		0.1
	黑云母		1.5	1.7	2.2
	白云母	0.5	1.5	1.7	1.5
	合计	99.15	99.15	99.2	99.5

黏土化蚀变花岗岩是本工程的主要蚀变岩，花岗岩中的斜长石多蚀变为高岭石、蒙脱石和水白云母等黏土矿物。X 射线衍射及差热分析结果见表 12.1-3。从表中可以看出：黏土化蚀变花岗岩中黏土矿物一般不超过全岩含量的 24%，蒙脱石化蚀变花岗岩中蒙脱石含量占黏土矿物的 72.1%～84.7%，高岭石化蚀变花岗岩中高岭石含量占黏土矿物的 80.9%～85.7%。

表 12.1-3　　黏土化蚀变花岗岩中黏土矿物含量　　%

矿　　物	水白云母化带	黏土化蚀变带		黏土化蚀变岩的砂砾土
		蒙脱石化	高岭石化	
高岭石	4.37 (52.4)	0.76～2.3 (10.0～23.5)	4.2～5.4 (80.9～85.7)	4.94～13.34
水白云母	3.08 (37.0)	0.34～0.40 (4.4～5.3)	0.7～2.1 (14.3～26.0)	1.54～4.12
蒙脱石	0.88 (10.6)	6.45～7.11 (72.1～84.7)	0～0.65 (0～4.8)	3.36～10.87
黏土矿物占全岩含量	15～24	12～21	10～24	15.5～19.9

注　括号内数字是在小于 0.25mm 黏土矿物中的含量。

根据热液沿断裂、裂隙发生充填交代作用引起热液组分不断变化，温变，压力逐渐降低的总趋势，从主构造带向外大体出现水平交代蚀变分带的现象进行推理：热液由下而上运移，在垂向上，也可能从下到上，大体出现碳酸盐化、硅化→淡斜绿泥石化、水白云母化、硅化→蒙脱石化、高岭石化的蚀变分带总趋势（图12.1-4）。

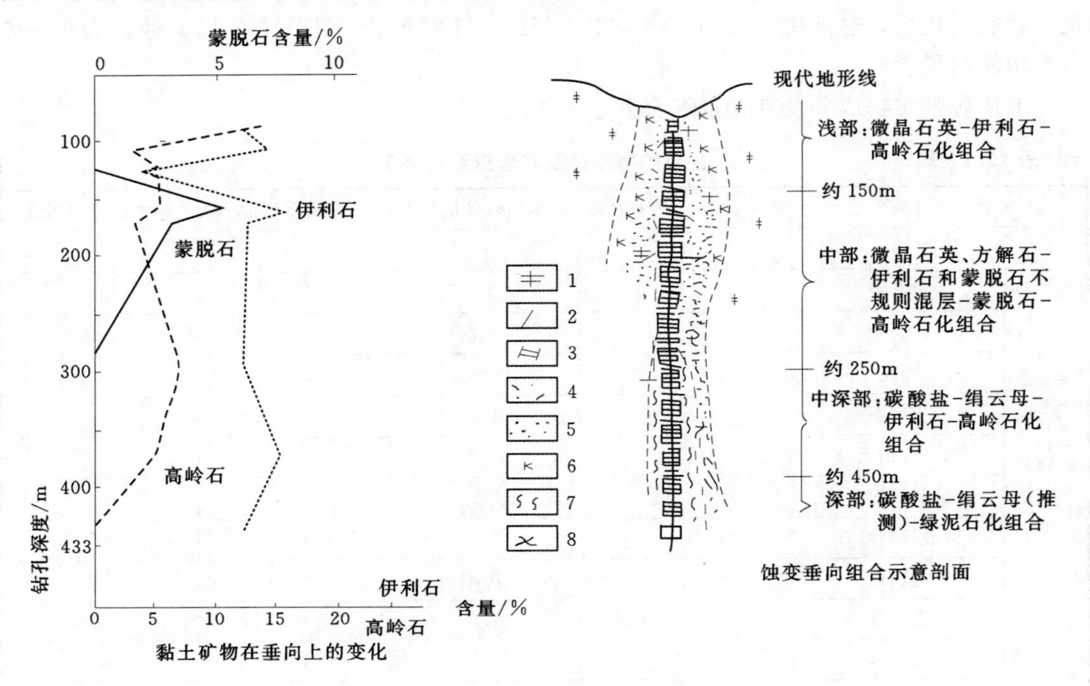

图12.1-4　蚀变矿物及组合类型随深度变化

1—花岗岩；2—蚀变岩主脉；3—伊利石硅化带；4—伊利石带；5—蒙脱石带；6—高岭石带；7—绢云母带；8—绿泥石带

12.1.5　蚀变岩的工程特征

12.1.5.1　蚀变岩的岩石化学特征

从已有的11个硅酸盐分析结果看（表12.1-4），本区蚀变岩（黏土化花岗岩）中CaO、MgO、H_2O+H_2O含量高，而SiO_2、Na_2O含量低为其特点。由于蚀变岩具有分带特征，故各交代蚀变岩脉（带）的岩石化学成分又各有不同：

（1）蚀变岩主脉带。主要是方解石充填交代形成的强碳酸盐化花岗岩（表12.1-4 PD2-2-4号样）。SiO_2明显减少（55.61%），而CaO和灼失量则高达15.68%和14.2%，K_2O、Na_2O含量也明显降低。

（2）淡斜绿泥石-水白云母化带。K_2O含量高（5.08%～6.03%），K_2O与Na_2O比值为12.9～26.22（为水白云母结果）；MgO含量（0.91%～2.24%）比正常花岗岩（0.19）高出8～10倍，Al_2O_3（14.77%～17.62%），$FeO+Fe_2O_3$（1.83%～3.5%）也较其他带为高。

表 12.1-4　花岗岩及蚀变花岗岩岩石化学成分表

%

蚀变带	岩石名称	样号	SiO_2	Al_2O_3	CaO	FeO	Fe_2O_3	MgO	MnO	TiO_2	K_2O	Na_2O	P_2O_5	SO_3	H_2O^+	H_2O^-	灼失
	中粗粒斑状黑云母花岗岩（γ）		73.28	13.12	1.50	1.93	0.74	0.19	0.07	0.26	2.89	4.83	0.07				
弱水合作用带	微蚀变黑云母花岗岩	PD-2-1-2	74.36	11.34	1.11	1.27	1.45	0.12	0.02	0.13	4.89	3.20	0.02	0.03	0.47	2.26	0.85
	微蚀变黑云母花岗岩	PD2-2-2	73.47	12.31	1.38	1.7	0.25	0.19	0.02	0.11	5.10	3.01	0.02	0.04	1.00	0.44	1.60
	微蚀变黑云母花岗岩	PD2-3-2	72.73	12.67	1.45	1.12	0.5	0.23	0.05	0.11	5.48	3.03	0.02	0.04	0.74	0.36	1.40
蒙脱石化带	黏土岩化花岗岩	PD2-1-1	71.17	13.08	1.56	1.97	0.22	0.85	0.02	0.14	5.08	0.52	0.02	0.03	2.8	2.26	4.27
	黏土岩化花岗岩	PD2-2-1	71.25	13.99	0.90	1.53	0.34	0.90	0.02	0.10	5.00	0.20	0.02	0.09	3.06	3.6	1.60
	黏土岩化花岗岩	PD2-3-1	68.45	14.43	2.10	1.42	0.74	1.01	0.05	0.16	4.77	0.52	0.02	0.01	3.82	3.84	5.99
	黏土岩化花岗岩	ZK623-1-③	66.80	15.82	1.99	1.36	0.43	1.02	0.06	0.15	5.35	0.24	0.02	0.09	3.99	2.64	5.76
淡斜绿泥石化-水云母化带	水白云母化、淡斜绿泥石花岗岩	ZK623-1-④	62.87	17.62	1.07	2.66	0.91	2.24	0.06	0.15	6.03	0.23	0.02	0.15	3.95	1.67	4.73
	碳酸盐化水白云母化、淡斜绿泥石化花岗岩	ZK623-1-①	68.47	14.77	1.95	1.46	0.37	0.91	0.06	0.14	5.08	0.29	0.02	0.06	2.82	3.02	5.11
蚀变主脉（带）	碳酸盐化花岗岩	PD2-2-4	55.61	7.93	15.68	1.73	0.49	0.46	0.10	0.08	2.63	0.12	0.009	0.04	2.94	1.14	14.20

(3) 蒙脱石化带。蒙脱石化花岗岩中 MgO＝0.85%～1.20%，Al_2O_3＝13.08%～15.82%，MgO/Al_2O_3 值为 0.062～0.07；未蚀变花岗岩 MgO＝0.19%，MgO/Al_2O_3 值为 0.014，二者区别明显。

(4) 弱水合作用带（微弱蚀变花岗岩）。SiO_2、H_2O+H_2O、FeO 的含量与正常花岗岩相比均略有增加，说明热液由断裂（裂隙）扩散至此已相当微弱，热液中剩余的(CO_2)、F 和碱金属离子（NaK）与花岗岩仅发生微弱的交代反应。

12.1.5.2　蚀变岩石的物理、水理特征

热水溶液蚀变作用不仅改变了原岩（中粒斑状黑云母花岗岩）的矿物成分和化学成分，也改变了岩石结构及其物理、水理性质。根据资料统计分析，本区花岗岩转变为蚀变岩后：①孔隙比增加，由正常花岗的 0.061 增至 0.1265。②含水量增大，由 2.5%增至 4.25%。③岩石密度降低，由 2.48g/cn^2 将至 2.33g/cn^2。④地震纵波速（V_p）由 5100～6400m/s 降至 3540～4060m/s。⑤声波波速由 5000～5500m/s 降至 4000～4500m/s。⑥单轴抗压强度由大于 90MPa 降至 20MPa。⑦点荷载强度（15）由 92.9 降至 36.5。⑧回弹值由 59.4 降至 37.2。

这些变化都是由于本区花岗岩发生了中低温热液蚀变，形成蒙脱石化、水白云母化、高岭土化、碳酸盐化蚀变作用所致。蚀变岩中的蒙脱石具有明显的吸水性和阳离子交换能力，是导致岩石松散最重要的因素。因此有必要对蒙脱石的吸水过程及其对岩石坚固性的影响予以阐述。

蒙脱石可以吸进，也可以析出其层间水。层间水又能随空气湿度的变化而变化。层间水增加，引起蒙脱石结晶格架胀大-矿物膨胀-结构层间空隙沿 C 轴方向发生“内晶膨胀”。根据相关研究，蒙脱石吸水时，其吸收水分子数目与层间距离 d（001）有以下关系。

无水：d（001)＝3.2Å；

$2H_2O$：d（001)＝9.6Å；

$8H_2O$：d（001)＝12.4Å；

$14H_2O$：d（001)＝15.4Å；

$20H_2O$：d（001)＝18.4Å；

$26H_2O$：d（001)＝21.4Å。

另外，蒙脱石结构单元层中阳离子的异价类质同像置换，使电荷未达平衡的晶体内出现层电荷，层电荷的变化也可引起蒙脱石不均匀膨胀。所以说蒙脱石的交换阳离子和晶层表面水化能是引起蒙脱石膨胀的主要原因。

蒙脱石的这一特征正是引起本区黏土化花岗岩变化的主要关键。当含有蒙脱石的蚀变岩使其暴露在空气中时，蒙脱石因吸水发生膨胀，使原花岗岩组构破坏，岩石受到解集作用影响而变得松散。根据蒙脱石在黏土化花岗岩中的交代方式，花岗岩开始松散的形态不同，当蒙脱石较均匀地交代斜长石板体时，松散开始时，板体似浮标状上涨称爆米花状膨胀，当蒙脱石沿岩石霹理裂开充填或交代钠长石条纹时，松散开始呈枝杈状上涨，称龟裂状膨胀。蒙脱石的膨胀就这样使结构紧密的花岗岩变成松散似豆腐渣状。

在各类蒙脱石中钙基蒙脱石比其他类型蒙脱石膨胀系数相对要低些，对于蒙脱石的吸水率来说，钙基蒙脱石在吸水初期吸水快，而以后转慢。蒙脱石的吸水与脱水是可逆反应，随着温度上升，层间水迅速析出，当脱水彻底时，蒙脱石的吸水性就慢慢消失，但要彻底脱水要经过600℃以上高温处理。

12.1.5.3 蚀变岩的工程地质特性

黏土化蚀变花岗岩的各项物理力学指标已近似于软岩特性，与强风化中粗粒花岗岩的指标有些类似，室内试验见表12.1-5，现场试验见表12.1-6，但这些特性显然不是由于风化所造成。

表12.1-5　　蚀变及未蚀变花岗岩物理力学指标（室内试验）

项　目		黏土化蚀变花岗岩（未分类）	弱蚀变花岗岩	中粗粒（斑状）黑云母花岗岩		
				微风化	弱风化	全风化
相对密度		2.26～2.69 (2.66)	2.62～2.65 (2.63)	2.61～2.66 (2.64)	2.61～2.67 (2.64)	2.62～2.65 (2.64)
容重/(g/cm³)		1.92～2.59 (2.35)	2.42～2.56 (2.52)	2.55～2.63 (2.60)	2.49～2.64 (2.54)	2.11～2.52 (2.37)
孔隙率/%		6.02～9.33 (9.02)	4.48～9.33 (6.97)	1.13～3.79 (2.22)	1.89～6.08 (2.90)	4.49～14.07 (10.46)
吸水率/%		1.46～3.15 (2.48)	0.53～2.75 (1.81)	0.14～0.80 (0.31)	0.13～1.19 (0.48)	1.63～8.74 (4.20)
单轴抗压强度/MPa	饱和	2.5～14.0 (8.1)	11.9～43.3 (25.9)	71.1～129.0 (95.4)	33.2～71.7 (51.0)	1.8～15.2 (8.0)
	烘干	7.0～27.4 (20.1)	25.5～52.3 (41.1)	92～159 (119.0)	44.7～92.8 (67.3)	6.8～26.1 (18.2)
软化系数		(0.40)	(0.63)	(0.80)	(0.77)	(0.44)
弹性模量/GPa			8.82～14.0 (12.57)	29.5～46.3 (39.1)①	20.6～43.8 (35.4)①	1.51～7.78 (4.85)
变形模量/GPa			6.99～12.69 (9.78)	23.8～42.9 (35.65)①	12.5～38.3 (31.0)①	1.09～5.40 (2.9)
泊松比			0.12～0.28 (0.21)	0.05～0.31 (0.15)	0.08～0.33 (0.15)	0.14～0.40 (0.25)

注　括号内为平均值。

①　代表小值平均值。

表12.1-6　　蚀变花岗岩物理力学参数（现场试验）

项　目	黏土化蚀变花岗岩		弱蚀变花岗岩
	蒙脱石化	高岭石化	
黏聚力/MPa	(0.25)	(0.40)	(0.70)
内摩擦角/(°)	(25)	30～34	40～45
静力弹性模量/GPa	0.26～2.4 (1.4)	5.9～14.8 (9.0)	14.8～22.2 (20.0)

续表

项目		黏土化蚀变花岗岩		弱蚀变花岗岩
		蒙脱石化	高岭石化	
变形模量/GPa		0.02～0.34 (0.25)	0.98～5.27 (2.5)	2.7～8.5 (5.0)
泊松比		(0.30)	(0.25)	(0.22)
膨胀性	测点深度/cm	0～15		
	膨胀量/mm	8.9～0.005		0.47～0.23
膨胀力/kPa		482～72	<72	15～5
开始膨胀时间/h		2～200		24～200
急速膨胀时间/h		<40		<40
膨胀基本结束时间/h		144～225		200～460

注 括号内为平均值。

从膨胀性可看出膨胀的强烈程度与蒙脱石含量有关。当测点在15cm点深度时，膨胀量已很小，这与洞壁表面观察到的现象一致。

钻孔声波测试，蚀变岩带纵波波速明显低于两侧岩石纵波波速。在蚀变岩带发育的Ⅲ类、Ⅳ类围岩地震波波速较低，说明岩体强度和完整性都比较低，经分析研究提出以断层蚀变岩带出露宽度比（以10m洞长计）作为围岩分类的宏观指标，是符合本区实际情况，是一项研究成果。

钻孔水压致裂试验：蚀变岩带的破裂压力仍有8.0MPa，说明在围岩内的蚀变岩仍具有一定的抗裂性能和较高的强度，说明高压隧洞可采用钢筋混凝土限裂设计。

12.1.6 蚀变岩带对围岩的影响及处理措施

12.1.6.1 蚀变岩带对围岩的影响

根据黏土化蚀变岩带分布规律和它的工程地质特性，在岩体内类似断层破碎风化带，但又有异于断层破碎风化带。它与旁侧岩体没有一个明显的界面，在岩体内只能算是一种软弱岩带，使花岗岩成为不均一岩体。洞室开挖见到：由于围压消除，而且水分增加时，黏土化尤其是蒙脱石化蚀变花岗岩因卸荷松解、吸水而膨胀，使蚀变岩成为松散的砂砾土。松散成砂砾土的深度，在岩体表面一般仅10cm左右。岩体裂隙密集，有地下水活动地段，蚀变岩松散的深度则可沿裂隙延伸到岩体内部，形成岩块砂砾土软弱带。洞室开挖后，清除松散土，及时喷混凝土覆盖、且有一定支护作用后，一般没有出现特殊围岩稳定问题。

从表12.1-7看出，蚀变岩对地下洞室围岩的影响，主要表现在降低岩体完整性和岩体强度方面，在围岩分类中，将断层及蚀变岩出露宽度占地下洞室长度（以10m洞长计）的百分比作为初步分类的宏观指标。

表 12.1-7　　**围岩分类及物理力学参数**

围岩类别		Ⅰ	Ⅱ	Ⅲ	Ⅳ	Ⅴ
岩体特征		微风化及新鲜花岗岩部分堤段有少量蚀变岩，裂隙以短小闭合为主，无充填或充填少量方解石及硅质，裂面平整呈整体-块状结构，无明显的地下水出露，局部裂面潮湿或有滴水	微风化夹弱风化及新鲜花岗岩，有少量蚀变岩，裂隙部分闭合，多数微张，大部分有白色泥膜充填，裂面较平整粗糙岩体较完整，呈块状-整体结构，沿部分裂面有滴水或渗流	微风化夹较多的弱风化花岗岩和蚀变岩，蚀变岩以高岭土或水白云母化为主，部分为轻度蚀变，相当于弱风化岩体。断层裂隙较发育，多数张开 0.5～1.5mm，充填白色的高岭石或钙质、水白云母，裂面平整光滑，稍有风化，岩体完整性较差，呈块状-层状结构，沿断层有水渗流，张开裂隙有渗水或滴水	以弱风化花岗岩为主，夹较多的蚀变岩，以蒙脱石化为主，也有轻度蚀变，岩性软弱，完整性差，接近于全风化带岩体。裂隙发育大部分张开充填白色高岭土及泥膜，裂面风化充填砂砾土，呈层状-碎裂结构，沿断裂面流水或滴水，沿较大断层水呈股状涌出，但很快排干，蚀变岩发育地段出水少	强风华花岗岩及全风化土，性质软弱，呈碎裂或散粒结构，地下水呈渗水或滴水出露普遍，受降雨影响明显
断层蚀变带出路宽度比（以10m洞长计）/%		0～1.5 (<1.0)	0～8.6 (3.0)	1.3～21.8 (11)	11.5～69.0 (32)	≥70
单轴饱和抗压强度/MPa		129～71 (95)	95～52 (71)	72～33 (52)	33～3 (15)	<8
岩体完整性	地震波纵波速度/(m/s)	5800～5000 (5280)	5000～4500 (4700)	4500～4000 (4240)	4200～3300 (3850)	3300～1360 (2500)
	岩体完整性系数	1.0～0.74 (0.83)	0.74～0.6 (0.66)	0.60～0.48 (0.53)	0.52～0.32 (0.45)	0.32～0.06 (0.20)
	裂隙发育组数	1	1～2	2～3	≥2	
	裂隙发育频率/(条/m)	<2	2～3	3～5	≥5	
	岩体质量指标 *RQD*/%	100～84 (94)	84～68 (75)	68～54 (61)	59～36 (51)	<20
岩体透水性/[L/(min·m·m)]		<0.01	<0.02	0.02～0.04	<0.04	

续表

围岩类别			Ⅰ	Ⅱ	Ⅲ	Ⅳ	Ⅴ
岩体物理力学指标	动弹模/MPa		67～48 (55)	55～39 (44)	48～28 (31)	<28	<8
	静弹模/MPa		46～29 (39)	33～20 (28)	26～9 (17)	7.8～1.5 (4.9)	<1.5
	静变模/MPa		43～23 (35)	24～15 (19)	12～7 (9)	5.4～1.0 (2.9)	<1.0
	饱和容重/(t/m^3)		2.60	2.58	2.56	2.40	2.30～1.90
	泊松比		0.2	0.24	0.26	0.30	≤0.35
	抗拉强度/MPa		6.0～5.5	5.5～4.0	3.0	1.60	
	弹性抗力系数/MPa		350～190 (290)	170～120 (150)	95～56 (71)	42～8 (22)	≤8
	抗剪断强度	f'	1.3	1.2	1.0	0.8	0.6
		c'/MPa	1.5	1.3	1.0	0.7	0.4

注　括号内为平均值。

现场大量测试成果表明，蚀变岩的强度和完整性都低于两侧岩体，蚀变岩较发育的Ⅲ类、Ⅳ类围岩岩体的强度和完整性都比较低。

根据围岩分类，地下厂房洞室群选择在断层蚀变带分布较少的Ⅰ类、Ⅱ类围岩中，它的埋深已在蒙脱石化组合以下，地下厂房轴向与断层蚀变带方向有一个较大的夹角，保证了大跨度地下厂房围岩的稳定。其他的地下洞室也都按围岩类别分段进行设计和施工，从而使电站得以顺利建成。

12.1.6.2　针对蚀变岩带的处理措施

（1）施工过程锚喷支护受力性能试验。锚杆拉拔试验：在蚀变岩中锚固长度大于0.5m，养护时间超过24h后锚杆已无法拉出，选用ϕ25的16Mn螺纹钢制作锚杆时，锚杆可承受拉力为14～15t，最大为18～19.5t。只要开挖后立即喷射混凝土封闭围岩表面，防止吸水崩解向深层扩展，锚杆支护可稳定可靠地加固围岩。

喷混凝土黏结力试验结果，对于微弱蚀变岩体，黏结力可达0.53～0.57MPa，在文献（程良奎《喷射混凝土》中国建筑工业出版社，1990年2月，P36～P37）中所附的数据（0.34MPa±0.12MPa及以上）相仿的范围内，可见这类岩体的蚀变性对黏结力影响已极小。高岭石化及蒙脱石化蚀变岩的黏结力减少一半，甚至于只有四分之一或更小，已影响单独以这类支护加固这两类蚀变岩的可靠性。

（2）合理支护型式。采用锚喷（网）联合支护型式，首先清除表层已松散地层，以压缩风吹洗围岩表面，接着第一次喷射混凝土，厚度大于5cm，布置砂浆锚杆，根据围岩类别和蚀变岩带发育情况选定锚杆长度，挂网，网筋间距宜选250mm×250mm，并将围岩与锚杆绑扎或焊牢，使受力体系更为可靠，第二次喷射混凝土厚度大于10～15cm。实践证明在蚀变岩带发育地段洞室开挖后是可以用喷锚（网）进行保护和永久支护。

根据蚀变岩分布规律和勘测结果，大跨度地下厂房洞室群选择在断层蚀变岩带分布较少的Ⅰ类、Ⅱ类围岩中。厂房深埋在365～445m，已在蒙脱石化组合以下。地下厂房轴线为NE80°，与三组断层蚀变岩带方向都有一个较大的夹角，保证了大跨度地下厂房围岩的稳定。实现了地下厂房用喷锚作为永久支护和采用岩壁吊车梁技术。

在掌握了蚀变岩工程地质特性和通过试验研究基础上，本电站不过水的地下洞室绝大部分都采用喷锚作为永久支护。过水隧洞在蚀变岩发育地段也采用喷锚作为临时支护。根据围岩类别不同采用喷锚支护型式也有所不同。

过水的隧洞也都按围岩类别分段进行设计和施工。特别是高水头的高压隧洞及高压岔管（最大内水静压力为个6.1MPa），在满足埋深及最小主应力的条件下，充分发挥在围岩内断层蚀变岩带的抗劈裂性能和岩体的承载能力，采用60cm厚的钢筋混凝土衬砌结构。

电站运行正常和渗水量微小，这是高压输水隧洞工程的一项重大突破，也是蚀变岩研究在工程上的一项创新。

12.1.7 小结

（1）本工程区花岗岩体内的热液蚀变受断裂、裂隙控制，呈带状产出和分布。由于受热液组分及温度、压力、pH值等物理化学条件的变化，在水平方向上组成由里向外的明显蚀变分带；在垂直方向上形成了自上而下不同的蚀变组合类型。

（2）在花岗岩体的顶部及其外围分布有一套碳酸盐类地层，提供了Ca、Mg物质涞源，由地下水下渗与地下热液混合后，沿断层、裂隙对围岩进行蚀变交代。花岗岩中的交代蚀变作用可分为两期：第一期为岩浆晚期气液自变质交代蚀变作用；第二期为地下热水循流叠加岩浆期后中低温交代蚀变作用，后者是形成本区花岗岩脉（带）状蚀变岩（黏土化花岗岩）最主要的交代蚀变作用。

（3）根据实验模拟和对本工程蚀变岩的分析，蒙脱石化蚀变组合类型形成温度一般多在130～190℃，埋深在150～250m，属中-低温热液蚀变作用。

（4）由于岩石发生黏土化（伊利石化、高岭石化、蒙脱石化）后，结构发生质的变化，孔隙率、吸水率明显增大，特别是蒙脱石吸水膨胀，造成岩石崩解脱落，给工程围岩的稳定带来了潜在的不稳定因素，增加了对围岩支护的工程量，加大了投资。

（5）在掌握了蚀变岩工程地质特性和通过试验研究基础上，广州抽水蓄能电站不过水的地下洞室绝大部分都采用喷锚作为永久支护。过水隧洞在蚀变岩发育地段也采用喷锚作为临时支护。根据围岩类别不同采用喷锚支护型式也有所不同。

12.2 惠州抽水蓄能电站场区控制性断层勘察研究

12.2.1 概述

惠州抽水蓄能电站高压隧洞及地下厂房区位于以燕山四期花岗岩为主体岩体中，断裂构造以北东向和北西向两组近直交的断裂较为发育，此外仍有少数北北东向和北西西向断裂或岩脉分布。可行性研阶段在地质主勘探中揭露到断层f_{304}时，引起平洞突发性涌水，表现为短期内水量大、水压高，是地下厂房、高压隧洞施工和安全运行的重大隐患。主探洞揭露 f_{304} 断层规模大，破碎带宽度达 10～15m，破碎带由角砾岩、碎裂岩、石英脉、方解石脉等组成，胶结较差，揭露断层产状 N50°～75°E/SE∠60°～65°，沿断裂面存在空洞，揭露空洞宽最大达 70cm。探洞掘进时出现突发性涌水，初始流量 $1m^3/s$，3 天后涌水量基本稳定在 $0.02m^3/s$，前 3 天的涌水量达 7 万多 m^3。该断层位于设计初步布置的引水支管位置，斜切 4 条引水钢制管，距离地下厂房及高压岔管都较近，对电站地下厂房、高压岔管等的布置影响很大。查明 f_{304} 断层的规模、产状，特别是其在空间上的展布和工程地质特征等，为电站枢纽布置尤其是地下厂房和高压岔管布置提供依据及建议，是可研阶段地质勘察的首要任务。因此，本章开展了 f_{304} 断裂及其相关地质体的专题研究工作。

12.2.2　断层的空间位置研究

12.2.2.1　f_{304} 地表出露位置调查

广东的山区植被发育，一般除了冲沟被常年流水冲蚀，常有基岩出露，一般山坡均被树、草植被覆盖，且地表常有坡积土层及全风化残积土层覆盖，断层破碎带的出露多数是以断续或局部有出露的形式出现，断层在地表较难发现。

针对这样的特点，根据地下厂房主探洞揭露的断层位置、产状，采用作图法，绘图分析推测 f_{304} 断层可能出露地表的位置，在山脊、山坡土层覆盖的位置，采用物探氡气测量法，收到查明地表出露位置的效果。

1. f_{304} 的地表观察点

位于平塘冲沟的地质观察点 D_8，海拔标高为 246m，与地质探洞的标高相当，冲沟常年流水，沟底强-弱风化基岩裸露。f_{304} 破碎带在该点的出露宽度大于 30m。破碎带上、下界面不论沿走向抑或倾向均呈舒缓波状，断裂总体走向 NE70°，倾向 SE，倾角 65°～70°。整个破碎带从上而下可分为以下 3 部分（图 12.2-1）：

(1) 上部构造透镜体带。宽度 1～2m，带内岩石强烈破碎，形成一系列大小不等的挤

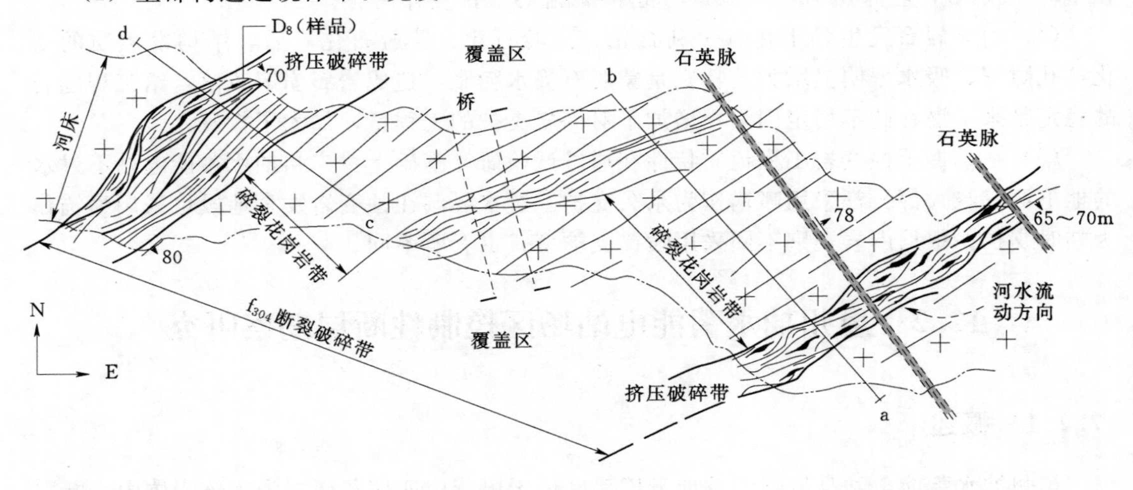

图 12.2-1　D_8 观察点破碎带分布图

注：a、b、c、d 为素描导线编号。

压透镜体和挤压片理；构造透镜体长轴的延伸方向平行于断裂走向。挤压透镜体带后期硅化强烈，其内分布有众多不规则石英团块和石英细脉，后者的宽度一般为0.2～5cm。硅化后的挤压透镜体和挤压片岩质地坚硬，胶结成为一个整体，因此抗水流切割的能力强，在冲沟底部形成跌水地形。

（2）中部碎裂花岗岩带。宽度约25m，位于上、下两个挤压破碎带之间，其内发育有一系列与断裂总体走向平行或近乎平行的节理，节理密度多为10～30cm，局部更密，甚至形成小规模的挤压破碎带。碎裂花岗岩带也有较明显的硅化现象，裂隙内时见有脉幅一般小于5mm石英细脉充填。

（3）下部挤压透镜体带。宽度3m左右。与上部带一样，岩石强烈破碎，形成挤压透镜体和挤压片理，但挤压透镜体带后期硅化更为强烈，尽管表面看来，挤压带内的岩石十分破碎，但经硅化后，破碎的岩石已经胶结成为一个整体，十分坚硬。破碎带下盘未受硅化作用的花岗岩，经河流水流此冲刷后已形成深坑，而硅化破碎带则形成岩壁，从而使河流在两者之间形成瀑布。

从D_8点向西，f_{304}在地表的出露有D_{18}和D_{19}观察点。在D_{18}点，硅化岩带出露宽度约3.5m，可分为两个带（图12.2-2）：硅化岩带：由纯白—黄白色石英组成，属于断裂旁侧影响带；硅化挤压破碎岩带：主要由石英及花岗质成分组成，挤压片理较发育，并见有脉幅为0.5～1cm的石英细脉充填；片理产状为NE70°，倾向SE，倾角50°。

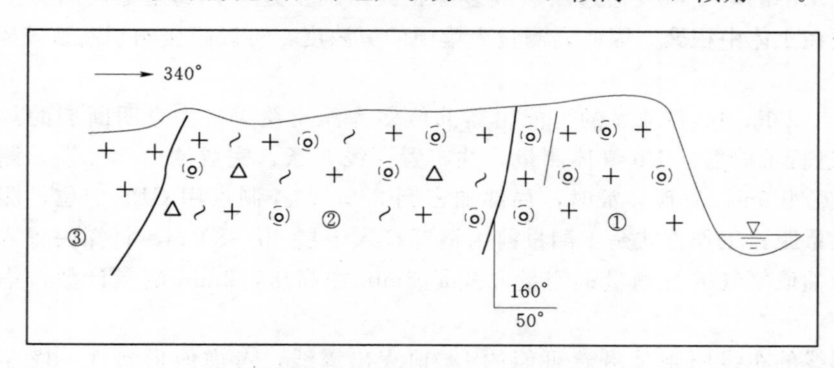

图12.2-2 D_{18}点f_{304}破碎带素描图

①—硅化岩；②—绿泥石化硅化片理化花岗岩；③—花岗岩

D_{19}点的情况与D_{18}点的情况类似，硅化带总体走向为NE70°，倾向南东，倾角50°。

从D_8点向东，在岩心库旁侧，即见f_{304}破碎带出露有D_{17}和D_{10}观察点。D_{17}观察点属人工开挖的露头，破碎带出露宽度约为3m，风化较强烈，构造岩为强烈碎裂化（粗糜棱岩化）花岗岩，其内发育有大量呈网脉状分布的石英和高岭土细脉，脉幅一般为0.1～5cm。岩石经深风化后仍保持较好的整体性，锤击不容易散落，表明原岩可能有过较强的硅化。D_{17}点的初糜棱岩化碎裂花岗岩，肉眼可见长石斑晶碎裂化严重，岩石分布着密集的网纹状石英、长石细脉，脉幅最大不超过2cm，一般只有1～5mm；岩石早期有过较强硅化，故尽管风化强烈，但锤击仍不易散开。

在D_{10}观察点出露的硅化碎裂花岗岩，岩石碎裂明显，硅化后暗色矿物明显减少，使岩石颜色变浅，并有后期石英脉充填；硅化带总体产状为倾向SE150°，倾角70°～80°；

带内发育二组破裂面，一组基本与断层走向平行，产出间距为 5～20cm，另一组走向倾向 35°，倾角 75°。从位置上看，该点出露的岩性应为 f_{304} 破碎带或其影响带的组成部分（图 12.2－3）。

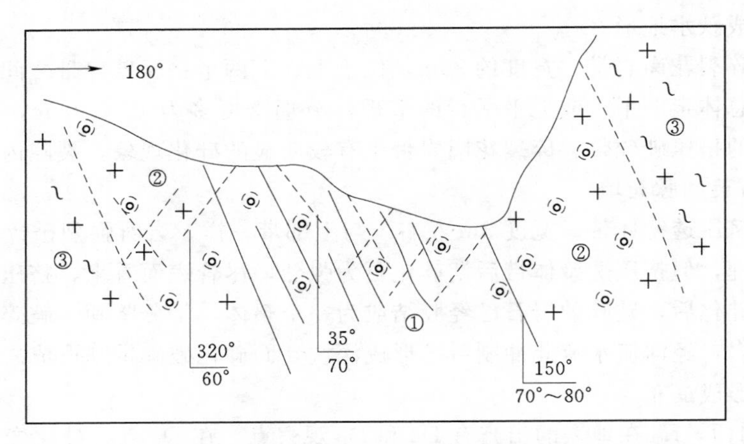

图 12.2－3　D_{10} 点硅化破碎带素描图

2. f_{304} 的地表物探工程控制

来源于深部的氡气可以通过断裂或裂隙密集带向上迁移，到达地表因受土壤层的阻隔，氡气便在土体中积聚。因此，测量土壤中的氡浓度，可以间接判别断裂破碎带或裂隙带的存在。

在 D_{17} 点以东，f_{304} 在地表的可能出露部位多为浮土覆盖。为查明断裂的具体出露位置，对 f_{304} 进行了放射性 Rn 气体测量。共布置测线 3 条，完成测点 202 点，测线总长度 1010m；测点距 5m，发现异常时，局部加密到 2.5m；控制点用 GPS 定位，测线用罗盘定向，皮尺量距；工作方式是：测量前用钢钎打入土层 50～80cm，将探头置入洞后密封洞口，然后抽取氡气进行测量；测量方式是 2min 加高压，2min 测量计数，毕后移至下一点。

物探测线的布线原则是沿着可能的 f_{304} 地表出露线，考虑地形条件，横穿断裂布置（测线具体位置见图 12.2－4）。其中测线 L_1 方向为 NE6°，经过地质点 D_3，长 350m；测线 L_2 方向为 NW320°，经 TC102－12 探槽，长 330m；测线 L_3 方向为 NW320°沿 ZK2006 附近防火道布置，长 330m。

本次氡气测量将高于 3 倍正常场的测量结果定为异常场。根据异常的形态特征确定破碎程度及断裂构造和宽度。勘察结果，在 L_1 和 L_3 测线共发现氡气异常 4 处，而 L_2 测线则由于测量时逢雷阵雨，测量效果不好，未能发现明显异常。

L_1 测线上 180～197.5 点处，氡气异常值 62～90 单位，异常大于 3 倍正常场，曲线出现两个峰值，异常宽度约 18m；氡气异常位置与推测的 f_{304} 地表出露位置吻合，因而可确定异常为断裂构造反应。断裂带两侧氡气的浓度值也有显著差异：在断裂带下盘，氡气曲线呈锯齿状起伏且浓度值较高；断裂带上盘，氡气曲线起伏平缓且浓度较低；据此也可进一步确定两者之间有断裂存在。

L_3 测线 245～270 点出现氡气异常，异常宽约 25m，峰值为 62～68 单位，大于 3 倍

正常场；异常所处部位为推测的 f_{304} 地表出露位置，在相应部位的探槽中，见混合岩中有多条裂隙通过并有石英细脉充填，故推测异常为 f_{304} 断裂的反应；305～320 测点的氡气异常曲线平滑，地表岩石较松散，推测可能为节理密集带引起。

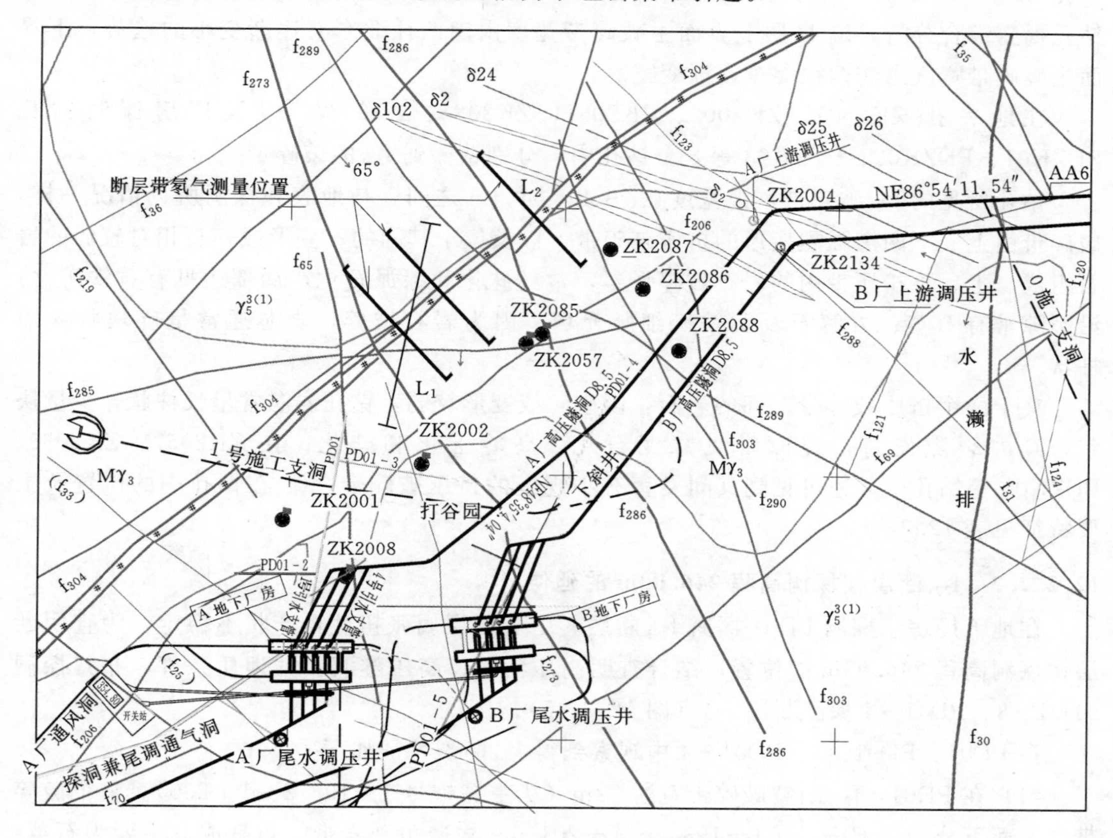

图 12.2-4 断层带氡气测量位置

在 L_3 测线北段的 65 测点上，氡气异常高达 1020 单位，为单点异常；该异常与推测的旋扭构造的破裂面经过的位置吻合。

雨水的渗入会大大降低土壤中氡气的浓度。L_1 测线工作时适逢雷阵雨，故测量效果不理想，但在 180～200 点以及 140～145 测点，即分别相当于 f_{304} 和旋扭构造断裂面经过的部位，仍可见氡气曲线有明显凸起。

从上可见，放射性氡气测量的结果支持了地质的推断，两者的吻合使推测的 f_{304} 地表出露线的可信度大大升高。

12.2.2.2 f_{304} 断裂的钻探工程控制

在探洞及地表共有 11 个钻孔揭露到 f_{304} 断层，详见表 12.2-1。探洞中有 5 个钻孔揭露到 f_{304}，钻孔揭露视厚度一般 38.90～45.40m，其中 PDZK04 钻孔揭露视厚度 68.60m，在该处断层下界面变宽，断层真倾角达 73°～76°（视倾角 53°～56°），倾角较其他三处陡。探洞中钻孔揭露断层破碎带高程在 98.00～205.10m，断层破碎带胶结较好，呈弱-微风化状。在地面有 6 个深孔中揭露到 f_{304} 断层，其中 ZK2001 孔仅揭露到上界面，其余 5 孔均穿过断层上、下界面。在A厂中平洞附近的钻孔ZK2057、ZK2085及厂房区钻孔ZK2001所揭露断层带胶结较差，破碎带部分呈全-强风化状；厂房区钻孔ZK2002、A厂中斜井钻孔ZK2086、ZK2087揭露断层破碎带胶结较好，风化较浅，呈弱-微风化状。由探洞及钻孔揭露综合分析，f_{304}断层上界面主破碎带宽度由南西往北东有逐渐变小的趋势，下界面主破碎带宽度由南西往北东逐渐变宽。

在地表孔ZK2001、ZK2002、ZK2057、ZK2085、ZK2087，以及厂房探洞钻孔PDZK01、PDZK02、PDZK03等8个钻孔中，分别钻探到f_{304}的破碎带。

钻孔所见的f_{304}破碎带，视宽度在28.8～54.4m之间，与地表和探洞所见情况一样，破碎带由上、下两个强烈变形的挤压破碎带，以及位于其间的、变形或碎裂相对较弱的岩石组成。上、下挤压带内的岩石破碎强烈，常具硅化和绿泥石化，局部还见有黄铁矿化；沿裂隙常有石英、方解石及黄铁矿细脉充填；因为岩石破碎，岩芯通常呈碎块状或短柱状。

夹于两个挤压破碎带之间的岩石，因破碎或变形较弱，钻孔岩芯常呈长柱状，少量块状；其内裂隙发育，裂面常见绿泥石化、高岭土化和硅化；在ZK2057、ZK2085、PDZK03等钻孔中，还可见到其间发育有小规模的挤压破碎带。f_{304}在钻孔中的位置及主要特征见表12.2-1。

12.2.2.3　f_{304}断层在探洞高程246.00m的延伸

在地下厂房主探洞PD01揭露f_{304}断层。由于断层属张扭性，产状不稳定，为查明断层在探洞高程246.00m的位置，结合查明高压岔管、高压隧洞斜井地质条件，布置探洞PD01-3、PD01-4揭露断层f_{304}（图12.2-5）。

在PD01、PD01-3、PD01-4中观察到得f_{304}断裂特征如下：

（1）在PD01，f_{304}断裂破碎带宽达32m（从主探桩号1＋198.2～1＋230）。整个破碎带自上而下分为三部分：①1＋198.2～1＋201.6，构造角砾岩带。角砾成分主要为石英、绿色和紫色萤石、方解石以及蚀变花岗岩等，表明该断裂破碎带形成后，曾被石英（硫化物）-萤石-方解石脉贯入充填，后期的活动使充填的脉体又复遭破碎。在平硐东壁，破碎带上出现一个最宽处近3m空洞，空洞的透镜状形态显示早期破碎带应属于挤压性质。在透镜状空洞的下方，可以见到早期充填的石英-萤石-方解石脉已被后期一系列的破裂面切割成角砾状，表明f_{304}在该区段有过显著的后期活动。平洞施工过程击穿f_{304}断裂面后出现的涌水现象，说明上述透镜状空洞是一储水构造。洞壁上残留的褐铁矿被膜或团块，指示空洞的形成极有可能与原来充填于其内的硫化物（及碳酸盐）脉体，因为断裂的后期变化而被破坏，在地下水的作用下风化和溶蚀的结果。在平洞施工过程中，挖出了含铅锌和黄铁矿的原生矿，但在本次调查中，未能找到原生硫化物矿体。②1＋201.6～1＋228.5，碎裂花岗岩带。一系列裂隙将花岗岩切割成大小不等的岩块或透镜体，有方解石脉沿NE向裂隙贯入填充，脉宽5～30cm，其中在1＋1201.6～1＋1214.5，裂隙甚为密集，岩石碎裂严重；1＋214.5以后，节理密度较低，为轻微碎裂花岗岩。③1＋228.5～1＋230构造角砾岩带：破碎带宽约1m，总体走向70°，倾向SE，倾角65°～70°。带内的岩石早期具有挤压破碎的特征，形成大小不等的构造透镜体，大者长轴可达数十厘米，小者仅数

表 12.2-1　　钻孔揭露 f_{304} 断层的位置及其主要特征表

钻孔编号	钻孔位置	f_{304} 断层深度范围/m	f_{304} 断层高程范围/m	钻孔中垂直视厚度/m	断层破碎带特征
PDZK01	A厂主探洞 PD01 (1+140)	109.50～148.40	136.90～98.00	38.90	孔深109.50～113.15m为上界面断层破碎带，主要为角砾岩，硅质胶结较好，呈弱风化，其中孔深112.80～113.15m为石英及方解石脉；孔深125.30～125.50m、148.40～148.90m为白色方解石与石英混合脉，为中下界面的标志层。其余为碎裂花岗岩，硅质、方解石细脉胶结较好，岩芯呈柱桩、长柱状为主，少量短柱状、块状。压水试验结果断层破碎带透水率为0.49～5.3Lu，属弱-微透水，钻孔孔口有自流水，水量4L/min，孔口附近沉淀较多铁锰质
PDZK02	西支洞 PD01-2 (0+148)	78.40～123.80	168.59～123.19	45.40	孔深78.40～87.50m、109.0～112.0m、119.6～123.8m为断层破碎带，主要由碎裂岩组成，局部为角砾岩，硅质胶结较好。其余为碎裂状花岗岩，岩石有轻度硅化、绿泥石化现象，呈弱风化-微风化状，岩芯柱状、长柱状、短柱状。78.40～80.35m岩石较破碎。压水试验成果断层破碎带透水率为0.19～0.58Lu，属微透水，钻孔孔口无自流水
PDZK03	高岔支洞 PD01-3 (0+209.3)	48.00～89.60	200.21～158.61	41.60	孔深48.00～51.75m、71.3～89.6m为上下两断层破碎带，主要为断层碎裂岩、角砾岩组成，夹有方解石脉，见花岗岩及闪长玢岩脉角砾岩，58.35～58.65m、61.85～61.95m为断层角砾岩，硅质胶结好，其余为裂隙密集带，岩芯呈弱-微风化岩状，岩芯柱状为主，局部短柱状、块状，岩石多见有绿泥石化现象。压水试验成果断层破碎带透水率为0.49～5.3Lu，属弱-微透水，终孔后孔口自流水，水量4.2～7.5L/min
PDZK04	B厂主探洞 PD01-4 (0+420)	44.50～50.00 93.00～113.10	205.10～136.50	68.60	孔深44.50～50.00m为上断层破碎带，为碎裂花岗岩，岩石硅化、绿泥石化，胶结较差，呈弱风化-微风化状；孔深93.00～113.10m为下断层破碎带，由碎裂岩、角砾岩组成，岩石多见有绿泥石化现象，呈强-弱风化状，110.55～113.10m见萤石、石英及方解石脉。70.50～72.10m、80.00～83.10m、86.20～90.60m见三小段碎裂岩，硅质胶结较好。各破碎带间夹新鲜-微风化花岗岩。钻孔揭露与探洞一致，压水试验成果断层破碎带透水率为0.61～9.8Lu，属弱-微透水，钻穿上、下断层破碎带后有水流出，终孔后孔口自流水，水量30L/min
PDZK06	高岔支洞 PD01-3 (0+120)	0～25.00	247.80～222.80	＞25.00（开孔为断层带，上界面未控制）	0～25.00m为断层破碎带，弱-微风化状，岩石有硅化、绿泥石化现象。钻孔在断层带中开孔，钻孔控制断层下界面。钻孔压水试验成果断层破碎带透水率为0.19～0.58Lu，属微透水，钻孔孔口无自流水

续表

钻孔编号	钻孔位置	f_{304}断层深度范围/m	f_{304}断层高程范围/m	钻孔中垂直视厚度/m	断层破碎带特征
ZK2001	厂房区地面	258.00～262.82	240.44～235.62	>4.82（未钻穿）	孔深 258.00～262.82m 为断层破碎带，258.00～259.80m 钻探时钻具自动下落，推测为空洞或风化成土状的断层破碎带，259.80～260.50m 为方解石脉和乳白色石英混合脉，260.50～262.82m，岩芯碎块状，强-弱风化状。探洞揭露 f_{304} 断层后该孔水位由高程 454.44m 骤降至目前的 245.00m。因遇空洞后卡钻，无法处理而未继续下钻
ZK2002	下平洞地面	263.80～302.15	258.98～220.63	38.35	孔深 263.80～271.50m、298.45～302.15m 为上、下断层破碎带，由碎裂岩、角砾岩组成，胶结一般，弱风化状，271.50～298.45m 为微风化碎裂状花岗岩及闪长玢岩脉，岩芯柱状、长柱状。钻孔水位由 470.39m 降至目前的 423.33m 稳定
ZK2057	中平洞	164.50～200.20	432.51～396.81	35.70	孔深 164.5～173.20m 为上界面断层破碎带，由角砾岩、碎裂岩组成，含有蛋白石，强-弱风化状，192.60～195.00m 为断层角砾岩、糜棱岩，胶结差，强风化状，199.50～200.20m 为断层角砾岩，硅质胶结好，弱风化-微风化状。其余为弱-微风化花岗岩裂隙密集带。钻孔水位由 513.01m 降至目前的 278.01m 仍未稳定
ZK2085	中平洞	165.30～209.80	434.19～389.69	44.50	孔深 165.3～176.50m、206.00～209.80m 为上下断层破碎带，由碎裂岩、角砾岩组成，局部有糜棱岩，有蛋白石、萤石角砾岩，胶结差，强风化状；187.60～188.00m、193.00～202.50m 为断层碎裂花岗岩，有硅化、绿泥石化现象，胶结较好，弱风化-微风化状。其余为弱-微风化花岗岩裂隙密集带。钻孔水位由 570.29m 降至目前的 461.27m
ZK2086	中斜井	296.20～346.00	374.09～324.29	49.80	孔深 296.20～297.15m 为岩芯呈 1～3cm 大小碎块状，可能为微裂隙发育或应力释放所致。297.15～340m 为碎裂岩，局部角砾岩，有硅化、绿泥石化现象，胶结较好，呈弱风化-微风化状。314.75m、323.30～3213.50m 见萤石脉。钻孔压水试验成果断层破碎带透水率为 0.21～3.2Lu，属弱-微透水，钻孔水位 644.68m，埋深浅且稳定，未受探洞开挖影响
ZK2087	中斜井	141.85～180.75	520.39～481.49	38.90	孔深 141.85～180.75m 为断层破碎带，母岩为混合岩，主要为碎裂岩，173.55～180.55m 为碎裂岩夹角砾岩，有硅化、绿泥石化现象，胶结较好，呈弱风化-微风化状。141.85m 见方解石脉。钻孔压水试验成果断层破碎带透水率为 0.3～2.4Lu，属弱-微透水，终孔稳定水位 644.84m，埋深浅，未受探洞开挖影响

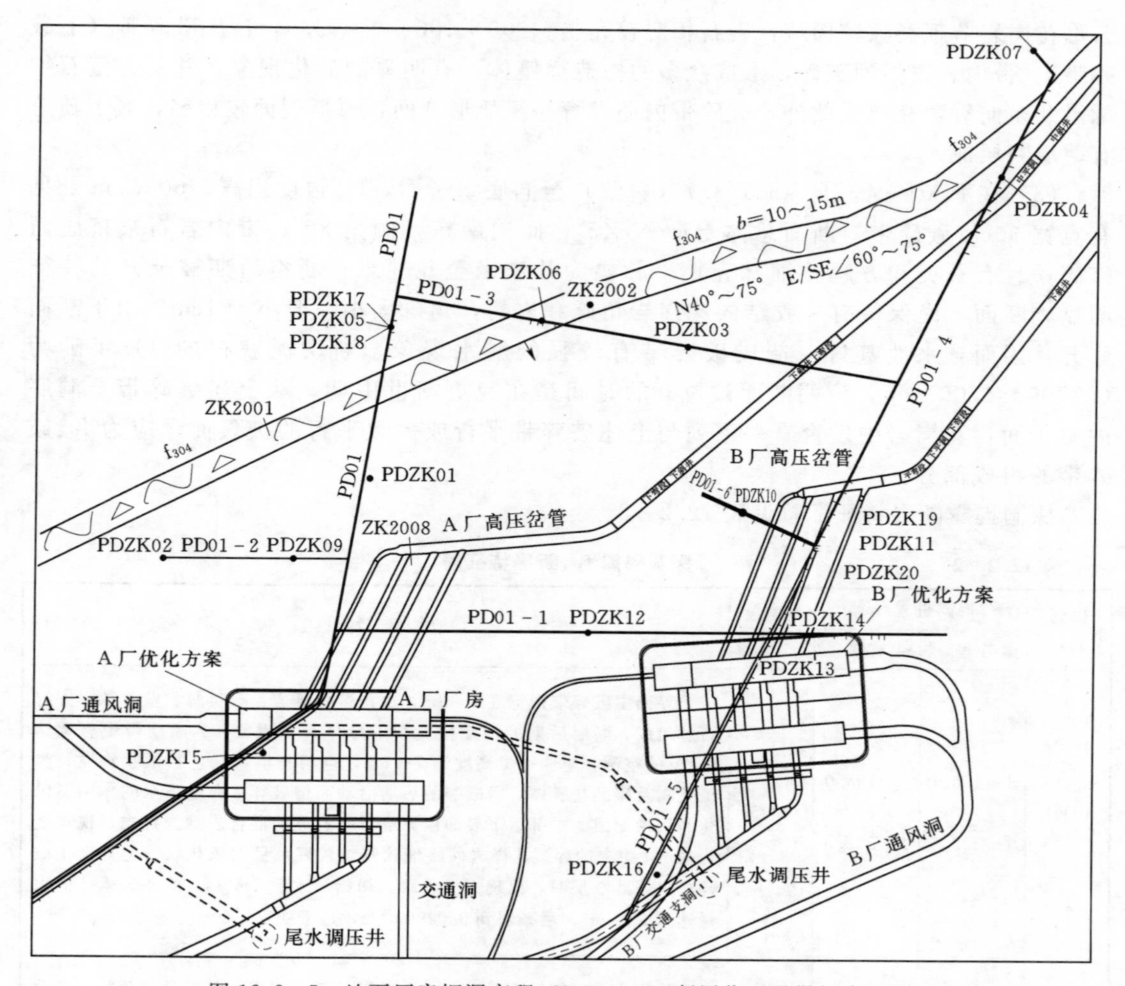

图 12.2－5　地下厂房探洞高程（246.00m）断层位置及勘探布置图

厘米；透镜体长轴与主裂面呈小角度相交，斜列分布，指示断裂早期为左旋扭动；透镜体和挤压片岩后期被一系列密集的裂隙分割成大小不等的角砾或岩块；裂隙面张开并普遍有铁质被膜分布，说明断裂后期的活动应为张性或张扭性，且后期裂隙有较强的透水性。

（2）在 PD01－3（0＋140～0＋99.5）观察到的 f_{304} 破碎带，与 PD01 处相似，从上而下可分为 3 个带：①0＋140～0＋136.3，构造角砾岩带（上破碎带）。断层角砾呈棱角状，大小混杂，大者可达十几厘米，小者仅几毫米；角砾的成分除花岗岩外、尚有早期沿断裂充填的石英-萤石-方解石再度破碎的产物，胶结物为铁质；断裂总体走向 NE80°，倾向南东，倾角 56°，与其他区段相比，断裂倾角明显较缓。该点获得的两个断层泥样品，经中山大学地球科学系同位素实验室测试，其热释光年龄分别为（153300±10700）年和（146800±10300）年，表明断裂最新一次活动发生在中更新世。②0＋136.3～0＋106：碎裂花岗岩带。其中在 0＋136.3～0＋124.5 段，花岗岩被一系列的北东向裂隙切割成角砾状和透镜状，沿北东向裂隙有方解石脉充填；0＋124.5～0＋106，为中粒似斑状黑云母花岗岩节理裂隙较稀疏，岩石相对较完整。③0＋106～0＋99.5，挤压破碎带（下破碎带）。带内岩石强烈破碎，形成众多的构造透镜体，有明显的硅化现象，并见有萤石细脉沿北东向裂隙充填。此外，破碎带内还发育一组弧形裂面，弧形裂面较粗糙，其上覆盖有薄层断层泥。

（3）在PD01－4，自0＋503.7（右壁）至洞底掌子面，f_{304}再度出露。503.7m处见有宽宽30cm破碎带，断面总体走向NE45°，倾向南东，倾角80°；带内岩石被挤压而破碎，且有石英和方解石细脉充填，脉幅为几毫米至几厘米；断裂后期被扯开的特征明显，断面上尚保留有未胶结的花岗岩角砾和岩粉，角砾大小一般小于1cm。由于断面张开，因而导水性甚好，造成破碎带有较强的漏水现象。断层泥获得的TL年龄为（67700±4700）年，说明断面被拉开的时间是在晚更新世中期。从上述破碎带至洞底的掌子面，花岗岩中发育有一系列与上述破碎带平行或大致平行的破裂面，应为f_{304}破碎带的组成部分。

探洞揭露断层特征汇总见表12.2－2。

表12.2－2　　探洞揭露f_{304}断层特征表

探洞编号	揭露桩号/m		视宽度/m	地质特征
	左壁	右壁		
PD01	1＋196.7～1＋226.5	1＋198.0～1＋228.5	30.5	上界面主破碎带视宽度2～3m，由构造角砾岩、石英脉、萤石脉、方解石脉组成，断层后期的活动使充填的脉体又复遭破碎。断层带中有宽达0.7m的空洞，空洞可见高度约7～8m，空洞充填灰绿色松散状物质，为硫化物及碳酸盐脉体，因断裂的后期活动而遭破坏，在地下水的作用下风化和溶蚀而成。中部、下界面以方解石与石英的混合岩脉为标志，视宽度1～2m，中夹的碎裂花岗岩硅质细脉胶结较好，呈弱风化状。上界面主破碎带揭露此断层时，出现大量涌水，初始涌水量1m³/s，前9天累计涌水量达8.5万m³，后减弱到0.0296m³/s，趋于稳定
PD01－3	0＋100.2～0＋142.4	0＋098.7～0＋137.3	42.2	上界面主破碎带宽度2～5m，由断层角砾岩组成，角砾呈棱角状，成分除花岗岩外，尚有石英、萤石、方解石再度破碎的产物。下界面主破碎带宽度5.5～6m，岩石强烈破碎，有明显的硅化现象，并见有萤石沿北东向裂隙充填，中间碎裂花岗岩带裂隙发育，部分裂隙有方解石脉充填，岩石相对较完整。揭露断层时出现线状流水，7天后减弱为滴水，现已经无滴水现象
PD01－4	0＋448.5～0＋495.3	0＋457.7～0＋501.4	46.8	上界面主破碎带厚度约1～1.2m，由断层角砾岩、断层泥、碎裂花岗岩组成，角砾呈棱角状，角砾成分除花岗岩外，尚有石英、萤石、方解石再度破碎的产物，断裂有后期拉开现象。下界面主破碎带宽度1～1.5m，由断层角砾岩、碎裂花岗岩组成，角砾有米黄色、隐晶质石英，断裂有后期拉开现象。上、下界面揭露时出水量分别为404L/min、39L/min，中间为正常花岗岩，间夹3条宽度仅5～15cm的小断层组成，除上下界面破碎带风化较深，部分强风化状外，其余呈弱-微风化状

高压岔管高程130.00～140.00m断层位置：探洞高程约246.00m，高压岔管、下平洞高程约135.00m。为查明断层向下100～120m的主体建筑物高压岔管高程断层带的位

置及性状，在断层的上盘位置，支探洞 PD01－2 布置钻孔 PDZK02、主探洞 PD01 布置钻孔 PDZK01、支探洞 PD01－3 布置钻孔 PDZK03、支探洞 PD01－4 布置钻孔 PDZK04 四个钻孔，揭露 f_{304} 断层，并进行钻孔压水试验、声波测试等现场试验。

12.2.3 断层的工程特性研究

12.2.3.1 断层工程地质特征

f_{304} 断层是场区控制性断层，断层带宽度 10～15m，由上、下两条大致平行的构造角砾岩带（或断层破碎带）、中间夹碎裂花岗岩（或碎裂混合岩）或裂隙密集带夹小断层等组成，是复合型的断层带，产状 N45°～70°E/SE∠60°～75°，多数倾角在 60°～70°，探洞和钻孔揭露视厚度变化范围在 30～68m，换算真厚度 10～15m（图 12.2－6）。由探洞及钻孔揭露综合分析，f_{304} 断层上界面主破碎带宽度由南西往北东有逐渐变小的趋势，下界面主破碎带宽度由南西往北东逐渐变宽。

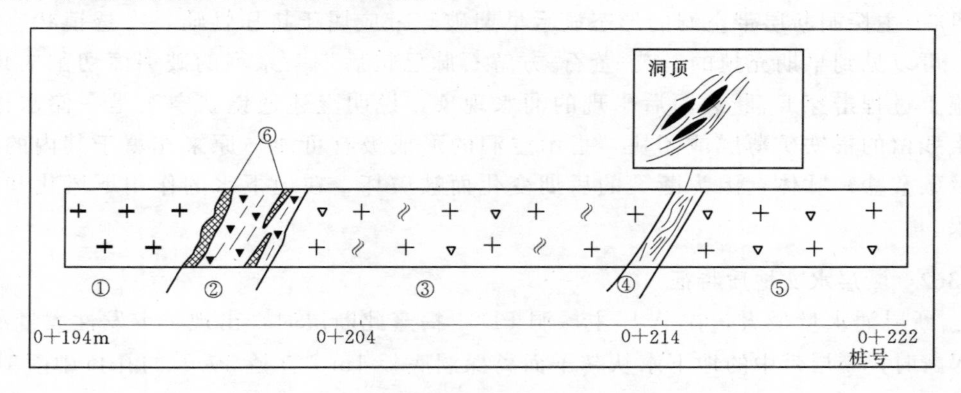

图 12.2－6 PD01 f_{304} 断裂破碎带剖面素描图

①—中粒斑状黑云母花岗岩；②—构造角砾岩；③—碎裂花岗岩；④—挤压透镜体带；⑤—轻微碎裂花岗岩；⑥—石英-萤石-方解石脉

在 ZK2001 孔，高程 240.44～238.64m 揭露到空洞，有掉钻，反映断层带存在空洞。在 PD01 平硐东壁高程约 246.00m，破碎带上见有一个最宽处近 0.7m 的透镜状空洞。探洞中有 5 个钻孔揭露到 f_{304}，钻孔揭露视厚度一般 38.90～45.40m，破碎带高程在 98.00～205.10m，未发现空洞、空腔，断层破碎带胶结较好，呈弱-微风化状。针对 f_{304} 断层钻孔声波测试断层带声波值在 3143～5488m/s 间，各孔断层带声波平均值在 4470～5049m/s，根据声波值换算静弹性模量为 22.1～49.7GPa 间，完整性系数 0.66～0.84，属较完整-完整。探洞中 5 个钻孔在钻探过程没有掉钻现象，钻孔岩芯弱-微风化装、压水试验结果透水率弱-微透水、声波测试成果声波值在 3143～5488m/s，均表明 f_{304} 断层在厂房区 200.00m 高程以下胶结较好，不存在空洞。

f_{304} 断层特征在平面及垂向上均存在差异，破碎带宽度、组成物质及风化程度各处不一。探洞中揭露在 246.00m 高程附近，以 PD01 处最差，而 PD01－3 次之，PD01－4 处较好。探洞中钻孔揭露的 f_{304} 断层破碎带均属弱-微风化状，胶结较好，高程一般在 200.00m 以下，这可能与下水库的侵蚀基准面在 200.00m 高程左右有关，在侵蚀基准面以下，埋深增加，地下水循环活动减弱，风化营力减弱。地面钻孔以厂房区钻孔ZK2001、高压隧洞中平洞附近钻孔 ZK2057、ZK2085 的断层破碎带性状较差，而高压隧洞下斜井附近钻孔 ZK2002、中斜井附近钻孔 ZK2086、ZK2087 孔的断层破碎带性状较好。

f_{304}断层泥样品热释光年龄分别为（153300±10700）年和（146800±10300）年，表明断裂最新一次变动发生在晚更新世早期。在探洞可见到北北西向断层切过 f_{304}断层，地表冲沟可见到 f_{304}断层露头，由北北西向石英脉切过 f_{304}断层带。在钻孔岩芯见到 f_{304}断层角砾岩成分为闪长玢岩脉，且断层破碎带范围及上、下盘均有北北西向的闪长玢岩脉发育。说明北东向的 f_{304}断层形成早于北北西向的断层及岩脉，并且在岩脉形成之后，f_{304}断层仍有活动，探洞见到沿 f_{304}断层侵入的石英脉、方解石脉、萤石脉均有后期遭构造破碎的角砾岩，也说明 f_{304}断层具有多期次活动。由于后期热液活动使断层带内物质有硅化及胶结作用。

PD01 主探洞断层带空洞的形态显示早期破碎带应属于挤压性质，在透镜状空洞的下方，可以见到早期充填的石英-萤石-方解石脉已被后期一系列的破裂面切割成角砾，平洞施工过程击穿 f_{304}断裂面后出现的涌水现象，说明上述透镜状空洞是一储水构造。洞壁上残留的褐铁矿薄膜或团块，指示空洞的形成极有可能与原来充填于其内的硫化物（及碳酸盐）脉体，因为断裂的后期变化而被破坏，在地下水的作用下风化和溶蚀的结果。

12.2.3.2 断层水文地质特征

f_{304}断层涌水量最大，在 A 厂主探洞 PD01 揭露此断层时，出现了突发性大量涌水，初始揭露时，断层带中的地下水从掌子面离探洞底板 1m、直径 30cm 的孔口中喷射 6～7m 远，测得初始单位流量约 1000L/s，历时 7h，累计涌水量约 2.44 万 m^3；10h 后，单位流量减弱为 670L/s，累计涌水量约 3.3 万 m^3；24h 后，单位流量约 380L/s，累计涌水量约 5.5 万 m^3；9 天后单位流量 29.6L/s，累计 8 天涌水量约 8.4 万 m^3（表 12.2-3 和图 12.2-7)；PD01-3 支洞揭露 f_{304}断层由碎裂岩及角砾岩组成，胶结稍好，揭露断层时出现线状流水，7 天后减弱为滴水；在 PD01-4 探洞揭露 f_{304}断层后，PD01-3 支洞已无滴水现象，出水量较少。B 厂主探洞 PD01-4 揭露 f_{304}断层上、下破碎带均出现股状流水，涌水量分别为 6.7L/s、0.65L/s。

PD01-4 探洞中钻孔 PDZK04 钻穿 f_{304}断层时涌水量较大，孔口流量为 0.5L/s；主探洞 PD01 中钻孔 PDZK01、PD01-3 支洞中钻孔 PDZK03 孔口流水量较小，分别为 0.067L/s、0.125L/s；而西支洞 PD01-2 中钻孔 PDZK02 孔口无水流出。

探洞揭露 f_{304} 断层大量涌水后，地面钻孔地下水位有不同程度的下降。厂房区 ZK2001、ZK2002、ZK2008 降幅分别为 209.44m、55.71m 和 165.59m；ZK2001、ZK2057 地下水位下降幅度相当大，而其附近的 ZK2002、ZK2085 孔地下水位降幅相比要小。A 厂中斜井附近钻孔 ZK2086、ZK2087 孔地下水位埋藏浅，地下水位变幅小，受到探洞开挖的影响不明显，除高程较高外，这两孔距探洞较远，在其影响范围之外，同时这两孔中揭露断层胶结较好也有关。

表 12.2-3　　地下厂房主探洞 PD01 桩号 1+197 f_{304} 断层突发性涌水记录表

日期	2002-4-3		2002-4-4						2002-4-6					2002-4-6				2002-4-7	2002-4-8		2002-4-9		2002-4-10		2002-4-11	2002-4-12
时间	20:00	21:30	3:00	6:00	12:00	16:00	18:00	22:00	0:00	2:00	5:00	19:30	22:30	1:30	4:40	8:30	15:40	14:40	12:00	20:00	8:00	20:00	9:00	20:00	10:00	16:00
历时/h	0	1.5	7	10	16	20	22	26	28	30	33	47.5	50.5	53.5	57.6	60.5	67.6	90.6	112	120	132	144	157	168	182	212
量测时间间隔/h		1.5	5.5	3	6	4	2	4	2	2	3	14.5	3	3	4.1	2.9	7.1	23	21.4	8	12	12	13	11	14	30
流量/(m^3/s)	1	1	0.92	0.67	0.4	0.4	0.4	0.35	0.2	0.1	0.09	0.0878	0.057	0.067	0.06	0.0471	0.0437	0.0214	0.025	0.0221	0.0244	0.0211	0.0238	0.0233	0.0264	0.0296
时段历时/s		0.54	1.98	1.08	2.16	1.44	0.72	1.44	0.72	0.72	1.08	5.22	1.08	1.08	1.476	1.044	2.556	8.28	7.704	2.88	4.32	4.32	4.68	3.96	5.04	10.8
时段流量/m^3		0.54	1.90	0.86	1.16	0.58	0.29	0.54	0.20	0.11	0.10	0.46	0.08	0.07	0.09	0.06	0.12	0.27	0.18	0.07	0.10	0.10	0.11	0.09	0.13	0.30
累计流量/万 m^3	0.00	0.54	2.44	3.30	4.46	5.03	5.32	5.86	6.06	6.17	6.27	6.73	6.81	6.88	6.97	7.03	7.14	7.41	7.59	7.66	7.76	7.86	7.96	8.06	8.18	8.48

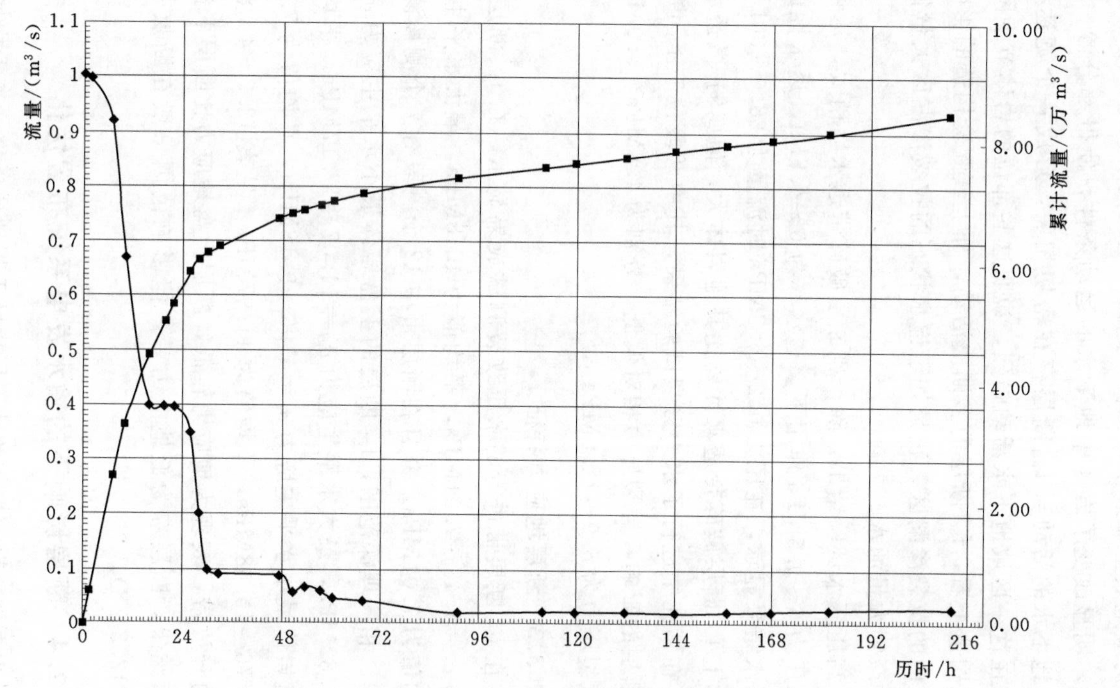

图 12.2-7　断层涌水量过程曲线

由以上资料表明，f_{304}断层为一储水导水构造，存在储水空洞和透水裂隙断层网络，但分布是局部的，断层带透水性存在差异，这是与断层在不同部位的规模、组成物质、胶结情况和裂隙发育程度等不同所决定的。

探洞揭露分析发现有地下水出露的断层、裂隙主要集中在f_{304}断层上盘附近一定范围，对应地表上靠近平塘冲沟，超出一定距离后，地下水活动明显减弱。探洞揭露f_{304}断层后，明显改变了岩体中地下水的运动条件，使得部分渗、滴水洞段出现地下水疏干现象。地下水的活动与f_{304}断层存在密切相关，形成一个宽达数十米至上百米的条带状区域。在这一区域地下水活动强烈，说明这些部位的岩体节理网络具备良好的连通条件，从地质构造上看，f_{304}断层的多期次活动，加上其配套构造的影响，形成了沿f_{304}断层及影响带在内的拉裂渗漏区，正是处于饱水状态的拉裂渗漏区大量储水，导致了f_{304}断层初始揭露时产生大量涌水。

高压压水试验结果：除个别断层破碎带透水性稍大，达到中等透水外，绝大多数试段在总压力 6～9.5MPa 作用下，透水率为 0～4.5Lu，透水性微弱。在f_{304}断层破碎带的高压压水结果显示，在压力 0.2～6.2MPa 时流量为 28.0～30L/min，透水率为 1.7～30Lu。总体上f_{304}断层破碎带透水性要比其他岩体大，但属弱-微透水性。

在钻孔中进行了水力劈裂试验结果，其中两段位于f_{304}断层带中的裂隙密集带上，受f_{304}断层的影响，劈裂压力相对偏低，分别为 4.8MPa、5.0MPa，而非f_{304}断层带的其他岩体劈裂压力为 6.9～12.0MPa。

12.2.3.3 断层地应力特征

在f_{304}断层带进行的水压致裂测试成果显示，在f_{304}断层带及其影响带的最小水平主应力σ_h=1.48～7.01MPa，平均值为 4.18MPa，最大水平主应力σ_H=2.23～12.86MPa，平均值为 7.01MPa，并且在断层带中 12 个测段有 7 个测段测不到原地破裂压力，而相同高程、相同埋深范围，f_{304}断层的上盘岩体最小水平主应力σ_h=6.07～9.72MPa，平均值为 7.82MPa，最大水平主应力σ_H=11.07～17.17MPa，平均值为 13.84MPa，f_{304}断层的下盘岩体最小水平主应力σ_h=4.96～9.18MPa，平均值为 7.14MPa，最大水平主应力σ_H=8.76～16.68MPa，平均值为 11.97MPa，见表 12.2-4。测试成果反映f_{304}断层带为一应力释放带，表现为地应力较低，断层上盘地应力比断层下盘稍大一点。应力场回归分析计算结果，断层带为低地应力带，但影响范围一般在断层带两侧约 15m 范围内较明显（图 12.2-8）。

12.2.4 断层影响下的输水发电系统布置优化

根据地质勘察揭露的地下厂房区工程地质条件，本工程地下厂房洞室群深埋在微风化-新鲜燕山四期花岗岩体中，对厂房洞室群影响最大的工程地质条件是f_{304}断层破碎带和其透水带，以及其他一些较小断层。

f_{304}断层是场区控制性断层，宽度达 10～15m，破碎带中存在有空洞，储水和导水性好，高压压水和水力劈裂试验表明，断层带破裂压力仅 4.8MPa，水压致裂其中有 7 段无破裂压力。f_{304}断层带内最小水平主应力明显低于两侧应力，不能满足内水压力的要求。

表 12.2-4 惠州抽水蓄能电站 f_{304} 断层带水压致裂地应力测量成果统计表

孔号	测点编号	测段高程/m	测段离地面深度/m	测段离探洞底深度/m	压裂参数/MPa					最大水平主应力 σ_H/MPa	最小水平主应力 σ_h/MPa	最大水平主应力方向 β_H（方位角）/(°)	岩体自重应力 σ_H/MPa	侧压系数	备注
					岩石原地破裂压力 P_b	破裂面重张压力 P_r	破裂面瞬时闭合压力 P_s	孔隙压力 P_0	岩石抗拉强度 T						
ZK2002	13	234.68	288.1		9.6	7.5	4	2.6		7.7	6.9	259	7.8	0.99	f_{304}
PDZK03	3	199.96	340.04	48.25		1.73	1.48	0.48		2.23	1.48		9.01	0.25	f_{304}
	4	186.99	353.01	61.22		6.61	5.11	0.61		8.11	5.11		9.35	0.87	f_{304}
	5	179.34	360.66	68.87		4.69	4.69	0.69		8.69	4.69		9.57	0.91	f_{304}
	6	171.22	368.78	76.99		1.77	1.77	0.77		2.77	1.77		9.78	0.28	f_{304}
	7	159.85	380.15	88.36		4.88	3.38	0.88		4.38	3.38	304	10.07	0.43	f_{304}
PDZK04	6	197.4	402.6	52.2	13.51	7.66	7.01	0.51	5.85	12.86	7.01		10.68	1.2	f_{304}
	7	186	414	63.6	11.02	6.47	5.82	0.62	4.55	10.37	5.82		10.97	0.95	f_{304}
	8	174.42	425.58	75.18	14.38	6.91	6.26	0.73	7.48	11.13	6.26	315	11.29	0.99	f_{304}
	9	160.66	439.34	88.94		8.79	3.47	0.87		5.74	3.47		11.63	0.49	f_{304}
统计组数		10	10	9	4	10	10	10	3	10	10	3	10	10	
最大值		234.68	439.34	88.94	14.38	8.79	7.01	2.60	7.48	12.86	7.01	315.00	11.63	1.20	
最小值		159.85	288.10	48.25	9.60	1.73	1.48	0.48	4.55	2.23	1.48	259.00	7.80	0.25	
平均值		185.05	377.23	69.29	12.13	5.70	4.30	0.88	5.96	7.40	4.59	292.67	10.02	0.74	

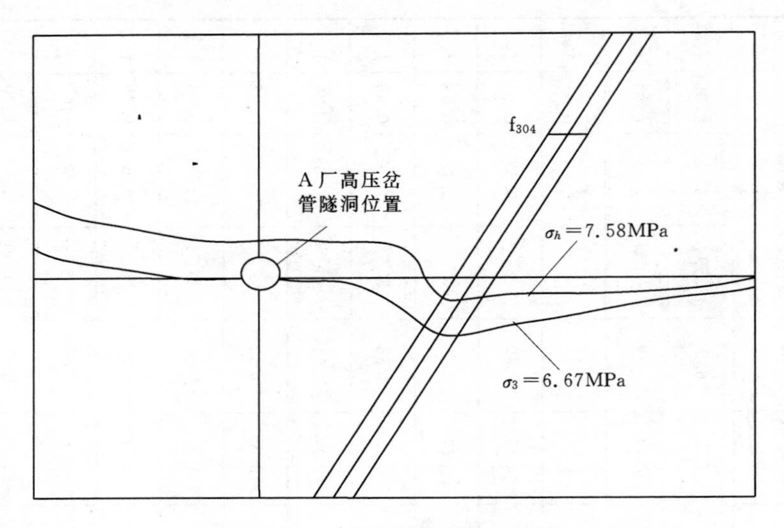

图 12.2-8　应力场回归分析结果图

因此地质上要求对 f_{304} 断层慎重处理，并尽可能在地下厂房、高压岔管等重要部位的布置上避开其影响。

可研阶段布置的 A 厂地下厂房和高压岔管分别位于断层 f_{304} 上、下盘，f_{304} 断层在高压钢衬支管通过。存在的主要问题有：①厂房西端墙距离 f_{304} 断层最近距离约 5m，除对端墙的稳定性影响外，还存在较严重的渗漏问题。②高压岔管距离 f_{304} 断层最短距离约 45～55m。③f_{304} 断层除在高压引水支管通过外，在 A 厂的高压隧洞下斜井靠近中平洞的上弯段附近（高程 300.00～350.00m）通过，由于断层与高压隧洞轴线夹角小或近于平行，在斜洞中出露很长，对围岩稳定和安全施工都会造成严重影响。④f_{304} 断层在 B 厂的高压隧洞下平洞及下斜井下弯段通过，对高压隧洞影响较大。

根据已查明的地质条件，尤其是 f_{304} 断层的空间位置、场地地形条件，以及输水水道水力过度计算结果，对洞室群位置进行了优化调整，将 A、B 厂高压隧洞都向南东方向移动，下斜井南移缩短下平洞，厂房、岔管和高压隧洞都布置在 f_{304} 断层上盘，高压岔管距 f_{304} 断层最短距离约为 60～70m（水力梯度控制在 10 左右），B 厂高压岔管由原来的“Y”形改为“卜”形。根据探洞和钻孔揭露的地质条件，两个方案的地下厂房和高压岔管都处在地质条件良好的岩体上，在技术上都是可行的，在地质条件上，整体南移方案基本上避免了 f_{304} 等断层的影响，总体地质条件明显改善（图 12.2-9）。优化后 A 厂高压岔管及下平洞距 f_{304} 断层 60～80m，A 厂中平洞距 f_{304} 断层 90～140m，A 厂上平洞距 f_{304} 断层约 200m。从这个距离看，直接影响是避开了，但断层的水文地质影响仍需要重视。需要做好固结灌浆，减少内水外渗量，避免给地下厂房造成较大外水压力。

12.2.5　小结

（1）抓住关键性地质问题，综合采用地质测绘、洞探、钻探、断层带氡气测量、钻孔压水、水力劈裂、地应力测量等方法，查明了 f_{304} 断层的空间展布、最新活动时间及其他工程地质特征。

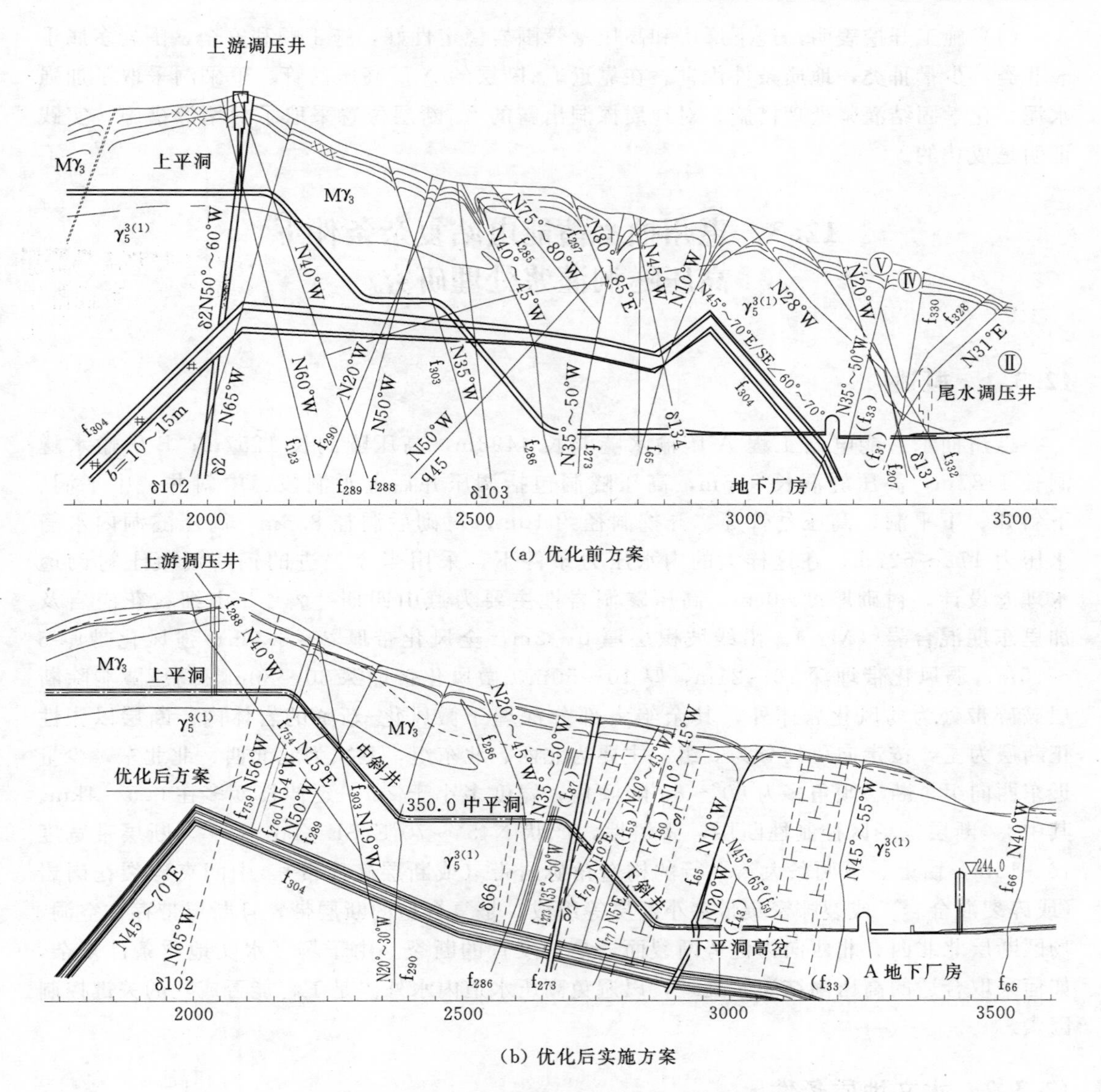

(a) 优化前方案

(b) 优化后实施方案

图 12.2-9 A 厂高压隧洞与 f_{304} 断层关系图

(2) 研究成果不但为输水发电系统设计方案的布置提供工程地质条件依据，也为其他一系列科研打开了方便之门，因此，它是一个基础性的研究，其研究思路和方法值得类似工程推广应用。

(3) 根据研究成果，对地下厂房洞室群和高压隧洞布置进行了优化，最终选择全部布置在 f_{304} 断层上盘的方案，避免了高压隧洞多次遭遇 f_{304} 断层带，使得整个输水发电系统工程地质、水文地质条件大大改善，从而避免高压隧洞遇到 f_{304} 断层可能产生的开挖支护困难、施工安全、围岩稳定、内水外渗及高压钢支管较大外水压力等一系列地质问题，不但节省了处理上述地质问题的工程费用，也保证了工期，对工程的经济效益是显著的，更重要的是确保了工程施工和运行的安全性。因此，研究成果具有重大意义。

(4) 施工开挖表明，地下厂房和高压岔管围岩稳定性好，施工顺利安全，围岩多属Ⅰ～Ⅱ类，少量Ⅲ类，地质条件优良。在靠近 f_{304} 断层的A厂高压岔管、下平洞采取了加强水泥、化学固结灌浆处理措施，对地质探洞出露的 f_{304} 断层位置采取了封堵等措施，实践证明是成功的。

12.3　惠州抽水蓄能电站复杂条件下高压隧洞灌浆处理研究

12.3.1　概述

惠州抽水蓄能电站工程A厂输水隧洞长4493m，高压隧洞长1257m；B厂输水隧洞长4487m，高压隧洞长955m，高压隧洞包括调压井后上平洞段、中斜井、中平洞、下斜井、下平洞、高压岔管等。开挖洞径约10m，衬砌后洞径8.5m，高压隧洞内水静水压力172～627m，在这样大的内水压力条件下，采用当今先进的钢筋混凝土衬砌透水理念设计，衬砌厚度60cm。高压隧洞岩性主要为燕山四期［$\gamma_5^{3(1)}$］中细粒花岗岩及加里东期混合岩（$M\gamma_3$）。沿线坡积层厚0～2m，全风化带厚2～6.5m，强风化带厚5～15m，弱风化带埋深10～21m，厚10～50m，微风化带埋深30～80m。高压隧洞除断层破碎带处为弱风化岩体外，其余绝大部分深埋于微风化-新鲜的岩体内。断层以张性正断层为主，按走向可划分为5组，主要为北西、北东组，其次为北北西、北北东，少量近东西向组，断层倾角多为60°～85°陡倾角，宽度多小于2m，延伸长度多在0.5～4km。其中 f_{304} 断层是场区控制性断层，张扭性，产状N45°～70°E/SE∠60°～75°，断层带宽度10～15m，由上、下两条大致平行的构造角砾岩带（或断层破碎带）、中间夹碎裂花岗岩（或碎裂混合岩）或裂隙密集带夹小断层等组成，是复合型的断层带，且断层带存在空洞。场区断层北北西、北西向为优势断裂面，是最发育的断裂。由于场区水文地质条件复杂，如何采取合适的高压固结灌浆处理，以避免高压水道内水外渗是工程能否成功的关键控制因素。

12.3.2　水文地质条件

(1) 地下水类型。高压隧洞周围地下水主要为基岩裂隙水，储存于微张-张性裂隙及断层带的裂隙和空洞中，主要受大气降水及冲沟地表水下渗补给。

(2) 压水试验成果。在地下厂房探洞14个钻孔中，共进行常规压水试验238段，试验成果统计见表12.3-1。其中237段的透水率范围值为0～9.8Lu，平均值为0.98Lu，岩体属弱-微透水性。有一段位于（f_{69}）断层破碎带上，透水率稍大，为30Lu，属中等透水性。在50～70m深度以下为相对不透水层，岩体透水率一般小于2Lu，不少地段为0。高压压水试验成果表见表12.3-2，除个别断层破碎带透水性稍大，达到中等透水外，绝大多数试段在总压力6～9.5MPa作用下，透水率为0～4.5Lu，透水性微弱。

表 12.3-1　　地下厂房探洞内钻孔常规压水试验成果汇总表

孔　号	试验孔深范围 /m	试验高程范围 /m	段数/段	透水率/Lu	
				范围值	平均值
PDZK01	0.00～151.65	246.45～94.8	22	0.25～5.3	1.28
PDZK02	1.10～174.20	245.56～72.46	32	0.03～1.2	0.43
PDZK03	31.70～118.85	216.73～129.58	14	0.0～30	3.56
PDZK04	1.40～136.80	249.25～113.85	20	0.61～9.8	1.80
PDZK05	1.85～130.75	245.11～116.21	21	0.53～4.5	1.67
PDZK06	1.35～130.05	246.36～117.66	14	0.33～9.3	3.20
PDZK09	3.40～130.80	242.96～115.56	21	0.15～4.2	0.53
PDZK10	1.28～111.12	247.44～137.60	11	0.08～1.2	0.37
PDZK11	1.15～130.0	246.76～117.91	15	0.12～1.4	0.40
PDZK12	1.25～131.18	245.41～115.48	12	0.15～1.2	0.43
PDZK13	1.15～130.15	245.99～116.99	17	0.31～1.5	0.63
PDZK14	1.33～130.35	245.57～116.55	11	0～0.54	0.25
PDZK15	1.50～132.53	241.14～110.56	13	0.07～0.41	0.23
PDZK16	1.30～130.80	247.07～117.57	15	0.26～1.3	0.57

注　总段数 238 段，透水率最小值 0.0Lu，最大值 30Lu，剔除 1 个异常值 30Lu，则透水率范围值为 0.0～9.8Lu，平均值 0.98Lu，属弱-微透水性。

表 12.3-2　　高压压水试验成果汇总表

孔号	试段深度 /m	试段高程 /m	段长 /m	总压力 /MPa	单位时间进水量 /(L/min)	透水率 /Lu	备注
PDZK03	31.70～36.70	216.73～211.73	5	0.20	30.00	30.00	(f_{69})
	37.43～42.43	211.00～206.00	5	3.20	28.00	1.75	
	46.48～49.13	201.95～199.30	2.65	2.50	30.00	4.53	f_{304}
	51.88～54.53	196.55～193.90	2.65	4.30	28.00	2.46	f_{304}
	56.25～58.90	192.18～189.53	2.65	6.20	28.00	1.70	f_{304}
	63.57～66.22	184.86～182.21	2.65	7.00	3.00	0.16	f_{304}
	67.87～70.52	180.56～177.91	2.65	7.00	10.00	0.54	f_{304}
	71.97～74.62	176.46～173.81	2.65	7.00	3.00	0.16	f_{304}
	78.82～81.47	169.61～166.96	2.65	7.00	1.00	0.05	f_{304}
	82.23～84.88	166.20～163.55	2.65	7.00	2.00	0.11	f_{304}
	92.01～94.66	156.42～153.77	2.65	7.00	1.00	0.05	
	98.56～101.21	149.87～147.22	2.65	7.00	1.00	0.05	
	108.21～110.86	140.22～137.57	2.65	7.00	13.00	0.70	
	116.20～118.85	132.23～129.58	2.65	7.00	4.00	0.22	

续表

孔号	试段深度/m	试段高程/m	段长/m	总压力/MPa	单位时间进水量/(L/min)	透水率/Lu	备注
PDZK04	18.50～22.30	232.15～228.35	3.8	7.00	0.00	0.00	
	27.84～31.64	222.81～219.01	3.8	7.00	14.00	0.53	
	31.25～34.05	219.40～215.60	3.8	7.00	1.00	0.04	
	40.00～43.80	210.65～206.85	3.8	7.00	1.00	0.04	
	44.89～48.69	205.76～201.96	3.8	7.00	23.00	0.86	f_{304}
	51.71～55.51	198.94～195.14	3.8	7.00	0.50	0.02	
	62.20～66.00	188.45～184.65	3.8	7.00	0.00	0.00	
	70.35～74.15	180.30～176.50	3.8	7.00	1.00	0.04	f_{304}
	74.68～78.48	175.97～172.17	3.8	7.00	1.00	0.04	
	78.91～82.71	171.74～167.94	3.8	7.00	3.00	0.11	f_{304}
	87.54～91.34	163.11～159.31	3.8	7.00	28.00	1.19	f_{304}
	114.29～118.09	136.36～132.56	3.8	7.00	14.00	0.53	
PDZK05	11.78～16.78	235.18～230.18	5.0	6.00	1.00	0.03	
	28.24～33.24	218.72～213.72	5.0	6.00	26.00	0.87	
	43.34～48.34	203.62～198.62	5.0	7.00	29.00	0.83	
	52.42～57.42	194.54～189.54	5.0	6.80	16.00	0.47	
	60.58～65.58	186.38～181.38	5.0	7.00	28.00	0.80	
	69.57～74.57	177.39～172.39	5.0	6.00	8.0	0.27	
	81.59～86.59	165.37～160.37	5.0	6.00	19.00	0.63	
	94.80～99.8	152.16～147.16	5.0	7.00	18.00	0.51	
	103.18～108.18	143.78～138.78	5.0	6.00	3.00	0.10	
	110.86～115.86	136.10～131.10	5.0	7.00	11.00	0.31	
	117.62～122.62	129.34～124.34	5.0	6.00	14.00	0.47	
	122.62～127.62	124.34～119.34	5.0	7.00	14.00	0.40	
PDZK11	22.68～27.68	225.23～220.23	5.0	6.00	0.00	0.00	
	32.52～37.52	215.39～210.39	5.0	1.50		3.73	(f_{53})
	53.27～58.27	194.64～189.64	5.0	6.00	0.00	0.00	
	70.47～75.47	177.44～172.44	5.0	6.00	2.00	0.07	
	77.10～82.10	170.81～165.81	5.0	6.00	0.00	0.00	
	83.86～88.86	164.05～159.05	5.0	6.00	1.00	0.03	
	91.56～96.56	156.35～151.35	5.0	6.00	2.00	0.07	
	96.03～101.03	151.88～146.88	5.0	6.00	0.00	0.00	
	100.54～105.54	147.37～142.37	5.0	6.00	0.00	0.00	(f_{77})
	104.45～109.45	143.46～138.46	5.0	6.00	0.00	0.00	(f_{79})
	108.95～113.95	138.96～133.96	5.0	6.00	0.00	0.00	
	117.55～122.55	130.36～125.36	5.0	6.00	3.00	0.10	

续表

孔号	试段深度 /m	试段高程 /m	段长 /m	总压力 /MPa	单位时间进水量 /(L/min)	透水率 /Lu	备注
ZK2002	296.08～301.08	226.70～221.70	5	8.86	29.8	0.67	
	316.14～321.14	206.64～201.64	5	9.04	29.8	0.66	
	324.60～329.60	198.18～193.18	5	9.07	6.6	0.15	
	347.66～352.66	175.12～170.12	5	5.98	100	3.34	
	356.61～361.61	166.17～161.17	5	8.12	67.4	1.66	
	369.88～374.88	152.9～147.9	5	8.12	81	2.00	
	378.86～383.86	143.92～138.92	5	8.76	78	1.78	
	388.85～393.85	133.93～128.93	5	9.31	55.4	1.19	
	398.99～403.99	123.79～118.79	5	9.36	57.2	1.22	
	403.67～408.67	119.11～114.11	5	9.51	52	1.09	

(3) 水力劈裂试验成果。在钻孔中进行了水力劈裂试验，见表12.3-3。位于f_{304}中的裂隙密集带上两段，劈裂压力偏低，分别为4.8MPa、5.0MPa；有一段发育一条陡倾角张姓裂隙，受其影响劈裂压力仅4.3MPa。其余试段的劈裂压力在6.9～12.0MPa。水压致裂试验表明，在埋深60m以下，弱风化和微风化混合岩或花岗岩的最小破裂压力大于5.0MPa，一般在7.0～10.5MPa。试验表明总体上岩体透水性微弱，并且在低压力阶段透水率大小与高压力条件下基本一样，透水率不会因为压力增大而增大，表明岩体在高内水压力条件下，透水性多数微弱，岩体能够承受高内水压力的作用，不会产生渗透破坏。一般岩体具有较高的抵抗水力劈裂的能力。压水试验、水力劈裂试验显示具备钢筋混凝土衬砌的水文地质条件。

表12.3-3　水力劈裂试验成果汇总表

PDZK03孔			PDZK04孔			PDZK05孔			PDZK11孔		
深度 /m	高程 /m	劈裂压力 /MPa	深度 /m	高程 /m	劈裂压力 /MPa	深度 /m	高程 /m	劈裂压力 /MPa	深度 /m	高程 /m	劈裂压力 /MPa
16.06～16.86	232.37～231.57	12.0	16.06～16.86	234.59～233.79	7.6	35.50～36.60	211.46～210.36	4.3	13.50～14.40	234.41～233.51	7.1
62.80～63.60	185.63～184.83	7.5	71.25～72.25	179.4～178.4	7.7	105.00～106.10	141.96～140.86	11.0	24.00～24.90	223.91～223.01	9.3
75.32～76.12	173.11～172.31	5.0	85.74～86.74	164.91～163.91	4.8	122.02～123.12	124.94～123.84	7.2	91.00～91.90	156.91～156.01	6.9

(4) 开挖揭示断裂透水性：开挖揭露断层多出现涌水或线流水、滴水现象。以北东向f_{304}断层涌水量最大，在A厂主探洞PD01揭露此断层时，出现了突发性大量涌水，初始揭露时，断层带中的地下水从掌子面离探洞底板1m、直径30cm的孔口中喷射6～7m远，测得初始单位流量约$1m^3/s$，历时7h，累计涌水量约2.44万m^3，后逐渐减少，9天后单位流量$0.0296m^3/s$，累计8天涌水量约8.4万m^3。探洞揭露f_{304}断层大量涌水后，中平

洞以下地面钻孔地下水位有不同程度的下降，见表 12.3-4，中平洞钻孔 ZK2057、ZK2085 水位降幅分别为 290m、111m，下平洞、高压岔管一带 ZK2001、ZK2002、ZK2008 降幅分别为 209.44m、55.71m 和 165.59m，中斜井附近 ZK2086、ZK2087、ZK2088 钻孔地下水位埋藏浅，地下水位几乎没有变化，未受到探洞开挖 f_{304} 断层涌水的影响。表明 f_{304} 断层为一储水导水构造，存在储水空洞和透水裂隙断层网络。高压隧洞开挖过程，几乎所有断层开挖时均有渗滴水现象，部分裂隙也有渗滴水现象，说明地下水丰富，断裂的渗透性较好。其中下斜井下弯段和下平洞揭露北西向组 f_{286}、f_{273} 开挖时沿断层带有线流水、局部渗滴水；下斜井揭露近东西向组（f_{89}）及引支和下斜井揭露北西西向组（f_{53}）、（f_{93}）开挖时沿断层带有股状水、线流状流水出露，流量依次为 1L/min，5～6L/min，2～3L/min，1～2L/min，3.5L/min。A 厂下平洞开挖遇（f_{65}）断层，突发性涌水，涌水使 2 号施工支洞被淹长达 75m。上述现象均反映场区断层透水性较强的特性。

表 12.3-4　输水隧洞地下水位长期观测成果汇总表

工程位置	孔号	孔口高程/m	水位高程/m	水位埋深/m	变化幅度/m
上游调压井	ZK2004	778.96	754.23～750.19	24.73～28.77	4.04
	ZK2134	777.59	758.59	19.00	0
中斜井	ZK2088	658.89	635.89	23.00	0
	ZK2086	670.29	644.68～644.19	25.61～26.10	3.80
	ZK2087	662.24	644.84	17.40	0
地下厂房区	ZK2001	498.44	454.44～245.00	44.00～253.44	209.44
	ZK2002	522.78	478.72～423.01	44.06～99.77	55.71
	ZK2008	489.08	471.11～305.52	17.97～183.56	165.59
A 厂高压隧洞中平洞	ZK2057	597.01	568.01～278.01	29.00～319.00	290.00
	ZK2085	599.49	570.29～459.04	29.20～140.25	111.05

12.3.3　主要水文地质问题

施工开挖揭示北西、北北西向断层 f_{759}、f_{760}、f_{289}、f_{290}、f_{303} 等断层，同时穿过 A 厂中/下斜井、中平洞；f_{286}、f_{273} 在 A 厂中平洞、下斜井通过，在 B 厂下平洞通过；（f_{53}）、（f_{77}）、（f_{79}）、（f_{69}）在 A 厂下斜井通过，又通过 B 厂高岔、引支及 B 厂房；A 厂下平洞的（f_{43}）、（f_{65}）在 2 号施工洞、B 厂 5 号施工支洞出露，见表 12.3-5。这些断层透水性都较好，开挖后均有渗滴水或股状水。B 厂下斜井的（f_{87}）、（f_{88}）、（f_{93}）、（f_{94}）等断层渗水多。这些断层均为北西、北北西向，均连通了北东向 f_{304} 断层或同时穿过 A、B 厂高压隧洞，加上断层为张性、张扭性，透水性较好，水文地质条件复杂。复杂的断层网络表明 A 厂高压隧洞产生内水外渗后，均可以通过北西、北北西向断层渗流至 B 厂高压隧洞，或者渗流至 f_{304} 断层，又通过与 f_{304} 断层相交的北西、北北西向断层渗至厂房。造成 A、B 厂房渗水或 B 厂高压隧洞渗水较多，从而影响混凝土衬砌施工，或造成引水钢支管外水压力过大导致钢管内鼓、地下厂房围岩失稳等危害。

表 12.3-5　主要断层与高压隧洞关系表

断层编号	产　状	宽度/m	分布出露位置	与隧洞交角/(°)	评　价
f_{273}	N35°～50°W/NE∠70°～80°	0.4～2.3	A下斜井	80	胶结差，大角度相交，与斜井反倾向，影响小
			B下平洞	70～85	
f_{286}	N20°～45°W/NE (SW) ∠70°～80°	0.3～3	A中平洞	70～85	胶结差，大角度相交，平洞通过，影响小
			B下平洞	55～80	
f_{289}	N50°W/NE∠65°～70°	0.3～1.1	A中斜井	90	胶结差，直交，与斜井反倾向，影响小
			B中斜井	85	
f_{303}	N35°W/SW∠70°～75°	0.5～1.0	B下斜井	70	胶结差，大角度相交，与斜井同倾向，影响稍大
(f_{53})	N40°～45°W/NE (SW)∠75°	0.3～1.0	A下斜井	85～90	胶结差，直交，与斜井反倾向，影响小
(f_{65})	N10°W/NE (SW)∠65°～75°	1.0～5.0	A下平洞	85	胶结差，大角度相交，宽度大，内水压力大，需加强处理
f_{290}	N20°～30°W/NE∠60°～70°	0.8～2.0	A中斜井	60～70	胶结较好，大角度相交，与斜井反倾向，影响小
			B中斜井	55～65	
f_{759}	N30°～55°W/NE∠65°～70°	0.6～1.0	A、B中斜井	80～90	胶结差，大角度相交，宽度大
f_{760}	N40°～50°W/NE∠70°～80°	0.6～2.0	A、B中斜井	80～90	胶结差，大角度相交，宽度大

12.3.4　复杂水文地质条件下的固结灌浆处理

12.3.4.1　灌浆设计要求

高压隧洞均按透水衬砌理论设计，充水后隧洞混凝土将发生开裂，高压内水将外渗，为防止大量内水外渗造成水量大量损失，引起围岩失稳等问题。须对高压水道采取固结灌浆处理，主要措施如下。

(1) 水泥固结灌浆。对隧洞围岩进行系统的水泥固结灌浆，主要内容如下：

1) 水泥固结灌浆压力。一般按 1.2～1.5 倍隧洞静水头考虑，最大灌浆压力 7.5MPa。上斜井灌浆压力为 3.5MPa；中斜井灌浆压力为 4.0～5.0MPa；中平洞灌浆压力为 5.0MPa；下斜井灌浆压力为 6.5～7.5MPa；下平洞和高压岔管灌浆压力为 7.5MPa。

2) 灌浆孔深。下平洞及下斜井 7.5m，其他洞段Ⅰ～Ⅱ类围岩 3.7m、Ⅲ～Ⅳ类围岩 5m。

3) 灌浆排距。高压岔管、下平洞 1.5m，下斜井 2m，其他洞段 3m。

4) 每排孔数。一般为 10 孔。

5) 对主要地质构造带或灌浆异常的洞段进行加强水泥灌浆处理，加密或加深，在下平洞、高压岔管的主要断层还增加 15～20m 孔深的深孔，一般单排 2～4 个深孔。

(2) 化学固结灌浆。

1）对高压岔管、下平洞进行系统的化学灌浆。灌浆孔深7.5m，灌浆排距1.5m，每排10孔，断层或透水性较大位置每排20孔。

2）对中斜井、中平洞、下斜井主要地质构造以及Ⅲ类、Ⅳ类围岩进行化学灌浆处理，灌浆的间排距、孔深根据断层的产状确定，尽量大角度和断层相交。

3）化学灌浆压力同该部位水泥固结灌浆压力。

（3）灌浆孔一般采取径向孔，针对断层、优势结构面局部调整孔向使灌浆孔尽量多穿过结构面。斜井因为发育陡倾角结构面为主，B厂采用水平向灌浆孔。

12.3.4.2 灌浆材料要求

水泥灌浆材料采用普通硅酸盐水泥。

化学灌浆材料采用改性环氧树脂，化学灌浆材料采用JD-1改性环氧防水补强抗渗剂。该材料具有优良的力学性能，耐老化、无毒和优异的渗透性能。配比为主剂：固化剂：促进剂=1000：70：10，并根据实际需灌量配制浆液，采用人工慢速搅拌，搅拌时间不少于10min。化学浆液初凝时间控制在8～10h内。

12.3.4.3 灌浆施工过程

（1）造孔及洗孔。孔深小于7.5m固结灌浆孔造孔采用手风钻（$\phi 42$或$\phi 50$的钻头）一次性进行造孔，深孔采用圆盘钻。开钻前控制好钻孔角度，防止孔向偏离设计方向，造成灌浆圈不封闭，这对灌浆圈能否形成完整封闭圈影响重大。灌浆孔钻孔结束后，采用大流量水进行孔壁冲洗，冲净孔内岩粉、泥渣，至止回水清净为止，冲洗压力为不大于1MPa。

（2）灌浆顺序及过程控制。

1）水泥灌浆：高压岔管按环间分序、环内加密、孔内分段灌注，第一段的段长为2.5m、4m或3m，第二段的段长为2.5m或6m；中、下斜井采用爬升器牵引灌浆作业平台只能上不能下，因此灌浆顺序由低至高逐排灌注，同排环内则按由底孔至顶孔逐孔灌注；其余平洞段采用环间分序、环内加密全孔一次灌注，环内由底孔至顶孔，洞段由低处往高处逐排灌注。

2）化学灌浆：下平洞：环间分序，从低处往高处按排序灌注，环内从底孔至顶孔灌注；高压岔管：先帷幕化学灌浆后固结化学灌浆，环间分序，先灌1序再灌2序，环内从底孔至顶孔灌注。

采用YT28手风钻按水泥灌浆孔的孔位扫孔，孔径为38～42mm，按照该区灌浆次序全孔一次钻孔。钻孔结束之后，用压力水把孔内杂质冲洗干净，冲洗水压力为1MPa，直至回水清澈为止。腰线以下的灌浆孔，用高压风吹出孔内积水。

采用ULTRA MAX695（395）型灌浆泵，纯压式全孔一次灌注，输浆管采用$\phi 8$铝管，采用快干水泥封孔固定，管口靠近岩石与混凝土的接触面，避免高压化学灌浆时衬砌混凝土产生高压劈裂。

化学灌浆材料采用JD-1改性环氧防水补强抗渗剂，按厂家提供的配比（主剂：固化剂：促进剂=1000：70：10）并根据实际需灌量配制浆液，采用人工慢速搅拌，搅拌时间不少于10min。化学浆液初凝时间控制在8～10h内。

开灌时采用低压慢灌，采用逐级升压，控制升压速度，每次灌浆压力提升控制在0.1MPa内，逐级升压达到设计要求的结束压力。

根据灌浆范围和布孔情况，由隧洞底部中心沿两边顺序灌浆，邻孔可作为排水排气孔，若邻孔出浆，排除积水后，卡塞邻孔，第一孔仍保持压力灌浆，若第三孔出浆时，视进浆情况停止第一孔灌浆并卡塞第三孔；若第一孔达到设计压力时不进浆或进浆率小于0.05L/min，连续灌注时间不少于10min，可停止灌浆。

（3）固结灌浆结束控制。

1）水泥灌浆：灌浆压力小于4.5MPa时，在该灌浆段达到设计压力下，注入率小于1L/min后，继续灌注30min，可结束灌浆；灌浆压力不小于4.5MPa时，在该灌浆段达到设计压力下，注入率小于2.5L/min后，继续灌注20min，可结束灌浆。达到灌浆结束标准后，先关闭孔口的灌浆阀，后停灌浆泵，以免灌入浆液在卸压的瞬间流失。

2）化学灌浆：结束标准为灌浆压力达到设计要求压力后，以不进浆或进浆量小于0.01～0.05L/min时，持压屏浆10min后闭浆结束。化学灌浆结束后拔塞封闭灌浆孔，孔内卡塞段采用水：灰：砂＝0.3：1：1，掺轻烧MgO的水泥砂浆进行人工封孔，轻烧MgO的掺量为水泥用量的3%～3.5%。具有微膨胀作用，防止干缩形成微缝隙成为漏水通道。

12.3.4.4 灌浆效果检查

采用第三方进行压水检查。以压水试验为主，辅以灌前后声波值对比。

水泥固结灌浆合格标准为透水率小于2Lu；化学灌浆合格标准为透水率小于1Lu。检查结果合格率为100%。

对下平洞、高压岔管和尾水隧洞灌浆前后进行了声波对比测试。下平洞灌前平均波速为3768～4026m/s，岩体37%～80%的波速低于4000m/s；灌后平均波速为4498～4629m/s。高压岔管灌浆前平均波速为3217～3248m/s，岩体16%～66%的波速低于4000m/s，灌后平均波速为4711～4752m/s。灌浆后岩体的整体性得到了明显的提高。

12.3.4.5 辅助深孔水泥固结灌浆

在内水压力大约大于500m内水净水头地段的断层、裂隙密集透水性较大的条带，采用斜穿结构面的方向，布置少量深孔水泥固结灌浆孔。可以起到封堵部分灌浆圈外透水性好的断层、裂隙，一定程度减少外围较大透水性的通道，增加断层部位灌浆圈的厚度。

一般在隧洞洞底（180°）、右侧腰线（90°）和正顶（0°）布置灌浆孔，每排大的为4个孔。

采用深塞进行灌注（塞位在1.5m左右），确保在灌浆过程中压力大于水压，使孔内能尽可能的多吸水泥浆。深孔固结灌浆孔孔深控制在15～25m之间，灌浆压力7.5MPa，采用全孔一次性灌注。在钻孔施工过程中，及时记录清楚漏水情况，并针对漏水情况及时调整开灌水灰比，漏水量大时直接采用1：1开灌。水泥灌浆结束后，为了保证封孔质量，要求每个孔灌浆结束后都必须采用化学灌浆进行封孔，确保每个灌浆孔的封孔质量。

12.3.5 小结

惠州抽水蓄能电站高压隧洞大部分岩体渗透性微弱，具有较高的抵抗水力劈裂能。但场区张性断裂较发育，透水性较好，尤其以北东向 f_{304} 为导水主动脉，与场区最发育的北西、北北西向断层构成透水性较强的网络条带，可能导致高压内水外渗量较大的问题，水文地质条件较复杂。

这种具有强透水性、张扭性地质构造区的高压水道保守的设计通常采用钢衬，但钢衬水道的造价会增加较多，同时施工难度也增大。本工程高压水道采用钢筋混凝土衬砌，按透水衬砌理念设计，国内外尚无成功先例。

通过加深和加密固结灌浆，加大水道固结圈，提高水道固结圈抗渗稳定能力。针对下平洞及高岔周边围岩张性断裂较发育、透水性好的特点，有针对性地对断层和节理进行深孔（1.5～3 倍洞径）水泥灌浆，灌浆孔角度考虑更大角度与结构面相交，以保证更加有效穿越地质构造。对断层、断层破碎带和节理密集带等特殊部位的水道固结圈外的较大的集中渗漏通道进行灌浆封堵，以提高这些特殊部位水道固结圈的抗渗能力和减小水力梯度。

水道充水运行结果，水道内水外渗量少，高压隧洞一带地下渗流场变化在正常范围，没有外水压力异常情况，地下厂房干燥，地下厂房围岩变形及锚杆应力观测结果正常，表明处理得当。本工程是复杂水文地质条件下高压隧洞采用限裂混凝土薄衬砌，然后辅以高压固结灌浆措施的成功范例。

抽水蓄能电站工程在利用地质探洞作排水廊道时，如存在规模大透水性强的断层，应对探洞进行回填混凝土封堵，堵住排泄通道。

本工程强透水性、张扭性地质构造区高压水道防渗处理的成功，解决了钢筋混凝土透水衬砌安全运行的关键技术问题，证明了在复杂地质构造区高压水道不采用造价较高的钢板衬砌、而采用造价较低的钢筋混凝土透水衬砌是可行的。

参 考 文 献

[1] 陶振宇．岩石力学的理论与实践［M］．北京：水利出版社，1981.
[2] 徐志英．岩石力学［M］．北京：水利电力出版社，1993.
[3] Bieniawski Z. 工程岩体分类——采矿、土建及石油工程师与地质工作者通用手册［M］．吴立新，译．北京：中国矿业大学出版社，1993.
[4] 朱维申，何满潮．复杂条件下围岩稳定性与岩体动态施工力学［M］．北京：科学出版社，1996.
[5] 朱伯芳．有限单元法原理与应用［M］．北京：中国水利水电出版社，1998.
[6] 崔政权，李宁．边坡工程——理论与实践最新发展［M］．北京：中国水利水电出版社，1999.
[7] 彭土标．水力发电工程地质手册［M］．北京：中国水利水电出版社，2011.
[8] 林宗元．岩土工程勘察设计手册［M］．沈阳：辽宁科学技术出版社，1996.
[9] 张春生，姜忠见．抽水蓄能电站设计［M］．北京：中国电力出版社，2012.
[10] 李鉴伦，胡红拴．广东历史六十年［M］．北京：地质出版社，2012.
[11] 许百立，刘世煌．地下工程设计理论与实践//中国水利发电技术发展与成就［M］．中国电力出版社，1997.
[12] 蔡斌，喻勇，吴晓铭．工程岩体分级标准与Q分类法、RMR分类法的关系及变形参数估算［J］．岩石力学与工程学报，2001，20（增）：1677-1679.
[13] 董学晟，田野，邬爱清．水工岩石力学［M］．北京：中国水利水电出版社，2004.
[14] 张有天．岩体水力学与工程［M］．北京：中国水利水电出版社，2005.
[15] 林宗元．岩土工程试验监测手册［M］．北京：中国建筑工业出版社，2005.
[16] 陈祖煜，汪小刚，杨健，等．岩质边坡稳定分析——原理·方法·程序［M］．北京：中国水利水电出版社，2005.
[17] 刘允芳，尹健民，刘元坤．地应力测量方法和工程应用［M］．武汉：湖北科学技术出版社，2014.
[18] GB 50218—1994 工程岩体分级标准［S］．北京：中国计划出版社，1995.
[19] GB 50287—2006 水力发电工程地质勘察规范［S］．北京：中国计划出版社，2008.
[20] SL 264—2001 水利水电工程岩石试验规程［S］．北京：中国水利水电出版社，2001.
[21] SL 279—2002 水工隧洞设计规范［S］．北京：中国水利水电出版社，2002.
[22] SL 31—2003 水利水电工程钻孔压水试验规程［S］．北京：中国水利水电出版社，2003.
[23] SL 326—2005 水利水电工程物探规程［S］．北京：中国水利水电出版社，2005.
[24] DL/T 5353—2006 水利水电工程边坡设计规范［S］．北京：中国电力出版社，2007.
[25] GB 50487—2008 水利水电工程地质勘察规范［S］．北京：中国计划出版社，2009.
[26] GB/T 50266—2013 工程岩体试验方法标准［S］．北京：中国计划出版社，2013.
[27] Goodman，R E.，Taylor，R. L and Brekke，T. L. A model for the mechanics of jointed rock. ASCE Journal of the soil mechanics and Foundations Division，1968，14（SM3）：637-659.
[28] Goodman R. E，G. H. Shi. Block theory and its application to rock engineering［M］. Prentice-hall，Inc.，Englewood Cliffs，New Jersey，1985.
[29] Hoeck，E. and Brown，E. T. Practical estimates of rock mass strength［J］. Int. J. of Rock Mech. Min. Sci. & Geomech. Abstr. 34（8）：1165-1186，1997.
[30] Jing L.，J. A. Hudson. Numerical methods in rock mechanics［J］. Int. J. of Rock Mech. Min. Sci. &

Geomech. Abstr. 39：409-427，2002.

[31] Barton N. Some new Q-value correlations to assist in site characterization and tunnel design [J]. Int. J. of Rock Mechanics & Mining Sciences，2002；39：185-216.

[32] 陈云长．惠州抽水蓄能电站高压隧洞沿线山体稳定评价 [C]//抽水蓄能电站工程建设文集——纪念抽水蓄能专业委员会成立十周年，2012.

[33] 刘亚军，陈云长．惠州抽水蓄能电站地下厂房围岩稳定性评价及有关问题探讨 [J]. 广东水利水电，2006 (11).

[34] 涂希贤，张辅纲．广州抽水蓄能电站地下洞室围岩力学特性及分类对比 [J]. 水利水电，1992.

[35] 佘小光，高立辉．边坡稳定性分析方法比较 [J]. 武汉：中国学术期刊电子杂志社，2008 增刊.

[36] 中国储能网新闻中心．我国抽水蓄能电站未来发展重点 [J]. 国家电网杂志，2014.

[37] 王汇明，张辅纲，王著杰．抽水蓄能电站砼衬砌高压隧洞工程地质条件探讨 [J]. 广东水利水电，2006 (11).

[38] 黄建添．我院抽水蓄能电站设计回顾 [J]. 广东水利水电，2006 (11).

[39] 董学晟，邬爱清．三峡工程岩石力学研究 50 年 [J]. 岩石力学与工程学报，2008，27 (10)：1945-1958.

[40] 吴国荣．惠州抽水蓄能电站工程地应力测试成果应用 [J]. 资源环境与工程，2009 (5).

[41] 吴国荣．惠州抽水蓄能电站高压隧洞围岩渗漏特性研究 [J]. 水利规划与设计，2010 (2).

[42] 黄勇，吴国荣，等．惠州抽水蓄能电站地下厂房洞室群布置方案研究 [J]. 水力发电，2010 (9).

[43] 周志芳，陈云长，高正夏，吴国荣，等．广东省惠州抽水蓄能电站输水管线及地下厂房区渗控方案优化和外水压力研究 [R]. 河海大学土木工程学院，广东省水利电力勘测设计研究院，2007.

[44] 陈国能，陈云长，吴国荣，等．广东惠州抽水蓄能电站 f_{304} 断裂及其相关地质体研究 [R]. 中山大学地球科学系，广东省水利电力勘测设计研究院，2003.

[45] 谷兆祺，等．惠州抽水蓄能电站高压水道安全评估报告 [R]. 清华大学水利水电工程系，2009.